Mehr Informationen
9su4qi

Auf einigen Seiten im Buch findest du Terra-**Codes**. Diese führen dich zu weiteren Informationen im Internet.
Gib den Code einfach in das Suchfeld auf http://schueler.klett.de ein.

W0316048

Aneignen, Orientieren, Auswählen

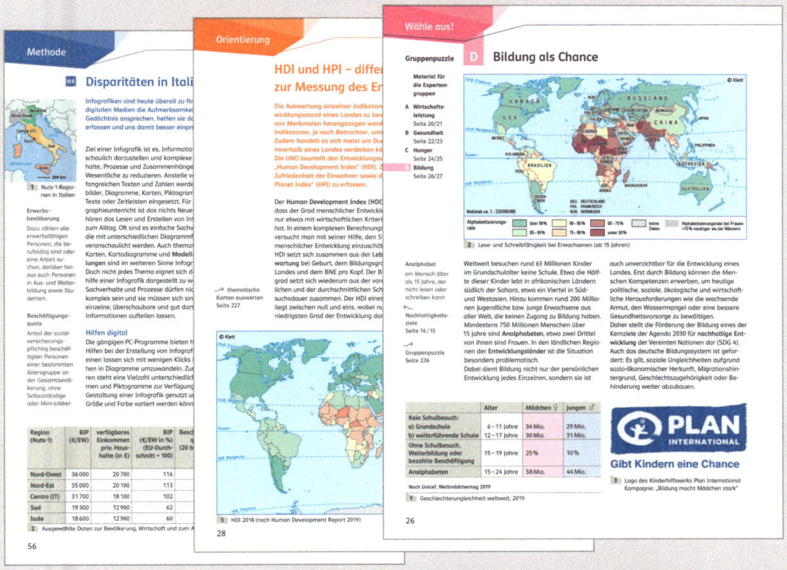

Auf den **Methoden**-Seiten lernst du Schritt für Schritt wichtige Methoden. Auf den **Orientierungs**-Seiten kannst du die Themen mit einem Raum verbinden.

Auf den **Wahl**-Seiten kannst du nach deinem Interesse zwischen Themen auswählen.

Üben

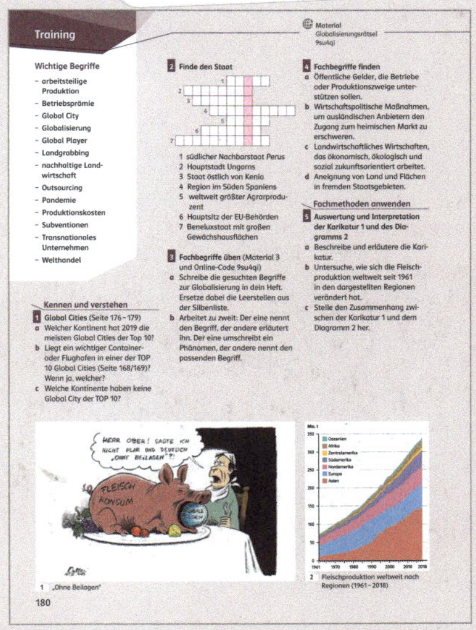

Mit den **Trainings**-Seiten kannst du deine neuen Kenntnisse und Fertigkeiten üben und anwenden.

Klett Erklärfilm

An einigen Stellen im Buch gelangst du über Terra-Codes zu Erklärfilmen, z. B. zum Thema nachhaltige Entwicklung auf den Seiten 12/13, Klimawandel auf den Seiten 100/101 oder zum Thema Globalisierung auf den Seiten 150/151.

Symbole im Buch

○	leicht
◒	mittel
●	schwierig
	Partnerarbeit
	Gruppenarbeit
	Lösungshilfen ab S. 230

MK kennzeichnet Aufgaben und Seiten zum Thema Medienkompetenz

SP kennzeichnet Aufgaben und Seiten zur Sprachbildung

Titelbilder:
oben: Getty Images Plus (dan_prat), München; **unten:** Getty Images (Copyright 2010 Simon Bond/Moment), München

1. Auflage 1 5 4 3 2 1 | 25 24 23 22 21

Alle Drucke dieser Auflage sind unverändert und können im Unterricht nebeneinander verwendet werden.
Die letzte Zahl bezeichnet das Jahr des Druckes.

Autorinnen und Autoren: Sophia Bauer; Ulrich Bünstorf; Matthias Etterich; Prof. Dr. Michael Hemmer; Robert Jansen; Ruth Kersting; Dr. Thomas Lamkemeyer; Meike Rahner; Barbara Smielowski; Karina Vormittag; Kai Zimmermann
Mit Beiträgen von: Julian Bette; Günter Bünten; Hans Joachim Salmen

Entstanden in Zusammenarbeit mit dem Projektteam des Verlages.

Gestaltung: normaldesign, Jens-Peter Becker, Schwäbisch Gmünd
Karten: Artalis, Mühlhausen/Fechta

Satz: Satzkiste GmbH, Stuttgart
Reproduktion: Druckmedienzentrum Gotha GmbH, Gotha
Druck: PASSAVIA Druckservice GmbH & Co. KG, Passau

Printed in Germany
ISBN 978-3-12-105203-5

9 783121 052035

● Über den Kernlehrplan hinausgehende Inhalte zur Gestaltung eines Schulcurriculums

Inhalt

● Über den Kernlehrplan hinausgehende Inhalte zur Gestaltung eines Schulcurriculums

1

Geographie – die Welt nachhaltig mitgestalten

Die „Grüngürtelbewegung“

Wangari Maathai wurde in Kenia geboren. Sie studierte in den USA und Deutschland und war die erste Professorin an der Universität Nairobi. Maathai erkannte, dass sich das Leben vieler Kenianer infolge der Rodung der Wälder und der dadurch verstärkten Erosion verschlechtere. Mit der Gründung der „Grüngürtelbewegung“ beschloss sie dagegen vorzugehen.
Seit 1977 wurden über 30 Millionen Bäume als Erosionsschutz und zur Feuerholzgewinnung gepflanzt und über 30 000 Frauen vor allem in der Landwirtschaft ausgebildet. Maathai engagierte sich zudem für die gesellschaftliche Stärkung von Frauen und verankerte Ökotourismus und wirtschaftliche Entwicklung in der Bewegung. 2004 erhielt sie den Friedensnobelpreis.

1

Repair-Cafés

Die Kinder der Klasse 9 d des Alexander-von-Humboldt-Gymnasiums haben in der Schule viel über kleiner werdende, nicht erneuerbare Ressourcen wie Kohle und Eisenerze sowie wachsende Müllberge erfahren. Da diese Entwicklungen ihnen Sorgen machen, haben die Schüler sich dazu entschlossen, ähnlich wie Maathai etwas zu bewegen und ein „Repair-Café“ zu gründen. „Reparieren statt wegwerfen!“ lautet das Motto im Repair-Café. Ob defekte Fahrräder, Elektrogeräte, Computer oder Spielzeug – die Arbeit im Repair-Café ist vielfältig und kooperativ. Oft werden diese Cafés durch Unternehmen und Fachkräfte unterstützt. Ziel ist es, Ressourcen einzusparen, Gegenstände schätzen zu lernen und für nachhaltiges Wirtschaften und Arbeiten zu sensibilisieren.

3

2 Mangrovenanpflanzung als Küstenschutz und zur Katastrophenprävention in der Küstenregion bei Mombasa, Kenia

Viele Geographen werden in ihrer Arbeit davon angetrieben, unsere Welt mitzugestalten und sich für ihren Erhalt einzusetzen. Dabei wollen sie sich nicht nur darauf beschränken, die großen und kleinen Herausforderungen und Probleme unserer Erde wie Bodenerosion, Armut oder Klimawandel nüchtern zu analysieren. Es geht ihnen auch darum, auf Basis ihrer Analysen mögliche Lösungen aufzuzeigen und sich für eine nachhaltige Zukunft zu engagieren.
Ein Beispiel für eine solche engagierte Wissenschaftlerin ist Wangari Maathai.
Aber auch jeder Einzelne kann einen Beitrag für eine nachhaltige Zukunft leisten.

Die Welt mit geographischen Augen sehen

Klimawandel, Globalisierung, Städtewachstum und Migration sind nur einige Beispiele für die globalen Herausforderungen, die unser aller Leben betreffen. Wissenschaftler schauen auf die einzelnen Phänomene aus ihrer jeweiligen fachlichen Perspektive.

SYSTEM – DIE WELT SYSTEMISCH BETRACHTEN

Geographen erfassen, beschreiben und erklären räumliche Phänomene auf unserem Planeten (z.B. die Verbreitung von Erdbeben, die Lage und Gestalt einer Stadt), um Zusammenhänge im Raum zu verstehen. Die zentrale Fragestellung der Geographie lautet: „Was ist wo, wie, wann und warum im Raum?"
Dabei müssen zahlreiche natürliche und menschliche Einflussfaktoren (Geofaktoren) berücksichtigt werden. Diese sind oft kompliziert miteinander verwoben. Man spricht daher vom Raum als Mensch-Umwelt-System.
Zur Erfassung und Analyse des Mensch-Umwelt-Systems im Raum helfen dir die folgenden drei geographischen Perspektiven.

Struktur
„Wie sind die jeweiligen Elemente im Raum verteilt und ausgeprägt? Lassen sich Gesetzmäßigkeiten erkennen?"
Geofaktoren bilden räumliche Muster, die unterschiedlich stark ausgeprägt sind und oft eine typische Anordnung haben, z. B. die Vegetationsgürtel im Hochgebirge, eine dichtere und höhere Bebauung im Stadtzentrum als im Umland.

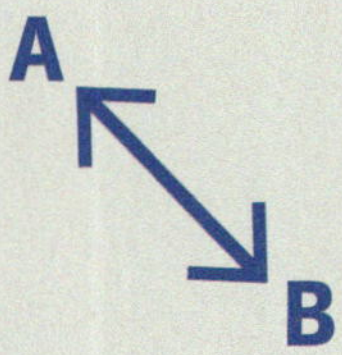

Funktion
„Wie stehen die einzelnen Geofaktoren zueinander in Beziehung und beeinflussen sich?"
Geofaktoren stehen in Beziehung zueinander und können sich gegenseitig verstärken, abschwächen oder Voraussetzung füreinander sein; z. B. das Klima für die Vegetation, Verkehrsachsen für Wohn- und Gewerbegebiete.

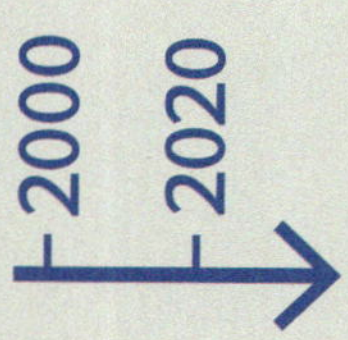

Prozess
„Wie haben sich Räume im Laufe der Zeit verändert bzw. wie entwickeln sie sich weiter?"
Räume sind einem steten Wandel unterworfen, der allein darin begründet ist, dass sich die Geofaktoren gegenseitig beeinflussen und der Mensch neue Räume erschließt, z. B. durch die Ausbreitung der Wüsten, die Abholzung der Regenwälder, die Entwicklung einer Stadt.

1

Dabei lenken Geographen ihren Blick vor allem auf die räumlichen Aspekte eines Themas und hier insbesondere auf die wechselseitigen Beziehungen zwischen dem Menschen und seiner Umwelt. Die nachfolgend beschriebenen „geographischen Perspektiven“ helfen dir, die Welt mit geographischen Augen zu betrachten und zu analysieren.

→ Raumanalyse Seite 200/201

DIE WELT MEHRPERSPEKTIVISCH BETRACHTEN

Zumeist steht bei der Arbeit von Geographen der physisch-materielle Raum mit den in ihm enthaltenen Elementen (z. B. eine Stadt mit ihren Gebäuden und Verkehrswegen) oder seinen Austauschbeziehungen mit anderen Räumen (z. B. Pendler zwischen Stadt und Umland) im Fokus. Darüber hinaus kann es sehr lohnend sein zu betrachten, wie ein Raum von verschiedenen Personen wahrgenommen wird (z. B. Einheimische und Touristen) und wie der Raum in den Medien dargestellt wird, z. B. klischeehaft, positiv oder negativ.

DIE WELT AUF VERSCHIEDENEN MAẞSTABSEBENEN BETRACHTEN

„Auf welcher Maßstabsebene wird gearbeitet? Wie stehen einzelne Phänomene auf den verschiedenen Maßstabsebenen zueinander in Beziehung?“
Geographische Fragestellungen werden auf verschiedenen Maßstabsebenen untersucht. Dabei sollte man stets auch die Einflüsse und Auswirkungen von übergeordneten oder darunter liegenden Maßstabsebenen berücksichtigen, z. B. die Folgen des Regenwaldabbaus in Brasilien für das globale Klima, die Auswirkungen meines Konsumverhaltens auf die Arbeitsbedingungen von Menschen in den Entwicklungsländern.

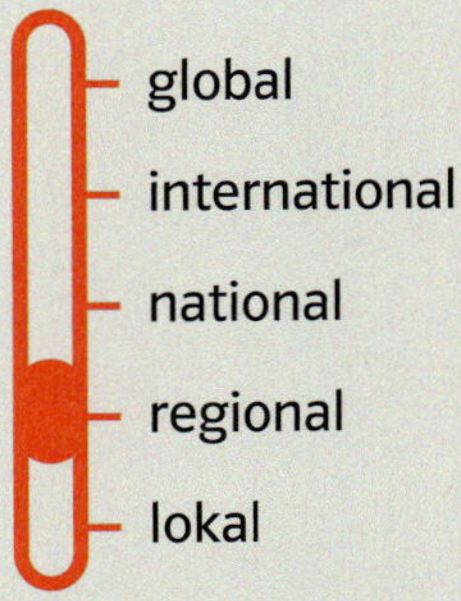

Geographen denken vernetzt

Der Aralsee befindet sich in Asien. Noch vor fünfzig Jahren hatte er etwa die Größe Bayerns und war der viertgrößte See der Erde. Heute ist er, bis auf wenige Reste, verlandet. Wo die Fischer früher mit ihren Booten über den See fuhren, toben heute Sand- und Salzstürme. Damit fehlt vielen Menschen dort die Lebensgrundlage. Zudem ist die Umwelt in vielen Teilen stark mit Salzen und Giften belastet.

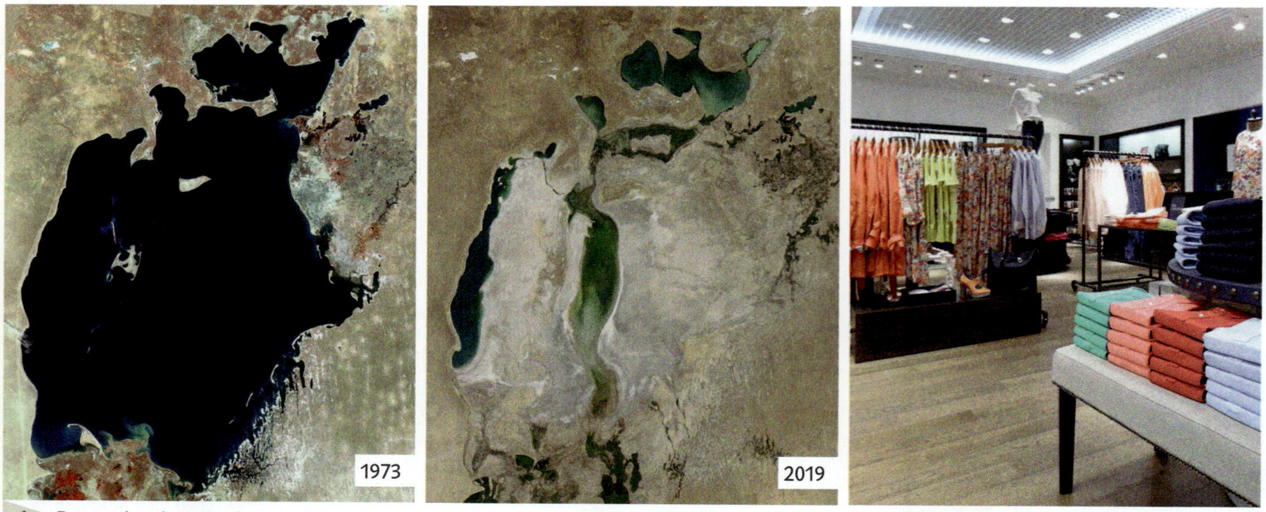

1 Der verlandete Aralsee und günstige Kleidung in unseren Geschäften – wo ist der Zusammenhang?

→ Concept Map Seite 90/91

→ Wirkungsgefüge Seite 218/219

Geographen untersuchen solche Phänomene im Raum. Sie wollen die Ursachen und Auswirkungen ermitteln und Zusammenhänge aufzeigen. Oft werden dabei auch Verbindungen zum eigenen Leben sichtbar. Im Fall des Aralsees ist dies unter anderem der Kauf von Kleidung (Foto 1, Text 2). Da solche Zusammenhänge oft aus zahlreichen Einflussfaktoren und den Verbindungen zwischen diesen bestehen (Grafik 3) und sowohl Mensch als auch Umwelt betreffen, spricht man von Mensch-Umwelt-Systemen. Geographen versuchen zudem bei der Analyse eines Raums zu übertragbaren Erkenntnissen zu gelangen, also zu Prinzipien, die sich auch in anderen Räumen wiederfinden lassen (Text 4). Im Geographieunterricht wirst du, genau wie die Geographen, solche Mensch-Umwelt-Systeme analysieren. Dabei helfen dir die Sphären (Bereiche der Geofaktoren) des Mensch-Umwelt-Systems sowie Wirkungsgefüge und Concept Maps (Grafik 3). Zuerst ordnest du die Faktoren, die du zuvor mithilfe der geographischen Perspektiven identifiziert hast (hier z. B. die Intensivierung der Landwirtschaft), den einzelnen Sphären zu. Anschließend stellst du begründet Verbindungen (Funktionen) zwischen ihnen her. Auf diese Weise wird deutlich, wie sich die einzelnen Faktoren beeinflussen und sich das System entwickelt. Auf Basis des so erstellten komplexen Wirkungsgefüges kannst du auch deine eigene Rolle im System identifizieren. Zudem lassen sich Ansatzpunkte ausmachen, durch die sich Entwicklungen in nachhaltige Bahnen lenken lassen.

Baumwolle

Baumwolle ist die am häufigsten genutzte Naturfaser. Sie wächst als einjähriger Strauch meist in Monokulturen auf Plantagen. Damit ihre Samen keimen und wachsen können, muss der Boden bei ausreichend warmen Temperaturen dauerhaft feucht gehalten werden. Pro Quadratmeter benötigt die Baumwolle etwa 1 000 Liter Wasser. Bei der etwa sieben Monate später erfolgenden Ernte muss der Niederschlag jedoch äußerst gering sein, da sonst die Baumwollfasern verkleben.

2

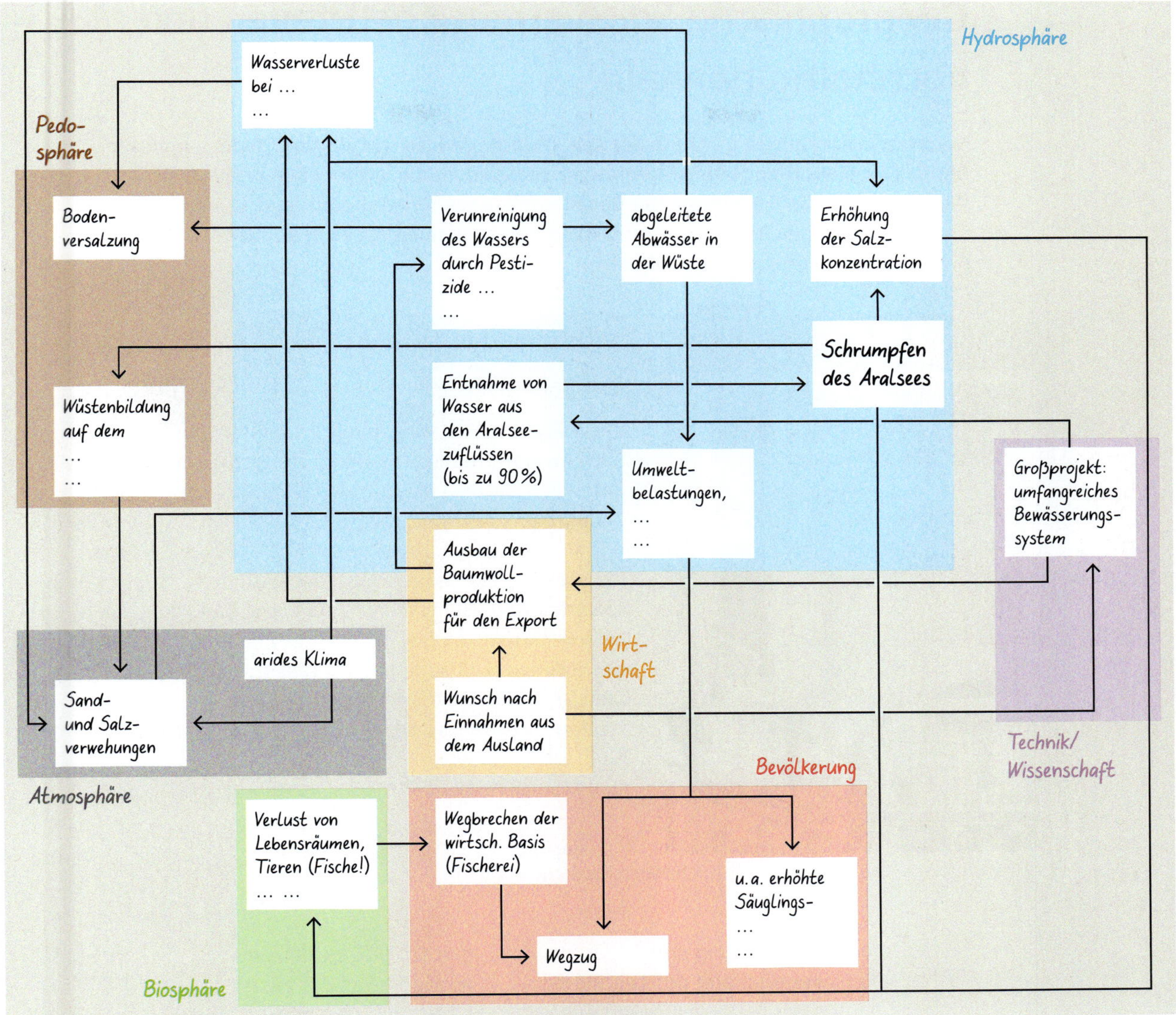

3 Beispiel eines komplexen Mensch-Umwelt-Systems: das Aralsee-Syndrom

Das Aralsee-Syndrom

Das Aralsee-Syndrom beschreibt die Problematik von zentral geplanten, großtechnischen Wasserbauprojekten (v.a. Staudämme und Bewässerung). Derartige Projekte haben Vorteile und Nachteile: Zum einen stellen sie benötigte Ressourcen bereit (Wasser für Ernährungssicherheit, erneuerbare Energie) oder schützen Ressourcen (Hochwasserschutz). Zum anderen wirken sie sich nachteilig auf die Umwelt und die Gesellschaft aus. Da die Projekte oftmals sehr groß angelegt sind, sind die Folgen derartiger Baumaßnahmen meist nicht lokal oder regional beschränkt. Sie können auch internationale Ausmaße annehmen, z.B. bei der Stauung eines großen Flusssystems. Daher sind sie oft konfliktträchtig.

Der Wissenschaftliche Beirat der Bundesregierung Globale Umweltveränderungen (WBGU) hat zahlreiche solcher typischen, weltweit auftretenden Syndrome (Krankheitsbilder), d.h. bedeutende nicht-nachhaltige Entwicklungen im Mensch-Umwelt-System, identifiziert. Seine Aufgabe besteht unter anderem in der Beratung politischer Entscheidungsträger.

4

Geographische Sachverhalte beurteilen und nachhaltig handeln

Städte entwickeln sich im Laufe der Zeit. Manche Städte schrumpfen, andere wachsen. Damit sind vielfältige Herausforderungen verbunden, die unser Leben prägen, z. B. Wohnungsnot, die Versorgung der Bevölkerung oder Verkehrsprobleme. Um diese Herausforderungen in positiver Art bewältigen zu können, ist es in der Regel nötig, bisherige Verhaltensweisen zu ändern.

„Gemeinsam Zukunft gestalten

Der Zukunftsprozess ‚MünsterZukünfte 20 | 30 | 50'

Die Zukunft ist das, was wir alle gemeinsam daraus machen! Ganz im Sinne dieses Gedankens startet die Stadt Münster unter dem Leitthema ‚MünsterZukünfte 20 | 30 | 50' einen Zukunftsprozess.
Wie sieht das Leben in Münster 2020, 2030 oder 2050 aus? Bürgerinnen und Bürger, Wissenschaftlerinnen und Wissenschaftler, Wirtschaft, Verwaltung und Politik sind aufgerufen, gemeinsam Antworten auf wichtige Zukunftsfragen zu finden. ‚MünsterZukünfte' ist kein Diskurs für geschlossene Zirkel, keine Arena für die bekannten Interessenvertreter, sondern ein offenes Dialogangebot an alle Menschen in Münster!"

Stadt Münster, Projektbüro MünsterZukünfte 20 | 30 | 50 (25. 6. 2020)

1 Kampagne der Stadt Münster zur zukünftigen Stadtentwicklung

Bei der Analyse, Beurteilung und Änderung von Verhaltensweisen bietet das Leitbild der nachhaltigen Entwicklung eine Orientierung. Das bedeutet, die Bedürfnisse der gegenwärtigen Generation so zu befriedigen, dass die Befriedigung der Bedürfnisse der zukünftigen Generationen nicht gefährdet wird. Zwei zentrale Begriffe, die das zum Ausdruck bringen, sind die mit dem Leitbild einhergehenden Begriffe ‚globale Gerechtigkeit' und ‚Generationengerechtigkeit'. Hinter diesem Konzept steht die Erkenntnis, dass die Sicherung der natürlichen Lebensgrundlagen, die soziale Gerechtigkeit, die Wirtschaftlichkeit und die demokratische Politikgestaltung gleichwertige und überlebenswichtige Gesichtspunkte sind.

Zielkonflikte

In der Realität ist es oft schwierig, die Dimensionen der nachhaltigen Entwicklung – Ökologie, Soziales und Ökonomie – in Einklang zu bringen. Oft gibt es Zielkonflikte bei der Raumentwicklung. Soll z. B. ein neues Stadtviertel aus sozialen und ökonomischen Gründen entstehen oder aus ökologischen Gründen nicht? Häufig ist bei der Raumentwicklung noch immer zu beobachten, dass wirtschaftliche Interessen zum Nachteil des Sozialen und der Umwelt im Vordergrund stehen.
Für die Umsetzung einer nachhaltigen Entwicklung sind sowohl die Regierenden verantwortlich als auch jeder Einzelne. Aufgrund der besonderen Bedeutung der Politik wird das Dreieck der Nachhaltigkeit (Grafik 2) in zahlreichen Kontexten zu einem Nachhaltigkeitsviereck (Grafik 3) erweitert. Um eine lebenswerte Zukunft für alle zu ermöglichen, ist nicht zuletzt jeder Einzelne gefordert, durch sein Verhalten einen Beitrag zu einer nachhaltigen Entwicklung zu leisten, z. B. bei der Wahl des Verkehrsmittels, beim Konsumieren oder durch politische Mitbestimmung.

Erklärfilm
nachhaltige Entwicklung
t79rp6

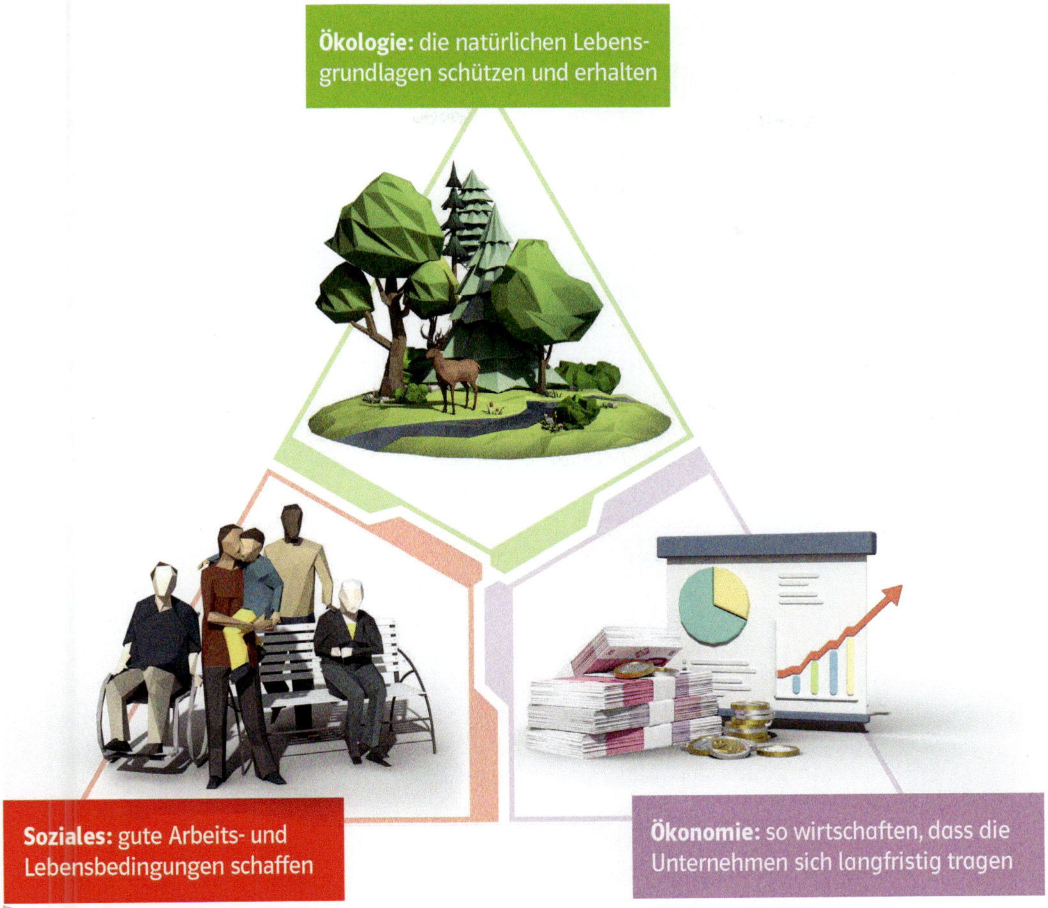

2 Dreieck der Nachhaltigkeit

3 Nachhaltigkeitsviereck

Wissen und Beurteilung als Grundlage

Grundlage für eine nachhaltige Gestaltung unserer Erde ist es, nicht-nachhaltige Entwicklungen zu erkennen, d.h. räumliche Phänomene im Hinblick auf ihre Nachhaltigkeit zu beurteilen: Inwiefern ist eine Entwicklung nachhaltig oder nicht? Noch grundlegender ist jedoch fundiertes Wissen über die jeweiligen, oft komplexen Sachverhalte, da nur auf einer breiten Wissensbasis Urteile sinnvoll gefällt und Lösungen entwickelt werden können.

Nachhaltigkeitsviereck als Werkzeug

Das Nachhaltigkeitsviereck (Grafik 3) kannst du bei den drei angesprochenen Schritten als Werkzeug nutzen, wenn du …

- geographische Sachverhalte und Räume analysieren willst (z.B.: Warum schrumpft der Aralsee? Gibt es dafür soziale, wirtschaftliche, politische oder durch die Umwelt bedingte Gründe?);
- die Nachhaltigkeit von räumlichen Entwicklungen beurteilen willst (z.B.: Wurden bei dem Bau eines Stadtviertels alle Dimensionen gleichrangig berücksichtigt oder stand eine Dimension im Vordergrund?);
- nachhaltig handeln willst (z.B.: Wie wirkt sich unser Handeln in den vier Dimensionen aus?).

Geographie und Nachhaltigkeit

Das Fach Geographie steht in einer besonderen Verantwortung, da für eine **nachhaltige Entwicklung** immer auch räumliche, d.h. geographische Aspekte zu berücksichtigen sind. Betrachtet man typische geographische Themen, die auch in diesem Buch behandelt werden, wird das schnell deutlich. Das Ziel der nachhaltigen Entwicklung entspricht zudem dem Ziel der Arbeit vieler Geographen. Sie wollen die raumbezogenen Probleme der Welt besser verstehen, nicht-nachhaltige Entwicklungen erkennen und darauf aufbauend nachhaltige Lösungen für Probleme aufzeigen.

Die 17 Entwicklungsziele der Agenda 2030 und ausgewählte Zielvorgaben

- extreme Armut beenden
- nationale Armutsquoten halbieren
- Recht auf Zugang zu den Ressourcen (soziale Dienste, Grundeigentum, etc.) für alle Männer, Frauen und Kinder

- Hunger beenden
- Mangelernährung beenden
- die landwirtschaftliche Produktivität verdoppeln und die Nachhaltigkeit der Nahrungsmittelproduktion sichern

- gesundes Leben für alle
- weltweit Müttersterblichkeit und Kindersterblichkeit senken
- Prävention von Suchtstoffmissbrauch (z. B. Alkohol) verstärken

- gleichberechtigte und hochwertige Schulbildung für alle
- Alphabetisierung aller Jugendlichen
- Bildung für nachhaltige Entwicklung und Lebensweisen sicherstellen

- alle Formen der Geschlechterdiskriminierung beenden
- Praktiken wie Kinder-, Früh- und Zwangsheirat beseitigen
- Chancengleichheit bei Führungsrollen

- nachhaltige Wasserversorgung und Entsorgung
- Wasserqualität weltweit verbessern
- Berge, Wälder, Feuchtgebiete, Flüsse, Grundwasserleiter und Seen schützen

- Zugang zu verlässlicher, nachhaltiger und moderner Energie sichern
- Anteil erneuerbarer Energie erhöhen
- Energieeffizienz fördern und verdoppeln

- dauerhaftes und nachhaltiges Wirtschaftswachstum fördern
- jährliches Wirtschaftswachstum von mindestens 7 % in den am wenigsten entwickelten Ländern aufrechterhalten

- widerstandsfähige Infrastruktur und nachhaltige Industrialisierung
- Anteil der Industrie an der Beschäftigung und am Bruttoinlandsprodukt erheblich steigern

1

Die Zukunft, die wir wollen

Im September 2011 startete Ban Ki-moon, der damalige Generalsekretär der Vereinten Nationen, die Kampagne „The Future We Want“.
In deren Folge erarbeitete eine Arbeitsgruppe die 17 nachhaltigen Entwicklungsziele, die sog. **„Sustainable Development Goals“** (SDG).

169 Zielformulierungen, die „Targets“, konkretisieren die 17 SDGs. Auf dieses als „Agenda 2030“ bezeichnete Weltentwicklungsprogramm verständigten sich alle 193 Mitgliedstaaten der Vereinten Nationen und verpflichteten sich, ihren jeweiligen Beitrag zur „Zukunft, die wir

- Ungleichheit in und zwischen Ländern verringern
- höheren Wohlstand der ärmsten 40 % erreichen
- Regulierung der Finanzmärkte verstärken

- Maßnahmen zur Bekämpfung des Klimawandels und seiner Auswirkungen ergreifen
- Anpassungskapazitäten gegenüber klimabedingten Gefahren stärken

- friedliche und inklusive Gesellschaften aufbauen
- Gewalt und gewaltbedingte Sterblichkeit deutlich verringern
- Korruption und Bestechung reduzieren

- Städte und Siedlungen sicher, widerstandsfähig und nachhaltig gestalten
- Zugang zu bezahlbarem Wohnraum sicherstellen
- Slums sanieren

- Ozeane, Meere und Meeresressourcen erhalten
- Meeresverschmutzung erheblich verringern
- die Überfischung beenden

- die globale Partnerschaft für nachhaltige Entwicklung mit neuem Leben füllen
- Mobilisierung der einheimischen Ressourcen verstärken

- nachhaltige Konsum- und Produktionsmuster sicherstellen
- natürliche Ressourcen nachhaltig und effizient nutzen
- Abfallaufkommen deutlich verringern

- Landökosysteme schützen bzw. wiederherstellen
- Entwaldung beenden, geschädigte Wälder wiederherstellen
- Wüstenbildung bekämpfen

Nach Georg Krämer / Michael Lesemann: *17 Ziele für eine zukunftsfähige Welt.* Bielefeld: Welthaus e.V. 2016, S. 20 (gekürzt)

wollen" zu leisten. Die „Agenda 2030", die für geographische Fragestellungen vielfältige Anknüpfungspunkte bietet, ist seit dem 1. Januar 2016 in Kraft.
Mithilfe dieser klar definierten Entwicklungsziele wird erkennbar, wie sich die Welt bis zum Jahr 2030 nachhaltig verändern soll. Über den Fortgang der Entwicklung geben der „Sustainable Development Report" sowie der „SDG-Index" jährlich Auskunft.

2

Eine Welt – ungleiche Welt?!

1 Benachbarte Werbeplakate

Wir alle leben zwar in einer Welt, doch sind die Unterschiede bezogen auf die Lebensbedingungen und Entwicklungschancen innerhalb dieser Welt unvorstellbar groß.
Die Schere zwischen Wohlstand und Armut scheint immer größer zu werden, die Disparitäten scheinen zu wachsen.
Wie aber lassen sich diese Disparitäten messen und vergleichen? Was sind ihre Ursachen? Welche Möglichkeiten gibt es, sie zu überwinden?
Um der wachsenden Armut, aber auch anderen Herausforderungen wie dem Hunger in der Welt gewachsen zu sein, bedarf es einer Zusammenarbeit auf globaler Ebene.
Doch wie kann eine solche Zusammenarbeit aussehen? Und wie können wir als Einzelpersonen zu einer nachhaltigen Entwicklung in ärmeren Ländern beitragen?

Gruppenpuzzle

Ist Entwicklung messbar?

Material für die Expertengruppen

A Wirtschaftsleistung Seite 20/21

B Gesundheit Seite 22/23

C Hunger Seite 24/25

D Bildung Seite 26/27

1 Gruppenpuzzle Expertengruppen:
a) Definiert die jeweiligen Indikatoren.
b) Vergleicht die Bedingungen in Deutschland, China und Äthiopien anhand der Indikatoren.
c) Beschreibt die globalen Verteilungsmuster der Indikatoren mithilfe der Karten.
d) Beurteilt die Aussagekraft der Indikatoren: Inwiefern helfen die Indikatoren, den Entwicklungsstand eines Landes zu messen? Worin liegen ihre Grenzen?

2 Gruppenpuzzle Stammgruppen:
Tauscht euch über eure Arbeitsergebnisse aus und haltet sie in Form einer Tabelle fest:
a) Definitionen der Indikatoren;
b) Situation in Deutschland, China und Äthiopien;
c) globale Verteilungsmuster;
d) Chancen und Grenzen der Indikatoren.

3 MK Gruppenpuzzle Plenum:
Präsentiert eure Arbeitsergebnisse als PowerPoint-Präsentation und diskutiert die Ergebnisse im Plenum.

○ 1a ◒ 1b, 1c, 2a–2d, 3 ● 1d → Lösungshilfen ab S. 230

Staaten wie Äthiopien bezeichnen wir ganz selbstverständlich als **Entwicklungsländer**. Dabei haben wir eine bestimmte Vorstellung im Kopf. Genau diese Einschätzungen gilt es zu reflektieren. Schließlich werden wir bei solchen Urteilen unbewusst durch viele Faktoren beeinflusst (z. B. Medien, Wertvorstellungen).
Doch an welchen Kriterien kann man die Entwicklung eines Landes festmachen? Wann ist ein Land entwickelt, weniger entwickelt oder kaum entwickelt? Und was bedeutet das für die Menschen in den betreffenden Staaten?
In der Geographie verwendet man bestimmte statistisch messbare **Indikatoren**, um die unterschiedlichen Lebensbedingungen in Staaten miteinander zu vergleichen. Für die einzelnen Dimensionen von Entwicklung, z. B. Wirtschaft oder Gesundheit, gibt es verschiedene Indikatoren. Seit einigen Jahren nutzen Experten differenzierte Indikatoren wie den **Human Development Index**, bei denen mehrere Faktoren in die Berechnung einfließen. Es stellt sich jedoch die Frage, inwiefern sich der Entwicklungsstand eines Landes überhaupt messen lässt.

→ Gruppenpuzzle Seite 226

1 Wortwolke „Entwicklungsland“

In Form eines Gruppenpuzzles werdet ihr mithilfe der Materialien auf den folgenden Doppelseiten zentrale Dimensionen von Entwicklung untersuchen: Wirtschaftsleistung, Gesundheit, Hunger und Bildung. Zunächst müsst ihr die einzelnen Indikatoren definieren. Erst dann lassen sich die weltweiten Unterschiede vergleichen. In eurer Analyse sollt ihr euch besonders auf die Herkunftsländer der drei Jugendlichen – Deutschland, China und Äthiopien – konzentrieren. Am Ende gilt es die Indikatoren im Hinblick auf ihre Aussagekraft kritisch zu hinterfragen.

Exkurs: Jugend im Vergleich

Mein Name ist Marie und ich gehe in die 9. Klasse am Gymnasium Georgianum in Vreden, das ist im Westmünsterland. Meine Schule ist wirklich gut und meine Noten sind absolut in Ordnung. In meiner Freizeit gehe ich gerne mit meinen Freundinnen shoppen, um mir neue Kleidung oder schöne Accessoires zu kaufen. Außerdem habe ich einmal pro Woche Klavierunterricht und am Sonntagnachmittag nehme ich mit meinen Freunden an einem Tanzkurs teil. Mein großer Traum ist es, später einmal Architektin zu werden, um das Büro meines Vaters weiterzuführen. Natürlich möchte ich auch eine Familie mit Kindern und ein eigenes Haus haben.

1

Ich heiße Lian und lebe in Huizhou in China. Meine Mutter ist Näherin in einer Textilfabrik und mein Vater ist Ingenieur. Leider habe ich keine Geschwister. Neben dem Unterricht an einer öffentlichen Schule besuche ich am späten Nachmittag und samstags eine Privatschule. Die ist sehr teuer, aber mein Vater meint, dass ich nur mit einer guten Ausbildung später eine Chance haben werde. So lerne ich jeden Tag hart und fleißig, schließlich möchte ich gerne Arzt werden. Dann werde ich den vielen Kollegen meiner Mutter helfen können, die schwer krank sind von den Chemikalien in den Textilfabriken.

2

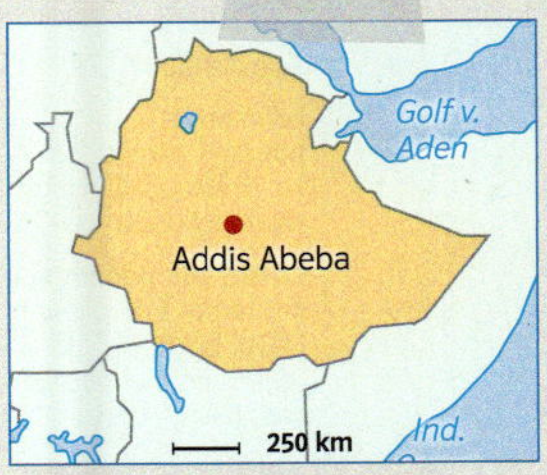

Ich bin Ayana und komme aus Addis Abeba in Äthiopien. Ich habe großes Glück, in die Schule gehen zu dürfen. Meine Cousine Candice, die in einem kleinen Dorf etwa 60 km von uns entfernt wohnt, kann nicht lesen und schreiben, weil sie nie die Schule besucht hat. Ihre Mutter braucht ihre Unterstützung bei der Hausarbeit.

Für mich ist dies das letzte Schuljahr. Die höhere Schule ist viel zu teuer. Das können sich meine Eltern nicht leisten. Meine Mutter ist Hausfrau und kümmert sich um meine vier Geschwister und mich. Mein Vater und mein 15-jähriger Bruder sind Bauarbeiter. Wenn ich erwachsen bin, möchte ich Erzieherin in einem Heim für aidskranke Kinder werden.

3

1

Jugend im Vergleich:

a) Erläutere die jeweiligen Bedürfnisse und Lebensbedingungen der drei Jugendlichen aus Deutschland, China und Äthiopien.
b) Vergleiche die Situation der drei Jugendlichen mit deiner eigenen Situation, deinen Zielen und deinen Wünschen.
c) Welche Entwicklungschancen und -herausforderungen bringen Marie, Lian und Ayana zum Ausdruck? Nutze die Übersicht der SDGs (Seite 14/15), um zu überlegen, welche Entwicklungsziele in China und Äthiopien, aber auch in Deutschland im Vordergrund stehen könnten.

◒ 1a, 1b ● 1c

Gruppenpuzzle

A Wirtschaftsleistung als Maßstab?

Material für die Expertengruppen

Least Developed Countries (LDC)
von der UNO 1971 eingeführte Bezeichnung für die am wenigsten entwickelten Staaten der Erde

→ Gruppenpuzzle Seite 226

Ein wesentlicher Maßstab für die wirtschaftliche Situation eines Landes ist das **Bruttoinlandsprodukt (BIP)**. Das ist die Summe aller in einem Jahr innerhalb eines Staates erbrachten wirtschaftlichen Leistungen, also Güter, Waren und Dienstleistungen. Geht es um den Wert aller Wirtschaftsleistungen, die von allen Angehörigen eines Staates im In- und Ausland erbracht werden, spricht man vom **Bruttonationaleinkommen (BNE)**.
Um unterschiedlich große Länder miteinander vergleichen zu können, wird das BIP (oder das BNE) durch die Zahl der Bevölkerung dividiert. Das Ergebnis ist das BIP pro Kopf (oder BNE pro Kopf). Das BIP pro Kopf gilt als einer der besten **Indikatoren** für die wirtschaftliche Entwicklung eines Landes. Falsch ist jedoch, das BIP mit dem Wohlstand oder gar dem Einkommen der Bevölkerung gleichzusetzen. Zudem verfügt das BIP über eine begrenzte Aussagekraft, da Verteilung, Selbstversorgung und informelle Arbeit nicht erfasst werden.
Häufig wird zur besseren Vergleichbarkeit auch die Kaufkraft der unterschiedlichen Währungen in Form der Kaufkraftparität (KKP, engl. purchasing power parity: PPP) berücksichtigt. Hier geht es darum, was das Geld in dem jeweiligen Land tatsächlich wert ist, also was man sich davon kaufen kann. Daher wird das BIP pro Kopf häufig in KKP angegeben.
Ein weiterer Indikator zur Messung der Kaufkraft ist der **Big-Mac-Index**. Er vergleicht den Preis des Big Macs in verschiedenen Ländern der Erde durch Umrechnung mit dem aktuellen US-Dollar-Kurs. Doch auch in diesem Fall ist die Aussagekraft fraglich, da die Wechselkurse ständig schwanken und der Preis auch durch die unterschiedlichen Kosten der Hamburger-Produktion und die jeweilige Marktlage bestimmt wird.
Insgesamt zeigen sich in Bezug auf die Wirtschaftsleistung gravierende Unterschiede zwischen reichen Industrie- und armen **Entwicklungsländern**. Doch auch innerhalb der einzelnen Länder ist die Schere zwischen Arm und Reich oft sehr groß.

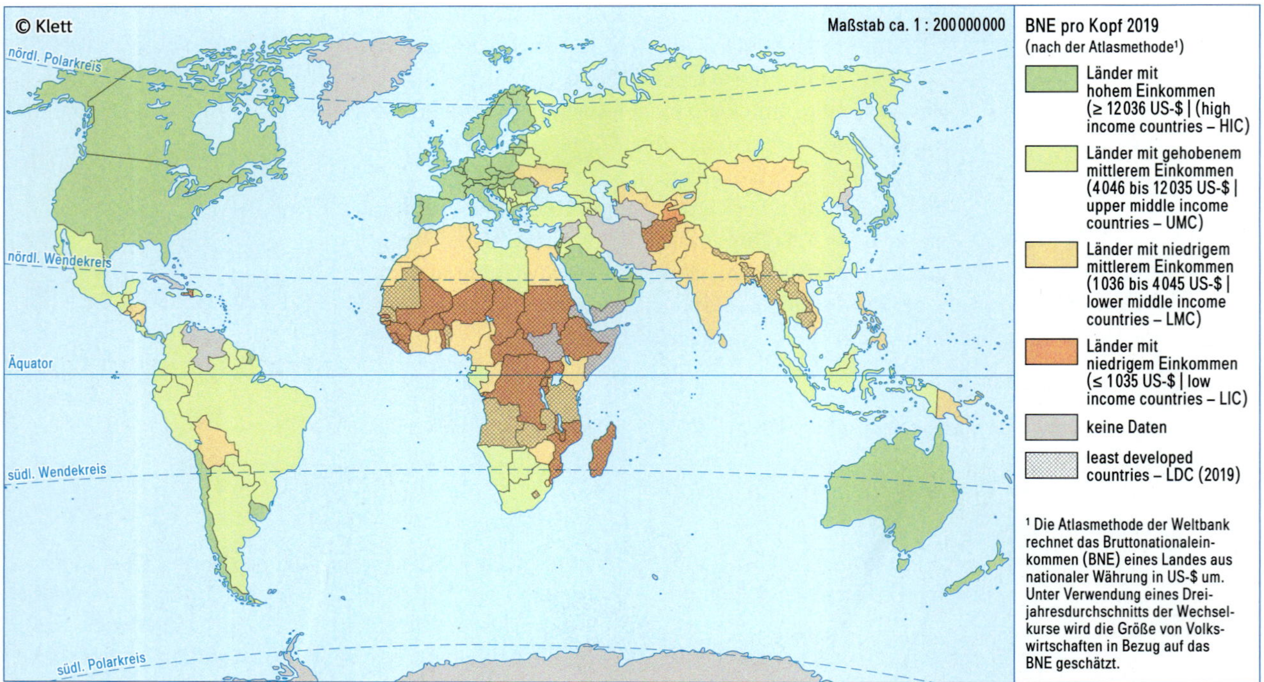

1 Länderklassifizierung der Weltbank nach BNE pro Kopf 2019 sowie Least Developed Countries (LDC) der UNO

2 So viel kostet der Big Mac

4 Was das BIP misst (und was nicht)

Gut zu wissen!
Mit dem SDG 1 legt die Agenda 2030 einen Schwerpunkt auf die Bekämpfung der weltweiten Armut.

← Nachhaltigkeitsziele Seite 14 / 15

→ Statistiken auswerten Seite 104 / 105

Rang	Staat	BIP / Kopf (in US-$)	BIP / Kopf (in KKP-$)
Die reichsten Länder			
1.	Monaco	185 741	k. A.
2.	Liechtenstein	165 028	k. A.
3.	Luxemburg	116 640	113 337
4.	Schweiz	82 797	68 061
5.	Norwegen	81 697	65 511
10.	USA	62 795	62 795
18.	Deutschland	47 603	53 075
72.	China	9 771	18 237
Die ärmsten Länder			
147.	Indien	2 010	7 763
149.	Kenia	1 711	3 468
157.	Pakistan	1 482	5 567
168.	Mali	900	2 317
174.	Äthiopien	772	2 022
183.	Madagaskar	528	1 891
184.	Afghanistan	521	1 955
187.	Niger	414	1 063

Nach The World Bank Data, 2018

3 Reichste und ärmste Länder nach BIP / Kopf 2018

Arbeitszeit, die ein Arbeitnehmer mit Mindestlohn erbringen muss, um sich einen Big Mac kaufen zu können

Staat	Arbeitszeit	Staat	Arbeitszeit
Schweiz	15 Minuten	Spanien	63 Minuten
Neuseeland	20 Minuten	Griechenland	69 Minuten
Deutschland	21 Minuten	Südafrika	105 Minuten
Ver. Königreich	26 Minuten	China	161 Minuten
Frankreich	29 Minuten	Russland	180 Minuten
USA	42 Minuten	Indien	424 Minuten

5

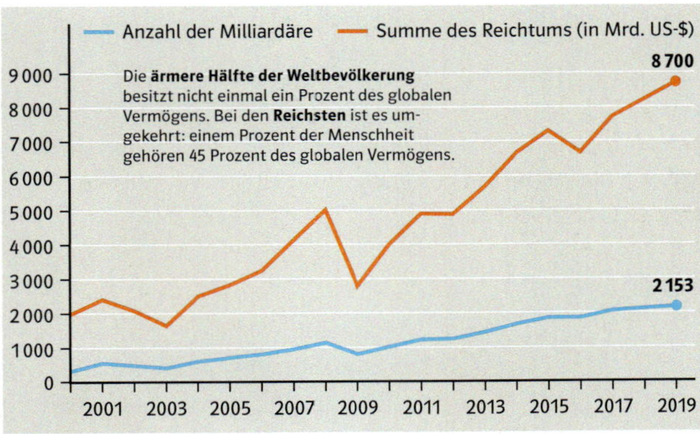

6 Zahl der Milliardäre und ihr Reichtum (Nach www.oxfam.de)

1 Vergleiche das BIP / Kopf der reichsten und ärmsten Länder der Welt mit dem jeweiligen BIP / Kopf in KKP (Tabelle 3). Erläutere, warum die Werte teilweise deutlich voneinander abweichen.

2 „Der Big Mac: in vielen Ländern ein kleiner Snack, anderswo unbezahlbarer Luxus." Erläutere diese Aussage, indem du die Materialien zum Big-Mac-Index analysierst.

3 „Die Welt ist nicht im Gleichgewicht." Beurteile diese Aussage.

Gruppenpuzzle

Material für die Expertengruppen

B Gesundheit – Voraussetzung für ein langes Leben

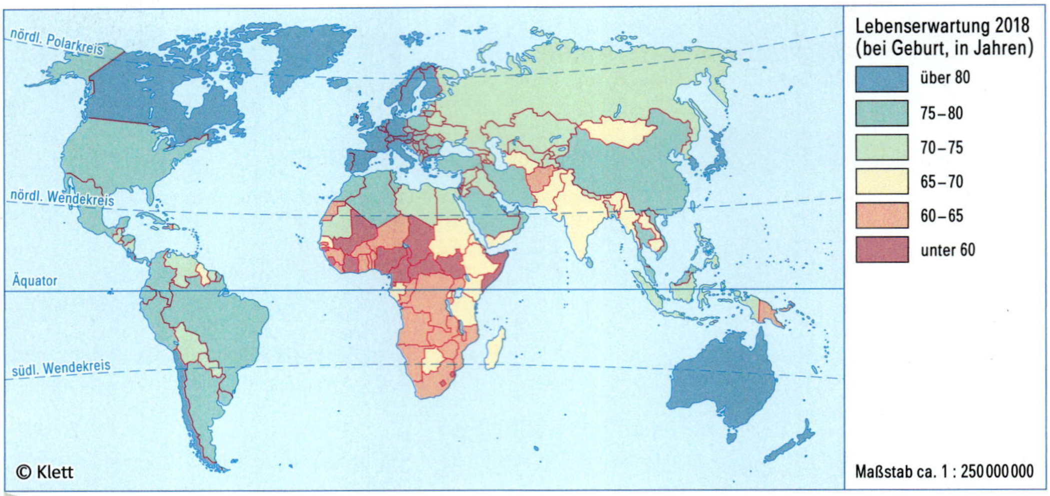

1 Lebenserwartung 2018

Aids
Erworbenes Immunschwächesyndrom, hervorgerufen durch eine Infektion mit dem HI-Virus (HIV). Viele Menschen sind nach der Infektion mit HIV oft jahrelang symptomfrei. Mittlerweile gibt es Medikamente, die die Lebenserwartung von Menschen mit Aids verlängern können. Heilung ist aber nicht möglich.

Die Gesundheitssituation in Entwicklungsländern

„Die gute Nachricht: Seit 1980 ist die Lebenserwartung weltweit von 63 auf ca. 72 Jahre angestiegen. Die Müttersterblichkeitsrate sank zwischen 1990 und 2015 um 43 Prozent, die Sterblichkeitsrate von Kindern unter 5 Jahren konnte um mehr als die Hälfte reduziert werden. Die Zahl der HIV-Neuinfektionen ist von 2000 bis 2018 um etwa 40 Prozent gefallen.
Die schlechte Nachricht: Trotz dieser Fortschritte haben rund eine Milliarde Menschen keinen Zugang zu einer ... bezahlbaren Gesundheitsversorgung. Das betrifft vor allem arme ... Bevölkerungsgruppen. Besonders gefährdet ist die Gesundheit von Frauen und Kindern. Krankheiten wie Tuberkulose oder Malaria sind in Entwicklungsländern noch immer weit verbreitet und kosten dort jedes Jahr mehr als zwei Millionen Menschen das Leben. Weltweit waren 2018 etwa 37,9 Millionen Menschen mit dem HI-Virus infiziert, mehr als 25 Millionen davon in Subsahara-Afrika. Auch Infektionen, die durch Parasiten hervorgerufen werden, ... stellen weiterhin ein großes Gesundheitsrisiko dar."

BMZ: Menschenrecht Gesundheit. Die Gesundheitssituation in Entwicklungsländern, 2019 (26.5.2020)

2

↽ **Nachhaltigkeitsziele Seite 14/15**

Neben der **Sterberate** ist die **Lebenserwartung** ein wichtiger **Indikator** für die Gesundheit einer Bevölkerung. Sie beschreibt die durchschnittliche Lebensdauer in Jahren, die die Menschen eines bestimmten Alters zu erwarten haben. Die Lebenserwartung hängt vom Wohlstand, vor allem aber von der medizinischen Versorgung ab. Frauen haben i.d.R. eine höhere Lebenserwartung als Männer.
In globaler Perspektive zeigt sich, dass die Gesundheitssituation von Land zu Land stark variiert. Oft treten bestimmte Krankheiten wie Aids, Tuberkulose oder Malaria gehäuft auf, obwohl sie behandelbar sind. Auch die medizinische Versorgung ist in diesen Ländern oft unzureichend. Die Hauptursache ist meist Armut, die auf dem Land und in den Slums besonders groß ist. Aber auch andere Faktoren wie Kriege oder Naturkatastrophen können sich negativ auf die Gesundheitslage auswirken.
Selbst wenn sich die Weltgesundheitssituation in den letzten Jahren gebessert hat, bleibt dies weiterhin eines der Kernziele der Agenda 2030 für **nachhaltige Entwicklung** (SDG 3).

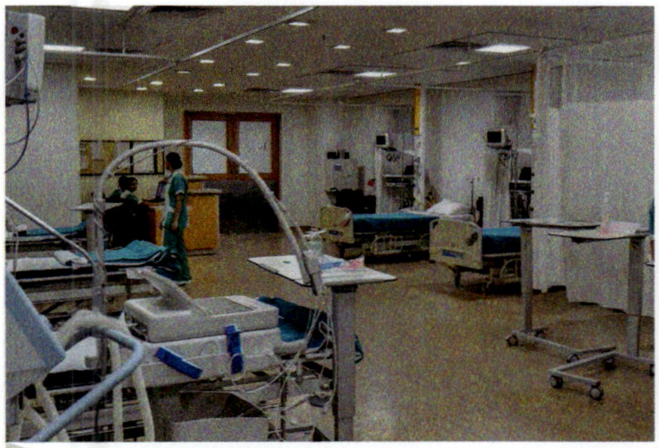

3 Krankenhaus in Indien

6 Mobile Krankenstation in Tansania

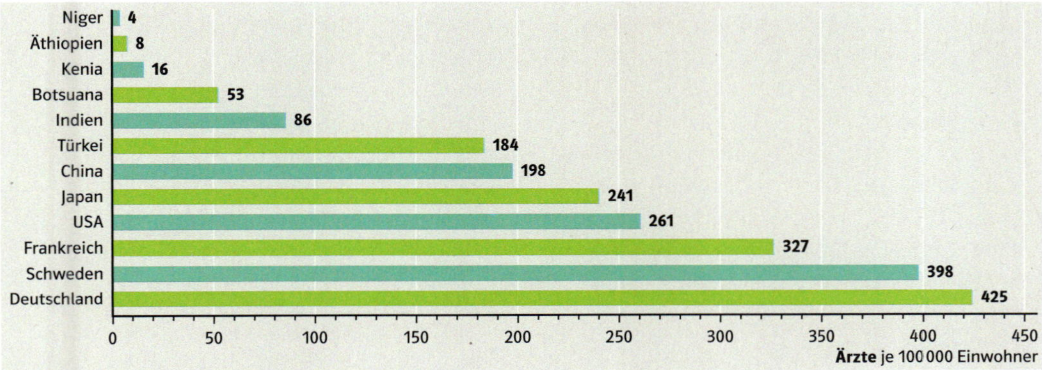

4 Ärzte je 100 000 Einwohner in ausgewählten Staaten 2018 (Daten nach WHO)

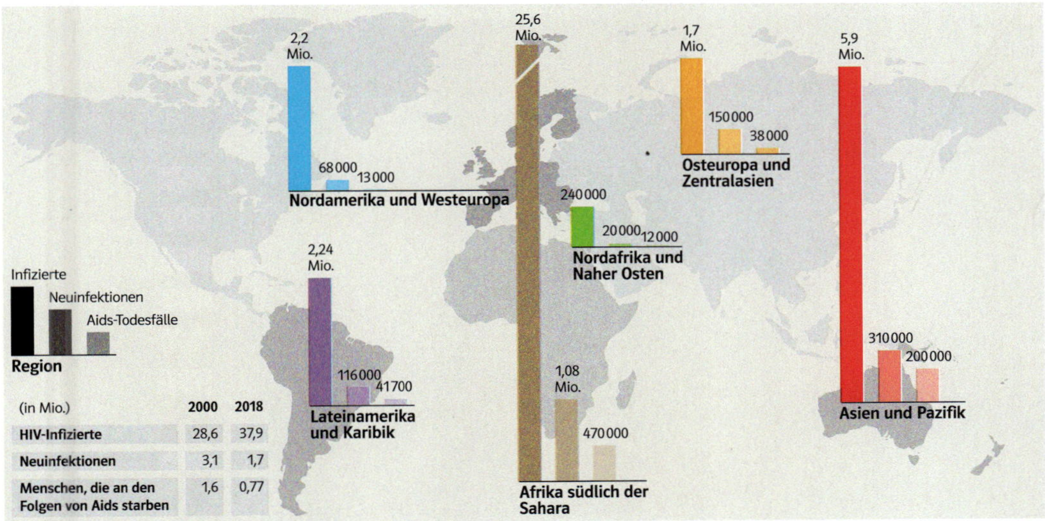

(in Mio.)	2000	2018
HIV-Infizierte	28,6	37,9
Neuinfektionen	3,1	1,7
Menschen, die an den Folgen von Aids starben	1,6	0,77

5 HIV und Aids weltweit 2018 (Daten nach UNAIDS)

→ Gruppenpuzzle Seite 226

1
Arbeit mit Karte 1 und Grafik 4:
a) Vergleiche die Zahl der Ärzte je 100 000 Einwohner mit der Lebenserwartung in den jeweiligen Ländern.
b) Erläutere die Zusammenhänge zwischen den beiden Indikatoren.

2 MK
Erkläre, warum HIV und Aids auch heute noch eine globale Herausforderung darstellen (Grafik 5, Text, Internet).

3 MK
Recherchiere im Internet über Anti-Aids-Kampagnen in Entwicklungsländern und wähle eine Kampagne aus, die du deiner Klasse in einem Kurzvortrag vorstellst.

Gruppenpuzzle

C Hunger – trotz Nahrung im Überfluss?

Nachhaltigkeitsziele Seite 14/15

Gruppenpuzzle Seite 226

„Weltweit hungern rund 822 Millionen Menschen. Das sind etwa 11 Prozent der Weltbevölkerung bzw. etwa jeder neunte Mensch. Auch wenn der Hunger in den Entwicklungsländern seit 2000 um 28 Prozent zurückgegangen ist, bleibt es äußerst fraglich, ob das in der UN-Agenda definierte Ziel ‚Zero Hunger' (SDG 2) bis 2030 tatsächlich erreicht werden kann.
Da im Prinzip die verfügbaren Nahrungsmittel reichen würden, um alle Menschen zu ernähren, ist ein weltweites Umdenken erforderlich.

Was ist Hunger?
Menschen, die regelmäßig zu wenig essen und unterernährt sind, leiden unter chronischem Hunger. Er ist eng mit Armut verknüpft.
Akuter Hunger meint schwere Unterernährung über einen abgegrenzten Zeitraum, z. B. ausgelöst durch Katastrophen.
Satt werden bedeutet aber nicht automatisch, dass man sich gesund ernährt. Viele Menschen können sich von ihrem Geld gerade einmal Mehl, Brot oder Reis kaufen. Gemüse, Obst oder gar Eier und Milch kommen selten auf den Teller. Dann fehlen den Menschen lebenswichtige Vitamine und Mineralstoffe. Sie leiden unter Mangelernährung oder ‚verstecktem' Hunger. Weltweit sind davon mehr als zwei Milliarden Menschen betroffen.

Welche Folgen hat der Hunger?
Hunger und Mangelernährung haben dramatische Folgen: Sie schränken z. B. die körperlichen und geistigen Fähigkeiten ein, Menschen leiden unter Konzentrationsmangel und sind nicht so leistungsfähig. Vor allem Kinder können sich nicht altersgerecht entwickeln, d. h., sie bleiben kleiner und schwächer als andere, die genügend zu essen bekommen."

Zusammenstellung nach: Welthungerhilfe: Es ist genug für alle da (Broschüre 2014); Welthungerindex 2016 und 2019; Hunger – Ausmaß, Verbreitung, Ursachen – Die häufigsten Fragen zum Thema; Hunger – Verbreitung, Ursachen und Folgen (Welthungerhilfe 2020) (26.5.2020)

2

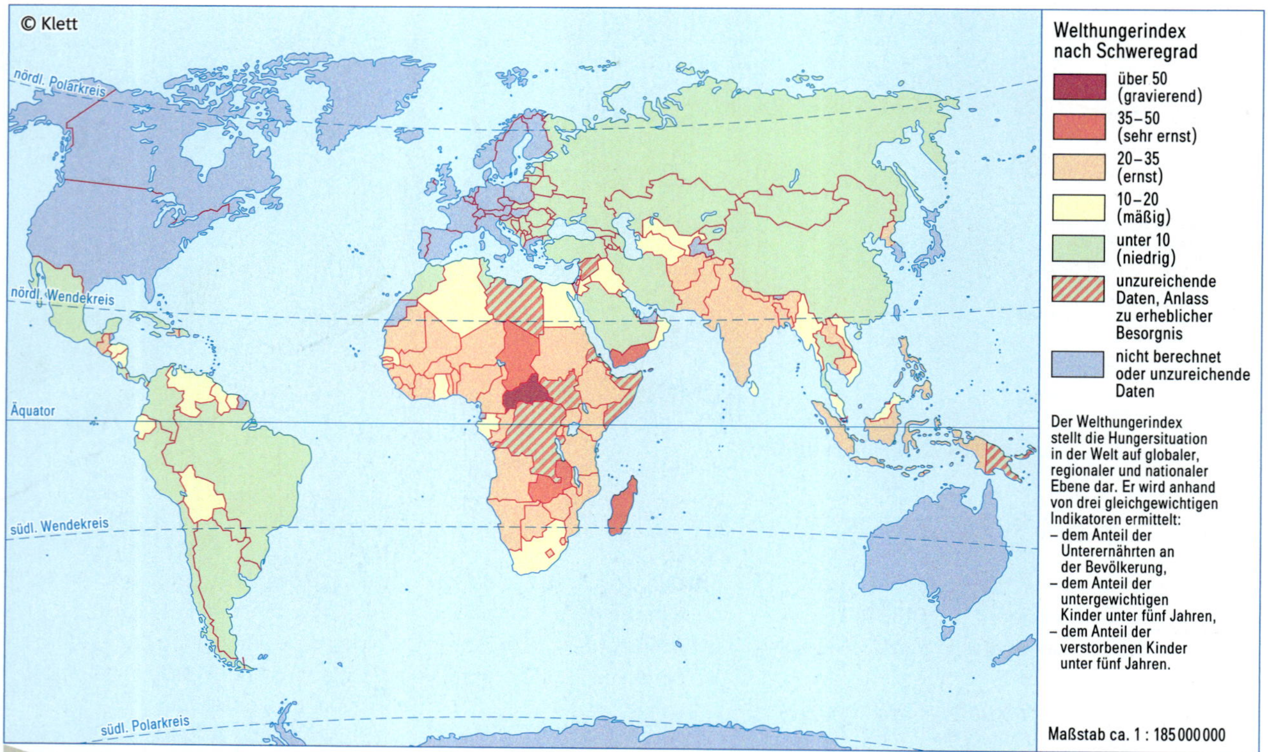

1 Welthungerindex 2019 (Nach Deutsche Welthungerhilfe e. V. – Welthunger-Index 2019)

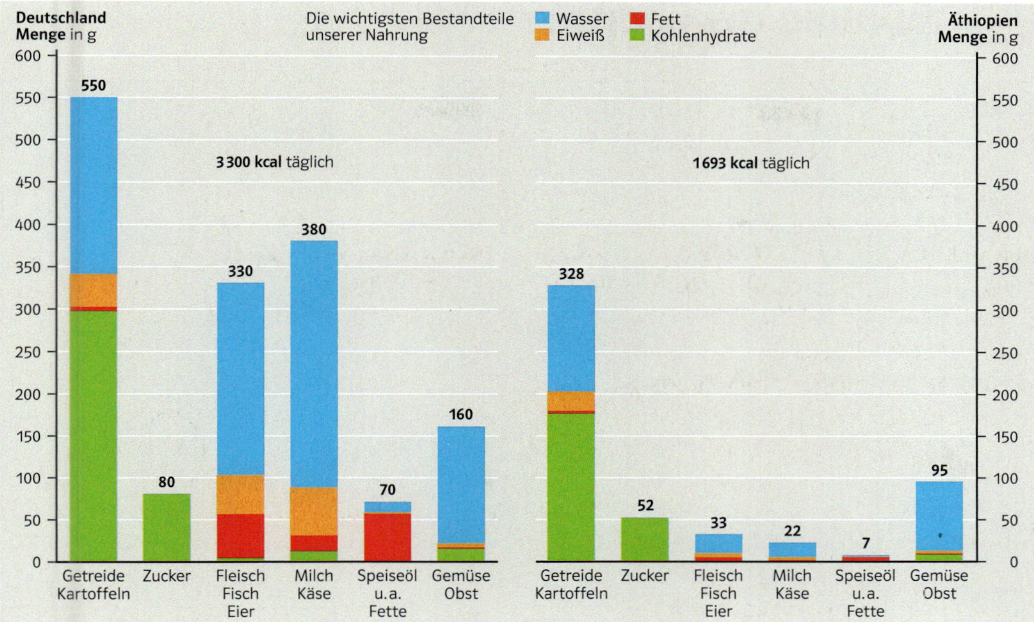

3 Bestandteile der Nahrung in Äthiopien und Deutschland

4 Ein Mädchen in Äthiopien, das Hunger leidet

5 Ziel 2 der globalen Ziele für nachhaltige Entwicklung: Kein Hunger

Kilokalorien (kcal)

Maßeinheit, die den Energiegehalt von Nahrungsmitteln angibt. International gilt inzwischen die Einheit Joule (J), die Angabe kcal ist aber weiter gebräuchlich.

1 kcal = ca. 4,187 kJ

Wie viel Nahrung braucht der Mensch?

Wissenschaftler sagen, dass jeder Mensch täglich zwischen 1700 und 1900 kcal benötigt. In den reichen Industriestaaten stehen den Menschen durchschnittlich 3400 kcal am Tag zur Verfügung. In den ärmsten Staaten sind es hingegen nur 2100 kcal im Durchschnitt. Allerdings sind hier die Unterschiede zwischen Arm und Reich sehr groß.

1 Ernährung im Vergleich:
a) Werte die Grafik 3 aus. Welche Nahrungsmittel sind in Deutschland am wichtigsten, welche in Äthiopien?
b) Beurteile die Ernährungssituation in beiden Ländern.
c) MK Informiere dich im Internet über die Ernährungslage in China. Unterscheide dabei zwischen der ländlichen und der städtischen Bevölkerung.

2 Wie kannst du selbst einen Beitrag zum Kampf gegen den weltweiten Hunger leisten? Nenne möglichst konkrete Maßnahmen.

3 MK Überprüfe mithilfe einer geeigneten App für mehrere Tage, über welche Nahrungsbestandteile du wie viele Kalorien aufnimmst. Vergleiche deine Ergebnisse mit den Werten der Grafik 3.

Gruppenpuzzle

D Bildung als Chance

Material für die Expertengruppen
A Wirtschaftsleistung Seite 20/21
B Gesundheit Seite 22/23
C Hunger Seite 24/25
D Bildung Seite 26/27

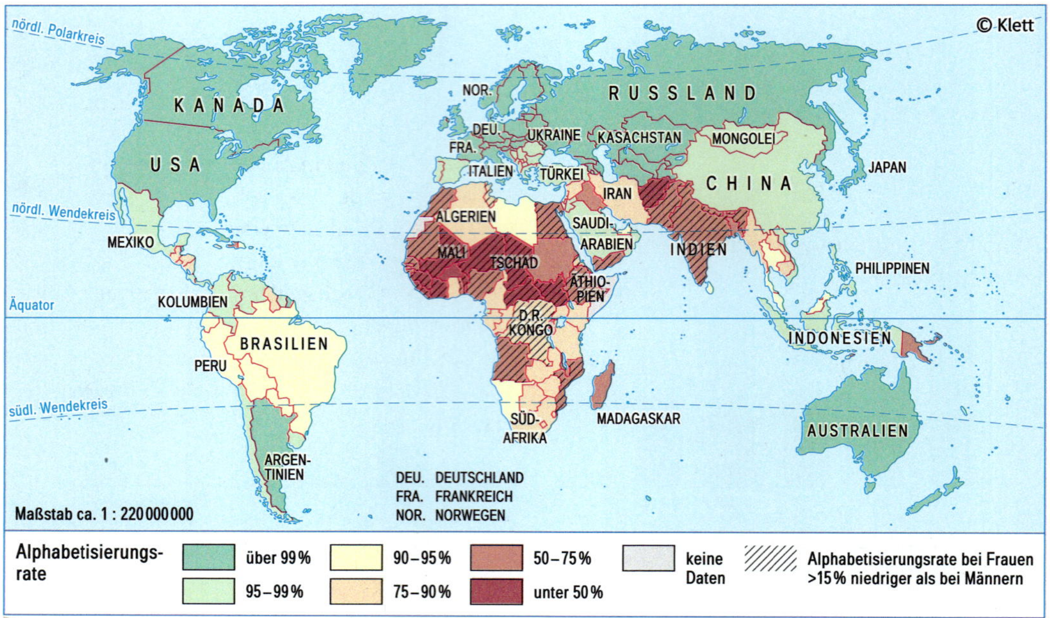

2 Lese- und Schreibfähigkeit bei Erwachsenen (ab 15 Jahren)

Analphabet
ein Mensch älter als 15 Jahre, der nicht lesen oder schreiben kann

← Nachhaltigkeitsziele Seite 14/15

→ Gruppenpuzzle Seite 226

Weltweit besuchen rund 63 Millionen Kinder im Grundschulalter keine Schule. Etwa die Hälfte dieser Kinder lebt in afrikanischen Ländern südlich der Sahara, etwa ein Viertel in Süd- und Westasien. Hinzu kommen rund 200 Millionen Jugendliche bzw. junge Erwachsene aus aller Welt, die keinen Zugang zu Bildung haben. Mindestens 750 Millionen Menschen über 15 Jahre sind **Analphabeten**, etwa zwei Drittel von ihnen sind Frauen. In den ländlichen Regionen der **Entwicklungsländer** ist die Situation besonders problematisch.
Dabei dient Bildung nicht nur der persönlichen Entwicklung jedes Einzelnen, sondern sie ist auch unverzichtbar für die Entwicklung eines Landes. Erst durch Bildung können die Menschen Kompetenzen erwerben, um heutige politische, soziale, ökologische und wirtschaftliche Herausforderungen wie die wachsende Armut, den Wassermangel oder eine bessere Gesundheitsvorsorge zu bewältigen.
Daher stellt die Förderung der Bildung eines der Kernziele der Agenda 2030 für **nachhaltige Entwicklung** der Vereinten Nationen dar (SDG 4).
Auch das deutsche Bildungssystem ist gefordert: Es gilt, soziale Ungleichheiten aufgrund sozio-ökonomischer Herkunft, Migrationshintergrund, Geschlechtszugehörigkeit oder Behinderung weiter abzubauen.

	Alter	Mädchen ♀	Jungen ♂
Kein Schulbesuch: **a) Grundschule** **b) weiterführende Schule**	 6–11 Jahre 12–17 Jahre	 34 Mio. 30 Mio.	 29 Mio. 31 Mio.
Ohne Schulbesuch, Weiterbildung oder bezahlte Beschäftigung	15–19 Jahre	25 %	10 %
Analphabeten	15–24 Jahre	58 Mio.	44 Mio.

Nach Unicef, Weltmädchentag 2019

1 Geschlechterungleichheit weltweit, 2019

PLAN INTERNATIONAL
Gibt Kindern eine Chance

3 Logo des Kinderhilfswerks Plan International Kampagne: „Bildung macht Mädchen stark"

Die Ungleichheit zwischen Männern und Frauen wird durch den **GDI (Gender Development Index)** erfasst. Dieser berücksichtigt neben den unterschiedlichen Bildungschancen auch die Lebenserwartung und das Pro-Kopf-Einkommen von Männern und Frauen (vgl. Definition HDI, Seite 28). Je niedriger der GDI, desto stärker sind Frauen benachteiligt gegenüber Männern. Anhand der GDI-Werte werden die Länder in Gruppen von 1 (hohe Gleichheit) bis 5 (niedrige Gleichheit) eingeteilt.

Gruppe	GDI-Wert	Staat
1	0,991	USA
2	0,968	Deutschland
2	0,961	China
3	0,937	Indonesien
4	0,912	Ghana
5	0,844	Äthiopien

Nach Human Development Reports – Gender Development Index, UNDP 2018

4 Der GDI ausgewählter Staaten, 2018

Siqin Chen

„Schon in der Grundschule ging der Druck los. Alles dreht sich für Kinder in China nur um die Abschlussprüfung am Ende der zwölften Klasse. Die entscheidet darüber, auf welche Universität wir gehen können. Ich bin in Bengbu in Anhui zur Schule gegangen, einer der ärmsten Regionen des Landes. Und weil es so viele Schüler in der Provinz gibt, aber nur wenige Uniplätze, ist der Druck noch einmal höher als beispielsweise in Shanghai oder Beijing. Allein in meiner Klasse waren mehr als 60 Schüler.
Meine Eltern waren sehr streng mit mir. Die Schule begann morgens um halb acht und dauerte bis halb neun abends. Danach musste ich meist noch bis Mitternacht Hausaufgaben machen, die meine Eltern jeden Tag kontrollierten. Und am Wochenende hatte ich zwar keinen Unterricht, dafür aber Nachhilfe in mehreren Fächern."

Lea Deuber: Schule in China. „Meine Eltern waren immer nur enttäuscht". In: ZEIT ONLINE. ZEIT Campus vom 31.10.2016

6

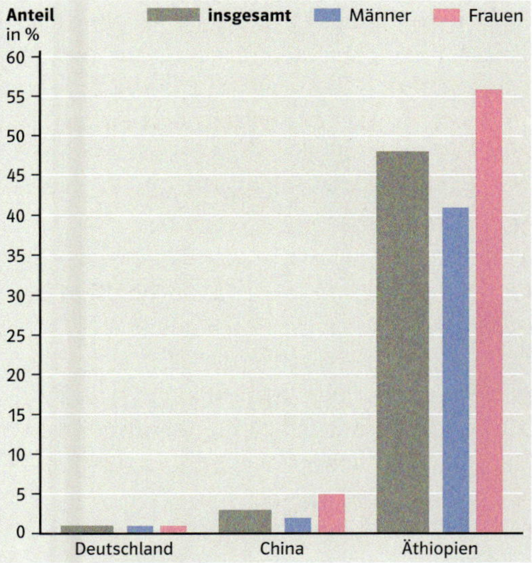

5 Analphabetenrate in ausgewählten Ländern, 2018

Mumina Fhara

Ich heiße Mumina Fhara, bin 17 Jahre alt. Ich lebe in Denan, 670 Kilometer südlich von Addis Abeba in Äthiopien. Wegen des Krieges und weil es lange nicht geregnet hat, ziehe ich mit meiner Familie von Ort zu Ort. Jetzt leben wir in einem Lager einer Hilfsorganisation. In unserer Heimat auf dem Land war ich selten in der Schule, weil ich auf meine jüngeren Geschwister aufgepasst habe. Nun habe ich selbst Kinder und werde wohl nie mehr in die Schule gehen. Ich habe keinen Beruf und keine Chance, ausreichend Geld zu verdienen. Wenn meine Kinder größer sind, können sie mir helfen, ein paar Früchte zu verkaufen. Das habe ich für meine Mutter früher auch getan.

7

1
Vergleiche die schulische Situation von Siqin Chen und Mumina Fhara (Texte 6, 7) mit deiner eigenen Situation.

2
„Bildung macht Mädchen stark." Erkläre, warum Bildung gerade für Mädchen in Entwicklungsländern von großer Bedeutung ist.

3
Hilfsprojekte:
a) Nennt konkrete Maßnahmen, mit denen wir Entwicklungsländer bei der Umsetzung ihrer Bildungsziele unterstützen können.
b) Ein Beispiel für derartige Hilfsprojekte sind Partnerschaften mit Schulen in ärmeren Ländern. Vielleicht gibt es das auch an eurer Schule? Informiert euch über Ziele, Maßnahmen und bisherige Erfolge der Schulpartnerschaft.

HDI und HPI – differenzierte Indikatoren zur Messung des Entwicklungsstandes

Die Auswertung einzelner Indikatoren wie des BIP reicht nicht aus, um den Entwicklungsstand eines Landes zu beschreiben. Es sollte eine möglichst große Zahl von Merkmalen herangezogen werden. Zu beachten ist dabei, dass die einzelnen Indikatoren, je nach Betrachter, unterschiedlich interpretiert werden können. Zudem handelt es sich meist um Durchschnittswerte, die regionale Disparitäten innerhalb eines Landes verdecken können.
Die UNO beurteilt den Entwicklungsstand der Länder daher nach dem differenzierten „Human Development Index" (HDI). Zudem versucht man seit einigen Jahren die Zufriedenheit der Einwohner sowie die ökologische Nachhaltigkeit mithilfe des „Happy Planet Index" (HPI) zu erfassen.

Der **Human Development Index (HDI)** zeigt, dass der Grad menschlicher Entwicklung nicht nur etwas mit wirtschaftlichen Kriterien zu tun hat. In einem komplexen Berechnungsverfahren versucht man mit seiner Hilfe, den Stand menschlicher Entwicklung einzuschätzen. Der HDI setzt sich zusammen aus der **Lebenserwartung** bei Geburt, dem Bildungsgrad eines Landes und dem BNE pro Kopf. Der Bildungsgrad setzt sich wiederum aus der voraussichtlichen und der durchschnittlichen Schulbesuchsdauer zusammen. Der HDI eines Landes liegt zwischen null und eins, wobei null den niedrigsten Grad der Entwicklung darstellt.

→ thematische Karten auswerten Seite 227

HDI-Rang	HDI-Wert	Staat
1	0,954	Norwegen
2	0,946	Schweiz
4	0,939	Deutschland
15	0,920	USA
49	0,824	Russland
85	0,758	China
173	0,470	Äthiopien
189	0,377	Niger

2 Der HDI ausgewählter Staaten 2019

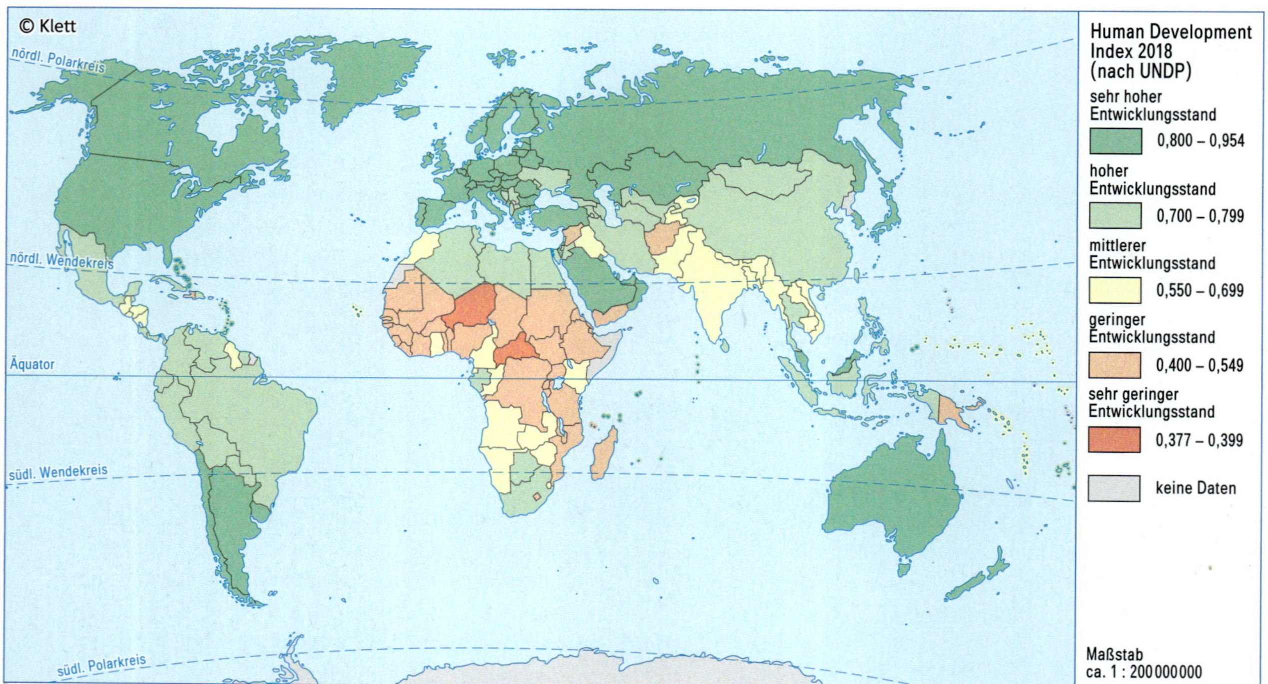

1 HDI 2018 (nach Human Development Report 2019)

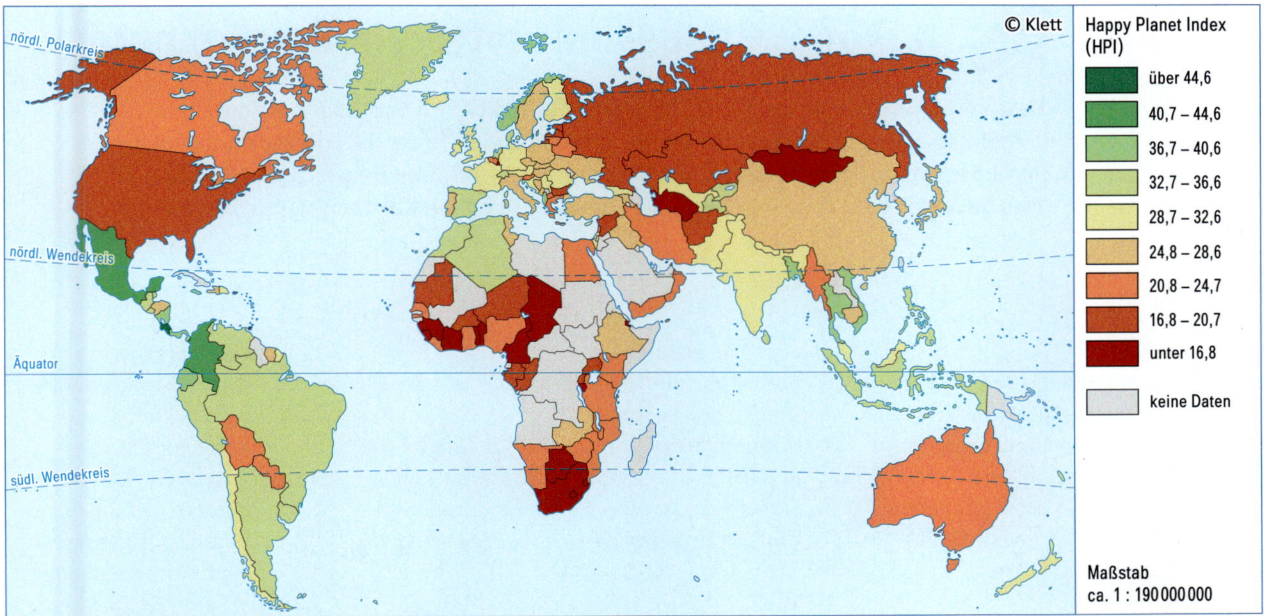

3 Happy Planet Index 2019 (Nach http://happyplanetindex.org)

Der **Happy Planet Index (HPI)** stellt den erstmals im Jahre 2006 getätigten Versuch dar, menschliche Zufriedenheit und ökologische Nachhaltigkeit in der Einschätzung eines Entwicklungsstandes zu berücksichtigen. So berechnet sich der HPI über folgende Formel: Lebenserwartung mal subjektives Wohlbefinden mal Ungleichheit (bezogen auf Lebenserwartung und Wohlbefinden innerhalb eines Landes) geteilt durch den **ökologischen Fußabdruck**. Im Gegensatz zu den an sozialen und wirtschaftlichen Werten ausgerichteten Indizes orientiert sich dieser Indikator an der Frage, welches Land das Wohlbefinden der heutigen Generation maximiert. Gleichzeitig geht es darum, ob entstehende Umweltbelastungen minimiert werden, um auch zukünftigen Generationen Wohlbefinden zu ermöglichen.
Bisher hat sich der HPI als **Indikator** noch nicht durchsetzen können, unter Experten ist er umstritten.

Ökologischer Fußabdruck
Die theoretisch notwendige Fläche, die den Lebensstil und Lebensstandard eines Menschen dauerhaft ermöglicht. Das schließt die Fläche zur Nahrungsmittelproduktion und zur Energieversorgung ebenso ein wie die zur Müllentsorgung.

1
Human Development Index (HDI) als differenzierter Indikator:
a) Beschreibe die räumlichen Verteilungsmuster des HDI mithilfe der Karte 1.
b) Erkläre, warum sich der HDI als differenzierter Indikator im Vergleich zu einfachen Indikatoren besser eignet, den Entwicklungsstand eines Landes zu erfassen.
c) Erläutere, warum auch dieser Indikator seine Grenzen hat.

2
Happy Planet Index (HPI):
a) Untersuche anhand von Karte 3, wie „glücklich und nachhaltig" die Menschen in den einzelnen Staaten der Erde leben.
b) Vergleiche die Entwicklungsunterschiede nach dem HDI mit der Klassifizierung der Staaten nach dem HPI (Karten 1 und 3).
c) Beurteile die Aussagekraft des HPI. Warum könnte dieser in der Fachwelt umstritten sein?

3 SP
Entwicklungsindikatoren:
A Erstelle einen eigenen differenzierten Indikator. Welche einzelnen Entwicklungsindikatoren sollen berücksichtigt und zu welchem Prozentanteil gewichtet werden? Begründe deine Entscheidung.
B Wähle ein Land der Erde aus und beschreibe seinen Entwicklungsstand mithilfe möglichst vieler Indikatoren. Formuliere anschließend einen Text, in dem sich ein Jugendlicher / eine Jugendliche aus diesem Land vorstellt (vgl. Seite 19).

Informationen finden

Kakao – Genuss mit bitterem Beigeschmack

Thea stöbert im „Weltladen“. Die Schokolade sieht köstlich aus, aber bei dem Preis vergeht ihr beinahe der Appetit! Die Verkäuferin erklärt, dass die Fairtrade-Schokolade im Gegensatz zur gewöhnlichen Schokolade keinen „bitteren Beigeschmack“ habe. Was bedeutet das? Thea beschließt sich genauer über den Kakaoanbau zu informieren.

1 Kakaoanbau:
a) Erläutere anhand der Anbaubedingungen (Tabelle 3), welche Klimazone für den Kakaoanbau geeignet ist.
b) Prüfe deine These anhand der weltweiten Verteilung des Kakaoanbaus (Karte 6) sowie der wichtigsten Anbauländer (Tabelle 4).

2 Von der Pflanzung in den Verkauf:
A Beschreibe den Weg des Kakaos von der Pflanzung in den Laden (Schema 2).
B Du kaufst eine Tafel Schokolade für 80 Cent. Berechne, wie viel Cent an die einzelnen Akteure des Anbau-, Herstellungs- und Verkaufsprozesses gehen (Grafik 5, Schema 2).

3 Weltmarktpreise:
a) Beschreibe die Entwicklung des Weltmarktpreises für Rohkakao (Diagramm 7).
b) Erläutere, welche Auswirkungen die Preisentwicklung für die Kleinbauern hat.

○ 2A, 3a ◒ 1a, 2B, 3b ● 1b → Lösungshilfen ab S. 230

1 Kakaobaum

Früchte des Kakaobaums	Einteilung in 5 Längsfächer mit jeweils bis zu 10 Samen bzw. Kakaobohnen
Erntezeit	Oktober bis März (Haupternte) und Mai bis August
Temperatur	ca. 25 °C im Jahresmittel, Nachttemperaturen über 20 °C
Licht	keine direkte Sonneneinstrahlung (durch schattenspendende Pflanzen wie Bananen oder Palmen)
Niederschlag	ca. 2 000 mm im Jahr, gleichmäßige Verteilung über das Jahr
Bodeneigenschaften	feucht und tiefgründig
Höhenlage	Flachland oder Gebirge

Nach Fairtrade Deutschland, 2019

3 Anbaubedingungen des Kakaobaums

→ Infografiken erstellen Seite 56/57

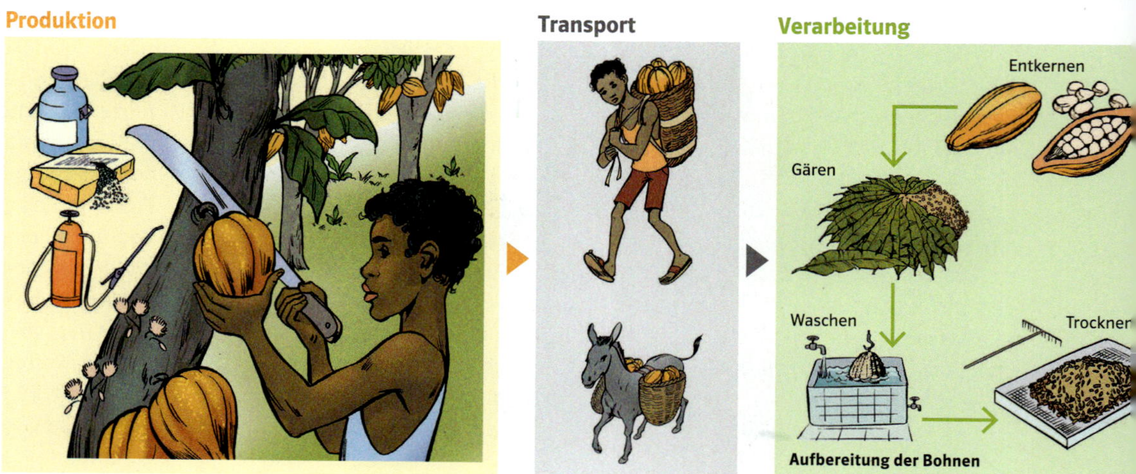

2 Von der Pflanzung in den Laden

	Kakaoproduktion in 1000 t
Elfenbeinküste	2 150
Ghana	900
Ecuador	298
Kamerun	250
Nigeria	245
Indonesien	220
Brasilien	195
Welt	**4 799**

(Nach ICCO 2019)

4 Wichtige Anbauländer 2018 / 2019

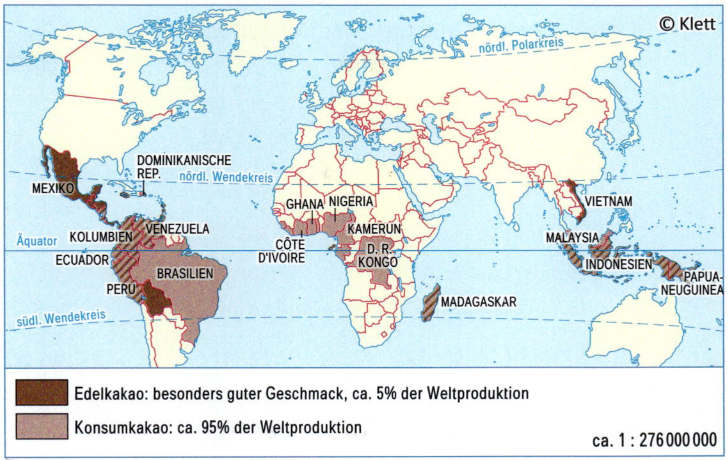

6 Rohkakaoanbau weltweit

5 Zusammensetzung des Verkaufspreises von Schokolade

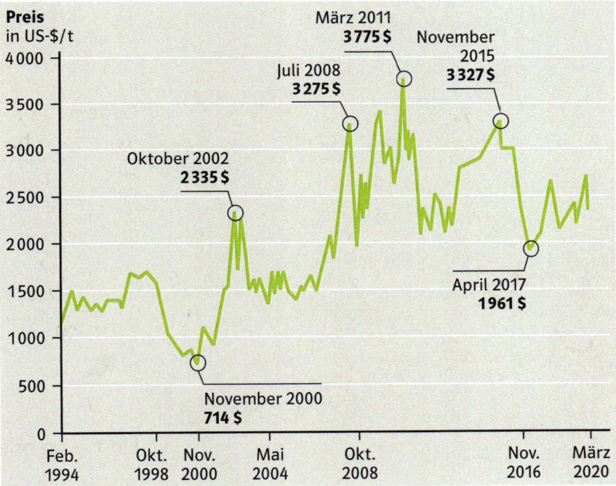

7 Weltmarktpreis für Rohkakao

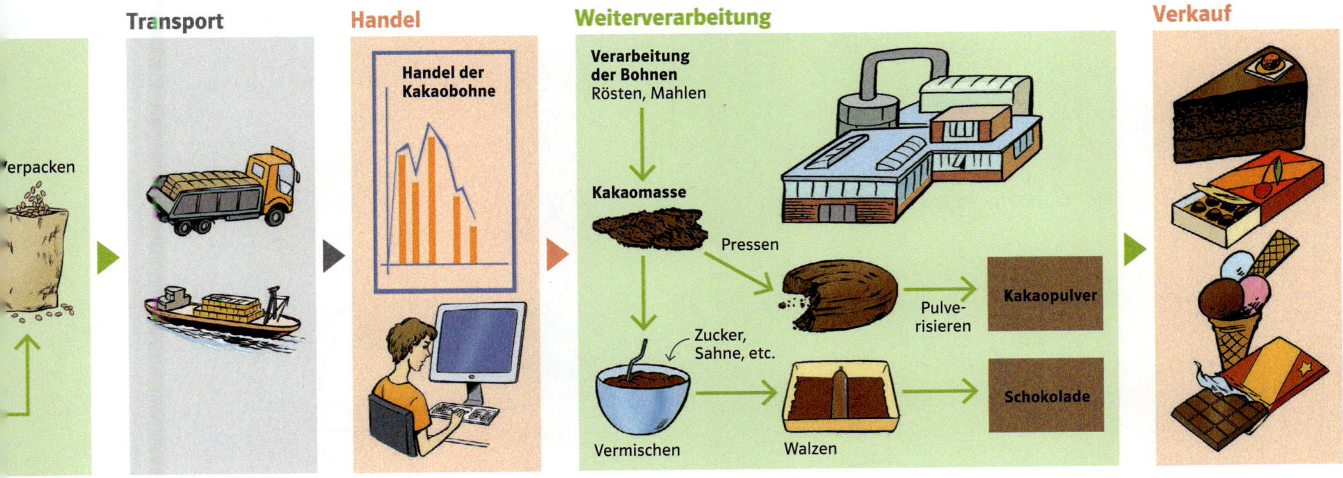

Informationen finden

Harte Arbeit auf der Kakaoplantage

8

Fläche	322.463 km²
Bevölkerung	26,3 Mio.
Bruttoinlandsprodukt (BIP)	44,4 Mrd. US-$
BIP pro Kopf	1.691 US-$
Beschäftigtenanteil:	
– Primärer Sektor	40,0 %
– Sekundärer Sektor	13,2 %
– Tertiärer Sektor	46,8 %
Wichtigste Exportgüter:	
– Kaffee, Tee, Kakao, Gewürze	37,7 %
– Erdöl, Erdölerzeugnisse	13,8 %
– Gemüse und Früchte	10,5 %
– Gold	6,5 %
Lebenserwartung	60,7 Jahre
Alphabetisierungsrate	47 %
Human Development Index (HDI)	0,516 → Rang 165

(Nach Länderprofil Elfenbeinküste, WKÖ 2020)

9 Entwicklungsstand Elfenbeinküste 2018 / 2019

Klimadiagramme auswerten Seite 226

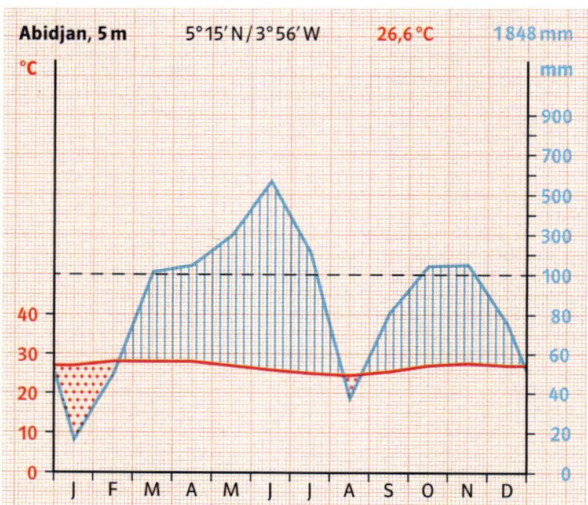

10 Klimadiagramm von Abidjan

„Mein Name ist Moussa, ich bin 14 Jahre alt und komme aus der Elfenbeinküste. Seit zwei Jahren gehe ich nicht mehr zur Schule, weil ich auf einer Kakaoplantage arbeite. Meine Familie braucht das Geld dringend. Der Verdienst meines Vaters reicht nicht aus, um uns vier Geschwister und meine Eltern zu ernähren.
Auf der Plantage arbeiten viele Kinder, schätzungsweise sind es über ein Drittel der Kinder des Dorfes. Unsere Schicht dauert von 7 bis 18 Uhr. Abends bin ich immer ganz geschafft von der schweren Arbeit. Die Säcke mit den geernteten Kakaobohnen, die wir tragen müssen, wiegen mehrere Kilo. Auch das Unkrautjäten mit der Machete ist sehr anstrengend. Manchmal verlangt der Besitzer der Plantage von uns Kindern sogar, dass wir Pestizide versprühen. Dann versuche ich so gut es geht die Luft anzuhalten, um nicht so viel husten zu müssen.
Im Vergleich zu meinem Vater, der auf der gleichen Plantage arbeitet, verdiene ich deutlich weniger Geld. Letzten Sommer habe ich einen noch geringeren Lohn erhalten, weil die Erntemenge aufgrund der starken Dürre erheblich zurückgegangen ist.
Wenn ich erwachsen bin, möchte ich Politiker werden, um die Situation in unserem Land zu verbessern. Dann werde ich Kinderarbeit verbieten!
Außerdem würde ich unglaublich gerne einmal von der fertigen Schokolade kosten. Sie soll süß schmecken und auf der Zunge zergehen."

11 Moussa berichtet von seiner Arbeit auf einer Kakaoplantage

4 Strukturdaten Elfenbeinküste:
a) Lokalisiere die Elfenbeinküste (Karte 8, Atlas).
b) Kennzeichne den Entwicklungsstand des Landes (Tabelle 9).

5 Erläutere die Bedeutung des Kakaoanbaus für die Elfenbeinküste (Tabelle 4 auf S. 31, Tabelle 9, Diagramm 10).

6 Vergleiche die Lebensbedingungen von Moussa (Text 11) und Koffi (Text 15).

Es geht auch anders!

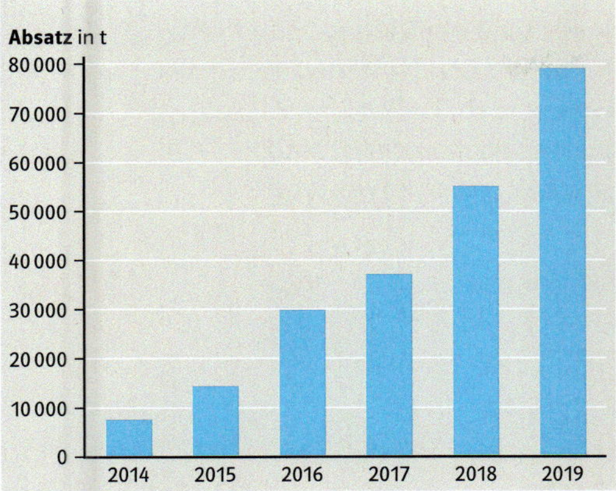

12 Absatzentwicklung von Fairtrade-Kakao in Deutschland (in Tonnen)

14 Fairtrade-Kakaoanbau

Rohstoff-Siegel „Fairtrade Cocoa“

FAIRTRADE COCOA

16

- stabile Einkommen durch Zahlung von Mindestpreisen und Prämien
- ausdrückliches Verbot von ausbeuterischer Kinderarbeit und Zwangsarbeit
- geregelte Arbeitsbedingungen
- Zusammenschluss mehrerer Kakao-Bauern in demokratisch organisierten Kooperativen
- Mitspracherecht der Bauern (z. B. in Bezug auf Anschaffungen oder soziale Projekte)
- Beratungsangebot durch Fairtrade-Produzentennetzwerke
- leichter Zugang zu (Mikro-)Krediten
- Steigerung der Produktivität und Qualität durch Investition von 25 % der Fairtrade-Prämien
- umweltschonender Anbau: Verbot gefährlicher Pestizide, kein gentechnisch verändertes Saatgut etc.

Verändert nach: TransFair e.V. 2020

13 Fairtrade-Richtlinien

„Ich heiße Koffi, bin 14 Jahre alt und lebe in einem Dorf im Südwesten der Elfenbeinküste. Zusammen mit meinen fünf Geschwistern besuche ich täglich die Schule. Darauf legt unser Vater großen Wert, schließlich sollen wir später einmal einen guten Beruf erlernen.
Mein Vater besitzt als Kleinbauer Kakaobäume. Er verdient nicht viel, aber wir haben genug zu essen. Wir können sogar etwas Geld sparen. Das alles ist nur möglich, weil sich mein Vater schon vor einigen Jahren einer Fairtrade-Genossenschaft angeschlossen hat, der auch andere Bauern aus dem Dorf beigetreten sind. So erhält er für den angebauten Kakao einen garantierten Preis, der über dem Weltmarktpreis liegt. Einmal im Monat trifft sich mein Vater mit den anderen Kakaobauern der Kooperative, um gemeinsam zu entscheiden, wie der Mehrerlös des fairen Handels für die Dorfgemeinschaft investiert werden soll. Im vergangenen Jahr konnte ein Brunnen gebaut werden. Aktuell ist eine kleine Krankenstation geplant.
Ich bin sehr stolz auf meinen Vater und möchte mich später ebenfalls für unser Dorf einsetzen, allerdings nicht als Bauer, sondern als Ingenieur.“

15 Koffi berichtet von der Arbeit seines Vaters als Fairtrade-Bauer

7 Erkläre, warum gewöhnliche Schokolade einen „bitteren Beigeschmack“ hat.

8 Beurteile, ob und inwiefern der Fairtrade-Kakaoanbau die einzelnen Nachhaltigkeitsdimensionen berücksichtigt (Material 13).

9 Welche Schokolade bevorzugst du: normale oder Fairtrade-Schokolade? Begründe deine Entscheidung.

Partner im Welthandel?

Bei der Suche nach den Ursachen für den unterschiedlichen Entwicklungsstand von Ländern muss auch der Welthandel betrachtet werden. Welthandel fördert Wachstum, schafft Wohlstand, sichert Arbeitsplätze und senkt Preise – so die Theorie. Es stellt sich aber die Frage, ob die Partner im Welthandel auch gleichberechtigt sind: Wer profitiert vom Handel – wer nicht? Und wer trägt welche Verantwortung?

→ Infografiken erstellen Seite 56/57

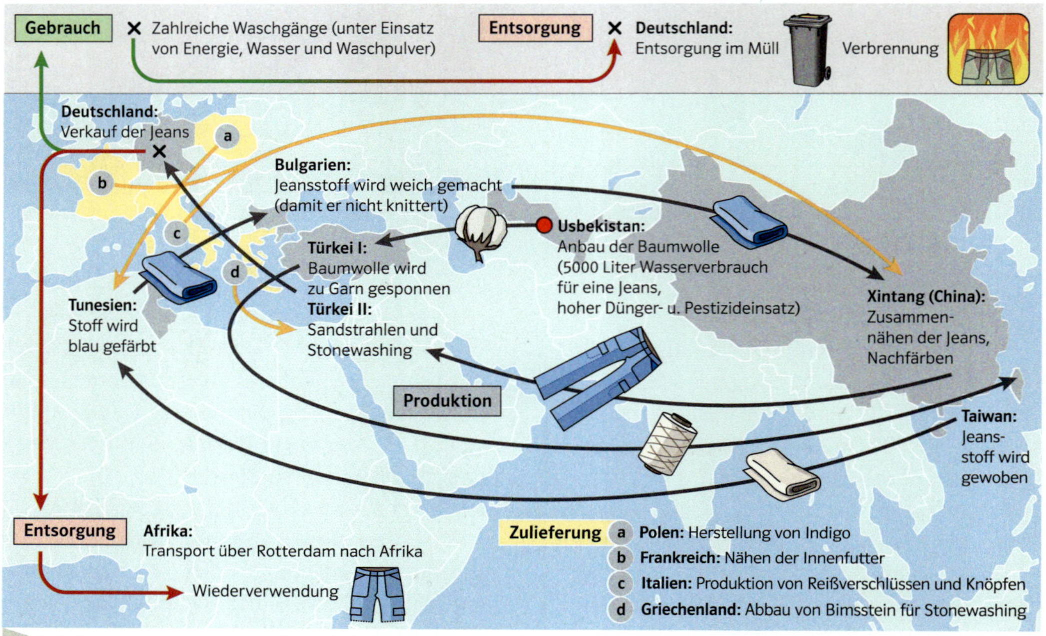

2 Lebensweg einer Jeans (vereinfachte Darstellung)

Für viele **Entwicklungsländer** ist die Situation auf dem Weltmarkt noch immer schwierig. Seit der Kolonialzeit sind sie zwar in die internationalen Handelsbeziehungen eingebunden, allerdings oft sehr einseitig. Der größte Teil des Warenaustausches kommt noch immer den **Industrieländern** zugute. Den ehemaligen Kolonialmächten ging es um den Zugriff auf Rohstoffe. Auf Plantagen sollten Kaffee, Kakao und Bananen für den Heimatmarkt angebaut werden. Die Rohstoffe und Produkte wurden dann in die Kolonialländer verschifft.
Die Rohstoffpreise auf dem Weltmarkt unterliegen zudem starken Schwankungen, sodass Einnahmen nur schwer zu kalkulieren sind. Von den Erlösen müssen die Entwicklungsländer Fertigwaren der Industrieländer kaufen, die sie für den Aufbau der eigenen Wirtschaft benötigen. Das Austauschverhältnis zwischen den Export- und Importgütern, sog. **Terms of Trade**, entwickelt sich damit für die Entwicklungsländer meist ungünstig: Der Preis der Exportgüter schwankt stark und sinkt häufig, der Preis der Importgüter steigt dagegen eher an.
An dieser Struktur hat sich bis heute wenig geändert. Es gibt zwar unter den Entwicklungsländern Staaten mit einer exportorientierten Industrieproduktion, aber meistens handelt es sich um **Schwellenländer**, in denen ausländische Firmen die dort billigen Löhne ausnutzen.

„Zuweilen behaupten kritische Stimmen, dass viele Entwicklungsländer Verlierer der Globalisierung sind. Diese These ist jedoch nicht richtig. Sicherlich haben eine ganze Reihe von Staaten ... seit den 1980er-Jahren im Wohlstandsrennen nicht mit den Industrieländern mithalten können. ... Doch wäre es voreilig, der Globalisierung die Schuld zu geben. Zwar haben die Industrieländer ihre Märkte für Agrar- und Textilgüter – also ... [wichtigste Exportgüter der ärmeren Länder] – lange abgeschottet. In den vergangenen 15 Jahren gab es jedoch Fortschritte, gerade für die ärmsten Länder der Welt."

Jürgen Matthes: Globalisierung, Entwicklungsländer und Wirtschaftswachstum. Hrsg.: Institut der deutschen Wirtschaft Köln e.V. (gekürzt)

1 Globalisierung, Entwicklungsländer und Wirtschaftswachstum

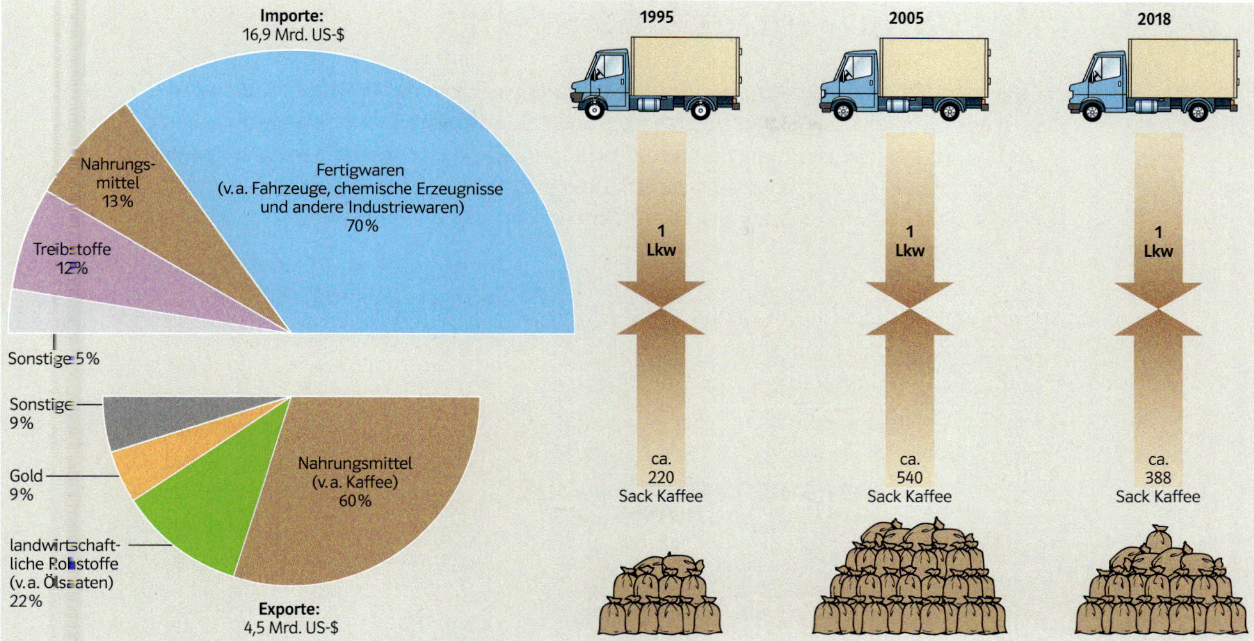

3 Der Außenhandel von Äthiopien 2018 und Entwicklung der Terms of Trade

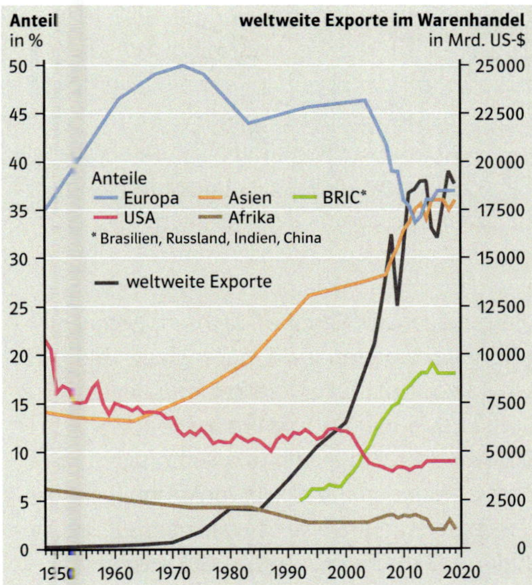

4 Anteile einzelner Regionen am gesamten Welthandel seit 1948

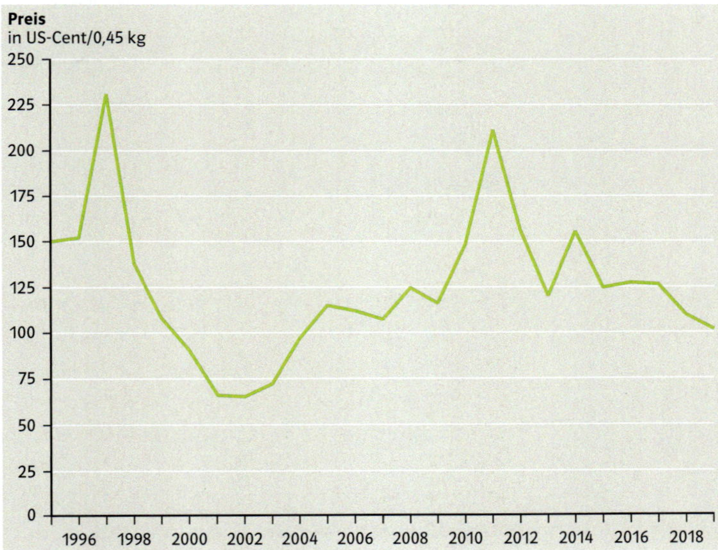

5 Preisentwicklung Rohkaffee

1
Beschreibe die unterschiedlichen Rollen der Industrieländer und der Entwicklungsländer im Welthandel.

2
„Die Terms of Trade entwickeln sich für die Entwicklungsländer oft ungünstig."
a) Erläutere den Begriff Terms of Trade.
b) Nimm Stellung zu der Aussage mithilfe der Grafiken 3 und 5.

3
Partner im Welthandel?
A Beurteile, ob von „Partnern im Welthandel" gesprochen werden kann.
B „Afrika zählt zu den großen Verlierern im Welthandel." Nimm Stellung zu dieser Aussage.

4
Auswertung Diagramm 4:
a) Erstelle eine Tabelle, in der du für jede Region den prozentualen Anteil am Welthandel und den realen Wert des Welthandels seit 1948 auflistest.
b) Erkläre, was sich insbesondere für Afrika daraus ableiten lässt.

○ 1 ◒ 2a, 4 ● 2b, 3 → Lösungshilfen ab S.230

Auf dem Weg zur Einen Welt?

Es ist weitgehend unumstritten, dass den armen Ländern der Welt geholfen werden soll. Aber wie soll diese Hilfe aussehen? Lange Zeit erfolgte Entwicklungshilfe nach den Leitgedanken „Hauptsache helfen" und „je mehr, desto besser". Inzwischen wird darauf geachtet, dass die Hilfe wirklich hilft.

Grundsätzlich gibt es soziale, ethische und moralische Motive für **Entwicklungshilfe**. Die Diskussion über die konkreten entwicklungspolitischen Maßnahmen ist so alt wie die Entwicklungspolitik selbst. Immer wieder wurden die Ergebnisse der praktizierten Entwicklungshilfe infrage gestellt. Es gibt sogar Stimmen, die einen Stopp der Entwicklungshilfe fordern, weil sie in ihr keinen Nutzen, höchstens Schaden erkennen können.
Entwicklungshilfe ist zunächst der Sammelbegriff für alle Maßnahmen, die zur Verbesserung der Lebensbedingungen in den Entwicklungsländern beitragen. Seit den 1990er-Jahren spricht man von „**Entwicklungszusammenarbeit**", um auszudrücken, dass die Länder als gleichberechtigte Partner zusammenarbeiten sollen.

1

Leitbild der Entwicklungszusammenarbeit ist inzwischen die **nachhaltige Entwicklung**, die immer nur aus sich selbst heraus erwachsen kann. Das soll erreicht werden, indem die Menschen in den Partnerländern aktiv ihre Vorhaben mitgestalten. Die Betroffenen entscheiden selbst mit, wie sich Projekte entwickeln, und übernehmen auch Verantwortung. Damit ist das Grundprinzip einer solchen Entwicklungszusammenarbeit die **Hilfe zur Selbsthilfe**. Ein Beispiel ist etwa die Ausbildung einheimischer Fachleute, die die Situation vor Ort am besten kennen und von der Bevölkerung akzeptiert werden.
Bei der Hilfe zur Selbsthilfe sollen nur Projekte unterstützt werden, wenn langfristig Erfolge für viele Menschen zu erwarten sind und das Vorhaben in absehbarer Zeit ganz eigenständig funktioniert. Gegen dieses Prinzip wurde gerade in den Anfangsjahren häufig verstoßen, weil die Gegebenheiten vor Ort nicht beachtet wurden. Dadurch scheiterten viele der Bemühungen.
Projekte der Entwicklungszusammenarbeit können danach unterschieden werden, von wem die Hilfe kommt: Staaten, Nichtregierungsorganisationen oder private Träger. Hilfe von Staaten ist noch häufig an die Regierungen der Entwicklungsländer und an Großprojekte gerichtet. Die staatliche Hilfe ist direkt von politischen Entscheidungen abhängig. Nichtregierungsorganisationen (auch Non-Governmental Organization, NGO) sind keine staatlichen Organisationen, sondern oft Zusammenschlüsse, die von öffentlichen Trägern wie Kirchen geführt oder unterstützt werden. Beispiele sind die Adventssammlungen der Kirchen oder Zusammenschlüsse von Ärzten und Krankenschwestern. Die private Unterstützung kann sogar von Einzelpersonen geleistet werden. Die Größe der privaten Projekte ist sehr unterschiedlich, Beispiele sind die Unterstützung einer Partnerschule oder ein Projekt zum Brunnenbau. Die Projekte der Nichtregierungsorganisationen sowie der privaten Träger sind von politischen Entscheidungen weitgehend unabhängig.

Patenschaften

„Viele Prominente unterstützen Kinder in Entwicklungsländern durch eine Patenschaft. Das heißt, dass sie monatlich einen bestimmten Geldbetrag an ein Hilfswerk überweisen, das dieses Geld dann an das Patenkind und/oder seine Familie oder Dorfgemeinschaft weiterleitet. Das Geld wird für die medizinische Versorgung, die Verbesserung der Lebensbedingungen und die Schul- oder Berufsbildung des Kindes aufgewandt. Diese Hilfe ist in der Regel langfristig angelegt und kann über viele Jahre laufen. Patenschaften sind eine legitime Form der Spende. Tatsächlich verzeichnen Hilfsorganisationen, die Patenschaften anbieten, in den vergangenen Jahren hohe Wachstumsraten, während das Spendenaufkommen bei Organisationen der Entwicklungshilfe, die diese Form nicht anbieten, Rückgänge erleidet. Kritiker von Patenschaften wenden ein, dass durch die Förderung von einzelnen Kindern die Situation der Gemeinschaft, in der das Kind lebt, nicht grundsätzlich verbessert wird. Außerdem sehen manche Kritiker in den Patenschaften eine neue Form des ‚Paternalismus', also einer vormundschaftlichen Haltung des reichen Nordens über den ‚hilfsbedürftigen' Süden. Seriöse Hilfsorganisationen ... haben auf diese Kritik reagiert. Bei vielen Hilfswerken fließen die Spendengelder, die über Patenschaften eingesammelt werden, nicht nur allein dem Kind zu, sondern werden zur dauerhaften Verbesserung der Lebensbedingungen des Kindes aufgewandt, kommen also auch der Familie oder Dorfgemeinschaft im Umfeld des Patenkindes zugute. Die Vermittlung zwischen Pate und Patenkind übernimmt in der Regel das Hilfswerk, wobei der Pate Präferenzen bei Ländern, Regionen und ggf. dem Geschlecht des Patenkindes äußern kann."

„UNICEF hilft Kindern auf der ganzen Welt. Das unterstütze ich. Machen Sie mit!" (Mats Hummels)

Die Verbraucher-Initiative e.V./oeko-fair.de: Patenschaften (gekürzt) (28.5.2020)

2

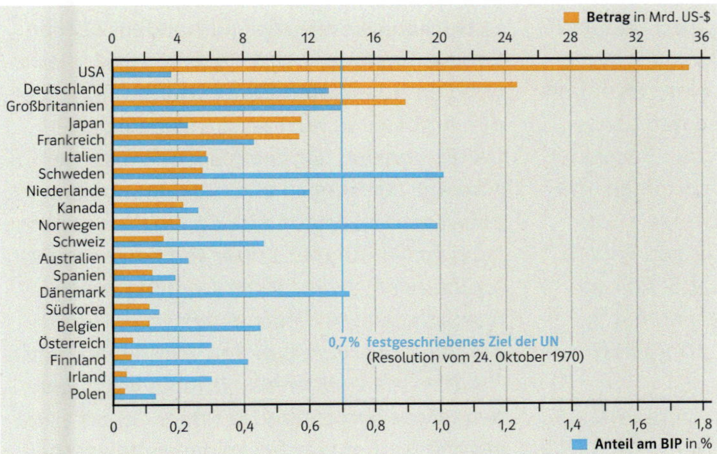

3 Top 20 der Geberländer nach dem Anteil am BIP 2017

Selbstverpflichtung

Die Mitglieder des Ausschusses für Entwicklungshilfe der OECD haben im Jahr 1970 versprochen, 0,7 % ihres Bruttoinlandsprodukts (BIP) für die Entwicklungshilfe aufzuwenden. Das entspricht 70 Cent je 100 Euro Verdienst.

4

1 Beschreibe die bisherige Entwicklungshilfe und Entwicklungszusammenarbeit.

2 „Versprochen und doch gebrochen?" Nimm Stellung mithilfe der Materialien 3 und 4.

3 MK Patenschaften sind als Instrument der Entwicklungszusammenarbeit nicht unumstritten. Informiere dich im Internet über Argumente von Kritikern. Nimm anschließend selbst dazu Stellung.

4 Wertet die Karikatur 1 kritisch aus:
a) Erläutert die Karikatur. Beurteilt die Aussage des Karikaturisten.
b) Erweitert gemeinsam die Karikatur, indem ihr ein eigenes „Entwicklungshilfe Modell C" zeichnet.

Mit Tourismus aus der Armut?

Viele Entwicklungsländer hoffen, dass sie durch die Förderung des Tourismus ihre wirtschaftliche Lage verbessern. Sie bemühen sich daher intensiv um Urlauber aus wohlhabenden Industrieländern, indem sie das vorhandene Potenzial nutzen und ausbauen.

Den Tourismus für Afrika arbeiten lassen

„Der Tourismus ist ein Schlüssel zur Förderung von Wachstum, ... Entwicklung und für die Einheit unseres Kontinents. Afrika setzt seine Energien mehr und mehr zur Verbesserung der sozioökonomischen Entwicklung der Völker ein. ... In diesem Zusammenhang gilt der Tourismus als eine schnell wachsende Industrie, die wahrscheinlich dazu beitragen kann, die Armut zu beseitigen. ... Daher möchte die [Afrikanische Union] ... diesen Sektor maximal ausnutzen, um die Lebensgrundlagen der Menschen ... zu verbessern."

Elham M.A. Ibrahim: Making Tourism Work for Africa. In: The African executive vom 06.10.2010 (übersetzt von Bernd Haberlag) (29.5.2020)

1

Doch inwiefern kann der Tourismus ein Entwicklungsmotor sein? Viele gehen davon aus, dass er Arbeitsplätze schafft und Einkommen bringt. Eine steigende Nachfrage als Urlaubsland hätte positive Auswirkungen auf andere Wirtschaftszweige, z. B. die Landwirtschaft und Fischerei, Nahrungs- und Genussmittelindustrie, lokale Handwerksbetriebe, den Bausektor oder die Denkmalpflege. Dadurch kämen dringend benötigte Einnahmen in die meist verschuldeten Länder. Diese sind für den Erwerb von Gütern auf dem Weltmarkt, z. B. für den Aufbau und Ausbau eines modernen Agrar- und Industriesektors, dringend erforderlich.

→ Statistiken auswerten Seite 104/105

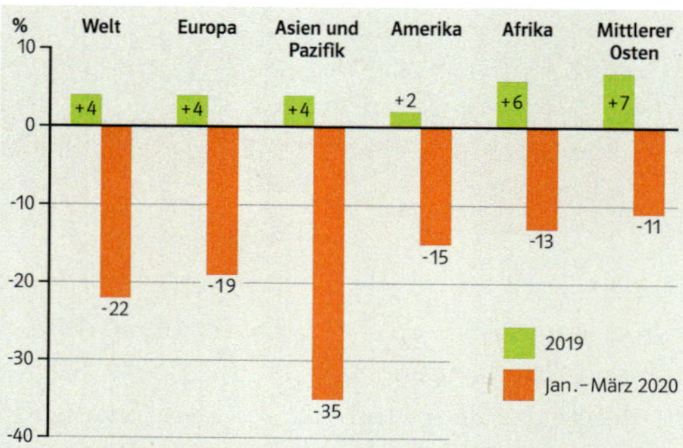

Durch die Covid-19-Pandemie ist der Tourismus im Jahr 2020 weltweit stark zurückgegangen. Die Welttourismusorganisation der UN (UNWTO) schätzt für 2020 einen Rückgang der Touristenzahlen um 60–80 %.

2 Auswirkungen der Covid-19 Pandemie auf den Tourismus 2020 (Nach UNWTO Report 2020)

Wer verdient hauptsächlich?

Untersuchungen haben ergeben, dass das größte „Stück vom Kuchen" aber nicht in den **Entwicklungsländern** bleibt, sondern bei den Reiseveranstaltern, den Fluglinien und internationalen Hotelketten. Zudem muss viel Geld in den Aufbau und Ausbau von Flugplätzen, Häfen, Straßen, der Energie- und Wasserversorgung, der Banken und des Kommunikationswesens investiert werden. Dazu kommen noch Kosten für die Einfuhr von Konsumgütern für Touristen sowie für die Werbung in den Herkunftsländern der Urlauber.

Bei „All-Inclusive-Angeboten", bei denen sämtliche Dienstleistungen und Urlaubsvergnügen beim Reiseveranstalter zu Hause gebucht und bezahlt werden, verdienen die einheimischen Anbieter nur wenig. Darunter leidet besonders die einheimische Gastronomie. Allgemein gilt: Je höher die Qualität des angebotenen Tourismus ist (z. B. Luxusurlaub), desto weniger bleibt an Einnahmen im Land.

Die Selbstverpflichtungen der Reisebranche, nachhaltige gesellschaftliche Verantwortung zu übernehmen reichen nicht aus, um den Einheimischen zu ihrem Recht zu verhelfen. Auch ihre Regierungen sind gefordert. Ihnen fehlen jedoch häufig die Institutionen, ausländische Tourismusunternehmen zu kontrollieren – oder

3 Straßenhändlerinnen vor einem Luxushotel in Burkina Faso

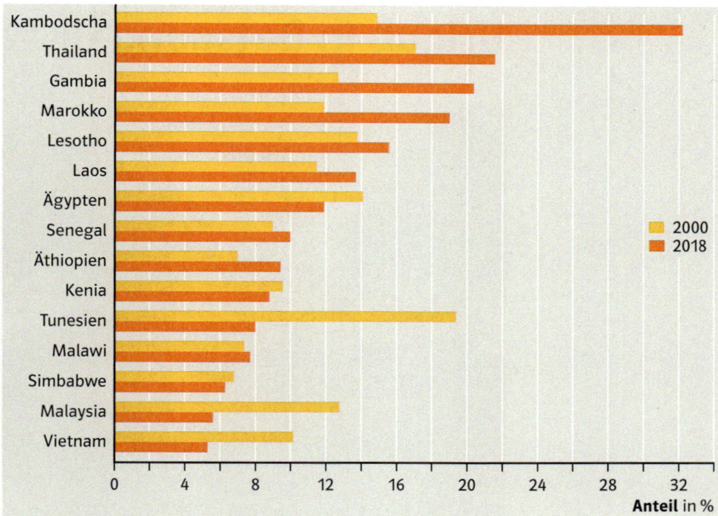

5 Direkter Anteil des Tourismus am BIP 2000 und 2018

der Wille dazu, weil sie direkt vom Tourismus profitieren.
Ein weiteres Problem ist die empfindliche Reaktion des Tourismus auf z. B. politische Instabilität, Kriege, Terroranschläge, Naturkatastrophen oder Epidemien und **Pandemien**. Sie führen meist zu Einbrüchen der Touristenzahlen und damit zu deutlichen Einnahmerückgängen.

4 „The Beach"

SP Tipp

Stellung nehmen
→ Aufgabe 4

- Meiner Meinung nach …
- Ich finde das (nicht) gut, weil …
- Eine Bewertung ist schwierig, da …

	Touristen (in 1000)		Einnahmen (in Mio. US-$)	
Länder	**2000**	**2018**	**2000**	**2018**
Kambodscha	466	6201	345	4832
Marokko	4278	12289	2280	9523
Gambia	79	552	28	168
Thailand	9579	38178	9935	65242
Malaysia	10222	25834	5873	21774
Ägypten	5116	11196	4657	12704
Tunesien	5058	8299	1977	2320
Laos	191	3770	114	757
Simbabwe	1967	2580	125	158
Äthiopien	136	844	205	3548
Senegal	389	1365	152	keine Daten
Kenia	899	1364	500	1564[1]
Malawi	288	874	29	43
Vietnam	2140	15498	85	10080
Lesotho	302	1173	18	24

[1] **Daten aus dem Jahr 2017 (Nach The World Bank: DataBank. World Development Indicators)**

6 Tourismus in ausgewählten Entwicklungsländern: Ankünfte und Einnahmen

1 Vergleiche mithilfe von Diagramm 5 und Tabelle 6 die Entwicklung des Tourismus anhand ausgewählter Länderbeispiele.

2 Erläutere den Slogan „Making Tourism Work for Africa" (Text 1).

3 SP Erörtere, ob und inwiefern der Tourismus die Aufgabe als Entwicklungsmotor erfüllen kann.

4 Nimm Stellung zur Aussage der Karikatur 4.

Urlaub in Botsuana

1 Luxuslodge in Botsuana

2 Safari in Botsuana

Der Tourismus (v.a. der Hochpreistourismus in den Hauptattraktionen Okavango-Delta und Chobe-Nationalpark) steuert etwa 13,4 % zum BIP bei und ist vergleichsweise beschäftigungsintensiv.

Für das Jahr 2013 hat Fodor's, der größte englischsprachige Verlag für Reise- und Tourismusinformationen, Botsuana in seine populäre und jährlich neue Liste der „25 places to go" aufgenommen. Dabei wurden die atemberaubende Natur mit ihrer Artenvielfalt, der hohe Komfort bei den Unterkünften sowie die geringe Touristendichte gelobt. Dieser Beitrag beschert dem Tourismus, der heute für die Wirtschaft Botsuanas von hoher Bedeutung ist, nach wie vor weiteren Auftrieb.

Luxus statt Masse

Dies ist ganz im Interesse der Regierung Botsuanas, die schon seit Jahren den Tourismus fördert, der nach dem Diamantenbergbau der wichtigste Wirtschaftszweig des Landes ist.
Ziel der touristischen Entwicklung ist es, einen Luxustourismus zu etablieren: geringe Besucherzahlen, aber hohe Einnahmen pro Gast. Dieses Vorgehen hat Botsuana bekannt gemacht für Edelsafaris mit Champagnerfrühstück und Luxusresorts mitten in der Wildnis, die nur mit einem Kleinflugzeug zu erreichen sind.
Die Versuchung ist groß, Botsuana auch immer mehr für den Massentourismus zu öffnen und dadurch zusätzliche Einnahmen zu erzielen. Eine solche Handlungsweise birgt jedoch die Gefahr, die Natur zu stark zu beanspruchen und so das Hauptkapital Botsuanas zugunsten kurzfristiger Gewinne langfristig zu schädigen. Die Regierung will daher weniger die bestehenden Touristenzentren vermarkten, sondern bisher unerschlossene Potenziale im Land erschließen, z.B. die roten Sanddünen in der Kalahari und etliche kulturelle Stätten im Land.

Das **touristische Potenzial** beschreibt, ob und wie gut ein Raum (z.B. ein Land, eine Region) touristisch nutzbar ist. Dabei unterscheidet man zwischen touristischem Naturraumpotenzial, touristischem Kulturraumpotenzial und touristischer Infrastruktur.

Beschreibung eines Reiseanbieters

„Wer einmal die Natur Botsuanas erlebt hat, wird sich innerlich verändern. Kaum zu beschreiben ist das Erlebnis mit dem Mokoro – einem Einbaumboot – durch die Flussebenen des Okavango-Deltas zu fahren.
Das glasklare Wasser des Deltas schimmert unter dem Boot, in der Ferne hört man Nilpferde schreien, ein Elefant watet beinahe lautlos durch das Wasser. Nur das Rascheln, das er beim Streifen der Papyrusstauden verursacht, ist zu hören. Die Ruhe und Erhabenheit einer Mokoro-Safari lässt sich mit keinem Safari-Abenteuer der Welt vergleichen, ebenso wenig wie das Delta selbst. Spätestens hier werden Sie begreifen, warum Botsuana als Naturparadies Afrikas gilt, die Perle des südlichen Afrika genannt wird.
Eine Reise nach Botsuana gehört zudem zu den exklusivsten Urlaubsmöglichkeiten dieser Erde. Solcher Service hat natürlich seinen Preis. Botsuana gehört zweifelsohne zu den teuersten Reisezielen der Welt, aber auch zu den einzigartigen."

INTOSOL. Luxury Travel And The Beauty Of Pure Nature (29.5.2020)

3

4 Touristen im Okavango-Delta

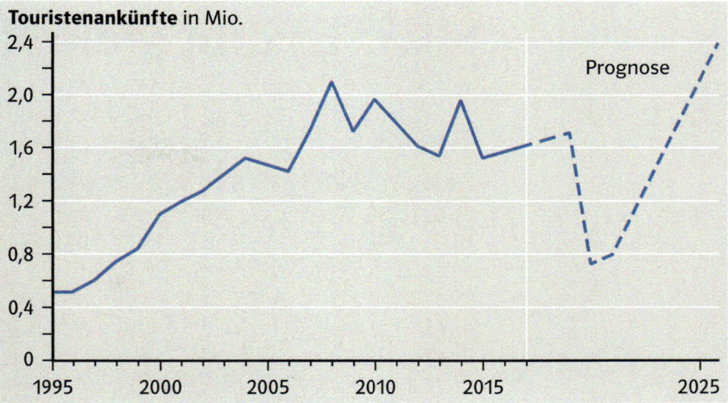

6 Tourismusankünfte in Botsuana

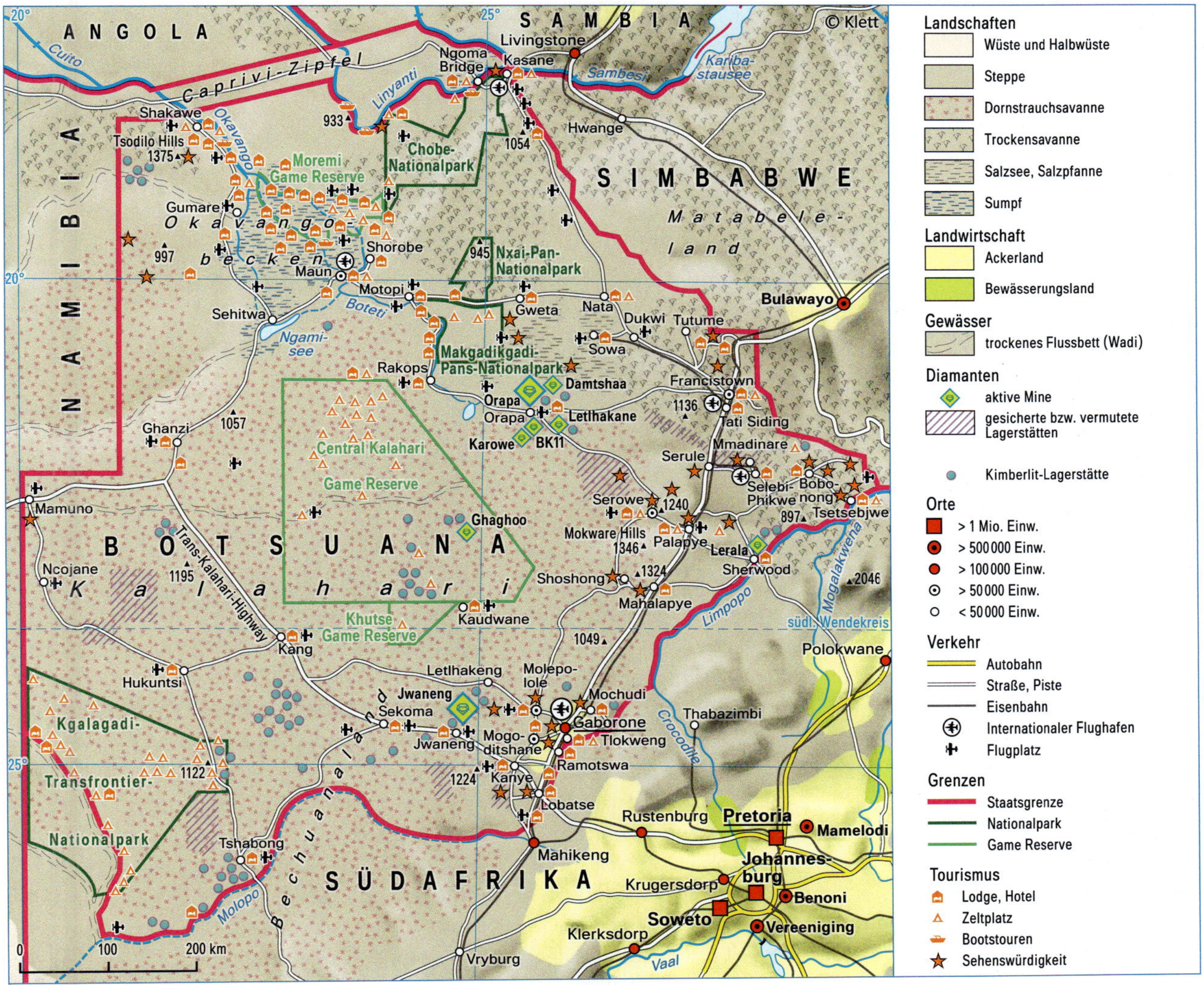

5 Tourismus in Botsuana

1 Lokalisiere Botsuana und beschreibe das touristische Potential (Karte 5).

2 Nimm Stellung zur Ausweitung des Tourismus in Botsuana:
A aus der Perspektive der Einheimischen;
B aus der Perspektive der Touristen.

3 Beurteile vor dem Hintergrund der Entwicklung in Diagramm 6 die Aussagen des Reiseanbieters kritisch (Text 3).

Es gibt viele Arten zu helfen

„Jede Hilfe zählt!", so schreibt eine Hilfsorganisation in der Werbung ihrer Weihnachtsaktion. Sicherlich stimmt das, doch unterscheiden sich die Arten und Möglichkeiten der Hilfe.

1

A Arbeite mit Material 1:
a) MK Lokalisiere die Länder, mit denen Deutschland Reformpatenschaften abgeschlossen hat. Recherchiere, welche Projekte dadurch umgesetzt werden konnten, und bereite eine Präsentation vor.
b) Erläutere, welche Prinzipien das Kooperationsmodell der Reformpatenschaften beinhaltet.

B Arbeite mit Material 2:
a) MK Lokalisiere das Projekt. Recherchiere weitere Informationen und bereite dazu eine Präsentation vor.
b) Beurteile, inwiefern das Projekt als Beispiel für eine nachhaltige Entwicklungszusammenarbeit gelten kann.

C Arbeite mit Material 3:
a) MK Erstelle ein Schaubild, das die Aussagen des kenianischen Ökonomen James Shikwati illustriert.
b) „Wer Afrika helfen will, darf kein Geld geben!" Nimm Stellung zur Forderung von James Shikwati.

2

Ergänzt folgende Aussagen. Begründet eure Position bzw. eure Meinung:
a) Entwicklung ist …
b) Entwickelt ist, wer …
c) Entwicklungszusammenarbeit gelingt, wenn …

◒ Aa, Ab, Ba, Ca, 2 ● Bb, Cb

Marshallplan mit Afrika
ist eine Strategie der EU für eine neue Entwicklungszusammenarbeit mit Afrika

A Reformpatenschaften

„Die Reformpartnerschaften sind ein zentrales Element des Marshallplans mit Afrika. Sie bilden ein neues partnerschaftliches Kooperationsmodell ab, das zum Erreichen der Ziele auf gegenseitige Verpflichtungen und mehr Eigenverantwortung der afrikanischen Partner setzt. ... Das BMZ [Bundesministeriums für wirtschaftliche Zusammenarbeit und Entwicklung] unterstützt mit den Reformpartnerschaften ausgewählte Compact-Länder, die besonderen Reformwillen ... beweisen. ... Daher wird mit jedem Partnerland ... eine individuelle Partnerschaft in einem bestimmten Schwerpunktsektor entwickelt, die das Land beim Erreichen selbst gesetzter Ziele unterstützt. Eine detaillierte Reformagenda umfasst Reformverpflichtungen des Partnerlandes sowie Angebote des BMZ, um die Entwicklung des Reformsektors und der guten Regierungsführung zu fördern. Um Reformkräfte zu unterstützen, wird die bilaterale Unterstützung und Zusage der Mittel an die Umsetzung von Reformfortschritten durch das Partnerland geknüpft – das heißt, dass zum Beispiel bestimmte ... [Finanzierungspakete] erst nach Erreichen vorab definierter Reformerfolge ausgezahlt werden. Das BMZ hat 2017 bereits Reformpartnerschaften mit Côte d'Ivoire, Ghana (beide im Bereich erneuerbare Energien und Energieeffizienz) sowie Tunesien (im Banken- und Finanzsektor) abgeschlossen. 2017 und 2018 sagte das BMZ Unterstützung für die Umsetzung der ersten drei Reformpartnerschaften in Höhe von bis zu 800 Millionen Euro zu. Zusammen mit den übrigen bilateralen Zusagen wurden damit in diesem Zeitraum mehr als 1,4 Mrd. Euro bereitgestellt. ... 2019 hat das BMZ weitere Reformpartnerschaften mit Äthiopien, Marokko und Senegal vertraglich vereinbart."

Ausbildungsstätte bei Krones in Thika, Kenia

BMZ (2020): Neue Partnerschaft für Entwicklung, Frieden und Zukunft. Ein Marshallplan mit Afrika (2.7.2020)

1

Christopher Pradel (l.) und Niklas Busch (r.) werden Dr. Pascal Bataringaya und seine Frau Louise Uwimana in Ruanda unterstützen

B Heine-Gymnasiasten helfen in einem Kindergarten in Ruanda

„Zwei Schüler des Heinrich-Heine-Gymnasiums (in Bottrop) fahren im August für drei Wochen nach Ruanda. Christopher Pradel und Niklas Busch werden dort in der Hope Nursery School arbeiten. Der Kindergarten erfährt seit einiger Zeit großzügige Unterstützung aus Bottrop. Christopher und Niklas werden das afrikanische Land kennenlernen und sich vor Ort davon überzeugen, wie es den inzwischen 90 Kindern in der Hope Nursery School geht. In Bottrop gibt es schon seit einiger Zeit einen Förderverein, der den Kindergarten unterstützt. Bischof Dr. Pascal Bataringaya und seine Frau Louise Uwimana, die den Kindergarten gegründet hat und nach wie vor betreut, waren vor Kurzem zu Gast bei dem Verein. Bei einem Info-Abend haben die beiden 16-jährigen Bottroper und deren Familien die Gäste aus Ruanda kennengelernt. ... Auch der TC-Blau-Weiß unterstützt den Kindergarten: 2016 spendete er den Überschuss des Oldie-Cups für die Anschaffung einer Milchkuh. Noch nährt „Botty" ihr Kalb, aber demnächst werden mehr als die derzeit zehn Liter Milch pro Tag für Haferbrei zur Verfügung stehen, sodass keine Milch mehr zugekauft werden muss. Beim Info-Abend berichtete das ruandische Paar über Pläne für den Neubau des Kindergartens, der bisher provisorisch im Gemeindehaus untergebracht ist. Durch die Spenden aus Bottrop – vor allem durch Projekte am Heinrich-Heine-Gymnasium und private Zuwendungen – konnte bereits ein Grundstück gekauft werden. Die Baugenehmigung ist beantragt. Pascal Bataringaya und Louise Uwimana sind Gäste stets willkommen – ob als Touristen oder vorübergehende Mitarbeiter. ..."

Heine-Gymnasiasten helfen in einem Kindergarten in Ruanda. In: WAZ vom 6.6.2017 (2.7.2020)

2

James Shikwati, Geograph und Ökonom aus Kenia sowie Experte für Wirtschaft in Afrika

C Entwicklungshilfe, nein danke!

„Fast zehn Jahre ist es her, dass Shikwati mit seinen streitbaren Thesen an die Öffentlichkeit gegangen ist. Heute sagt er: ‚Ich habe meine Meinung nicht geändert, und ich bin froh, dass meine Forderungen viele wichtige politische Debatten ausgelöst haben'. ... Seine Botschaft an die Mächtigen: Internationale Hilfe verfestige korrupte Strukturen auf seinem Heimatkontinent und halte die Afrikaner davon ab, mehr Eigeninitiative zu zeigen. Internationalen Geldgebern unterstellt er eigene Machtinteressen, die für Afrika letztlich mehr Schaden als Nutzen anrichteten. ...
Shikawati begeisterte sich mehr und mehr für die Modelle amerikanischer Ökonomen: ‚Offene Märkte und die Möglichkeit, Unternehmen aufzubauen, sind der Schlüssel für die Entwicklung', ist Shikwati überzeugt. Während in Entwicklungsorganisationen oft von einem ‚Global Village' die Rede ist, in dem die Welt solidarisch zusammenrückt, sieht der streitbare Mann die Welt als ‚Global Jungle', in dem man eine Überlebensstrategie benötige. Und an dieser Strategie mangele es Afrika nach wie vor. ... Inzwischen sind es nicht mehr nur die Europäer und Amerikaner, die in Afrika mitmischen. Chinas Einfluss wächst von Jahr zu Jahr, vor allem durch Milliardeninvestitionen in Infrastrukturprojekte. Sein Fazit zum immensen Einfluss Chinas. ... ‚Es gibt neue Chancen, aber von einer Win-win-Situation sind wir noch weit entfernt', sagt Shikwati. Anders als die Europäer würden die Asiaten keinen Hehl daraus machen, dass sie an Rohstoffen und Einfluss auf dem Kontinent interessiert seien. ... Allerdings müssten die Afrikaner nun auch offensiver als bisher ihre Interessen deutlich machen. ... Shikwati will, dass die Afrikaner nicht länger als hilflos und bedürftig abgestempelt werden. Den deutschen Entwicklungspolitikern rät der radikale Denker: ‚Begreift Afrika endlich als Ort der Chancen und Wachstumsmöglichkeiten.'"

Johannes Pennekamp: Internationale Unterstützung in Afrika – Entwicklungshilfe, nein danke! In: Frankfurter Allgemeine Zeitung vom 13.2.2014 (2.7.2020)

3

Wichtige Begriffe

- Analphabet
- Big-Mac-Index
- Bruttoinlandsprodukt (BIP)
- Bruttonationaleinkommen (BNE)
- Entwicklungshilfe
- Entwicklungsländer
- Entwicklungszusammenarbeit
- fairer Handel
- Happy Planet Index (HPI)
- Hilfe zur Selbsthilfe
- Human Development Index (HDI)
- Hunger
- Indikator
- Industrieländer
- Least Developed Countries (LDC)
- Lebenserwartung
- nachhaltige Entwicklung
- ökologischer Fußabdruck
- Schwellenländer
- Sustainable Development Goals (SDG)
- Terms of Trade

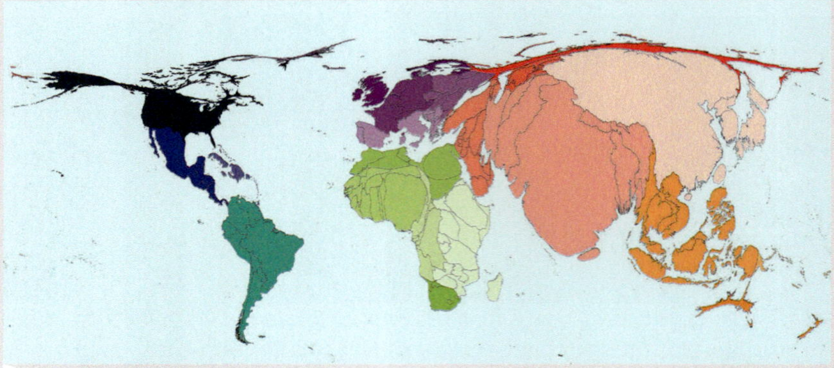

1 Bevölkerung weltweit

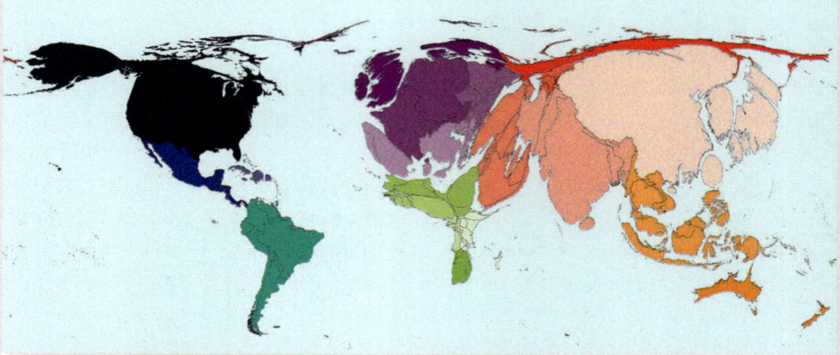

2 Wirtschaftsleistung weltweit

Kennen und verstehen

1 Wer kennt die Welt?
Nenne jeweils drei Länder,
- **a** in denen Wohlstand weit verbreitet ist;
- **b** in denen Armut weit verbreitet ist;
- **c** in denen Hunger ein großes Problem darstellt;
- **d** in denen kein Hunger herrscht;
- **e** in denen die Gesundheitsversorgung nicht gesichert ist;
- **f** in denen die Gesundheitsversorgung sehr gut ist;
- **g** in denen sehr gute Bildungsangebote gegeben sind;
- **h** in denen kaum Bildungsangebote verfügbar sind.

Zeige diese Länder auf einer Weltkarte.

2 Richtig oder falsch?
- **a** Die Lebenserwartung ist weltweit in etwa gleich.
- **b** Anhand des Human Development Index kann man den Entwicklungsstand eines Landes erkennen.
- **c** Der Human Development Index wird aus der durchschnittlichen Lebenserwartung, der Anzahl der Pkw pro Person und der Wirtschaftsleistung eines Landes berechnet.
- **d** Deutschland ist eines der reichsten Länder der Erde.
- **e** In den nachhaltigen Entwicklungszielen ist festgelegt, wie die Welt bis 2030 entwickelt sein soll.

3 Nenne mindestens fünf nachhaltige Entwicklungsziele.

4 Armut bekämpfen
- **a** Interpretiere die Karikatur 3.
- **b** Formuliere dazu eine passende Überschrift.

5 Finde die Begriffe.
- **a** Begriff, nach dem heute längerfristige Entwicklungshilfe geleistet wird
- **b** Staaten, die im globalen Vergleich einen geringen Stand der Entwicklung besitzen
- **c** Staaten, die im globalen Vergleich als hoch entwickelt gelten
- **d** Verhältnis zwischen den Erlösen aus den Exportwaren und den Aufwendungen für Importgüter (Austauschbedingungen)
- **e** Indikator für die Wirtschaftsleistung eines Landes
- **f** Indikator für den Entwicklungsstand eines Landes

6 Bilderrätsel
Löse die Bilderrätsel und erläutere die Begriffe.

a
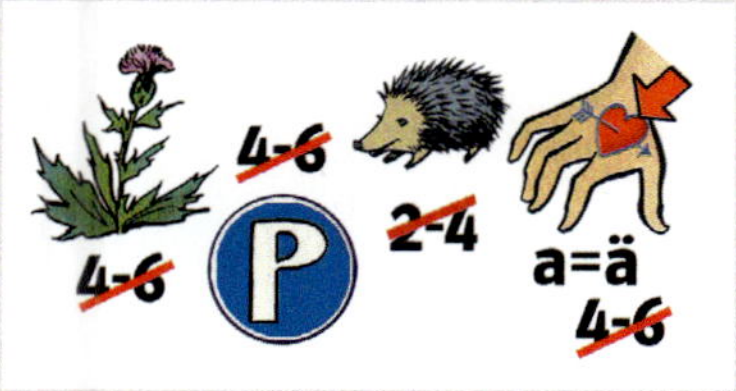

b

3

7 Hilfe zur Selbsthilfe
a Erläutere das Prinzip „Hilfe zur Selbsthilfe".
b Nenne Einflussfaktoren, die sich positiv oder negativ auf das Gelingen entsprechender Projekte auswirken können.

Fachmethoden anwenden

8 MK Karten auswerten
Arbeite mit den beiden „anamorphen Weltkarten" 1 und 2. Sie stellen Themen, wie hier „Bevölkerung" oder „Wirtschaftsleistung", im Vergleich zu ihrer Fläche dar. Leben in einem Land also sehr viele Menschen und ist dieser Anteil an der Weltbevölkerung größer als der Anteil der Landesfläche an der Erdoberfläche, dann wird das Land viel größer als in den dir vertrauten Weltkarten dargestellt.
a Nenne vier Länder mit einer besonders großen Bevölkerung.
b Nenne vier Länder mit einem sehr kleinen Anteil an der Weltwirtschaft.
c Nenne vier Länder, in denen bei kleiner Bevölkerung eine große Wirtschaftsleistung erbracht wird.
d Bewerte die Art der Darstellung im Vergleich zu „normalen" Karten: Wo liegen Vorteile, wo Nachteile?

Beurteilen und bewerten

9 Entwicklungsstände einschätzen
a Stufe folgende Länder nach deiner Meinung als arm oder reich ein: Frankreich, Niger, Singapur, USA.
b Erstelle eine Reihenfolge und überprüfe diese mithilfe des HDI.

10 Projekte beurteilen
Projekt 1: Ziel eines Projektes in Bolivien ist es, die Förderung der Mädchen durch Schulbesuche und Berufsausbildung voranzubringen.
Projekt 2: Ziel eines Schulprojektes ist es, Geld für eine Partnerschule zu sammeln und gemeinsam Maßnahmen gegen den Klimawandel zu entwickeln.

Beurteile jeweils die Bedeutung der Projekte für die SDGs.

11 Armut und Hunger
„Beseitigt man die Armut, so beseitigt man den Hunger." Nimm Stellung zu dieser These.

Jetzt kannst du ...
- die Verteilung von Entwicklungs- und Industrieländern auf der Erde beschreiben;
- den Entwicklungsstand verschiedener Länder charakterisieren;
- die regionale bzw. globale Verteilung von verschiedenen Indikatoren und des HDI darlegen und erklären;
- Disparitäten in der „Einen Welt" am Beispiel von Ernährung, Gesundheit, Bildung oder Einkommen analysieren;
- die Verteilung von Arm und Reich auf der Welt u.a. mit dem Ungleichgewicht im Welthandel begründen;
- Maßnahmen zur Überwindung räumlicher Disparitäten erläutern;
- die Bedeutung von fair gehandelten Produkten für ein Land und dessen Bevölkerung kennen;
- Lösungsstrategien entwickeln und deren Umsetzbarkeit hinterfragen;
- Chancen und Risiken der Entwicklung des Ferntourismus in Tourismusregionen von Entwicklungsländern darstellen.

3

Disparitäten in Europa

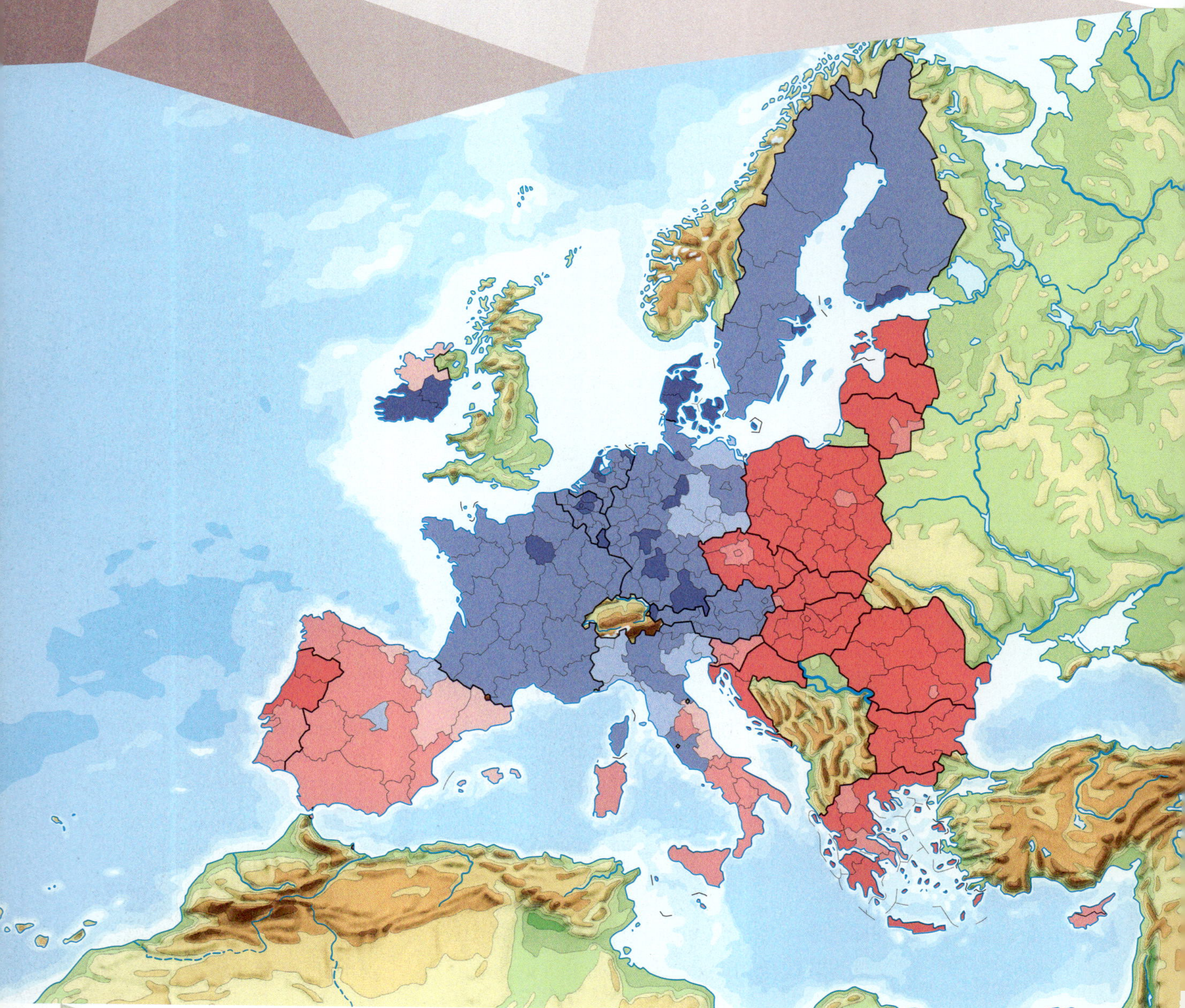

1

Noch vor wenigen Jahrzehnten waren die Grenzen in Europa Trennlinien. Dank der Europäischen Union sind diese Grenzen heute kaum noch spürbar. Doch die EU ist nicht Europa. Zwar hat sie sich seit Beginn des neuen Jahrtausends durch die Aufnahme der östlich angrenzenden Staaten deutlich vergrößert und weitere Staaten warten darauf, aufgenommen zu werden. Aber es gibt auch Staaten in Europa, die der EU nicht beitreten wollen. Und das Vereinigte Königreich ist als erstes Land wieder ausgetreten. Zwischen den Ländern der EU bestehen oft deutliche wirtschaftliche und soziale Unterschiede. Auch innerhalb eines Landes können unverkennbare Disparitäten auftreten. Wie leben die Menschen in den Ländern und Regionen Europas? Welchen Beitrag kann die EU leisten, die Disparitäten aufzuheben oder zu mildern?

2

Europa – gar nicht so einfach

Wenn wir von „Europa“ sprechen – was meinen wir dann eigentlich? Meinen wir den zweitkleinsten Kontinent, der als ein Teil der eurasischen Platte kaum gegen Asien abzugrenzen ist? Oder meinen wir die Europäische Union, einen wirtschaftspolitischen Zusammenschluss, der vor nicht einmal 70 Jahren entstanden ist?

1 Flagge der EU

Wirklich nicht einfach!

Die UNCTAD (United Nations Conference on Trade and Development) zählt Armenien, Aserbaidschan, Georgien und die Türkei nicht zu Europa. Der Kosovo wird nicht separat erfasst. Liechtenstein und Monaco werden zur Schweiz bzw. Frankreich gezählt.

Das UN/DESA (UN Department of Economic and Social Affairs) ordnet Zypern Westasien zu und nicht zu Europa.

Das Statistische Bundesamt zählt die Türkei und Zypern zu Europa, aber nicht den Staat Vatikanstadt.

Kein Kontinent ist so eng mit einem anderen verbunden wie Europa mit Asien. Im Norden, Westen und weiten Teilen des Südens ist die geographische Grenze Europas eindeutig. Im Osten dagegen gibt es bis heute keine international gesicherte Abgrenzung. Die Grenzziehung orientiert sich an großen Senken, Flüssen und Gebirgszügen, wie dem Ural und Kaukasus. Und auch hier ist die Grenze nicht eindeutig. Orientiert man sich an den Staaten, die zu Europa gezählt werden, dann wird die Anzahl unterschiedlich angegeben. Die Europäischen Kommission gibt für Europa 50 Staaten an, mit ca. 700 Mio. Menschen. Den flächenmäßig größten Anteil davon nimmt Russland ein. Nur ein Viertel der Staatsfläche liegt in Europa, aber mit 110 Mio. Menschen leben hier drei Viertel der russischen Bevölkerung. Im kleinsten europäischen Staat (Stadtstaat Vatikanstadt) leben unter 1000 Menschen auf weniger als einem halben Quadratkilometer.

Die Unterschiede in den europäischen Staaten waren und sind vielfältig – geographisch, kulturell, wirtschaftlich und politisch. Doch schon im Mittelalter verbanden Handelsbündnisse wie die Hanse weite Teile miteinander. Auch Pilgerstraßen zeigen Gemeinsamkeiten der europäischen Religion. Und die Tatsache, dass die politische Grundlage der meisten europäischen Staaten demokratisch ist, macht die gemeinsamen Werte Europas deutlich.

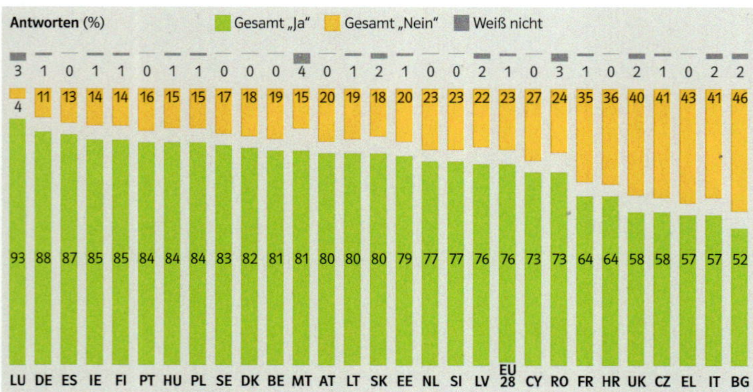

2 Sie fühlen sich als Bürger der EU? (Eurobarometer-Umfrage, 10/2019)

Der Weg zu EU

Der Ursprung der EU ist die 1951 gegründete Europäische Gemeinschaft für Kohle und Stahl. Als Wirtschaftsgemeinschaft, die den industriellen Aufbau Europas nach dem Zweiten Weltkrieg zum Ziel hatte, sollte sie zur Sicherung des Friedens beitragen. Für die sechs Gründungsmitglieder brachte die wirtschaftliche Zusammenarbeit viele Vorteile. Produktionszahlen konnten abgeglichen, Arbeitsplätze geschaffen und der **Absatzmarkt** vergrößert werden. In den folgenden Jahren erweiterte sich die Zusammenarbeit der sechs Staaten. Die Vorteile eines gemeinsamen Agrar- und Binnenmarktes sowie einer Zollunion wurden deutlich. Und neben der wirtschaftlichen Kooperation vergrößerte sich die Zusammenarbeit bei sozialen, kulturellen, ökologischen und politischen Fragen – sowohl innerhalb der Staatengemeinschaft als auch nach außen. Aus einer Wirtschaftsgemeinschaft wurde eine Europäische Gemeinschaft, in der die Mitglieder

	2010	2018
Frieden	35	39
Menschenrechte	38	33
Demokratie	38	32
Rechtsstaatlichkeit	25	22
Solidarität, Unterstützung anderer	20	18
Respekt gegenüber dem Leben	14	16
Freiheit des Einzelnen	12	15
Respekt gegenüber Kulturen	18	14
Gleichheit	13	12
Toleranz	11	12
Religion	3	3
weiß nicht	9	7

Nach Europäische Kommission: Eurobarometer 89, 10/2019

3 Welchen der folgenden Werte repräsentieren am besten die EU? (Eurobarometer-Umfragen, in % der Bevölkerung, drei Nennungen möglich)

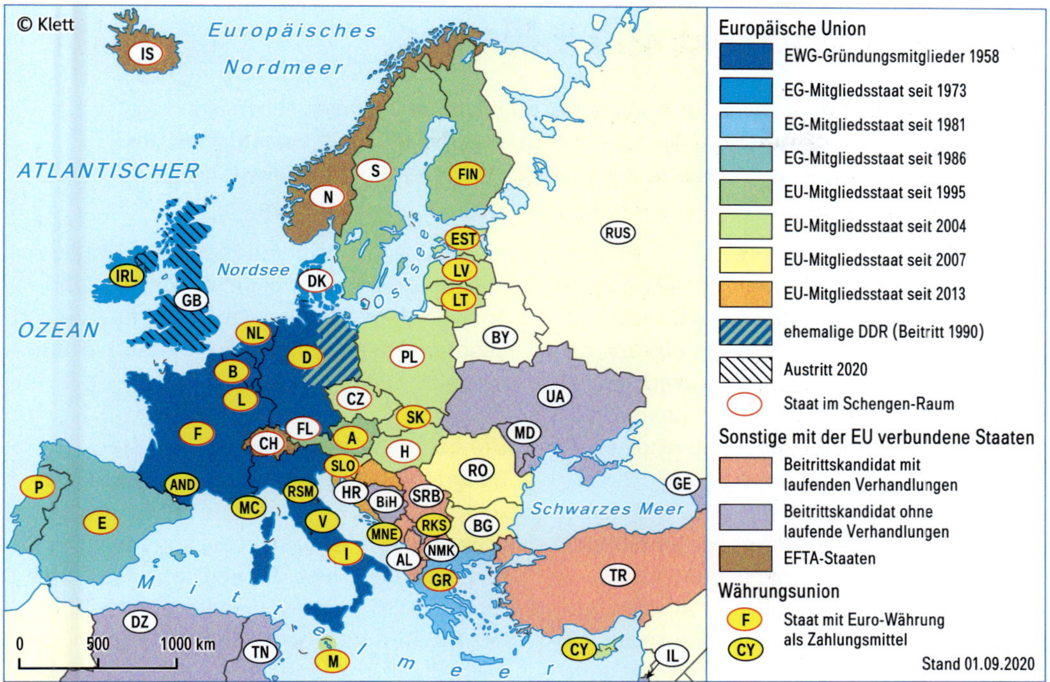

4 Die Europäische Union

in vielen Bereichen eng zusammenarbeiteten. Die Vorteile bei global wichtigen Fragen und Entscheidungen gemeinsam wirtschaftlich und politisch aufzutreten und dabei als selbstständiger Staat zu bestehen, liegen auf der Hand. Sie führten dazu, dass sich eine Vielzahl von europäischen Staaten der EU angeschlossen haben. Und weitere sind an einem Beitritt interessiert. Bis 2020, als das Vereinigte Königreich die EU verlassen hat, gehörten von den 50 europäischen Staaten 28 zur EU.

Schengen-Raum und Euro-Zone

Viele Vorteile der EU sind uns im täglichen Leben nicht bewusst. Wenn wir auf Reisen gehen, ist es selbstverständlich, ohne Grenzkontrollen von einem Land in fast jedes Land der EU zu fahren. Der Grund: 1985 vereinbarten im luxemburgischen Schengen Frankreich, Belgien, die Niederlande, Luxemburg und Deutschland ein Übereinkommen mit der Aussage: „Die Binnengrenzen dürfen an jeder Stelle ohne Personenkontrollen überschritten werden“. Heute gehören 26 Staaten zum Schengenraum, innerhalb dessen Reisen ohne Grenzkontrollen möglich sind. Vier davon sind keine EU-Mitglieder, die jedoch von den Vorteilen vor allem für ihre Tourismusindustrie profitieren. Bezahlen können die Touristen aber nur in 19 EU-Ländern mit dem Euro (sog. Euro-Zone). Auch in den wichtigen Tourismusländern Südeuropas ist der Euro gängiges Zahlungsmittel.

!? Kaum zu glauben

In Anerkennung ihres unermüdlichen Eintretens für Frieden, Demokratie und Menschenrechte in Europa und weltweit wurde der EU im Jahr 2012 der Friedensnobelpreis verliehen. Die EU ist damit der erste Staatenverbund weltweit, dem diese Ehre zuteil wurde.

→ **Infografik erstellen Seiten 56/57**

→ **thematische Karte auswerten Seite 227**

1
Auswertung von Material 2 und 3:
a) Erläutere die Aussagen der EU-Bürger im Rahmen der Befragungen zum EU-Barometer.
b) Wie hättest du dich entschieden?
c) Vergleicht eure Entscheidungen.

2
Erkläre die folgende Zahlenreihe in Bezug auf Europa und die EU:
50 – 27 – 26 / 22 – 19

3
Wähle ein Land der EU aus. Achte darauf, dass unterschiedliche Länder berücksichtigt werden.
a) Informiere dich mithilfe des Atlas über geographische Kenndaten des Landes (z. B. Lage, Klima, Relief, Verkehrswege u. a.).
b) Erstelle mitilfe des Datenmaterials im Anhang (Seite 228 / 229) einen Überblick zur Bevölkerung und den wirtschaftlichen Bedingungen.
c) Untersuche mithilfe der Karte 4 die Situation des gewählten Landes im Hinblick auf die EU.
d) MK Erstelle mit den gesammelten Informationen eine Skizze für eine Infografik mit geeigneten Programmen oder Apps.

Die Europäische Union – für uns

Entscheidungen, Maßnahmen und Projekte der EU beeinflussen unser Leben jeden Tag. Und oft sind wir uns dessen nicht einmal bewusst. Was macht die EU eigentlich für uns? Welche Projekte werden aus EU-Mitteln finanziert? Woher kommt das Geld dafür?

Ab 2021 soll eine in den EU-Ländern erhobene Plastiksteuer direkt an die EU abgeführt werden. Bei 80 Cent je kg verbranntem Verpackungsmüll wird die Plastik-Abgabe für Deutschland jährlich 2 Mrd. Euro betragen.

Kohäsionspolitik ist eine Herangehensweise der EU, um ihre Ziele zu erreichen. Sie geht davon aus, dass die ungleiche wirtschaftliche Entwicklung zwischen reicheren und ärmeren Regionen durch EU-Projekte ausgeglichen werden soll, um regionale Disparitäten zu reduzieren.

Die EU befindet sich in einer schwierigen Situation. Der Brexit ist mittlerweile abgewickelt, die Folgen der Corona-Pandemie weder medizinisch noch wirtschaftlich komplett absehbar. Über zukünftige Strategien zur Entwicklung der EU wurde im Verlauf der letzten Jahre diskutiert und Ziele formuliert. Die dafür notwendigen finanziellen Mittel werden von den 27 Mitgliedern der EU aufgebracht. Deren Beitrag richtet sich nach der Wirtschaftskraft des jeweiligen Landes. In den vergangenen Jahren haben Deutschland und Frankreich die höchsten Beiträge geleistet, pro Kopf zahlen Schweden, Luxemburg, Österreich und die Niederlande jedoch ähnlich viel.
Als Gegenleistung profitieren alle Länder von den Maßnahmen und Entscheidungen der EU. Ein Beispiel sind die im Jahr 2017 abgeschafften Roaminggebühren. In der Klimaschutz-, Energie- und Verkehrspolitik oder in der Forschung erreichen die EU-Staaten gemeinsam mehr als jedes Land allein. Zudem steht der europäische Binnenmarkt allen Bewohnern und Unternehmen der EU offen. Der freie Warenverkehr schafft einen großen, zollfreien Absatzmarkt. Davon profitieren besonders Länder mit hohem Exportaufkommen wie Deutschland. Auch der freie Personenverkehr ist mit dem Angebot und der Nachfrage von Arbeitsplätzen für beide Seiten von Vorteil.

Die EU investiert in viele Bereiche ...

Der größte Teil des in den EU-Haushalt eingezahlten Geldes fließt direkt in die Länder zurück. Schwerpunkte sind dabei die Landwirtschaft und die Entwicklung der Regionen. Die Förderung von Projekten war bisher von der Höhe des BIP / pro Kopf abhängig. Zukünftig müssen auch Klima- und Umweltziele bei der Projektplanung berücksichtigt werden. Projekte, die eine sinnvolle Verknüpfung mehrerer Ziele beachten, haben große Chancen auf finanzielle Unterstützung. Damit prägen die durch die EU angestoßenen Projekte und Maßnahmen die räumlichen Strukturen der EU mindestens ebenso stark wie die Eingriffe der einzelnen Länder.

... hat aber nichts zu verschenken

Ein wesentliches Merkmal bei der Unterstützung ist, dass Projekte selten zu 100 % durch die EU finanziert werden. Es sind Zuschüsse, Stipendien oder Anschubfinanzierungen. Es finden Kontrollen statt, ob die Zuschüsse sachgemäß eingesetzt werden. So wurden 2017 ca. 3 Mrd. Euro wieder eingezogen und anderweitig vergeben.

Ziele der zukünftigen Entwicklung der EU 2021 – 2027

- „... ein intelligenteres Europa durch Innovation, Digitalisierung, wirtschaftlichen Wandel sowie Förderung kleiner und mittlerer Unternehmen;
- ein grüneres, CO_2-freies Europa, das das Übereinkommen von Paris umsetzt und in die Energiewende, in erneuerbare Energien und in den Kampf gegen den Klimawandel investiert;
- ein stärker vernetztes Europa mit strategischen Verkehrs- und Digitalnetzen;
- ein sozialeres Europa, das ... soziale Rechte umsetzt und hochwertige Arbeitsplätze, Bildung, Kompetenzen, soziale Inklusion und Gleichheit beim Zugang zu medizinischer Versorgung fördert;
- ein bürgernäheres Europa durch Unterstützung lokaler Entwicklungsstrategien und nachhaltiger Stadtentwicklung. ...“

Europäische Kommission: Neue Kohäsionspolitik (18.8.2020)

1

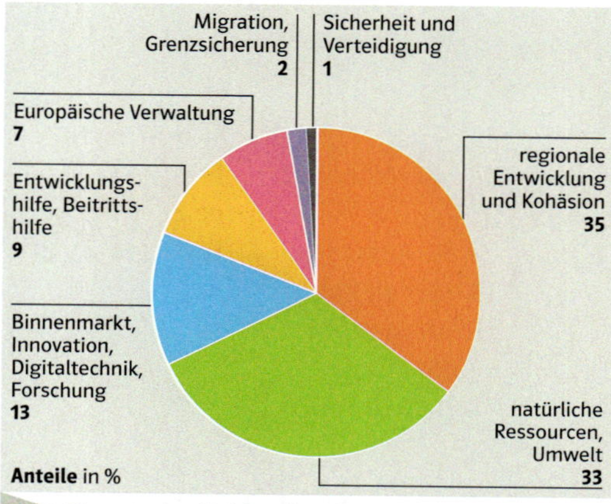

2 Einsatz der Gelder des EU-Haushalts 2021 – 2027

EU-Projekt: WiFi4EU

„Kostenloser Internetzugang in Parks, auf großen Plätzen, in öffentlichen Gebäuden, Bibliotheken, Gesundheitszentren und Museen überall in Europa – das soll mit WiFi4EU Wirklichkeit werden. 2018 startete die neue Initiative der Kommission mit einem Budget von 120 Millionen Euro bis 2020. Zunächst geht es um die Installation modernster WLAN-Technologie in den Zentren des öffentlichen Lebens. Der WiFi4EU-Gutschein [von 15 000 €] gilt für Ausrüstung und Installation der Wifi-Hotspots. Gemeinden, die einen Gutschein erhalten, müssen mindestens drei Jahre lang ... den Internetzugang und die Wartung der Ausrüstung [garantieren].“

Europäische Kommission: Free Wi-Fi for Europeans (18.8.2020)

3

EU-Projekt: Erasmus+

Erasmus+ ist ein Austauschprogramm der EU für Studierende an Hochschulen. Die Studiengebühren an der ausländischen Universität werden erlassen, der monatliche Zuschuss für den Auslandsaufenthalt muss nicht zurückgezahlt werden. Auch Schülerinnen und Schüler der Sekundarstufe können im Rahmen des Programms an einem bis zu einjährigem Austausch teilnehmen. Zudem hat die EU die Plattform eTwinning eingerichtet. Darüber können Schulen aus verschiedenen Ländern gemeinsame Projekte umsetzen. Seit Einführung des Erasmusprogramms im Jahr 1987 haben über fünf Millionen junge Europäerinnen und Europäer von diesem Programm profitiert.

5

EU-Projekt: Trans-European Transport Network (TEN-T)

Die EU unterstützt den wirtschaftlichen Aufschwung in allen Mitgliedstaaten durch die Bereitstellung von fast 2,2 Milliarden Euro für wichtige Verkehrsprojekte. Diese Projekte werden dazu beitragen, fehlende Verkehrsverbindungen auf dem ganzen Kontinent zu schaffen, nachhaltigen Verkehr zu unterstützen und Arbeitsplätze zu schaffen. Die Projekte werden über die Connecting Europe Facility (CEF) finanziert, das Zuschussprogramm der EU zur Förderung der Verkehrsinfrastruktur. Mit diesem Budget wird die EU ihre Klimaziele im Einklang mit dem European Green Deal erreichen. Ein sehr starker Akzent wird auf Projekte zur Stärkung des Schienenverkehrs gelegt, einschließlich grenzüberschreitender Verbindungen und Verbindungen zu Häfen und Flughäfen.

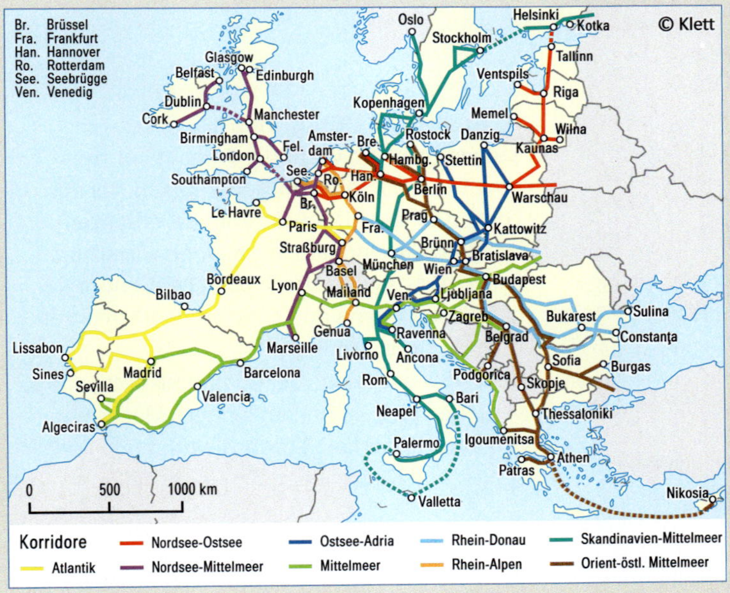

Übersetzung nach Europäische Kommission: Boosting the EU's Green Recovery vom 16.7.2020 (18.8.2020)

4

1 Vervollständige folgenden Satz: „Ich hätte nicht gedacht, dass die EU …“ Erläutere deine Aussage.

2 „Länderübergreifende Projekte sind auch ohne die EU:
- ohne Probleme durchzuführen,
- schwer durchzuführen,
- nicht durchzuführen.“

Entscheide dich für eine Ergänzung des Satzes. Begründe deine Entscheidung.

3 Überprüft die aufgeführten Projektbeispiele (Materialien 3 – 5) in Hinblick auf:
a) die Ziele der zukünftigen Entwicklung der EU;
b) die Aussage „Die EU hat nichts zu verschenken“.

4 MK Recherchiere nach Projekten, die in deiner Stadt oder deiner Region mithilfe der EU umgesetzt wurden bzw. werden sollen. Stelle ein Projekt in deiner Klasse vor.

Bulgarien und Norwegen – zwei Länder am Rande Europas

Wir leben in Europa, aber was wissen wir eigentlich über die verschiedenen Länder? Nehmen wir zwei Länder am Rande Europas: Bulgarien und Norwegen! Was weißt du von diesen Ländern? Goldstrand und Donau? Nordkap und Mitternachtssonne? Du hast nun die Möglichkeit, eines der Länder auszuwählen und es besser kennenzulernen.

Wähle eines der beiden Länder aus und bearbeite an diesem Beispiel die Aufgaben 1–3.
A Bulgarien, diese Seite
B Norwegen, Seite 54/55

1 Erstelle einen Datensteckbrief für das ausgewählte Land mithilfe des Atlas, der Strukturdaten im Anhang (Seite 228/229) und der Karte „Europäische Union“ (Seite 49).

2 SP Erweitere den Steckbrief im Verlauf der Bearbeitung des Materials auf den beiden vorliegenden Doppelseiten.

3 Nenne wenigstens fünf Begriffe, die bei einer Kurzbeschreibung des gewählten Landes auf keinen Fall fehlen dürfen.

○ 3 ◒ 1, 2

Das **kyrillische Alphabet** wird innerhalb der EU bisher nur in Bulgarien verwendet.

KKS = Kaufkraftstandard:

Lebensstandards können verglichen werden, indem der Preis, zu dem Waren und Dienstleistungen in den einzelnen Ländern angeboten werden, zum Einkommen in Relation gesetzt wird. Dafür wird eine gemeinsame künstliche Währung verwendet, der sogenannte KKS.

A България = Bulgarien

Bulgarien ist ein wichtiges Transitland zwischen Europa und dem Nahen Osten. Als das Land 2007 der EU beigetreten ist, erhofften sich Bevölkerung und Staat einen wirtschaftlichen Aufschwung. Doch auch heute noch liegen Einkommen und Kaufkraft deutlich unter dem EU-Durchschnitt.

Seit 1990, dem Ende der kommunistischen Ära, verließen viele, vor allem jüngere Menschen das Land. Innerhalb Europas waren Spanien, Italien und Deutschland die Hauptzielländer.

In die EU – und wieder zurück?

„Insbesondere nach 2007, als Bulgarien Mitglied der EU wurde, nahm die Wirtschaftsmigration verheerende Ausmaße an. Dem versucht die bulgarische Regierung nun entgegenzuwirken und die ... Wirtschaftsemigranten wieder ins Land zu holen. Wie bereits berichtet, ist der Staat bereit, ab Januar nächsten Jahres jedem, der sich entschließt, nach Bulgarien zurückzukehren, um hier zu arbeiten, ein Jahr lang monatlich 600 Euro zu zahlen.“

Radio Bulgaria: Könnte Bulgarien die zukünftige Silicon Valley der EU werden? Vom 22.11.2019 (18.8.2020)

1

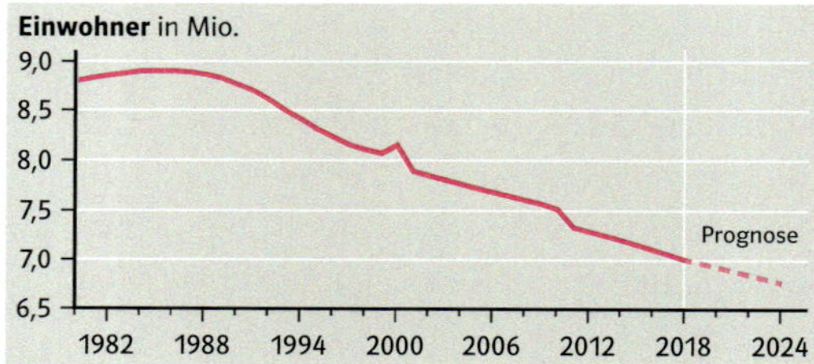

2 Bevölkerungsentwicklung Bulgariens mit Prognose (in Mio.)

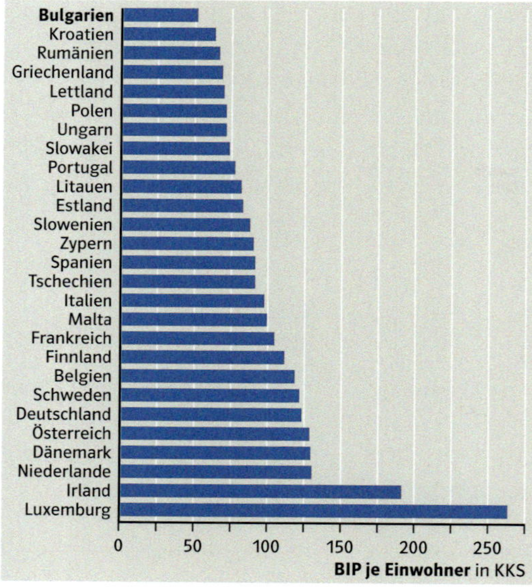

3 BIP je Einwohner in KKS (2018)

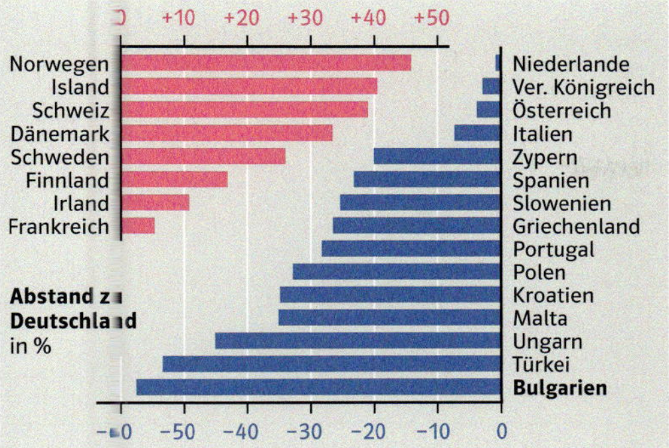

4 Vergleichende Preisniveaus für Gaststätten und Hoteldienstleistungen 2018 in Europa (in %)

Plovdiv – Kulturhauptstadt Europas 2019

Plovdiv ist mit etwa 350 000 Einwohnern die zweitgrößte Stadt Bulgariens und eine der ältesten Städte Europas. Noch heute findet man viele Ruinen antiker Bauwerke. Auch für seine Literatur und Malerei ist Plovdiv bekannt. Jedes Jahr finden hier zahlreiche Kulturmessen und Festivals statt. Die bulgarische Stadt ist die erste Kulturhauptstadt auf dem Balkan. Die meisten Projekte für das attraktive Kulturprogramm wurden von den Plovdivern gemeinsam mit internationalen Partnern realisiert. Ein Schwerpunkt war die Einbeziehung der Roma. 40 000 von ihnen leben hier in der größten Roma-Siedlung Europas – zum Teil in ghettoartigen Verhältnissen.

5

Initiative Kulturhauptstädte Europas

Seit der Gründung 1985 wurden über 50 Städte zu EU-Kulturhauptstädten ernannt. Dies soll:
- „den Reichtum und die Vielfalt der Kulturen in Europa hervorheben,
- die kulturellen Eigenschaften würdigen ...,
- ... das Gefühl stärken, einem gemeinsamen Kulturkreis anzugehören,
- den Beitrag der Kultur zur Entwicklung von Städten unterstützen.

Zusätzlich hat die Initiative gezeigt, dass sie eine Gelegenheit bietet für:
- Stadterneuerung ...,
- Imageverbesserung von Städten ...,
- kulturelle Neubelebung einer Stadt,
- Belebung des Tourismus."

Europäische Kommission: Kulturhauptstädte Europas (19.8.2020)

6

Bulgarischer Tourismus schwächelt in diesem Jahr

„Die bulgarische Tourismusbranche entwickelte sich in den letzten vier Jahren prächtig und erreichte ein Wachstum von ... 31 %, wobei die Zahl der Touristen 2018 die 9-Millionen-Marke knackte und die Einwohnerzahl des Landes überstieg. Seit Ende 2018 ist ... eine Stagnation in der Branche zu verzeichnen. Für 2019 sehen die Prognosen nicht gerade optimistisch aus. Beobachter sind der Ansicht, dass die Touristenzahlen aus den ... wichtigsten Märkten wie Deutschland, Türkei und Russland weiterhin rückläufig sein werden. ... Als das wichtigste Problem der Tourismusbranche zeichnet sich ... der Arbeitskräftemangel ab. ... Um dem Problem gegenzusteuern, erlaubte die Regierung nach einem Sonderprogramm das Heranziehen ausländischer Arbeitskräfte, v. a. aus der Ukraine, Weißrussland und Moldau. Wie sich aber sehr schnell erwies, kann das ausländische Personal die qualifizierten bulgarischen Arbeitskräfte nicht ersetzen. ..."

Radio Bulgaria: Bulgarischer Tourismus schwächelt in diesem Jahr. Vom 15.4.2019 (19.8.2020)

7

Kollaps der ausländischen Investitionen in Bulgarien

Die bulgarische Wirtschaftskammer gab erschreckende Zahlen über die ausländischen Investitionen ... bekannt. ... Die Angaben deuten darauf hin, dass Bulgarien ein ernstes Problem hat, ausländische Investitionen ins Land zu lenken. ... Bulgarien ist ein verhältnismäßig kleiner Markt, der Großunternehmen mit Interessen auf globaler oder wenigstens kontinentaler Ebene wenig lukrativ erscheint. Nicht nur die Bevölkerung als Verbraucher sei zahlenmäßig gering, sondern auch deren Kaufkraft sei allzu schwach, da die Bulgaren innerhalb der EU als die ärmsten Bürger gelten. Der Zugang zum gemeinsamen europäischen Markt könnte als Argument für Unternehmen aus Drittländern in die Waagschale geworfen werden. Doch in der Investoren-Liste Bulgariens nehmen sie nur hintere Positionen ein – die größten Investoren sind und bleiben die europäischen Länder. ... [Vor] 10 Jahren konnte Bulgarien noch mit billigen und hochqualifizierten Arbeitskräften auftrumpfen. Doch mittlerweile reichen sie nicht einmal für die heimischen Unternehmen. Die billigen und hochqualifizierten Arbeitskräfte haben einen guten Job gefunden oder sind gleich ins Ausland ausgewandert. ... Die Unternehmer klagen [zudem] ... über die schlechte Verkehrs- und Energieinfrastruktur ... und die Inkompetenz der Behörden. ..."

Radio Bulgaria: Kollaps der ausländischen Investitionen in Bulgarien. Vom 30.8.2018 (19.8.2020)

8

1 Harald V. König von Norwegen

EFTA = European Free Trade Association

B Norwegen – nicht drin und nicht draußen

Zweimal schon – 1972 und 1994 – haben die Bürger des Königreichs Norwegens den Beitritt in die EU abgelehnt. Das Land ist Mitglied der EFTA, die 1960 gegründet wurde. Diese Freihandelszone ist ausschließlich auf wirtschaftliche Zusammenarbeit ausgerichtet und war ein Zusammenschluss europäischer Länder, die zur damaligen Zeit nicht der EU beitreten wollten. Heute sind nur noch Norwegen, Liechtenstein, Island und die Schweiz EFTA-Mitglieder. Um aber die Vorteile des Binnenmarktes zu nutzen, gehört Norwegen zum Europäischen Wirtschaftsraum. Der EWR wurde 1994 mit dem Ziel eingerichtet, die Bestimmungen des EU-Binnenmarkts auf die Länder der EFTA auszudehnen.

EWR = Europäischer Wirtschaftsraum (dazu gehören die EU-Länder sowie Island, Norwegen und Lichtenstein)

EU-Binnenmarkt:
- freier Warenverkehr
- freier Personenverkehr
- Dienstleistungsfreiheit
- freier Kapital- und Zahlungsverkehr

Geld für Brüssel

„Durch den Beitritt zum Europäischen Wirtschaftsraum EWR ist Norwegen vollwertiges Mitglied des EU-Binnenmarktes. Das bedeutet für uns allerdings, dass wir das Regelwerk der EU übernehmen müssen, ohne auf die Beschlüsse selbst besonders viel Einfluss nehmen zu können. Darüber hinaus sind wir Teil des Schengen-Raums, der EU-weiten Polizeizusammenarbeit und der Verteidigungs- und Sicherheitspolitik. Man kann sagen, unsere Zusammenarbeit mit der EU umfasst nahezu alle Bereiche. Dafür müssen die Norweger knapp 400 Millionen jährlich an Brüssel überweisen."

Gunnar Köhne: Nicht drinnen, nicht draußen. In Deutschlandfunk. Europa heute vom 22.11.2018 (19.08.2020)

3

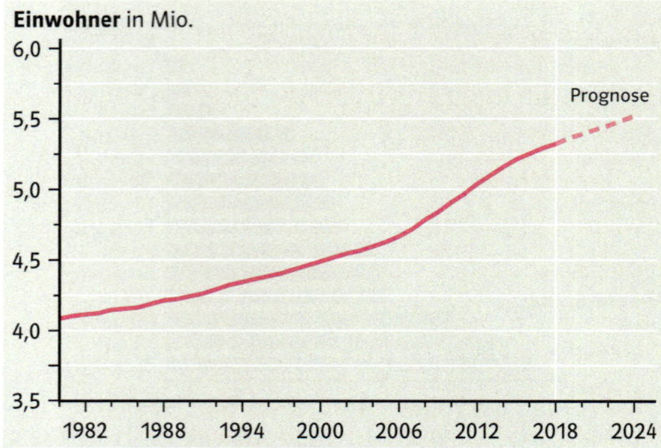

5 Bevölkerungsentwicklung Norwegens mit Prognose (in Mio.)

Fakten über norwegische Meeresfrüchteexporte

- Lachs ist der wichtigste Exportfisch und macht rund 67 Prozent des Exportwertes aus. Kabeljau mit 10 Prozent und Makrele mit 4 Prozent sind ebenfalls wichtige Exportarten.
- Die EU ist mit Abstand der wichtigste Markt und das EWR-Abkommen das wichtigste Abkommen für norwegische Exporteure von Meeresfrüchten.
- Frankreich ist das Land, in dem die meisten norwegischen Meeresfrüchte verzehrt werden. Das Vereinigte Königreich, Spanien und Italien gehören ebenfalls zu den zehn wichtigsten Märkten.
- Nach Polen, Dänemark und in die Niederlande werden norwegische Meeresfrüchte zur Weiterverarbeitung exportiert.

Nach Business Portal Norwegen: Norwegen mit neuem Rekord beim Export von Meeresfrüchten. Vom 6.12.2019 (19.8.2020)

6

2 Kreuzfahrtschiff in einem norwegischen Fjord

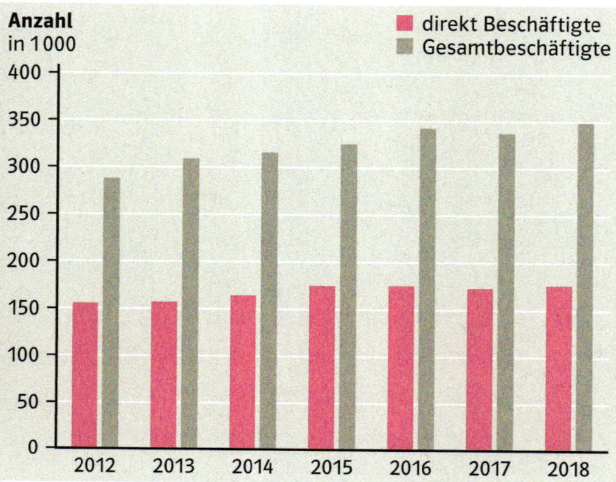

4 Beschäftigte in der norwegischen Tourismusbranche 2012–2018 (in 1000)

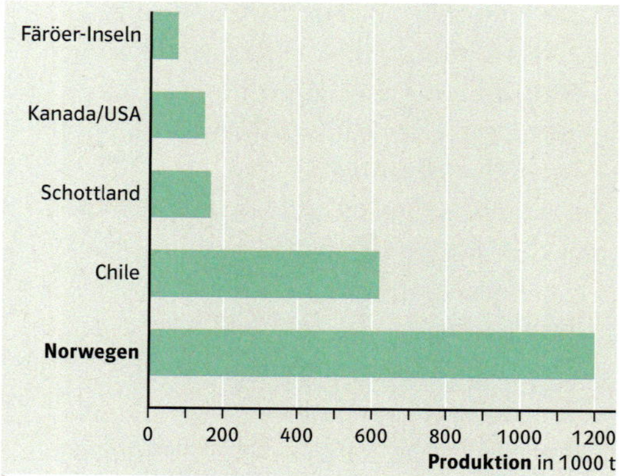

7 Zuchtlachsproduktion führender Erzeugerländer 2019 (in 1000 Tonnen)

Norwegen eröffnet ein gewaltiges Ölfeld

„Johan Sverdrup' ... ist nicht irgendein Ölfeld, ... es ist schon jetzt das ergiebigste Westeuropas. In der Tiefe liegt Öl im Wert von mehr als 100 Mrd. US-Dollar, das darauf wartet, gefördert zu werden. 2,7 Mrd. Barrel Öl, genug, um die Förderung noch bis in die 2070er-Jahre hinein am Laufen zu halten – und dabei so viel Treibhausgase aus der Erde zu holen, dass sie einer Studie zufolge in einem durchschnittlichen Jahr einmal 40 Prozent der norwegischen Gesamtemissionen ausmachen werden. ... Von ‚Norwegens größtem Industrieprojekt' der vergangenen Jahre sprach Premierministerin Erna Stolberg, als sie zum Start der Förderung symbolisch auf den Knopf drückte. Die norwegischen Grünen hingegen sprechen von einem ‚Generationenraub' auf Kosten der Jungen. ... Die erregte Debatte ... über das Feld und den künftigen Kurs der norwegischen Ölpolitik führte dazu, dass Norwegens König Harald in letzter Minute seine Teilnahme an der Eröffnungszeremonie absagte. ... Norwegens neue Öl- und Energieministerin ... sprach davon, dass es darum gehe, ‚in jedem Haus im ganzen Land Licht zu haben'. Was zumindest für Norwegen selbst so nicht mehr stimmt: Das Land bezieht fast seine gesamte Energie aus nachhaltigen Quellen, vor allem Wasser- und Windkraft. Das in Norwegen geförderte Öl und Gas wird in die Welt hinaus exportiert und füllt die Staatskassen."

Kai Strittmatter: Norwegens Regierung eröffnet ein gewaltiges Ölfeld. In: SZ vom 7.1.2020 (19.8.2020)

8

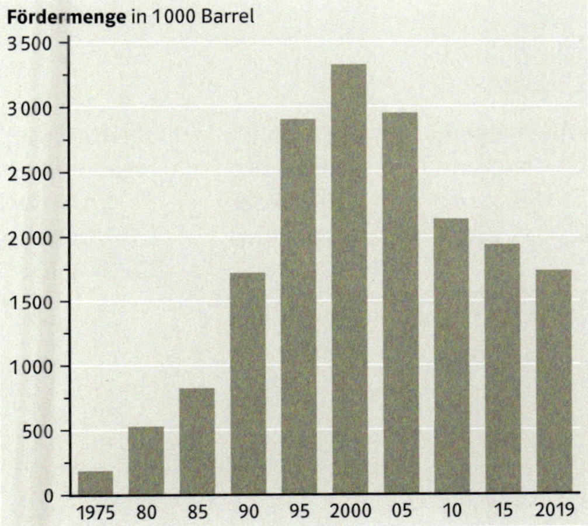

9 Erdölförderung in Norwegen 1975 bis 2019 (in 1000 Barrel) (1 Barrel = 158 Liter)

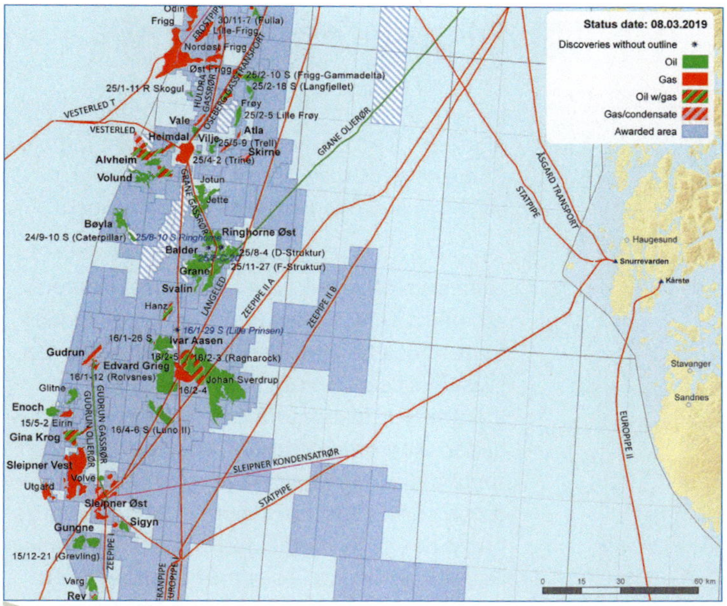

10 Erdöl- und Erdgasfelder vor Norwegens Küste

Reich durch Erdöl

„Der Staatsfonds von Norwegen ... speist sich aus den Gewinnen des staatlichen Erdölkonzerns [Equinor]. ... Der Fonds hält Anteile an mehr als 9000 Unternehmen. ... Sein Vermögen beläuft sich mittlerweile auf 1,1 Billionen Dollar. Pro Kopf macht das für jeden Norweger gut 200000 Dollar. Die größten Positionen sind Apple, Amazon und Microsoft. ... Gleichwohl hat der Fonds auch viele Milliarden in US-amerikanische, japanische und deutsche Staatsanleihen investiert. Eine dritte Säule bilden Immobilien in erstklassigen Lagen: in der Regent Street in London, auf den Champs Elysées in Paris und am Times Square in New York. ... Ein grundsätzliches Dilemma kann der Fonds nicht auflösen: Ursprünglich stammt das Vermögen aus dem Ölreichtum des Landes. ... Aus moralischer wie auch wirtschaftlicher Sicht müsste die Abhängigkeit von Öl und Gas beendet werden. ... Genau das geschieht auch. Das Portfolio an Öl-, Gas- und Kohlebeteiligungen wird zurückgefahren und soll auslaufen. Gleichzeitig investiert man zunehmend in erneuerbare Energien. Aber der Fonds geht weiter: Nach längeren Debatten im Parlament wurde ein Ethikrat eingerichtet. Dieser Rat hat den Ausschluss von Unternehmen [aus dem Staatsfonds] empfohlen, die als korrupt gelten oder mit Tabak, Kinderarbeit, umweltschädlichem Verhalten und Atomwaffenproduktion zu tun haben. ... Selbst die Cashcow der Norweger ..., der Öl- und Gaskonzern Equinor, versucht, klimafreundlich zu werden: Der erste freischwimmende Offshore-Windpark der Welt wird zwei Bohrplattformen 140 Kilometer vor der norwegischen Küste mit Energie versorgen. Ziel ist CO_2-Neutralität."

Carsten Meyer: Wie Norwegen seinen Staatsfonds ethischer macht. In: ZDF heute vom 22.2.2020 (19.8.2020)

11

MK Disparitäten in Italien – eine Infografik erstellen

Infografiken sind heute überall zu finden. Als Eyecatcher lenken sie gerade in den digitalen Medien die Aufmerksamkeit auf sich. Da Infografiken unser visuelles Gedächtnis ansprechen, helfen sie dabei, dass wir Sachverhalte schnell und übersichtlich erfassen und uns damit besser einprägen.

1 Nuts-1-Regionen in Italien

Erwerbsbevölkerung
Dazu zählen alle erwerbsfähigen Personen, die berufstätig sind oder eine Arbeit suchen, darüber hinaus auch Personen in Aus- und Weiterbildung sowie Studenten.

Beschäftigungsquote
Anteil der sozialversicherungspflichtig beschäftigten Personen einer bestimmten Altersgruppe an der Gesamtbevölkerung, ohne Selbstständige oder Mini-Jobber

Ziel einer Infografik ist es, Informationen anschaulich darzustellen und komplexe Sachverhalte, Prozesse und Zusammenhänge auf das Wesentliche zu reduzieren. Anstelle von umfangreichen Texten und Zahlen werden Schaubilder, Diagramme, Karten, Piktogramme, kurze Texte oder Zeitleisten eingesetzt. Für den Geographieunterricht ist das nichts Neues. Hier gehören das Lesen und Erstellen von Infografiken zum Alltag. Oft sind es einfache Sachverhalte, die mit unterschiedlichen Diagrammformen veranschaulicht werden. Auch thematische Karten, Kartodiagramme und **Modelldarstellungen** sind im weiteren Sinne Infografiken. Doch nicht jedes Thema eignet sich dazu, mithilfe einer Infografik dargestellt zu werden. Sachverhalte und Prozesse dürfen nicht zu komplex sein und sie müssen sich sinnvoll in einzelne, überschaubare und gut darstellbare Informationen aufteilen lassen.

Hilfen digital

Die gängigen PC-Programme bieten heute viele Hilfen bei der Erstellung von Infografiken. Zum einen lassen sich mit wenigen Klicks Datenreihen in Diagramme umzuwandeln. Zum anderen steht eine Vielzahl unterschiedlicher Formen und Piktogramme zur Verfügung, die zur Gestaltung einer Infografik genutzt und nach Größe und Farbe variiert werden können.

Disparitäten in Italien

Italien gehört zu den Gründungsmitgliedern der EU und nahm 2018 mit seiner Wirtschaftsleistung die achte Stelle in der Welt ein. Trotzdem waren und sind die Regionen sehr unterschiedlich an der wirtschaftlichen Wertschöpfung des Landes beteiligt. Kaum ein anderer Staat der EU weist auf engstem Raum so große **regionale Disparitäten** auf. So gehört der Norden zum wirtschaftlichen Zentrum der EU, während der südliche Teil zu den strukturschwächsten Regionen Europas gehört. Dort wird europaweit die höchste Armut gemessen. Zwischen Norden und Süden besteht mit der Mitte ein breiter Übergangsbereich.
Die Ursachen für die wirtschaftlichen, sozialen und kulturellen Unterschiede reichen weit in die Geschichte zurück. Erst im 19. Jh. erfolgte die Einigung Italiens. Im Süden blieben feudale Agrarstrukturen erhalten. Für eine industrielle Entwicklung fehlten Rohstoffe. Norditalien hingegen profitierte von der Nähe zu europäischen Kohlerevieren und Märkten. Mit der Industrialisierung entstanden große Industriezentren, die ausländisches Kapital anzogen.
Die Wirtschaft Italiens wurde wie andere Staaten schwer durch die Corona-**Pandemie** getroffen und wird wahrscheinlich erst 2023 auf das „Vor-Corona-Niveau" zurückfinden.

3

Region (Nuts-1)	BIP (€/EW)	verfügbares Einkommen priv. Haushalte (in €)	BIP (€/EW in %) (EU-Durchschnitt = 100)	Beschäftigungsquote (in %) (20 bis 64 Jahre)	Arbeitslosenquote (in % der Erwerbsbev.)	Jugendarbeitslosenquote (in % der Erwerbsbev.) (15–24 Jahre)	Langzeitarbeitslosenquote / (in % der Erwerbsbev.) (15–74 Jahre)
Nord-Ovest	36 000	20 700	116	71,6	7,0	24,5	3,6
Nord-Est	35 000	20 100	113	73,0	6,0	18,9	2,6
Centro (IT)	31 700	18 100	102	67,8	9,4	29,1	5,1
Sud	19 300	12 900	62	48,7	17,8	47,9	11,6
Isole	18 600	12 900	60	47,1	19,8	49,4	12,9

2 Ausgewählte Daten zur Bevölkerung, Wirtschaft und zum Arbeitsmarkt in den Nuts-1-Regionen Italiens (2017/2018)

Nach Eurostat, 2018

Eine Infografik erstellen

Bei der Erstellung der ersten eigenen Infografik ist es sinnvoll und bereitet mehr Freude, wenn ihr mindestens zu zweit zusammenarbeitet.

Schritt 1: Thema und Zielgruppe festlegen

Grenzt das Thema auf einen zentralen Aspekt ein, der sich sinnvoll unterteilen lässt. Zu Beginn müsst ihr festlegen, welche Zielgruppe mit der Infografik angesprochen werden soll. Danach richten sich dann die Sprache, Farbgebung, der Einsatz von Bildern und die Icons.

Schritt 2: Informationen recherchieren, reduzieren und strukturieren

Schulbücher, Lexika und das Internet sind geeignete Informationsquellen. Mehr als 15 bis 20 Informationen sollten in der Grafik nicht vermittelt werden, damit die Betrachtenden den Überblick nicht verlieren. Statistisches Material muss überprüft, aus Texten zentrale Begriffe und Schlagworte entnommen und Bilder auf ihren Bezug zum Thema hinterfragt werden. Damit die Grafik nicht überladen wird, ist es hilfreich, die gesammelten Informationen nach „notwendig", „nützlich" und „nett" zu unterteilen. Die erste logische Strukturierung und Gruppierung der Inhalte kann entweder gleich am Computer erfolgen oder erst mithilfe von farbigen Post-its (siehe Grafik 4).

Schritt 3: Infografik erstellen

Die einzelnen Punkte können in der Reihenfolge variieren:
- Format festlegen (Größe, horizontale oder vertikale Anordnung);
- Blick- bzw. Leserichtung bestimmen (von links nach rechts, von oben nach unten);
- Farbschema für Elemente und Hintergrund wählen;
- einzelne Informationselemente erstellen, dabei auf Zahlenwerte, die Skalierung und mögliche Legende achten (Diagramme, Karten);
- die gesammelten Informationen in kurze Texte, Schlagworte, geeignete Symbole, Icons und Formen übertragen;
- durch Pfeile die Farbgebung und Größe gruppieren, verbinden und gewichten;
- dabei Hauptelemente hervorheben.

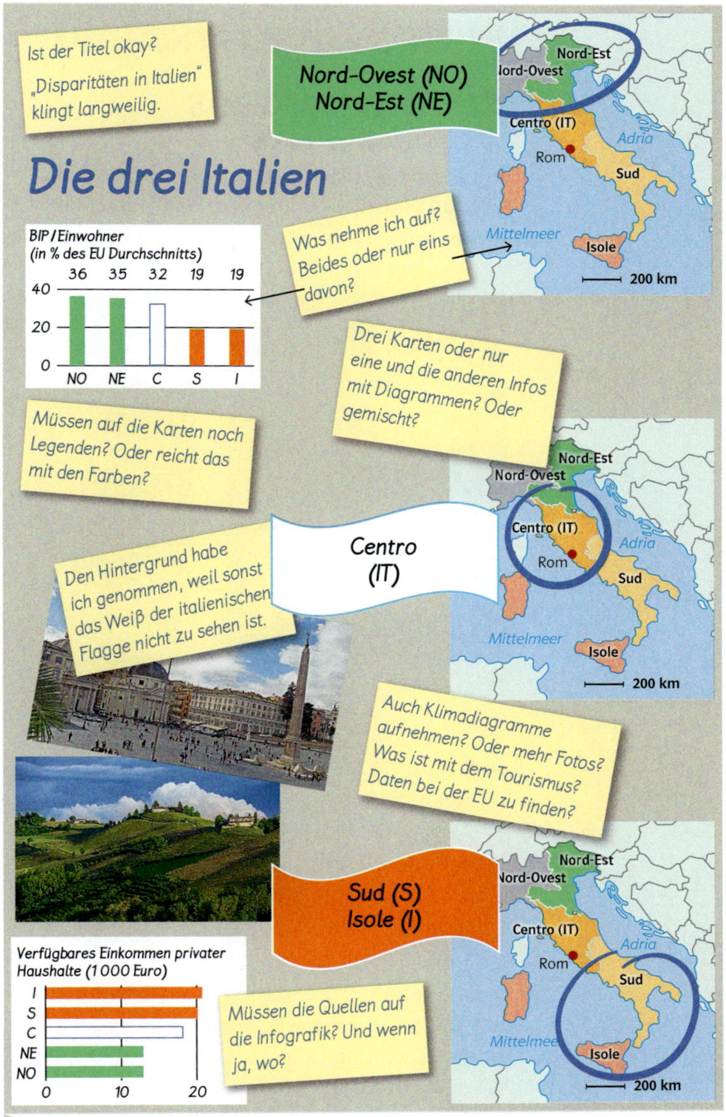

4 Entwurf einer Infografik zum Thema „Disparitäten in Italien"

1 Infografiken im Schulbuch:
a) Recherchiere im vorliegenden Schulbuch nach Infografiken.
b) Begründe anhand der Merkmale, warum es sich dabei um eine Infografik handelt.

2 MK Erstellt eine Infografik zum Thema „Disparitäten in Italien".

3 MK Informiert euch über ein selbstgewähltes Land der EU.
a) Wählt ein Thema, das einen besonderen Aspekt dieses Landes darstellt.
b) Erstellt dazu eine Infografik.

Wirtschaftsstarke und wirtschaftsschwache Räume Europas

Europa ist nicht gleich Europa – zu groß sind die Unterschiede in der wirtschaftlichen Leistungskraft und im Lebensstandard der einzelnen Regionen. Die EU unternimmt daher große Anstrengungen, diese sozialen und regionalen Disparitäten zu beseitigen.

2 Italien: Metropole Mailand

3 Rumänien: Dorf bei Cluj

Aktivräume und Passivräume

Aktivräume haben eine Wirtschaftsleistung, die gemessen am **Bruttoinlandsprodukt** pro Einwohner deutlich über dem EU-Durchschnitt liegt. Sie sind durch eine große Zahl an Arbeitsplätzen in der Industrie und im Dienstleistungssektor gekennzeichnet. Deshalb haben diese Gebiete auch ein hohes Durchschnittseinkommen und eine niedrige Arbeitslosenquote. In der Regel sind es Zuwanderungsgebiete, die über günstige Verkehrsanbindungen verfügen. Aufgrund ihres Funktions- und Bedeutungsüberschusses (z.B. Ballung von Behörden) werden die Aktivräume oft auch als **Zentrum** bezeichnet.

→ thematische Karte auswerten Seite 227

Passivräume haben eine Wirtschaftsleistung, die deutlich unter dem EU-Durchschnitt liegt. Meist sind es ländliche oder altindustrialisierte Regionen mit negativem Wanderungssaldo und hoher Arbeitslosigkeit. Durch Abwanderung, vor allem junger Menschen, drohen diesen Gebieten Überalterung und Schließung von Schulen und Unternehmen. Zur geringen Attraktivität solcher Passivräume tragen meist eine Randlage mit schlechter Verkehrsanbindung sowie eine niedrige Bevölkerungsdichte und damit ein geringes Marktpotenzial bei. Passivräume werden daher oft auch als **Peripherie** bezeichnet.

Zielkonflikt in der EU-Raumentwicklung

Will die EU ihre Wettbewerbssituation im globalen Maßstab verbessern, dann muss unter anderem die Ansiedlung von Unternehmen in den Aktivräumen gefördert werden. Denn in diesen Gebieten haben Investoren die besten Agglomerationsvorteile. Will die EU aber regionale Unterschiede abbauen und auf eine nachhaltige und ausgewogene Entwicklung der Regionen hinarbeiten, dann müssen Passivräume gefördert werden. Dazu müssen starke Anreize geschaffen werden, um den Unternehmen, die dort investieren sollen, den Wegfall von Agglomerationsvorteilen auszugleichen.

1

Auf der Suche nach einem Raumbild

Die sog. „Blaue Banane", 1989 von der französischen Raumordnungsbehörde entwickelt, ist das bekannteste Raumbild zur Darstellung von Aktivräumen in Europa. Diese Darstellungsform diente dazu, der französischen Regierung die bestehenden Defizite ihrer Regional- und Raumordnungspolitik zu verdeutlichen. Die kritiklose Übernahme der „Blauen Banane" als Raumentwicklungsmodell wird jedoch oft bemängelt, da die Konzentration auf die Aktivräume der „Blauen Banane" die Passivräume der Peripherie in ihrer Bedeutung immer weiter zurückfallen lassen und damit die wirtschaftliche Ungleichheit in Europa immer stärker wächst.

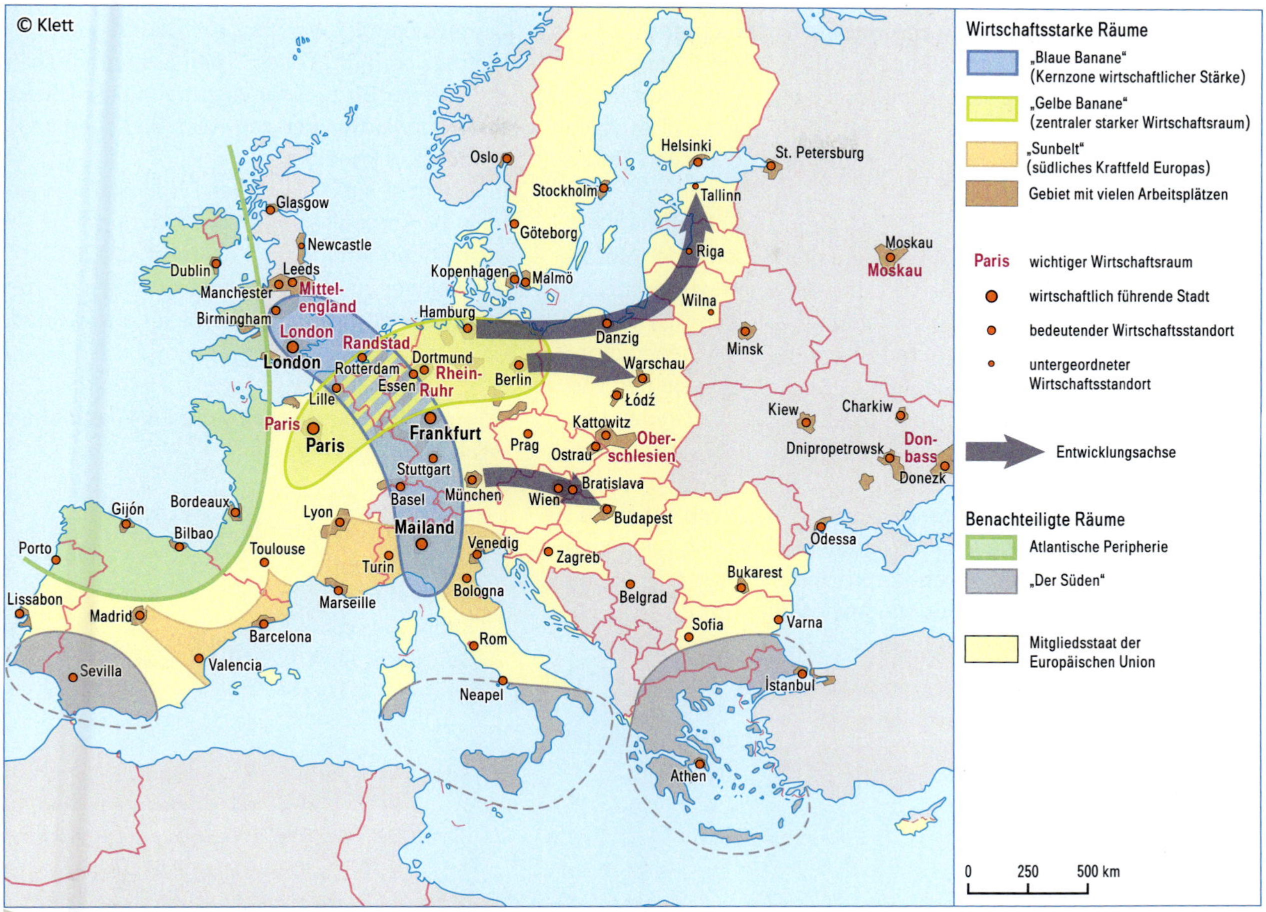

4 Europäische Raumbilder und Raumentwicklungsmodelle

Das Modell der „Blauen Banane" reichte nicht mehr aus, um die wirtschaftsstarken Regionen Europas zu erfassen. So wurde es mehrfach um neue Raumbilder ergänzt. Die „Gelbe Banane" kennzeichnet z. B. die wirtschaftlichen Kernzonen von Paris über das Ruhrgebiet bis nach Berlin oder das Raumbild des sog. „Sunbelts" die wirtschaftlichen Schwerpunktregionen entlang der Mittelmeerküste.
Nach dem Fall des „Eisernen Vorhangs" 1989 kamen weitere Entwicklungsachsen hinzu. Diese beinhalten nach Osten gerichtete Wirtschaftszentren und binden vor dem Hintergrund der EU-Osterweiterung weitere Verdichtungsräume ein. Dazu zählen unter anderem die Achse Wien, Bratislava, Budapest oder die Aktivräume der baltischen Staaten. Allen Modellen ist eines gemeinsam: Sie unterscheiden zwischen wirtschaftlichen Aktiv- und Passivräumen und weisen auf mögliche europäische Entwicklungsregionen der Zukunft hin. Städte und Regionen, die nicht innerhalb einer solchen Achse oder einem bildhaften Modells liegen, haben im Wettbewerb der Wirtschaftsräume schlechtere Chancen.

SP Tipp

Raumbilder bewerten
→ Aufgabe 4
- Meiner Meinung nach sind Raumbilder gut geeignet, um …
- Ich finde das (nicht) gut, weil …
- Eine Bewertung ist schwierig, da …

1 Beschreibe anhand von Karte 4 die Lage europäischer Aktiv- und Passivräume.

2 Stelle in Stichworten wesentliche Merkmale von europäischen Aktiv- und Passivräumen in einer Tabelle gegenüber.

3 Erläutere mithilfe von Text 1 den Zielkonflikt in der EU-Raumentwicklungspolitik. Gibt es Strategien, diesen Konflikt zu lösen?

4 SP Bewerte die Arbeit mit Raumbildern und Raumentwicklungsmodellen wie der „Blauen Banane".

Regionale Disparitäten
Ungleichheit zwischen Regionen, die sich in unterschiedlichen Lebensbedingungen sowie ungleichen politischen, sozialen und wirtschaftlichen Entwicklungsmöglichkeiten äußert

Agglomerationsvorteile
wirtschaftliche Standortvorteile aufgrund räumlicher Nähe von Firmen, Fabriken und Unternehmen sowie Infrastruktur, Dienstleistungen, Absatzmarkt und Arbeitskräften

→ **thematische Karte auswerten Seite 227**

Ursachen regionaler Unterschiede

Die Entstehung räumlicher oder **regionaler Disparitäten** lässt sich mit der unterschiedlichen naturräumlichen Ausstattung, der historischen Entwicklung oder auch mit politischen Einflüssen erklären.
Seit der Industrialisierung im 19. Jahrhundert war die Entwicklung der Industrie der Motor für den wirtschaftlichen Aufschwung einer Region. In vielen Regionen ergaben sich aus den Standortfaktoren Kostenvorteile gegenüber anderen Regionen. Die Industrialisierung verstärkte so regionale Unterschiede in den Lebensbedingungen und Entwicklungsmöglichkeiten. Unternehmen profitierten von Agglomerationsvorteilen, also von der Nähe zueinander. Sie konnten arbeitsteilig zusammenarbeiten, aber auch Vorteile einer ausgebauten Infrastruktur und eines differenzierten Arbeitsmarktes nutzen.
Mit dem Fall des „Eisernen Vorhangs" wird auch der Einfluss politisch-historischer Ereignisse auf die Entwicklung von Disparitäten innerhalb Europas deutlich. Verstärkter internationaler Wettbewerb führte auch in den osteuropäischen Staaten der EU zu einer Verstärkung der Unterschiede zwischen den zentralen Regionen und Gebieten in Randlage.
Inwiefern sich die regionalen Disparitäten innerhalb der Europäischen Union nach dem EU-Austritt des Vereinigten Königreichs 2020 und der weltweiten Corona-**Pandemie** in den nächsten Jahren noch verschärfen, bleibt abzuwarten.

Messgrößen zur Berechnung der regionalen Wettbewerbsfähigkeit

- politische Stabilität
- wirtschaftliche Stabilität
- Infrastruktur
- Gesundheitswesen
- Bildungswesen
- Innovationsbereitschaft

7

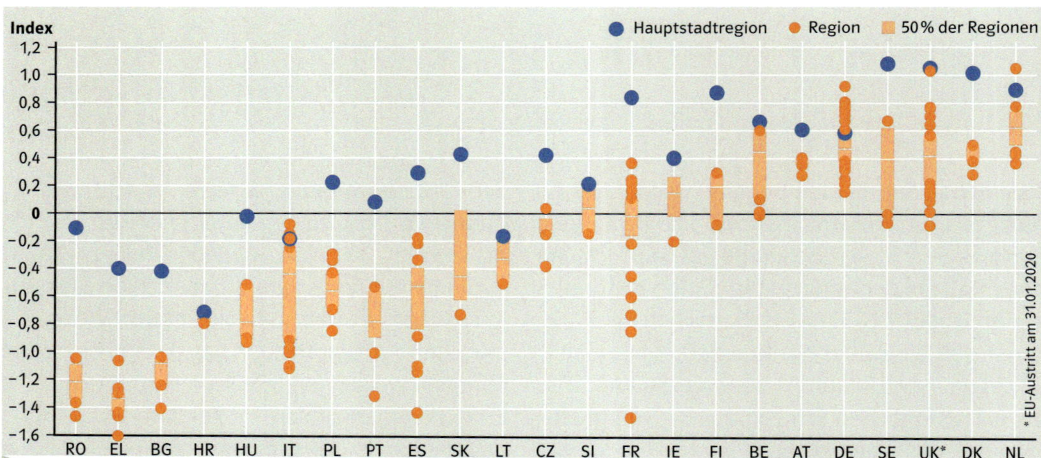

6 Vergleich der EU-Staaten nach dem Index für regionale Wettbewerbsfähigkeit (RCI), 2019

Index für regionale Wettbewerbsfähigkeit

Der Index für regionale Wettbewerbsfähigkeit (RCI) wurde entwickelt, um verschiedene Aspekte der Wettbewerbsfähigkeit auf regionaler Ebene zu messen. Um dem individuellen Entwicklungsstand der Regionen Rechnung zu tragen, werden die unterschiedlichen Messgrößen je nach regionalem Pro-Kopf-BIP gewichtet. Die Hauptstadtregionen sind in den meisten Staaten am wettbewerbsstärksten. In einigen Staaten herrscht ein beträchtliches Gefälle zwischen der Hauptstadt und der Peripherie. Erwartungsgemäß besteht ein direkter Zusammenhang zwischen regionaler Wettbewerbsfähigkeit und Pro-Kopf-BIP.

Autorentext nach Europäische Union (Hrsg.): Meine Region, mein Europa, unsere Zukunft. Luxemburg, 2017, S. 46–52 (21.7.2020)

5

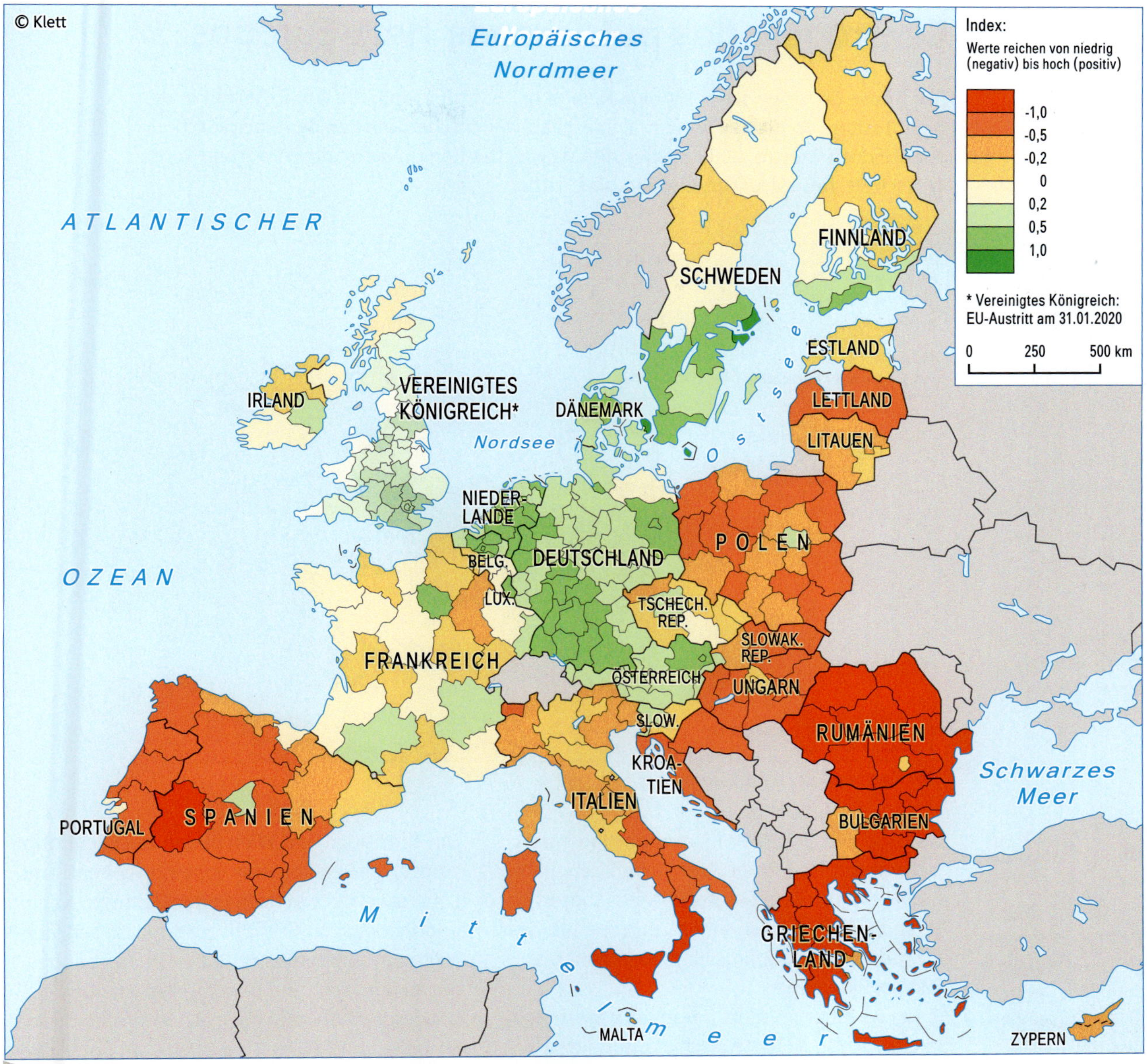

8 Index für regionale Wettbewerbsfähigkeit (RCI) nach Regionen in der EU, 2019

5
Benenne die Ursachen für regionale Disparitäten in Europa.

6
Erläutert den Index der regionalen Wettbewerbsfähigkeit anhand der Materialien 5 – 8. Stellt euch gegenseitig die Ergebnisse vor.
- **A** Vergleicht die Wettbewerbsfähigkeit der EU-Staaten untereinander.
- **B** Vergleiche die Wettbewerbsfähigkeit der jeweiligen Hauptstadtregion mit den übrigen Regionen eines Landes.

7
Überprüfe, inwieweit sich die Raumentwicklungsmodelle und Raumbilder aus der Karte 4 (Seite 59) in der Karte 8 wiederfinden lassen.

8 MK
Recherchiere, wie sich der Großraum London und zwei weitere europäische Regionen deiner Wahl nach dem EU-Austritt des Vereinigten Königreichs und nach der Corona-Pandemie hinsichtlich ihrer regionalen Wettbewerbsfähigkeit entwickelt haben. Gibt es Besonderheiten?

Centrope – das pulsierende Herz Europas

Der Name Centrope steht für eine Region in Zentraleuropa, die von Experten in der Deklaration von Kittsee, einem kleinen österreichischen Dorf an der slowakisch-ungarischen Grenze, 2003 ausgerufen wurde. Die Region dient zur Förderung von Wirtschaft, Infrastruktur, Bildung und Kultur.

1

→ thematische Karte auswerten Seite 227

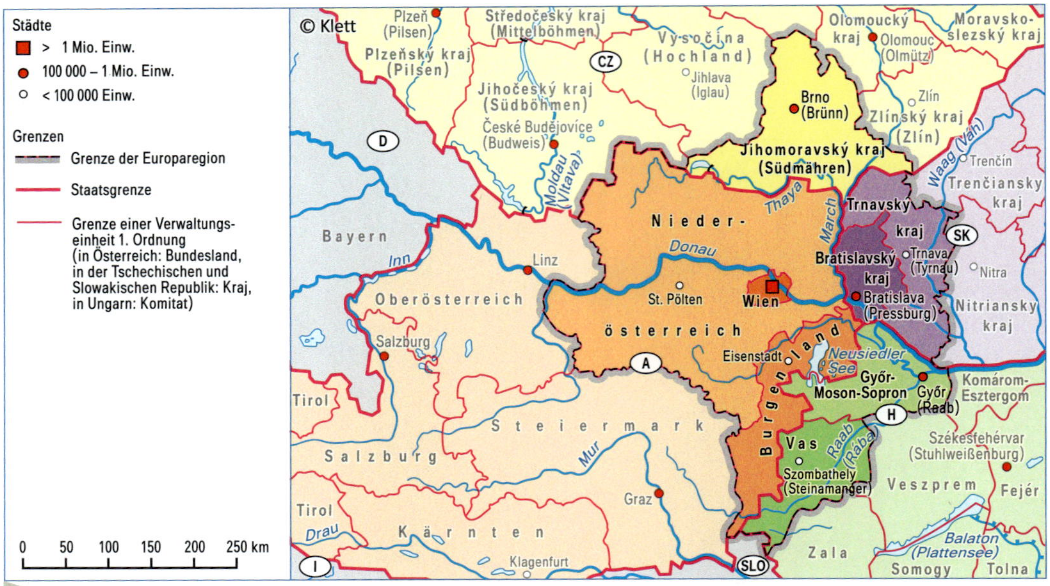

2 Centrope in Zentraleuropa

Kaufkraftstandard (KKS)

Der KKS ist eine für Wirtschaftsvergleiche innerhalb der EU verwendete fiktive Geldeinheit. Internationale Wirtschaftsdaten können nur verglichen werden, wenn man die reale Kaufkraft der verschiedenen Währungen (Ungarn: Forint, Tschechien: tschechische Krone, Slowakische Republik und Österreich: Euro) in den jeweiligen Ländern zugrunde legt.

Die Lage dieser Region ist einzigartig – hier grenzen mit Tschechien, der Slowakischen Republik, Ungarn und Österreich vier Staaten im Herzen Europas aneinander. Centrope umfasst auf rund 54 500 Quadratkilometer mehr als 7,2 Mio. Einwohner.

Schon vor über hundert Jahren war diese Region ein wichtiges **Zentrum** auf kultureller wie auch industrieller Ebene. Viele Verkehrsachsen führten durch diese Region. Nach dem Zweiten Weltkrieg wurde Österreich von seinen östlichen Nachbarn durch den „Eisernen Vorhang" getrennt. Über Jahrzehnte waren die Verbindungen unterbrochen. Die Grenze war mit Stacheldrahtzäunen und Minenfeldern gesichert und wurde auf östlicher Seite rigoros bewacht. Mit der Öffnung im Jahr 1989, dem EU-Beitritt Österreichs 1995 und der EU-Osterweiterung 2004 begann die erneute Zusammenarbeit der vier Staaten und leitete eine beispielhafte Entwicklung ein. Als Reaktion auf die weltweit immer stärkeren Verflechtungen von Wirtschaft, Politik und Kultur versucht sich auch die Region Centrope im Globalisierungsprozess zu positionieren.

Mit Bratislava und Wien liegen zwei EU-Hauptstädte nur 50 Kilometer voneinander entfernt. Lebenswelten wachsen in der Centrope-Region unabhängig von Grenzen zusammen. Seit vielen Jahren arbeiten die Menschen in den benachbarten Ländern und pendeln täglich über Ländergrenzen hinweg. Trotz unterschiedlicher Sprachen und Kulturen und einigen politischen Meinungsverschiedenheiten in den letzten Jahren gelingt hier die Etablierung einer hochqualifizierten europäischen Region, die heute ein Beispiel für die erfolgreiche, grenzüberschreitende europäische Kooperation darstellt.

Projekt „Twin City Liner"

Als Symbol für das Zusammenwachsen der Centrope-Region gilt die seit 2006 in Betrieb genommene Fährverbindung zwischen Wien und Bratislava. Jährlich wird sie von bis zu 130 000 Menschen zum Pendeln oder für touristische Zwecke genutzt.

3

Region auf Nuts-2-Ebene	Mio. KKS 2004	2018
Wien	61813	87150
Prag	43162	76895
Niederösterreich	36542	55155
Südmähren als Teil von Jihovychod	25182	43720
Kreis Bratislava	17481	34944
Vas bzw. Győr-Moson-Sopron als Teil von Nyugat-Dunántúl	14127	21146
Burgenland	5394	8140

4 Bruttoregionalprodukt in Mio. KKS (Nach Eurostat, 2019)

Region auf Nuts-2-Ebene	2011	2019	Nationaler Durchschnitt 2011	2019
Wien	8,0 %	9,3 %	4,6 %	6,6 %
Niederösterreich	4,5 %	4,0 %		
Burgenland	3,8 %	3,6 %		
Südmähren als Teil von Jihovychod	7,2 %	1,9 %	6,7 %	2,0 %
Prag	3,6 %	1,3 %		
Bratislava	5,8 %	2,4 %	13,6 %	5,8 %
Trnava kraj als Teil von Západné-Slovensko	10,7 %	4,0 %		
Vas bzw. Győr-Moson-Sopron als Teil von Nyugat-Dunántúl	7,3 %	3,8 %	11,0 %	3,4 %
Budapest als Teil von Köpéz-Magyarország	9,0 %	2,4 %		

5 Arbeitslosenraten (Nach Eurostat, 2019)

Wien	Prag	Bratislava	Niederösterreich	Burgenland	Südmähren als Teil von Jihov.	Vas / Győr-Moson-Sopr. als Teil von Ny.-Dunántúl
56 %	60,2 %	58,1 %	49,2 %	47,2 %	39,3 %	31,4 %

Nach Stadt Wien: centrope – Central European Region, 2017

6 Anteil der Beschäftigten in der Forschung und Entwicklung an allen Erwerbstätigen, 2017 (Regionen auf Nuts 2-Ebene)

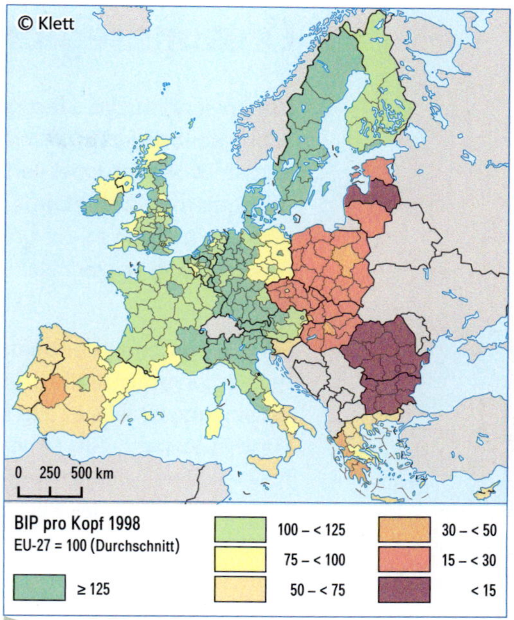

7 **Wohlstand 1998**
Von 1989 bis 1998 lag die Ostgrenze Österreichs an der höchsten „Wohlstandskante".

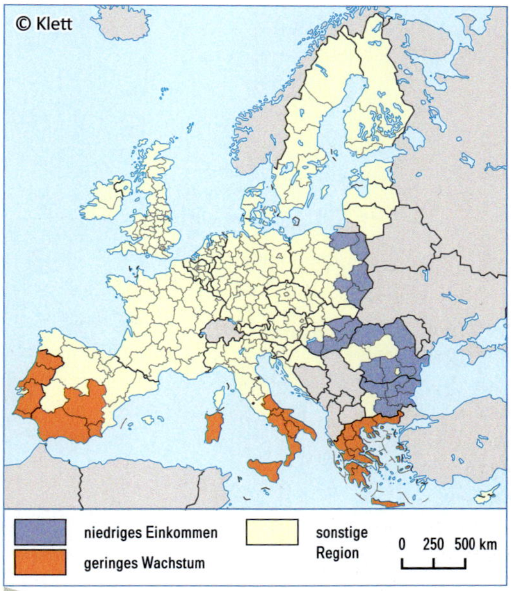

8 **Wohlstand 2020**
Die Karte zeigt die „Wohlstandskante" im Osten Europas.

1 Beschreibe mithilfe der Karten 1 und 2 die räumliche Lage der Region Centrope.

2 Erläutere die wirtschaftliche Entwicklung der Region Centrope seit 2004. Nutze hierzu die Tabellen 4 – 6.

3 Vergleiche die Karten 7 und 8. Wie hat sich die Verteilung von Wohlstand zwischen 1998 und 2020 in Europa verändert?

4 MK In Nordrhein-Westfalen gibt es auch Regionen grenzüberschreitender Zusammenarbeit – die EUREGIOs. Recherchiere anhand eines Beispiels deren Lage und jeweiligen Ziele der Zusammenarbeit.

Öresundregion – regional – digital – international

Die Öresundbrücke – fertiggestellt im Juni 2000 – ist mit fast 8 km die weltweit längste Schrägseilbrücke für den Straßen- und Eisenbahnverkehr. Zusammen mit dem 4 km langen Drogdentunnel verbindet sie die dänische Hauptstadt Kopenhagen und die schwedische Stadt Malmö. Neben der Verflechtung im Grenzraum von zwei EU-Mitgliedern hat sich so die Öresundregion zu einem Wirtschaftsschwerpunkt mit globaler Ausstrahlung entwickelt.

→ Cluster
Seite 189

Für die Bewohner der beiden größten Städte der Region brachte die grenzüberschreitende Verbindung bereits in den ersten Jahren viele Vorteile. Während im dänischen Kopenhagen Arbeitskräfte fehlten, war im schwedischen Malmö aufgrund des Rückgangs der dort ansässigen Werftindustrie die Arbeitslosigkeit hoch. Da die Fahrt über die Öresundbrücke gerade einmal 35 Minuten dauert, suchten viele Bewohner Malmös einen Arbeitsplatz in Kopenhagen. Dagegen orientierten sich Wohnungssuchende aufgrund der hohen Miet- und Immobilienpreise in Kopenhagen eher in Richtung Malmö. Besonders im Süden der Stadt entstanden Neubaugebiete mit gutem Verkehrsanschluss an die Brücke.

Profitiert hat neben der verbesserten Straßen- und Eisenbahnverbindung auch der Flughafen Kopenhagen-Kastrup. Nicht nur durch die Anbindung an Südschweden ist er im nordeuropäischen Raum mittlerweile der größte Passagierflughafen. 2019 wurden hier mehr als 30 Mio. Menschen befördert – davon 29 Mio. internationale Passagiere. Ein wesentlicher Grund dafür liegt in der zunehmenden Bedeutung der Wachstumsregion Öresund als international und global beachtenswerter Standort der Kommunikations- und Informationstechnologie. Die weltweit steigende Nachfrage nach digitalen Kompetenzen z.B. im Bereich der Datenerstellung, Datennutzung und Produktionstechnik hat eine Vielzahl großer Konzerne in die Region gelockt. Weltweit agierende Unternehmen (Global Player) wie Microsoft, IBM, Siemens oder Pfizer haben hier ihre Niederlassungen. Die Region kann demzufolge punkten: es gibt eine Vielzahl an Universitäten, Bildungs- und Unternehmenscluster und Science Cities. Diese bilden sog. Innovation Hubs für Start-ups, führende Unternehmen, Universitäten oder Forschungsinstitute.

Aber es gibt auch Probleme. Weltweite Finanzkrisen und nicht zuletzt die Corona-Pandemie machen sich hier ebenfalls bemerkbar. Hinzu kommt, dass sich das Angebot und die Nachfrage an Arbeitskräften nicht in Waage hält. Selbst wenn die Öresundregion mittlerweile ein global bedeutsamer Standort ist – Silicon Valley (USA) besitzt eben doch eine höhere Anziehungskraft.

1 Öresundregion: Wirtschaft und Verkehr

Wirtschaftsregion mit globaler Ausstrahlung

Die zentralen Branchen in Kopenhagen sind Life Sciences, Cleantech, Informations- und Kommunikationstechnik (IKT), Transport und Logistik ... sowie die Lebensmittelindustrie. In diesen Bereichen hat Kopenhagen verschiedene Cluster mit weltweit führenden Unternehmen, Forschungs- und Bildungsinstituten. Beispielhaft hierfür sind das dänisch-schwedische Life Science Cluster MediconValley sowie das Cleantech Cluster CLEAN, das 2009 in Kopenhagen gegründet wurde und mittlerweile fünf weitere dänische Standorte ... umfasst. ...
Auch die schwedische Provinz Schonen mit den Städten Malmö, Lund, Helsingborg und Kristianstad ist ... von wirtschaftlicher Bedeutung für die Region. ... Zu den zentralen Branchen auf schwedischer Seite gehören die Automobilindustrie, die Technologiebranche, ... die Life Sciences, ... die Logistikbranche und die Immobilienwirtschaft. In diesen Bereichen existieren ... verschiedene Cluster, wobei das grenzübergreifende, dänisch-schwedische Cluster MediconValley sowie das Digitale Medien-Cluster Media Evolution mit jeweils über 400 Mitgliedsunternehmen bzw. Organisationen zu den bedeutendsten gehören.
Die Stadt Lund ist, auch durch die Universität Lund ... ein bedeutender Standort für die schwedische Start-up-Szene. Im Bereich der Elektromobilität ist hier beispielhaft das Start-up UNITI zu nennen, das ... gemeinsam mit Siemens in die Serienproduktion des Elektroautos One geht. Zudem hat Bosch 2016 in Lund eine Entwicklungseinheit eröffnet, die sich mit der Vernetzung von Fahrzeugen und Kfz-Sicherheit über das Internet of Things beschäftigt.

Nach Bundesministerium für Bildung und Forschung (2019), Kooperation international: Greater Copenhagen. (22.1.2021)

2

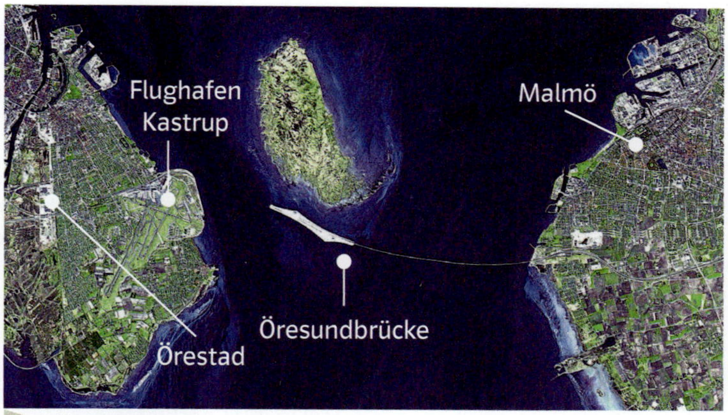

3 Öresundregion

Science City Örestad

Zwischen der Kopenhagener Innenstadt und dem Flughafen Kastrup entwickelt sich ein neuer Stadtteil – Örestad.
Die zentrale Verkehrslage, kombiniert mit einer ausgezeichneten Infrastruktur und einer guten Mischung aus Global Playern, Start-ups, öffentlichen Einrichtungen und Universitäten, bietet ideale Standortvoraussetzungen, um branchenübergreifende Innovationen voranzutreiben. Über 10 000 Einwohner, 20 000 Studierende und 20 000 Beschäftigte weist der Stadtteil bereits auf. In einigen Jahren sollen es doppelt so viele sein. Innovativ und futuristisch ist die Architektur der Wohnkomplexe und das mit vielen Preisen ausgezeichneten Örestad-Gymnasium.

4

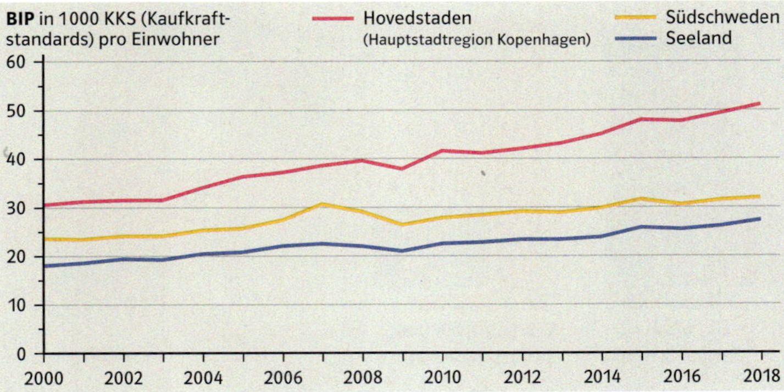

5 Entwicklung des BIP in der Öresundregion (Nach Eurostat)

1 Beschreibe mithilfe der Karte 1:
a) die Verkehrsstruktur;
b) die Verteilung der Wirtschaftsstandorte in der Öresundregion.

2 Erläutere die Bedeutung der Öresundbrücke für die Entwicklung der Region.

3 Beurteilt den wirtschaftlichen Wandel der Öresundregion vor dem Hintergrund der Digitalisierung und Globalisierung.

4 MK Stellt verschiedene Materialien zusammen, in denen ihr für die Ansiedlung eines Unternehmens in Örestad Werbung macht, mittels:
A Infografik;
B Podcast.

Let's stay in touch? ... das Vereinigte Königreich und die EU nach dem Brexit

Mit dem Austritt des Vereinigten Königreichs (UK) aus der Europäischen Union steht Europa vor großen Veränderungen. Welche Auswirkungen das Votum haben wird, ist nicht genau abzusehen. Aber mit der Einigung auf ein umfassendes Abkommen haben die EU und das Vereinigte Königreich zumindest die Basis für eine gemeinsame Zukunft gelegt und ein neues Kapitel in ihren Beziehungen aufgeschlagen.

← Infografiken erstellen Seite 56/57

Am 31.01.2020 hat mit dem Vereinigten Königreich das erste Mal in der Geschichte der Europäischen Union ein Land die EU verlassen. Zuvor war es am 23.06.2016 im Vereinigten Königreich und Nordirland zu einem Referendum der Bevölkerung über den Austritt aus der EU gekommen. Dabei setzten sich die **Brexit**-Befürworter mit 51,89 % der Stimmen durch. Das denkbar knappe Ergebnis fiel dabei regional sehr unterschiedlich aus.

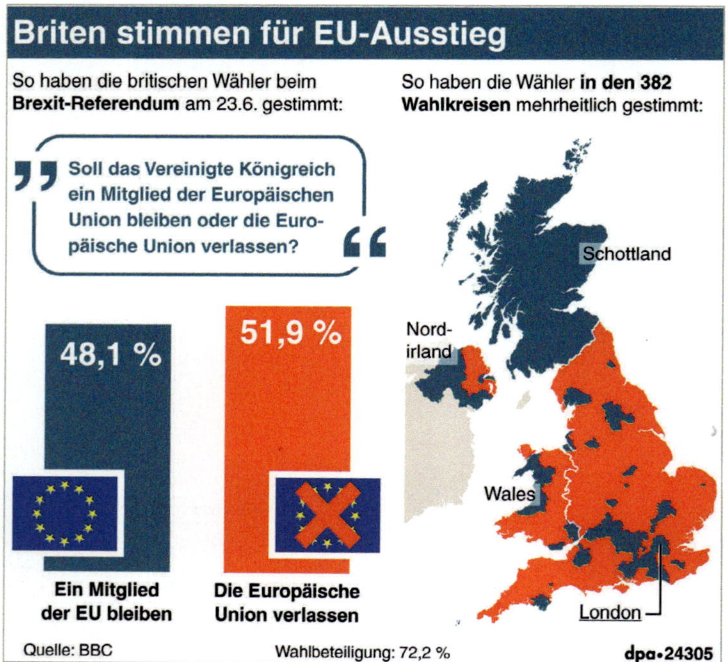

1 Abstimmung über den EU-Ausstieg Großbritanniens im Jahr 2016

Zum 1.1.2021 trat der Partnerschaftsvertrag zwischen der EU und dem Vereinigten Königreich vorläufig in Kraft und soll die Beziehungen auf eine neue Grundlage stellen. Der ausgehandelte Vertrag wird als Erfolg für beide Partner gewertet.

Die politischen, ökonomischen und gesellschaftlichen Beziehungen werden in Zukunft neu ausgerichtet und alle Beteiligten stehen vor großen Herausforderungen. So müssen beispielsweise wirtschaftliche Beziehungen neu ausgehandelt, Grenzkontrollen und Personenfreizügigkeit geklärt und finanzielle Fragen final geregelt werden. Auch für junge Menschen müssen neue Regelungen gefunden werden, z. B. bei Klassenfahrten und beim Auslandsstudium.

2 Brexit-Kunstwerk des Streetart-Künstlers Banksy

1
Erkläre, was unter dem Brexit verstanden wird.

2
Der Brexit ist im Vereinigten Königreich umstritten:
a) Beschreibe die regionalen Unterschiede in den Abstimmungsergebnissen des Referendums von 2016 (Grafik 1).
b) Vermute, welche Ursachen es für die Abstimmungsergebnisse in den verschiedenen Landesteilen geben könnte.

3
Beschreibe das Streetart-Kunstwerk von Banksy (Abbildung 2). Erläutere die Aussage des Künstlers.

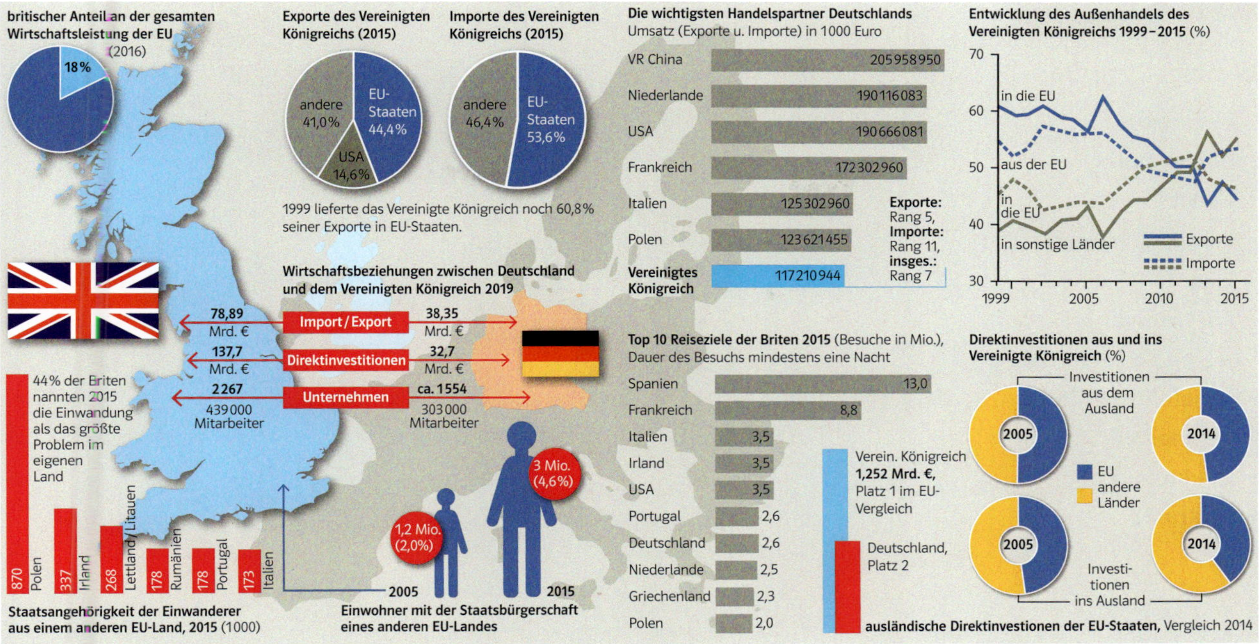

3 Die Folgen des Brexits – Beziehungen des Vereinigten Königreichs zur EU

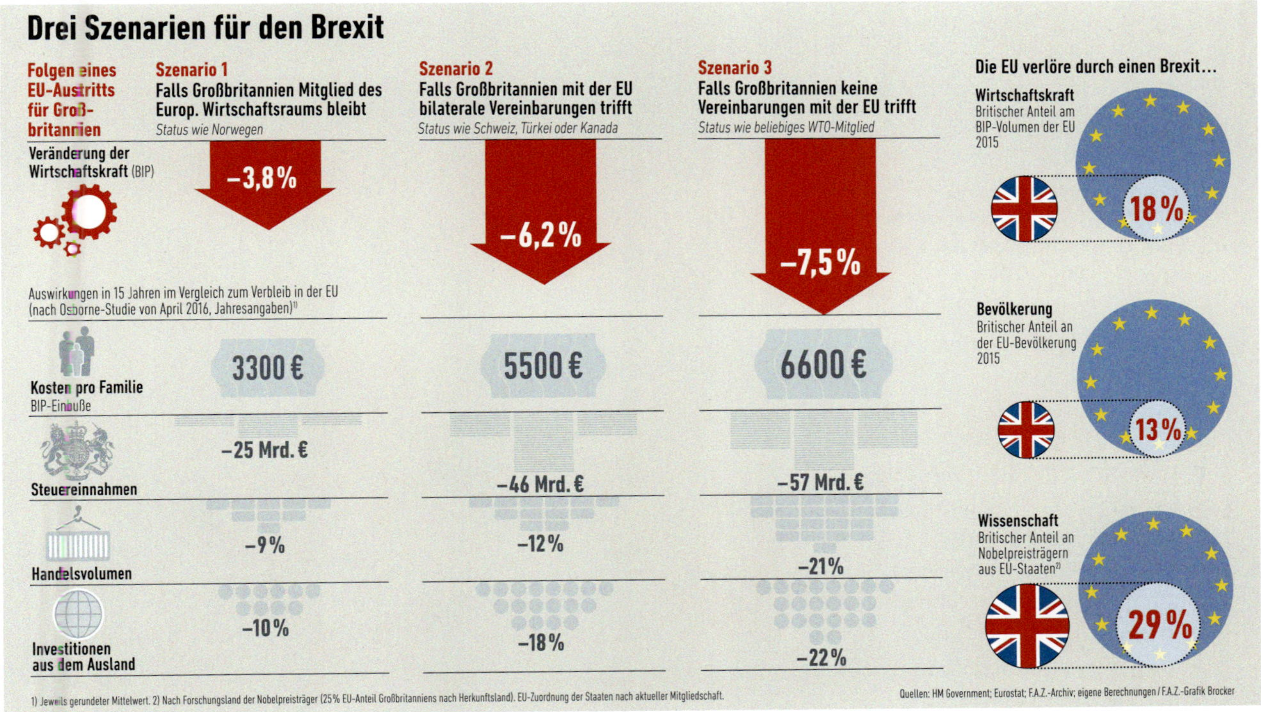

4 Szenarien für den Brexit

4 Benenne mögliche Folgen des Brexits für die EU und das Vereinigte Königreich. Differenziere zwischen ökonomischen, politischen und sozialen Folgen.

5 MK Die Beziehungen zwischen der EU und dem Vereinigten Königreich wurden mit dem Partnerschaftsvertrag zum 1.1.2021 neu ausgehandelt:
a) Recherchiere mithilfe des Internets die aktuellen Entwicklungen in dieser Frage.
b) Vergleiche die Ergebnisse deiner Recherche mit den drei Zukunftsszenarien aus Grafik 4.

Wichtige Begriffe

- Aktivraum
- Binnenmarkt
- Brexit
- Europäische Union (EU)
- Euro-Zone
- Passivraum
- regionale Disparitäten
- soziale Disparitäten
- Schengenraum
- Strukturpolitik
- Zentrum

1 Mutter Europa und ihre Kinder

Kennen und verstehen

1 Arbeite mit dem Atlas und der Karte 4 auf Seite 49.

a Welcher europäische Staat hat die meisten Nachbarstaaten?

b Nenne wenigstens 5 Staaten in Europa, die nicht zur EU gehören.

c Führe die Staaten auf, die im Rahmen der Ost-Erweiterung der EU beigetreten sind.

d Benenne große Wachstumszentren und wirtschaftlich schwache Regionen in Europa.

2 Finde die Begriffe

a Große wirtschaftliche und soziale Ungleichgewichte zwischen Kernregionen und Randgebieten.

b Abgegrenztes Wirtschaftsgebiet, das durch den freien Verkehr von Waren, Dienstleistungen und Kapital gekennzeichnet ist.

c Zusammenschluss mehrerer Staaten in Europa, die eine gemeinsame Währung haben.

d Künstliche Währung, die hilft, den wirtschaftlich messbaren Lebensstandard in unterschiedlichen Ländern zu vergleichen.

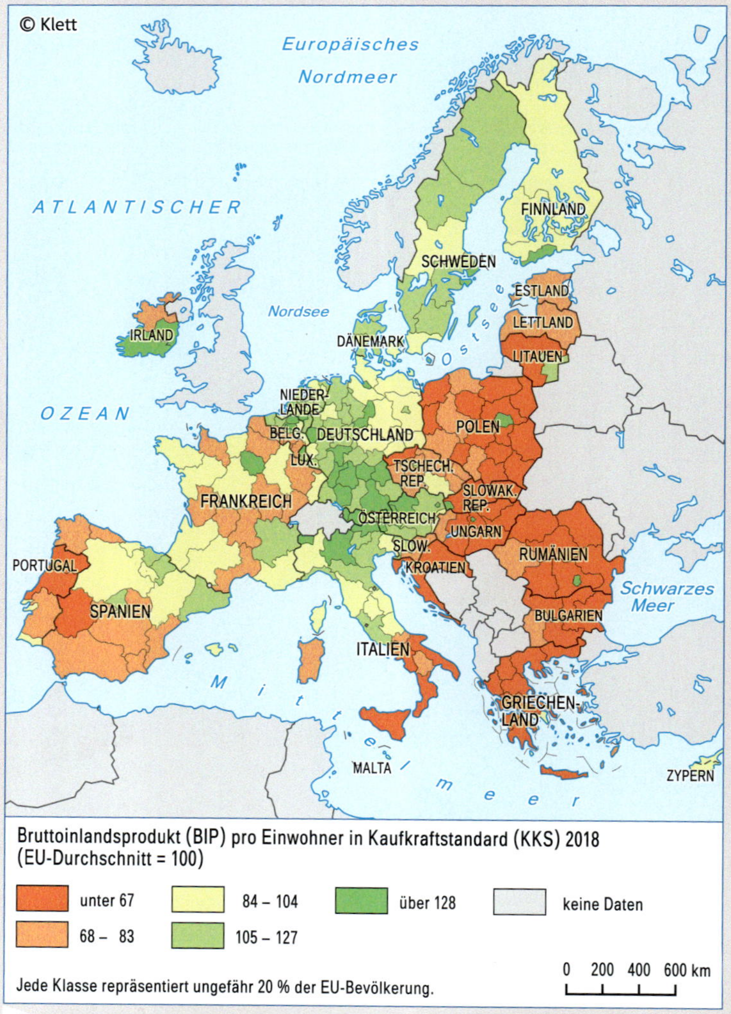

2 BIP pro Kopf in den Regionen der EU, 2018 (in KKS, EU = 100)

3 Schengenraum und Eurozone

a Im Schengenraum und nicht in der EU: Geht das? Begründe und gib Beispiele dafür an.
b Beschreibe die Bedeutung des Schengener Abkommens für dich.
c Umschreibe den Begriff Eurozone, ohne ihn zu nennen.

4 Europa verändert sich: mit einer Karikatur arbeiten

a Schätze, zu welcher Zeit die Karikatur erstellt wurde.
b Formuliere die Kernaussage dieser Karikatur. Würdest du ihr zustimmen? Begründe deine Entscheidung.

5 Aktiv- und Passivräume

a Benenne sowohl räumlich sichtbare als auch statistisch begründete Merkmale von Aktiv- und Passivräumen in der EU.
b Erkläre den Zusammenhang zwischen Aktiv- und Passivräumen und dem Raumbild der „Blauen Banane".

Was die EU auf den Weg bringt – in Aachen

– Für grenzübergreifende Projekte ... kommt die Euregio Maas-Rhein 2014 bis 2020 in den Genuss von 96 Mio. Euro an Fördermitteln. Kofinanziert mit rund 1,8 Mio. Euro wird etwa das Verbundvorhaben EarlyTech, das den Wissenstransfer vorantreibt. Unter Leitung der Aachener Wirtschaftsförderung vernetzt es Wirtschaft und Wissenschaft in der Region. Umfangreiche Unterstützung erhält auch das Projekt ... ECON, das der Aachener Verkehrsverbund koordiniert. Mehr als 2,3 Mio. Euro fließen hier in die Verbesserung des grenzüberschreitenden Personenverkehrs.
– Im Rahmen des EU-geförderten Projektes CIVITAS DYN@MO investierte Aachen im Sinne einer umweltfreundlichen Verkehrspolitik in die Erprobung von Elektrobussen und in eine bürgernahe Mobilitätstrategie.
– Fördermittel aus „Horizont 2020", dem europäischen Rahmenprogramm für Forschung und Innovation, kommen zahlreichen durch die RWTH Aachen koordinierten Projekten zugute, darunter der Entwicklung zukunftsweisender Plastik-Recyclingverfahren und dem Entwurf emissionsarmer Biomasse-Heizsysteme.
– Weite Wiesen wilder Narzissen sind das Kennzeichen des bei Monschau gelegenen Naturschutzgebiets Perlenbach- und Fuhrtsbachtal. Die Zugehörigkeit zum europäischen Natura 2000-Netz trägt diesem bedeutsamen Vorkommen Rechnung und stellt das Gebiet unter Schutz.

In meiner Region: Städteregion Aachen, Deutschland vom 21.11.2018 (1.9.2020)

3

Fachmethoden anwenden

6 Regionale Disparitäten

Arbeite mit der Karte 2 und dem Atlas. Wähle eines der folgenden Länder aus:
- Spanien,
- Polen,
- Frankreich.

Erstelle dazu eine Infografik zum Thema: „Disparitäten in ...!"

Beurteilen und bewerten

7 „Europa sind wir!"

a Nimm Stellung zu der Aussage „Europa sind wir!"
b Beurteile die von der EU geförderten Maßnahmen in der Region Aachen von 2014 bis 2020 (Text 3) vor dem Hintergrund der „Ziele der zukünftigen Entwicklung der EU 2021 – 2027" (Seite 50, Text 1).

Jetzt kannst du ...

- die EU als bedeutende, aber nicht als alleinige Raumeinheit in Europa bestimmen;
- zu Zielen und Werten der EU Stellung nehmen;
- Räume hinsichtlich ihrer Wirtschaftskraft bewerten;
- Vorteile aufführen, die der Zusammenschluss europäischer Länder zur EU für ihre Mitglieder bringt;
- den wirtschaftlichen Wandel einer Region durch Globalisierung und Digitalisierung analysieren;
- Lösungsansätze für Disparitäten in der EU nennen;
- mögliche Auswirkungen des Brexits für das Vereinigte Königreich und die EU erläutern und bewerten;
- Infografiken selber erstellen.

4

Immer mehr Menschen

1 Schwimmbad in der chinesischen Provinz Sichuan

Am 1. Oktober 2020 lebten 7 816 727 830 Menschen auf der Erde. In der Zeit, in der du diesen Satz liest, hat die Erdbevölkerung um zwölf Menschen zugenommen: 2,6 in der Sekunde, 157 in der Minute und 1,58 Millionen pro Woche, was der Einwohnerzahl von Hamburg oder München entspricht. Aber wie lange noch?
Die Weltbevölkerung wächst aber nicht überall gleich schnell und in der zweiten Hälfte dieses Jahrhunderts wird sie anfangen zu schrumpfen.
In diesem Kapitel erfährst du mehr darüber, in welchen Gebieten die Bevölkerung wächst bzw. schrumpft und untersuchst die Ursachen und Folgen dieser Entwicklungen.

2 Schwimmbad in Frankfurt am Main

Immer mehr, immer schneller, überall?

Den größten Teil der Menschheitsgeschichte hat sich die Bevölkerungszahl nur langsam verändert. Nachdem die Menschheit im 20. Jahrhundert ein historisch einmaliges Wachstum erlebt hat, dürfte das 21. Jahrhundert den Beginn des Postwachstums markieren.

Geburtenrate

Zahl der Geburten pro 100 (%) bzw. 1000 (‰) Einwohner und pro Jahr

Sterberate

Zahl der Verstorbenen pro 100 (%) bzw. 1000 (‰) Einwohner und pro Jahr

Verdopplungszeit

Der Zeitraum, in dem sich eine Bevölkerung verdoppelt. Die VZ wird durch den Quotienten 70 : WR abgeschätzt.

Das Wachstum der Weltbevölkerung begann, als es gelang, durch moderne Medizin und bessere Hygiene Krankheiten erfolgreich zu bekämpfen sowie mehr Nahrungsmittel zu produzieren. Durch die sinkende **Sterberate** (SR) und die unveränderte **Geburtenrate** (GR) wuchs die Bevölkerung. Gleichzeitig konnten mehr Menschen ernährt werden und sie wurden wesentlich älter als zuvor. Die Weltbevölkerung wächst also dann, wenn die Geburtenrate höher als die Sterberate ist. Diese Differenz wird auch als **Wachstumsrate** (WR) bezeichnet.
Heute ist die Differenz in der Regel positiv und je größer sie ist, desto größer ist das natürliche **Bevölkerungswachstum**. Das natürliche Bevölkerungswachstum ist ein wesentlicher Teil der Bevölkerungsentwicklung eines Landes. Es gibt aber auch noch andere Faktoren: Das Bevölkerungswachstum wird auch durch Zuwanderungen oder Abwanderungen beeinflusst, Wanderungsgewinne führen zu einer Zunahme der Bevölkerung. Seuchen und Krankheiten oder Flucht und Vertreibungen durch Kriege führen dagegen zum Schrumpfen einer Bevölkerung.

Wie sieht die Zukunft aus?

Die Weltbevölkerung wird laut der UN bis 2050 auf 9,7 Milliarden Menschen wachsen, obwohl in den meisten Ländern die Geburtenrate sinkt. Bis 2050 wird mehr als die Hälfte des globalen Bevölkerungswachstums vor allem in Indien, Nigeria, Pakistan, Äthiopien, Tansania, Indonesien, Ägypten und in der DR Kongo stattfinden. In China, dem momentan bevölkerungsreichsten Land der Erde, wird laut der UN-Studie die Bevölkerung bis 2050 leicht abnehmen.
Auf welcher Grundlage kommt die UN zu solchen Vermutungen? Zur genaueren Unter-

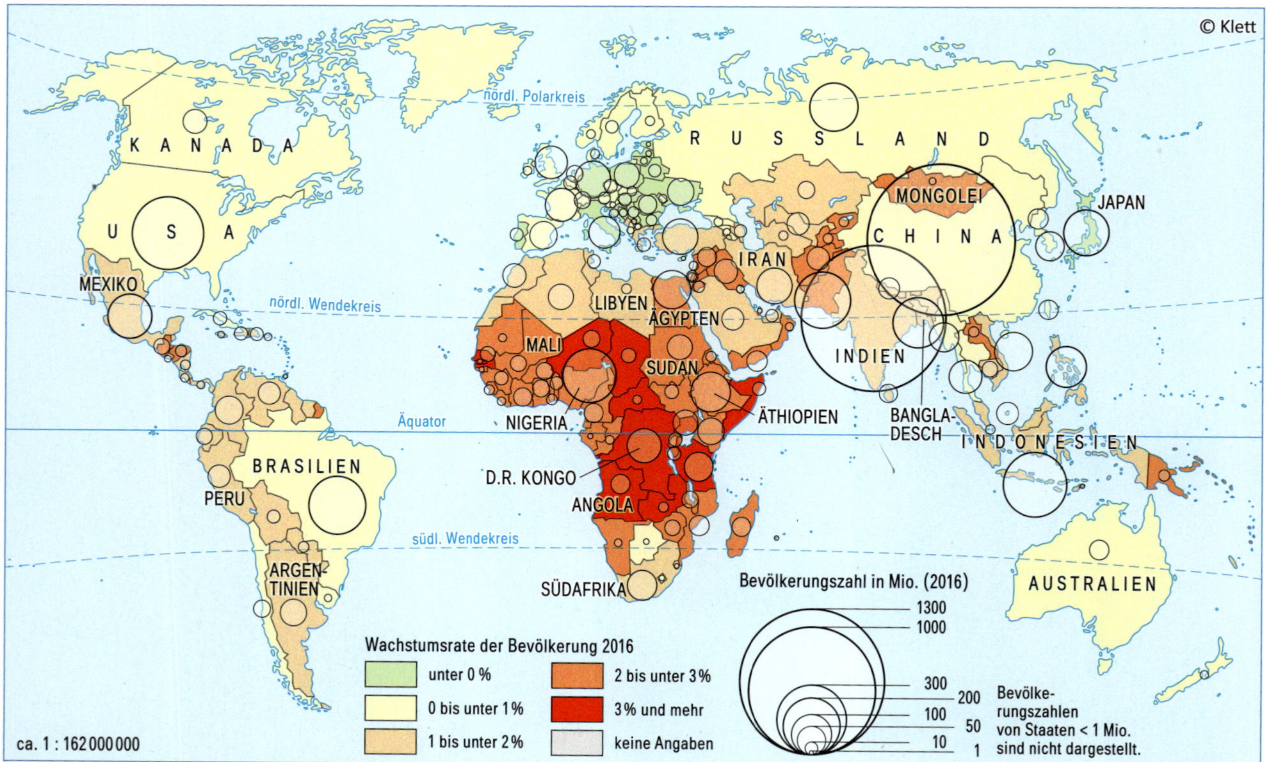

1 Verteilung und Wachstumsraten der Bevölkerung

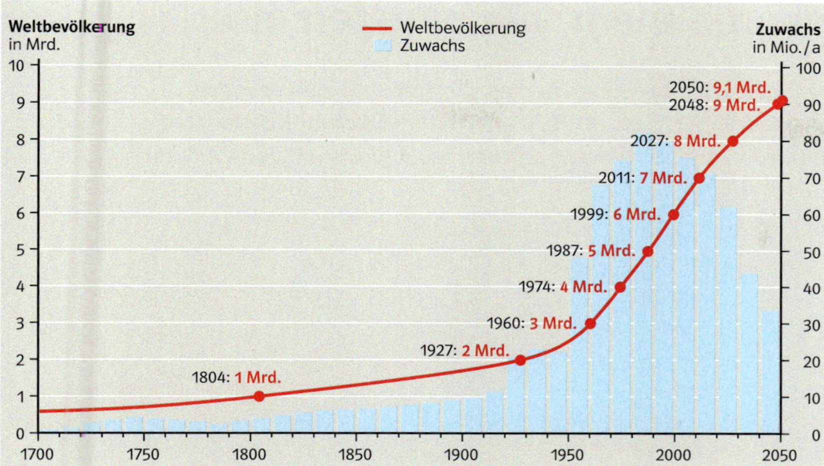

2 Historische und geschätzte Entwicklung der Weltbevölkerung

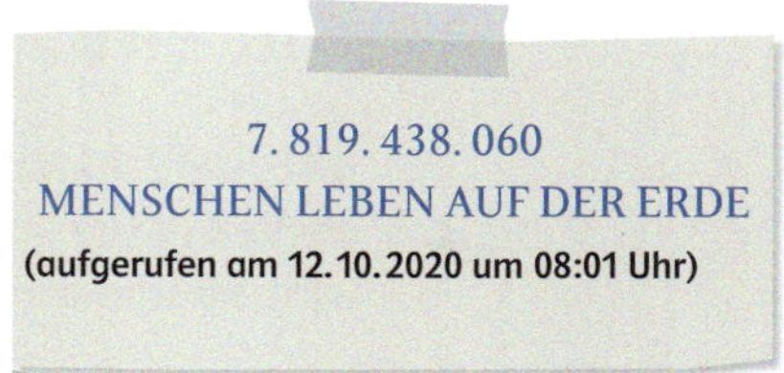

3 Weltbevölkerungsuhr der Deutschen Stiftung Weltbevölkerung (DSW)

suchung der zukünftigen Entwicklung der Weltbevölkerung benötigt man aber mehr Daten als nur die Wachstumsrate. Einen nachhaltigen Einfluss hat die **totale Fruchtbarkeitsrate (TFR)**. Das ist die durchschnittliche Zahl von Kindern, die eine Frau zur Welt bringt. Bei einem Wert von 2,1 spricht man vom Ersatzniveau. Je höher die TFR das Ersatzniveau übersteigt, umso höher ist die Anzahl der Kinder bzw. der zukünftigen Eltern.
Die Prognose der UN geht nun davon aus, dass die TFR im globalen Durchschnitt bis 2050 von derzeit 2,5 Kindern pro Frau auf 2,2 Geburten pro Frau zurückgeht. Sinkt die TFR wie für 2070 angenommen unter das Ersatzniveau, wird die Weltbevölkerung langsam wieder abnehmen.
Fazit: Je mehr Menschen geboren werden, desto mehr potenzielle Eltern gibt es und umso schneller wird das zukünftige Bevölkerungswachstum sein. Dieser Zusammenhang wird als Altersstruktureffekt bezeichnet. Die TFR und der Altersstruktureffekt beeinflussen das Wachstum der Weltbevölkerung am stärksten. Da die heutigen Neugeborenen erst in etwa 20 Jahren Nachwuchs bekommen, sinkt/wächst eine Bevölkerung auch dann noch über einen mehr oder weniger längeren Zeitraum weiter, wenn die TFR bereits das Ersatzniveau unter-/überschritten hat. Das Bevölkerungswachstum verhält sich wie ein Tanker: Aus voller Fahrt bremst er nur langsam ab, aus langsamer Fahrt beschleunigt er aber auch nur sehr langsam.

Ersatzniveau
TFR, bei der sich jede Generation selbst ersetzt – die einheimische Bevölkerung bleibt gleich groß.

1
Arbeit mit der Weltbevölkerungsuhr (Abbildung 3):
a) MK Recherchiere die aktuelle Anzahl der Weltbevölkerung.
b) Vergleiche diese mit Abbildung 2. Beschreibe eventuelle Gemeinsamkeiten oder Unterschiede.

2
Kennzahlen der Bevölkerungsentwicklung:
a) Erkläre die im Text fett gedruckten Begriffe.
b) Begründe, welcher Begriff die Bevölkerungsentwicklung am meisten beeinflusst.

3 ⚭
Bevölkerungswachstum überall?
a) Übertragt die Tabelle in euer Heft und vervollständigt sie mithilfe der Strukturdaten im Anhang (Seite 228/229).
b) Vergleicht eure Ergebnisse mit der Karte 1 und nehmt Stellung zur Überschrift dieser Doppelseite.

Staat	aktuelle Bevölkerungszahl	Wachstumsrate	Sterberate	Geburtenrate
Indien	...	...	...	...
USA	...	...	...	...
Deutschland	...	...	...	...
ein Land eurer Wahl	...	...	...	...

Die einen werden mehr, die anderen älter

Mehr als 7,8 Milliarden Menschen bevölkern derzeit die Erde und jede Sekunde werden es mehr. Kaum vorstellbar, dass ab 2070 die Weltbevölkerung schrumpfen wird. Warum wird die Bevölkerung überhaupt schrumpfen und warum gerade dann?

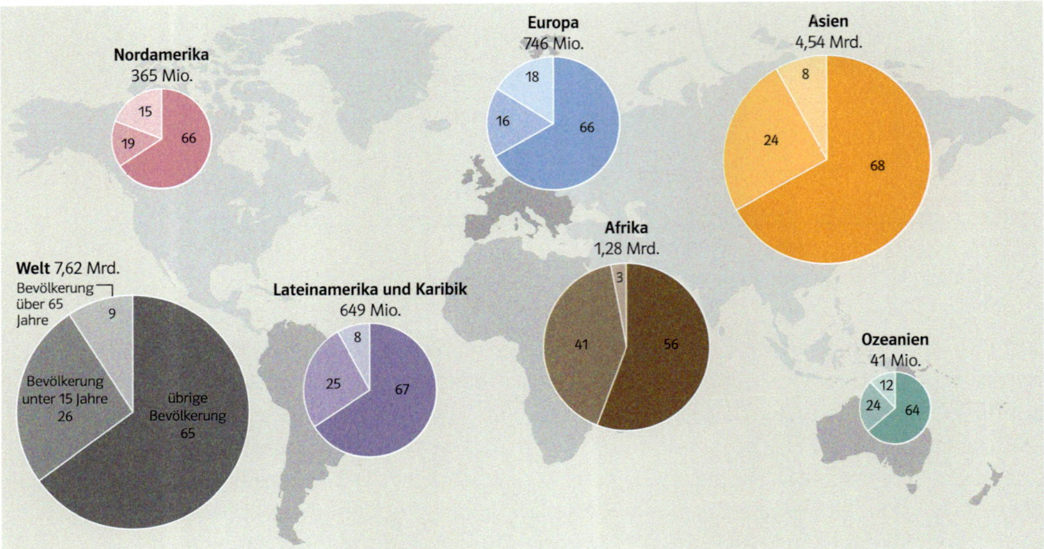

1 Bevölkerung im Jahr 2018 nach Alter und Regionen

Immer weniger Kinder

In fast allen Ländern der Erde bekommen die Frauen deutlich weniger Kinder als früher. Je mehr Kinder sich ein Paar leisten kann, desto weniger Kinder hat es. Da das Entwicklungsniveau der Weltbevölkerung von Jahr zu Jahr zunimmt, nimmt die Kinderzahl im Weltdurchschnitt ab. Eine europäische Frau bekommt im Durchschnitt nur 1,59 Kinder. In den ärmsten Regionen der Welt, in den südlich der Sahara gelegenen Ländern Afrikas, bekommen Frauen im Schnitt drei Kinder mehr. Ein Grund ist, dass die hohe Kindersterblichkeit ausgeglichen werden soll und Kinder eine Altersvorsorge für ihre Eltern darstellen. Außerdem heiraten Frauen sehr jung und werden schnell schwanger, weil jede vierte Frau in einem Entwicklungsland nicht verhüten kann, obwohl sie es will. Fehlende Gleichberechtigung, fehlende Verhütungsmittel oder mangelndes Wissen sind die Ursache für ca. 74 Millionen ungewollte Schwangerschaften pro Jahr. Dennoch sinkt auch in Afrika die **Geburtenrate.** Von 1960 bis heute sank die TFR von 6,6 auf 4,6 – so, wie bei uns am Ende des 19. Jahrhunderts. Also auch in Afrika führen Bildung (besonders der Frauen), Wohlstand und persönliche Freiheit dazu, dass Paare beginnen, ihre Familie zu planen. Ab einem gewissen Bildungsstand bestehen geplante Familien aus weniger als zwei Kindern.

Immer mehr ältere Menschen

Es gibt zwei Hauptentwicklungen, die den Altersdurchschnitt einer Bevölkerungsgesamtheit anheben: die Erhöhung der allgemeinen **Lebenserwartung** und der anteilige Rückgang jüngerer Menschen durch einen Geburtenrückgang oder deren Auswanderung. Weltweit leben mehr Menschen als vor hundert Jahren und sie werden sogar 100 Jahre oder älter. Die Zahl der über Hundertjährigen ist 2019 auf rund 533 000 gestiegen und die Zahl der über 60-Jährigen wird von heute 810 Millionen bis 2050 auf über 2 Milliarden steigen.

Fazit: Da die weltweite Geburtenrate pro Frau im Schnitt nur langsam abnimmt und ältere Menschen länger Teil der Weltbevölkerung sind, wird es noch ein paar Jahrzehnte dauern, bis die Weltbevölkerung stagniert bzw. zu sinken beginnt. Wann das genau eintreten wird, ist noch nicht ganz klar. Aber dass es passiert, ist sicher.

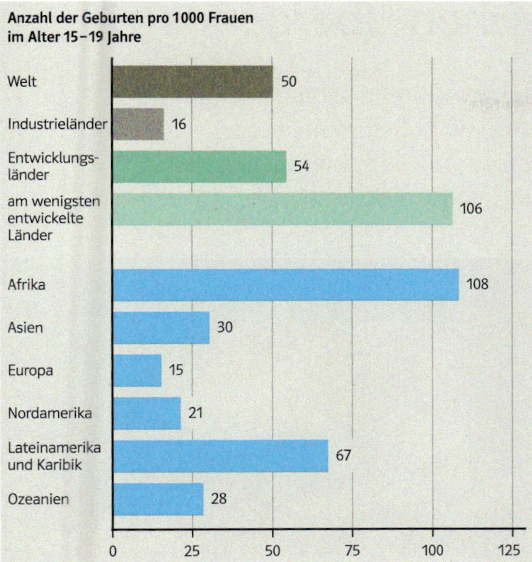

2 Fruchtbarkeitsrate

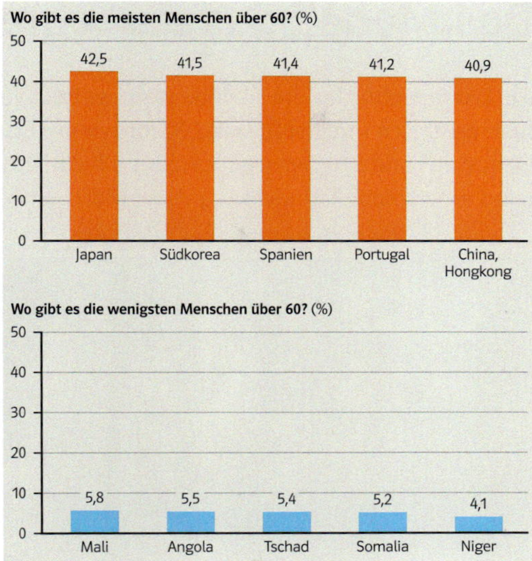

3 Alternde Bevölkerung im Jahr 2050

Die aktuellen Folgen sind unterschiedlich

In den **Entwicklungsländern** ist die **Wachstumsrate** sehr hoch. Im Niger beispielsweise beträgt diese 3,8 % (Stand 2019). Schon heute mangelt es an Schulen und Ausbildungsplätzen und es wird immer schwieriger, die Bevölkerung mit Nahrungsmitteln zu versorgen. Hinzu kommt, dass die **Verdopplungszeit** der Bevölkerung in Entwicklungsländern sehr kurz ist. Im Niger wird sich die Bevölkerung in 18 Jahren verdoppeln. Damit verdoppeln sich aber auch die Zahlen der benötigten Schulen und der Ausbildungsplätze sowie der Bedarf an Nahrungsmitteln. Angesichts dieser Aussichten versuchen die betroffenen Staaten mit Aufklärungsprogrammen und der Bereitstellung kostenloser Verhütungsmittel, die Wachstumsrate zu reduzieren und die Verdopplungszeit zu verlängern.

In den **Industrieländern** dagegen beklagen Politiker häufig die niedrige Wachstumsrate bzw. die Abnahme der Bevölkerung. Eine solche Abnahme könnte zwar bedeuten, dass es weniger Arbeitslose und mehr Wohnraum für alle gibt. Aber der Altersstruktureffekt führt dazu, dass immer mehr alte Menschen in den betroffenen Staaten leben. Diese immer größer werdende Anzahl an Menschen, die älter als 65 Jahre sind, führt zu ganz anderen Problemen als in den Entwicklungsländern. So steigt die Anzahl der pflegebedürftigen Menschen und damit auch der Bedarf an Pflegeeinrichtungen und Pflegepersonal. Die Verkehrsinfrastruktur und die Architektur müssen an die Bedürfnisse der älteren Menschen angepasst werden. Außerdem ist die Existenz der Rentensysteme gefährdet.

→ Statistiken auswerten Seite 104/105

1
Arbeit mit der Grafik 1:
a) Beschreibe die Verteilung der Weltbevölkerung nach dem Alter.
b) Erläutere für mindestens zwei Kontinente die Unterschiede bzw. die Gemeinsamkeiten.

2 SP
Arbeit mit den Grafiken 2 und 3:
a) Jeder wertet ein Material aus. Stellt euch anschließend die Ergebnisse vor.
b) Formuliert danach Zusammenhänge zur Überschrift der Doppelseite.

3
Nenne mögliche Maßnahmen, die zur Steigerung oder Senkung der Geburtenrate führen. Beurteile anschließend die Wirkung dieser Maßnahmen.

4 MK
Recherchiere im Internet Informationen zum UN-Bevölkerungsgipfel 2019 in Nairobi und speziell zum Thema „Recht auf freiwillige Familienplanung für alle Menschen." Berichte deiner Klasse.

Das Modell des demografischen Übergangs

Als Wissenschaftler die Bevölkerungsentwicklung in Wales untersuchten, stellten sie fest, dass sich innerhalb von 200 Jahren ein Übergang von hohen zu niedrigen Geburten- und Sterberaten vollzogen hatte. Daraus zog man den Schluss, dass jedes Land eine solche Entwicklung durchläuft. Doch ist das wirklich so?

2 Waliser Familien in den Jahren 1900 und 2020

Entwicklung des Modells

Im Jahr 1929 versuchte W.S. Thompson Regelhaftigkeiten in der Bevölkerungsentwicklung von Staaten zu erkennen. Im Jahr 1945 entwickelte F.W. Notenstein dann das sog. Modell des **demografischen Übergangs** auf Basis der Auswertung von Bevölkerungsdaten ausgewählter Industrieländer. Er wollte damit typische, regelhafte Muster und Zusammenhänge der Bevölkerungsentwicklung aufzeigen. Zur Darstellung seiner Idee wählte er die Form eines Achsendiagramms, in dem der zeitliche Verlauf der wesentlichen demografischen Kennwerte in Form von Graphen eingetragen ist (Grafik 5).

Phasen und Einflussfaktoren

Das Modell ist in mehrere Phasen eingeteilt. In jeder Phase beeinflussen nicht im Modell dargestellte Faktoren die Entwicklung der jeweiligen demografischen Werte.

Modelle stellen in der Geographie raumbezogene Strukturen und Verlaufsmuster vereinfacht dar. Ein Modell enthält die wichtigsten, aber nicht alle Eigenschaften eines Sachverhaltes. Materielle Modelle (z. B. Globus) sind maßstäblich verkleinerte oder vergrößerte Nachbildungen und dienen der unmittelbaren Anschauung. Für Sachverhalte, bei denen keine unmittelbare Anschauung möglich ist (z. B. Modell des demografischen Übergangs), werden vorzugsweise Modellvorstellungen bzw. gedankliche Modelle entwickelt. Diese Modelle ermöglichen Aussagen über die zukünftige Entwicklung, entstehende Chancen oder Risiken eines Landes oder einer Region.

1

Phase 1 ist historisch gesehen ein sehr langer Zeitraum. Er war gekennzeichnet durch Seuchen, Hungersnöte und Kriege sowie schlechte medizinische Versorgung und hygienische Bedingungen und folglich eine hohe Säuglingssterblichkeit. Es galt als erstrebenswert, viele Kinder zu haben, da diese unter anderem bei der aufwändigen Feldarbeit halfen und ihre Eltern im Alter oder bei Krankheit unterstützten. Diese Phase ging in Wales bis etwa 1740. Die Phase 2 fällt in die Zeit der Industrialisierung. Der Lebensstandard stieg, hygienische Bedingungen und die medizinische Versorgung verbesserten sich langsam. Die Säuglingssterblichkeit sank daher. Eine hohe Kinderzahl wurde immer noch als erstrebenswert angesehen. In Phase 3 wandelte sich die Vorstellung von der idealen Kinderzahl. Hygienische Bedingungen, medizinische Versorgung und der Lebensstandard stiegen weiter. Staatliche Sicherungssysteme wurden langsam etabliert.
In Phase 4 ist der medizinische Fortschritt sehr weit vorangeschritten, der Lebensstandard hat sich deutlich erhöht. Die Vorstellungen über die ideale Kinderzahl wandelten sich weiter bis hin zur Ein- oder Zweikindfamilie in der 5. Phase.

Die Entwicklung geht weiter

1987 entwickelten der Niederländer D.J. van de Kaa und der Belgier R. Lesthaeghe das Konzept vom „Zweiten demografischen Übergang". Damit versuchten sie den in allen Industriestaaten beobachten Rückgang der **Geburtenrate** unter das Niveau der **Sterberate** zu beschrei-

John heiratet Elisabeth, die Witwe seines Bruders, der bei einer Epidemie verstarb. Die erste Frau von John verstarb bei der Geburt des 6. Kindes.

Die Regierung führt die Renten- und Krankenversicherung ein.

Hurra! Eine Kanalisation wird in der Stadt gebaut. Die Menschen hoffen auf eine saubere Umwelt.

George ist sehr alt geworden. Er feiert seinen 50. Geburtstag. Sieben Kinder kommen mit 30 Enkelkindern. Da George gebrechlich ist und einen Arm verloren hat, kümmert sich sein Sohn Paul um ihn.

John (36) und Mary (32) leben schon lange zusammen. Ihre Eltern erhoffen sich Enkelkinder, doch die beiden arbeiten lieber und reisen gerne.

Es gibt zu wenige Altenpfleger.

3 Alltagssituationen

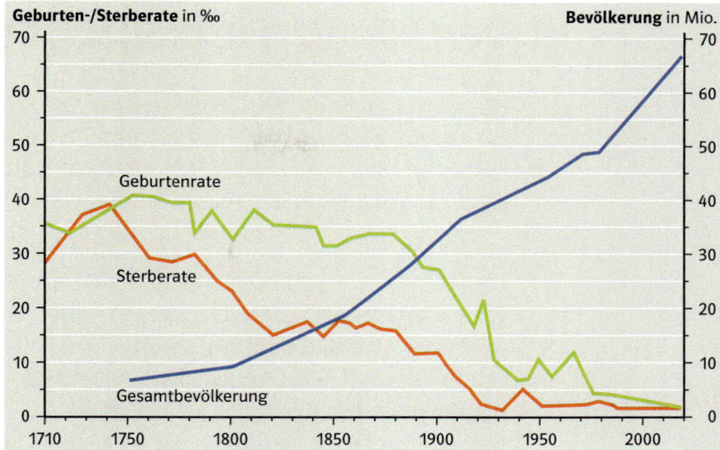

4 Bevölkerungsentwicklung in England und Wales

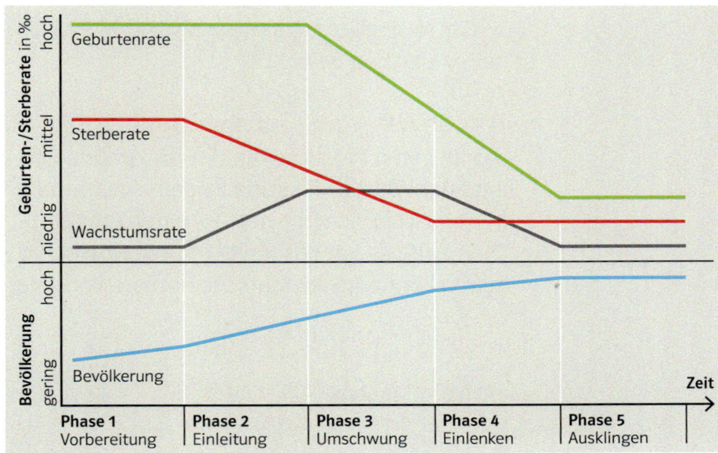

5 Das Modell des demografischen Übergangs

ben. Sie erkannten, dass diese Entwicklung mit einem Rückgang der totalen Fruchtbarkeitsrate (TFR) unter das Ersatzniveau, dem Anstieg des durchschnittlichen Heiratsalters sowie des Alters bei der Geburt des ersten Kindes verbunden war. Hierbei wurde auch die Kritik am Modell erneuert: Das am Beispiel der europäischen Länder entwickelte Schema ist nur bedingt auf Entwicklungsländer übertragbar.

1
Übertrage das Modell des demografischen Übergangs in dein Heft und beschreibe es (Darstellungsart, Verlauf der einzelnen Graphen, Kennwerte der Phasen).

2
Ordne mit deinem Sitznachbarn die Alltagssituationen (Material 3) in die Phasen des Modells ein. Begründet euch gegenseitig die Zuordnungen.

3
Jede Phase hat Auswirkungen auf ein Land und seine Bevölkerung.
a) Nenne zu jeder Phase mindestens zwei räumliche Auswirkungen.
b) Begründe deine Vermutungen.

4
Arbeit mit dem Material 5:
a) MK Recherchiere im Internet die demografischen Daten eines Landes deiner Wahl.
b) Ordne es begründet in das Modell des demografischen Übergangs ein.
c) SP Formuliere drei Aussagen über die mögliche Bevölkerungsentwicklung des Landes. Welche sind deiner Meinung nach zu erwartende Chancen bzw. Probleme?

Verteilung der Weltbevölkerung

Nie zuvor gab es so viele Menschen auf der Erde wie heute. Nach wie vor wächst die Weltbevölkerung rasant: Bis zum Jahr 2050 werden es voraussichtlich mehr als neun Milliarden Menschen sein. Doch wie verteilt sich die Menschheit heute und schätzungsweise 2050 über die Erde?

Die Weltbevölkerung betrug im Jahr 2019 etwa 7,7 Milliarden Menschen, 2020 waren es bereits über 7,8 Milliarden. Ihre Verteilung ist sehr ungleichmäßig. Der bevölkerungsreichste Kontinent ist Asien mit fast 4,6 Milliarden Menschen, gefolgt von Afrika mit 1,3 Milliarden, Amerika mit über 1 Milliarden und Europa einschließlich Russland mit 746 Millionen Menschen. Australien / Ozeanien wird von 42 Millionen Menschen bewohnt.

Weltbevölkerungsentwicklung bis 2050

Die jüngsten Projektionen der UN zur Entwicklung der Weltbevölkerung zeigen, dass bereits geringe Unterschiede der TFR einen erheblichen Einfluss auf das **Bevölkerungswachstum** haben können. Die wahrscheinlichste Variante der Projektionen erwartet eine TFR von 2,0 und ein Anwachsen der Weltbevölkerung auf 9,8 Milliarden bis 2050. Wie sähe deren Verteilung aus?

Der bevölkerungsreichste Kontinent wäre nach wie vor Asien mit rund 5,3 Milliarden Menschen, gefolgt von Afrika mit 2,5 Milliarden und Amerika mit 1,2 Milliarden. In Europa leben dann 731 Millionen Menschen. In Australien / Ozeanien steigt die Einwohnerzahl auf 63 Millionen.

Am 11. Juli 1987 überschritt die Weltbevölkerung die Zahl von fünf Milliarden Menschen. Um auf die damit verbundenen Probleme aufmerksam zu machen, wurde seit 1989 der 11. Juli eines jeden Jahres zum Internationalen Weltbevölkerungstag erklärt.

Rang	Staaten	Einwohner (gerundet auf Millionen)				Jahr des Bev.-Max.
		1950	2000	2019	2050	
	Welt	2518	6071	7691	9868	nach 2050
1.	China	554	1283	1398	1402	nach 2030
2.	Indien	376	1053	1391	1639	nach 2050
3.	USA	158	282	329	379	nach 2050
4.	Indonesien	70	212	268	331	nach 2050
5.	Brasilien	54	175	209	229	nach 2050
6.	Pakistan	38	139	216	338	nach 2050
7.	Nigeria	38	122	201	401	nach 2050
8.	Bangladesch	38	132	164	193	nach 2050
9.	Russland	103	147	146	133	nach 1995
10.	Japan	83	128	126	109	nach 2010
...	...	...	...	...	...	...
16.	Deutschland	70	81	83	79	nach 2005

Eigene Zusammenstellung nach United Nations, Population Division (Hrsg.): UN world population prospects

1 Die bevölkerungsreichsten Staaten der Welt 2019 und ihre Bevölkerungsentwicklung 1950 bis 2050

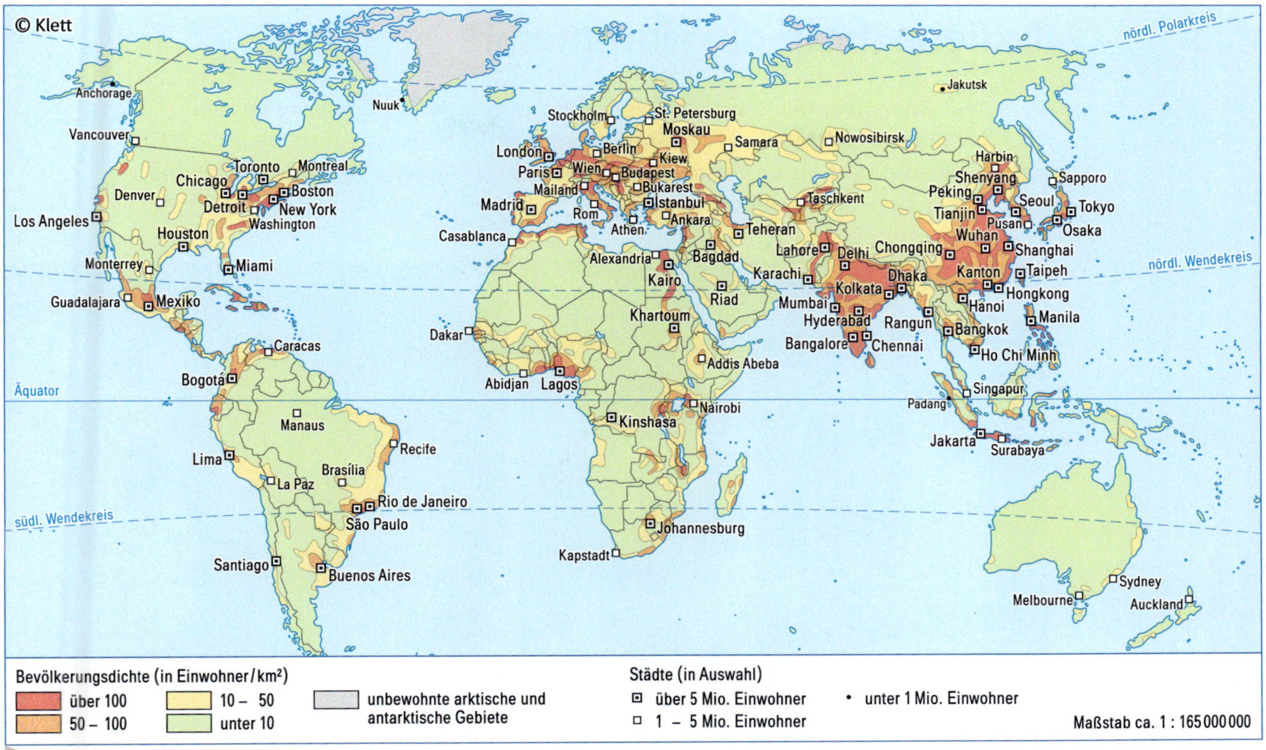

2 Bevölkerungsdichte

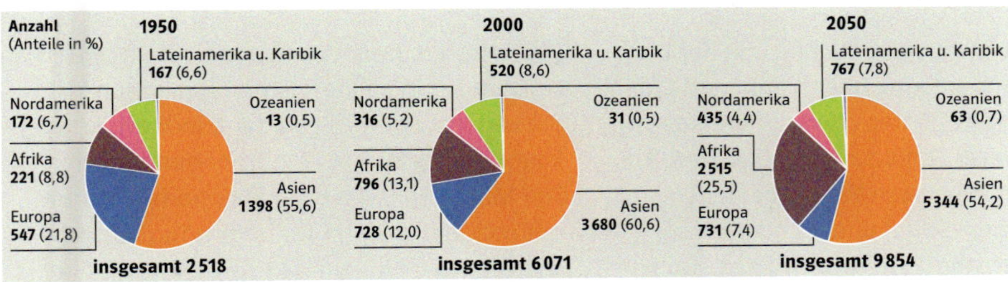

3 Wenn die Welt ein Dorf wäre, dann lebten um … in … Mio. Menschen

→ Statistiken auswerten Seite 104/105

1

Verteilung der Weltbevölkerung:

a) Beschreibe mithilfe der Karte 2 und der Karte 1 auf Seite 72 die Verteilung der Bevölkerung auf den einzelnen Kontinenten.

b) Beurteile, warum die Bevölkerungsdichte keinen unmittelbaren Rückschluss auf die Verteilung der Bevölkerung hat.

2

Beurteile folgende Aussage: „Die Bevölkerungsverteilung wird durch naturräumliche und sozioökonomische Faktoren beeinflusst."

3

Arbeit mit den Diagrammen 3:

a) Vergleicht die abgebildeten Kreisdiagramme.

b) Beschreibt die Veränderungen von 1950 bis 2050 für die Kontinente.

4

Bearbeite drei Länder aus der Tabelle 1:

a) Beschreibe deren Bevölkerungsentwicklung von 1950 bis 2050.

b) MK Recherchiere für diese drei Länder die aktuellen Kenndaten der Bevölkerung und begründe damit die in Aufgabe 4a beschriebene Entwicklung.

Indien – bald die Nummer 1!

In Indien leben mehr Menschen als in ganz Afrika zusammen. Das Land hat über 1,39 Milliarden Einwohner und pro Monat kommen 1,3 Millionen dazu. Über die Hälfte der Bevölkerung gilt als arm und 200 Millionen Inder hungern. Wieso ist das so und gibt es regionale Unterschiede?

1 Disparitäten in Indien – moderne Familie in Kerala (A) und traditionelle Familie in Uttar Pradesh (B)

→ Bevölkerungsdiagramme auswerten Seite 82/83

Indien wird 2022 laut einer Schätzung der UN über 1,4 Milliarden Einwohner haben und China als bevölkerungsreichstes Land der Erde ablösen. Nach dieser Schätzung wird die Bevölkerungszahl ihren höchsten Wert im Jahr 2060 mit 1,75 Milliarden erreichen und erst danach sinken. Die **totale Fruchtbarkeitsrate** (TFR) ist von 5,9 im Jahr 1951 auf 2,2 im Jahr 2019 gesunken. Das Ersatzniveau wird wohl im Jahr 2020 oder 2021 erreicht werden. Indien ist damit auf dem besten Weg, seine Einwohnerzahl zu stabilisieren. Woran liegt das? Ein wesentlicher Grund ist die Bildung, denn überall auf der Welt ist es ähnlich: Je besser die Frauen gebildet sind, je höher ihr Status in der Gesellschaft ist und je leichter sie verhüten können, umso weniger Kinder bekommen sie.
Diese Aussage gilt aber nicht für jeden einzelnen Bundesstaat in Indien. Während die Geburtenhäufigkeit in den südlichen Bundesstaaten bereits heute unter das Ersatzniveau gefallen ist, verläuft der demografische Wandel in den nördlichen Staaten wesentlich langsamer. Oder anders ausgedrückt: Die **Geburtenrate** in West-Bengalen ist vergleichbar mit Kanada und in Bihar mit Mali in Afrika. Aber in diesem großen Land gibt es noch weitere Disparitäten. Trotz des rasanten Wirtschaftswachstums in den letzten Jahren haben sich die Lebensbedingungen der Landbevölkerung kaum verbessert. 2019 lebten immer noch 300 Millionen Menschen in extremer Armut mit maximal 1,25 US Dollar pro Tag. Obwohl das Pro-Kopf-Einkommen seit Jahren steigt, ist der Pro-Kopf-Konsum von Kalorien gesunken. Etwa 20 % der indischen Bevölkerung leiden

2 Bundesstaaten Indiens

Bundesstaat	Einwohner (in Mio.)	Geschlechterverhältnis (Frauen pro 1000 Männer)	TFR	Alphabetisierungsrate (in %)		Zugang zur Elektrizität (in %)	BIP KKP / Kopf (in US-Dollar)	Armutsrate pro 100 Einwohner	HDI	GDI
				Männer	Frauen					
Kerala	33,4	1084	1,8	96,11	92,07	90,4	7249	7,05	0,784	0,836
Punjab	27,8	895	1,7	80,44	70,73	96,6	559	8,26	0,721	0,655
Maharashtra	112,4	929	1,8	88,38	75,93	83,9	7407	17,35	0,695	0,699
Uttar Pradesh	199,8	912	3,1	77,88	57,18	36,8	2196	29,43	0,583	0,49
Bihar	103,8	918	3,3	71,20	51,50	16,4	1508	33,74	0,566	0,542
Indien	1391,9	943	2,2	82,14	65,46	67,2	6992	21,92	0,639	0,577

Eigene Zusammenstellung

3 Kennzahlen ausgewählter Bundesstaaten 2019

Bundesstaat	in Prozent	
	Landbevölkerung	Stadtbevölkerung
Bihar	85,12	74,35
Maharahstra	76,32	45,34
Kerala	52,63	39,50
Punjan	54,79	44,83
Uttra Pradesh	79,56	64,43
Indien	75,0	50,0

Nach National Food Security Act (NFSA)

4 Anspruch auf Zuwendungen aus dem NFSA in ausgewählten Bundesstaaten

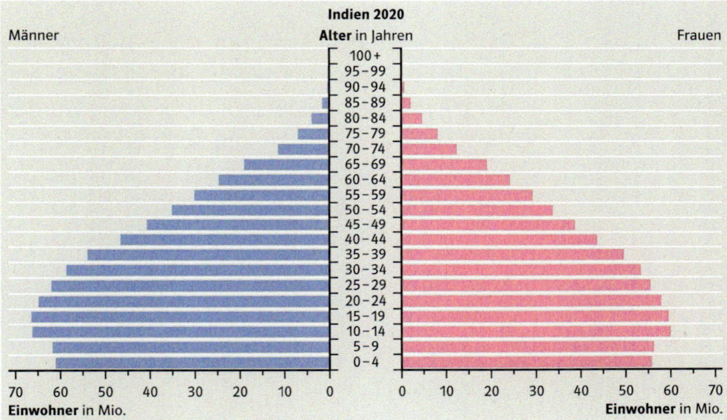

5 Bevölkerungsdiagramm von Indien

unter Mangelernährung und mehr als 40 % der unter Fünfjährigen sind untergewichtig. Die indische Regierung hat im Jahr 2013 ein Gesetz zur Gewährleistung der Ernährungssicherheit, den National Food Security Act (NFSA), verabschiedet. Dieser garantiert einer bedürftigen Familie, pro Monat 35 kg Getreide zu einem reduzierten Preis zu erwerben. Gleichzeitig werden aber Hülsenfrüchte, Gemüse und Obst, d.h. wichtige Nahrungsmittel für eine gesunde und ausgewogene Ernährung, auf den Märkten und in den Geschäften immer teurer.

1

Arbeit mit dem Bevölkerungsdiagramm:

a) Beschreibe den Aufbau der Bevölkerung in Indien im Jahre 2020 (Material 5).

b) Welcher Grundform von Bevölkerungsdiagrammen entspricht das von Indien? Begründe.

2

Kennzahlen der Bundesstaaten:

a) Erarbeitet die Kennzahlen eines indischen Bundesstaates eurer Wahl.

b) Stellt euch die Ergebnisse gegenseitig vor. Findet die Gemeinsamkeiten und Unterschiede heraus.

3

Arbeit mit der Tabelle 3 und 4:

a) SP Erkläre den National Food Security Act (NFSA). Formuliere drei Aussagen zu Tabelle 4.

b) Erläutere die Zusammenhänge und Widersprüche, die du zwischen Tabelle 3 und Tabelle 4 erkennst.

4

Nimm Stellung zu der Aussage: „Die beste Empfängnisverhütung ist der Wohlstand."

Bevölkerungsdiagramme interpretieren

Ein Bevölkerungsdiagramm gibt Auskunft über den Altersaufbau eines Landes zu einem bestimmten Zeitpunkt. Mit dieser Darstellungsform können Tendenzen der vergangenen oder der weiteren Bevölkerungsentwicklung erklärt und begründet sowie Vergleiche zu anderen Staaten gezogen werden.

Die Gesamtzusammensetzung einer Bevölkerung nach Merkmalen wie Altersaufbau, Geschlecht oder sozialer Zugehörigkeit bezeichnet man als **Bevölkerungsstruktur**.
In einem **Bevölkerungsdiagramm** wird die Zusammensetzung der Bevölkerung nach den natürlichen Merkmalen Alter und Geschlecht grafisch dargestellt.
Ein Bevölkerungsdiagramm ist ein Häufigkeitsdiagramm. Dabei werden die Altersklassen auf der y-Achse abgebildet. Auf der x-Achse werden die Anteile der Bevölkerung nach Geschlechtern dargestellt, entweder wie in Grafik 1 in absoluten Zahlen oder prozentual.

Bevölkerungsdiagramme sind das Ergebnis einer langfristigen Bevölkerungsentwicklung und lassen sich in vier vereinfachte Grundformen einteilen (siehe Grafiken 2). Diese Grundformen berücksichtigen keine außergewöhnlichen Ereignisse wie Kriege, Hungersnöte oder Migrationsbewegungen.

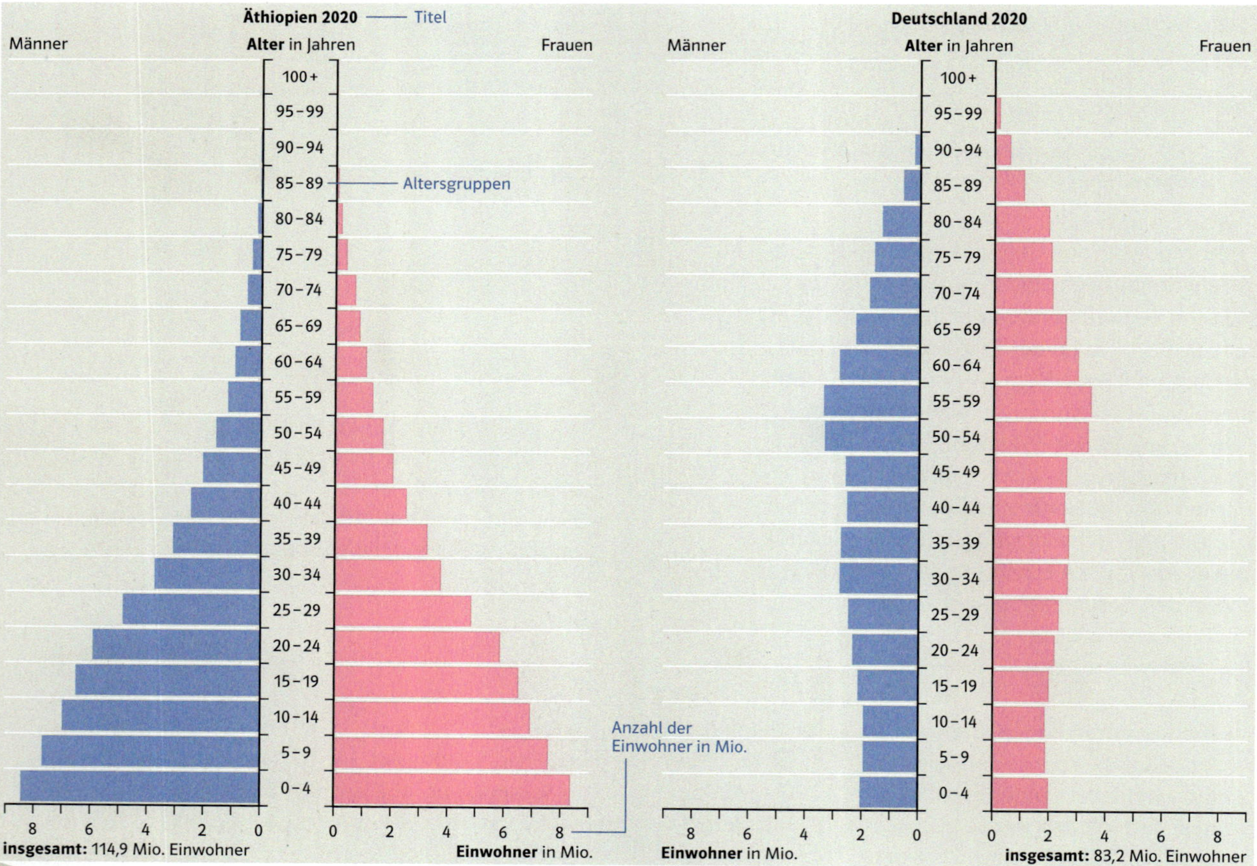

1 Bevölkerungsdiagramme von Äthiopien und Deutschland

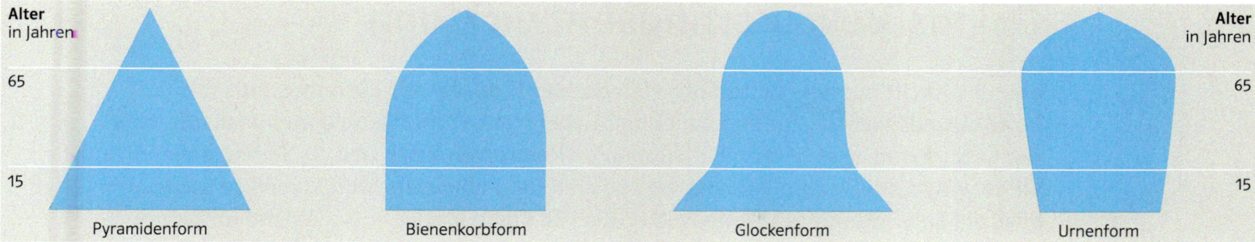

2 Grundformen von Bevölkerungsdiagrammen

1. Schritt: Sich orientieren

Stelle fest, für welches Land und für welches Jahr die Angaben gemacht werden. Bestimme die Einteilung der Achsen. Überprüfe, ob die Bevölkerungsanteile in absoluten oder in relativen Zahlen angegeben werden.

Das rechte Bevölkerungsdiagramm zeigt den Altersaufbau Deutschlands im Jahr 2020. Die Gesamtbevölkerung beträgt über 83 Millionen. Die x-Achse stellt absolute Werte dar. Die y-Achse ...

2. Schritt: Beschreiben und zuordnen

Lies die geschlechtsspezifischen Anteile in den Altersgruppen ab. Gib die Gesamtanteile für folgende Bevölkerungsgruppen an:
- Kinder und Jugendliche (0 – 14 Jahre)
- erwerbsfähige Personen (15 – 64 Jahre)
- nicht mehr erwerbsfähige Personen (> 64 Jahre)

Beschreibe den Altersaufbau der Bevölkerung. Gibt es Auffälligkeiten bzw. Unregelmäßigkeiten? Ordne das Diagramm einem der vier Grundmodelle zu.

Etwa 11 Mio., das sind ca. 13 % der Deutschen, sind Kinder und Jugendliche; etwa 19 Mio., also ca. 21 % sind über 64 Jahre alt. 66 % der Bevölkerung sind somit erwerbsfähig. Im Ganzen ähnelt das deutsche Bevölkerungsdiagramm einer Urne, da die Anzahl der jungen Menschen gering ist. Lediglich bei den unter Fünfjährigen kann man eine leichte Zunahme erkennen ...

3. Schritt: Erklären

Sammle Hintergrundinformationen, die die Auffälligkeiten im Altersaufbau erklären.

Deutschland ist ein wohlhabendes Industrieland mit einer niedrigen Geburtenrate. Seit der Verbreitung der Antibabypille ...

4. Schritt: Eine Prognose erstellen

Beurteile mithilfe der Grundformen die zukünftige Bevölkerungsentwicklung des Landes (steigend, stagnierend oder fallend). Formuliere dann auch Aussagen zur Auswirkung der Altersstruktur auf die Gesellschaft.

Angesichts des Altersaufbaus Deutschlands ist mit einem Rückgang der Gesamtbevölkerung zu rechnen. Es sei denn, dass der Zuwachs der unter Fünfjährigen über einen längeren Zeitraum anhält. Andererseits kann Zuwanderung den Trend verstärken und ...

1 MK

Bevölkerungsdiagramme im Vergleich:

a) Vervollständige die Auswertung des deutschen Bevölkerungsdiagramms.

b) Werte gemäß den Schritten das Bevölkerungsdiagramm von Äthiopien aus.

c) Vergleiche die beiden Diagramme (Material 1).

d) Ordne folgende Aussagen begründet einem der beiden Diagramme 1 zu:
- Geburtenstarke Jahrgänge drängen auf den gesättigten Arbeitsmarkt.
- Grundschulen werden geschlossen.
- Fahrdienste für Senioren erfreuen sich immer größerer Beliebtheit.

2

Ordne die Grundformen der Bevölkerungsdiagramme begründet in das Modell des demografischen Übergangs ein (siehe Seite 76/77).

Chinas Bevölkerungsentwicklung

China ist nicht nur eins der größten Länder der Erde, es war auch meistens das bevölkerungsreichste. Zur Zeit um Christi Geburt lebten ca. 160 Millionen Menschen auf der Erde, davon etwa 55 bis 60 Millionen im Römischen Reich und ca. 58 Millionen in China. Heute sind knapp 20 % der Weltbevölkerung Chinesen. Man kann also sagen, dass die Entwicklung der Weltbevölkerung von China immer entscheidend mitgeprägt wurde und wird.

1

Wählt ein Beispiel aus und beantwortet die entsprechenden Fragen. Präsentiert die Ergebnisse eurer Klasse.

Beispiel A

a) Beschreibt die Verteilung der Bevölkerung in China.
b) Findet mithilfe von geeigneten Karten im Atlas die Gründe für diese Verteilung heraus.
c) Erläutert die Herausforderungen, die China bezüglich der Bevölkerungsverteilung in den kommenden Jahren bewältigen muss.

Beispiel B

a) Beschreibt die Phasen der chinesischen Bevölkerungspolitik. Findet die Unterschiede zwischen der Bevölkerungspolitik von Mao Zedong und der Ein-Kind-Politik heraus.
b) Erörtert, was wichtiger ist: die Freiheit des Einzelnen über die Anzahl der Kinder zu entscheiden oder staatliche Maßnahmen zur Begrenzung des Bevölkerungswachstums.
c) MK Recherchiert im Internet die aktuellen Tendenzen in der chinesischen Bevölkerungspolitik und die Ursachen dieser Maßnahmen.

Beispiel C

a) Beschreibt die Bevölkerungsstruktur Chinas in allen drei Diagrammen. Ordnet sie einer Grundform zu (Seite 83).
b) Erklärt die Veränderungen in der Bevölkerungsstruktur.
c) Erläutert die Herausforderungen, die China in den jeweiligen Jahrzehnten bezüglich Bevölkerungsentwicklung bewältigen musste bzw. muss.

○ Aa, Ba, Ca ◒ Ab, Ac, Bc, Cb, Cc ● Bb → Lösungshilfen ab S. 230

A Bevölkerungsentwicklung in China und die Verteilung der Bevölkerung

1 Bevölkerungsdichte Chinas

B Bevölkerungsentwicklung in China und die staatliche Lenkung

„Es ist eine ausgezeichnete Sache, dass China eine große Bevölkerung hat. Sogar wenn sich die Bevölkerung Chinas auf ein Vielfaches erhöht, wird es trotzdem möglich sein, eine Lösung zu finden. Die Lösung heißt Produktion."

Mao Zedong. Ausgewählte Werke, Bd. IV. Beijing 1969, S. 481 ff., zitiert nach: Scharping, Thomas: Bevölkerungspolitik. In: Erh. Louven: Chinas Wirtschaft zu Beginn der 90er-Jahre, Hamburg: Inst. f. Asienkunde 1989, S. 29–53

2

3 Chinesische Alltagspropaganda der Ein-Kind-Politik aus dem Jahr 2007

1950er-Jahre	keine staatlichen Eingriffe
1960er-Jahre	erste Maßnahmen zur Familienplanung
ab 1971	Zwei-Kind-Politik
ab 1979	Ein-Kind-Politik
ab 2015	Zwei-Kind-Politik
ab 2018	weitere Lockerungen der Zwei-Kind-Politik

4 Phasen der Bevölkerungspolitik in China

Maßnahmen der Ein-Kind-Politik

Aufklärung

- Wenn ein Paar heiraten möchte, muss es einen Antrag stellen.
- Die Frauen müssen mindestens 20 Jahre und die Männer 22 Jahre alt sein, um zu heiraten. Ein späteres Heiratsalter wird gefördert.
- Die Frauen nehmen an einer Veranstaltung teil, bei der sie über Möglichkeiten der Empfängnisverhütung aufgeklärt werden.

Kontrolle

- Möchte ein Paar ein Kind, stellt es beim Amt für Bevölkerungskontrolle einen Antrag, der ein Jahr gültig ist. Wird die Frau in dieser Zeit nicht schwanger, muss ein neuer Antrag gestellt werden.
- Betriebe oder Wohngebiete bekommen Geburtenquoten zugeteilt.
- Frauen, die bei der staatlichen Familienplanungskommission arbeiten, kontrollieren die ihnen zugewiesenen Haushalte.
- Ehepaare, die sich an die Regeln halten, bekommen Vergünstigungen, z. B. höhere Löhne, kostenlose medizinische Betreuung, bevorzugte Aufnahme in Kindergärten und Schulen.
- Ehepaare, die unerlaubt ein zweites Kind bekommen, werden bestraft, z. B. durch Lohnabzug, Nachteile bei der Vergabe von Wohnraum.

Aktuelle Situation

Seit 2015 dürfen Familien wieder zwei Kinder bekommen, da langfristig der Anteil der älteren Bevölkerung zu stark angestiegen ist. Um den weiteren Geburtenrückgang aufzuhalten, überlegt die chinesische Regierung momentan sogar ‚eine Drei-Kind-Politik einzuführen.

5

↖ Bevölkerungsdiagramme interpretieren Seite 82/83

C Bevölkerungsentwicklung in China und ihre Folgen

Die ausreichende Ernährung der Bevölkerung ist bis heute immer noch ein zentrales Problem des Landes. Immer dann, wenn die Ernährung nicht sichergestellt werden konnte, kam es zu erheblichen Wanderungsbewegungen innerhalb des Staates, aber auch zum Verlassen des Landes. Zielorte sind die Regionen im Perlflussdelta, Shanghai und das Yangzi-Delta sowie die Peking / Tianjin-Region. Hauptzuwanderungsprovinzen sind Guangdong, Zhejiang, Jiangsu und Shandong. Seit 1980 versucht die Regierung die Wanderarbeiter wieder in ihre offiziellen Wohnorte zurückzuführen.

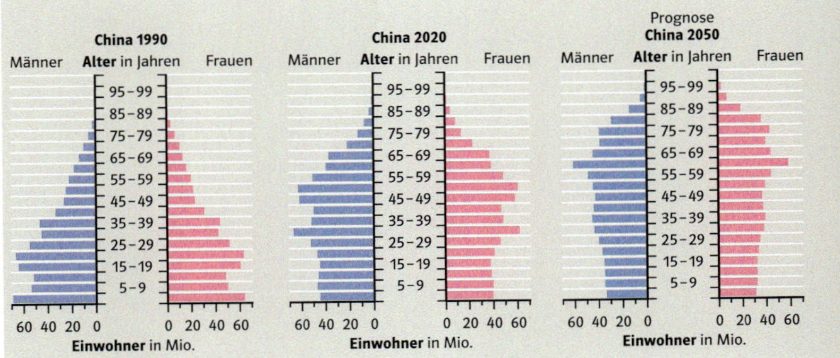

6 Entwicklung der Bevölkerung von China 1990 – 2050

Die afrikanische Familie gibt es nicht

Menschen leben meist nicht alleine, sondern in Familien zusammen. Das können Großfamilien, aber auch kinderlose Ehepaare sein. Viele Einflüsse wirken ein, sodass sich auch die traditionellen Strukturen auflösen können.

Wähle mindestens ein Beispiel (A, B oder C) aus, das dich besonders interessiert.

1 Erkläre die Familienstruktur, indem du übergeordnete Kriterien entwickelst (z. B. Bildung, Stellung der Frau, Tradition).

2 Vergleiche die vorgestellte Familienstruktur mit typischen Familienstrukturen in Deutschland.

3 Ergebnissicherung:
a) Vergleicht eure Ergebnisse.
b) MK Präsentiert die Ergebnisse auf einem Plakat oder in einer PowerPoint-Präsentation.
c) „Die afrikanische Familie gibt es nicht.“ Beurteilt diese Aussage.

◒ 1, 2, 3a, 3b ● 3c

A Ländliche Kleinfamilie in Äthiopien

Die in der Subsistenzwirtschaft körperlich hart arbeitenden Frauen unterstehen dem Mann als Familienoberhaupt. Verheiratet werden oft minderjährige Mädchen, weil ihre Eltern dann nicht mehr für sie sorgen müssen.

Statistiken auswerten Seite 104/105

A Müttersterblichkeit in ausgewählten Ländern

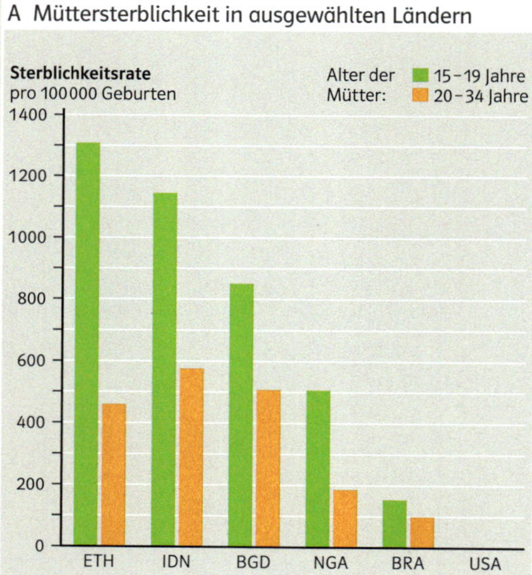

C Durchschnittliche Kinderzahl und Schulbildung

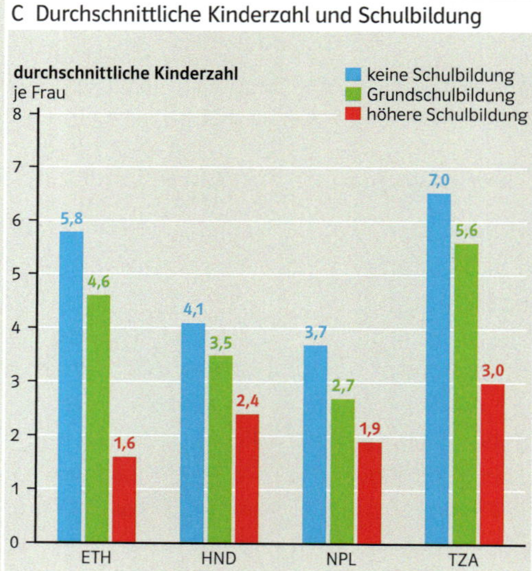

1

B Die Massai in Kenia

Festgelegte Geschlechterrollen bestimmen das Leben: Das Ansehen eines Mannes steigt mit der Zahl der Kinder und Frauen. Aufgabenteilung und soziale Verantwortung charakterisieren das Leben, für Kinder und Alte wird besonders gesorgt. Schulbildung ist nach wie vor nicht selbstverständlich.

B

A Durchschnittliche Kinderzahl in Kenia (pro Frau nach Wohngebieten)

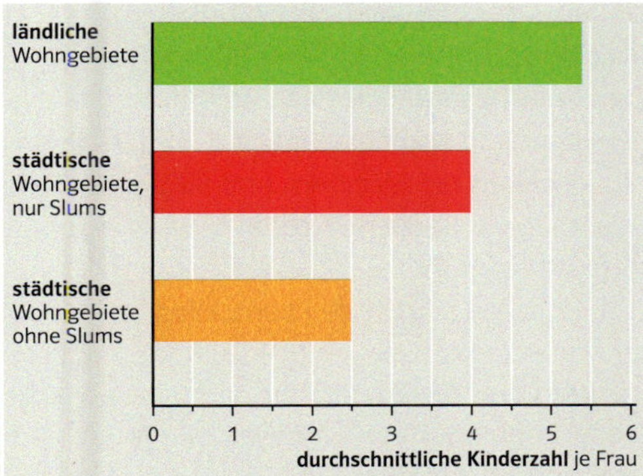

C Verhütung und Kinderzahlen in Entwicklungsländern

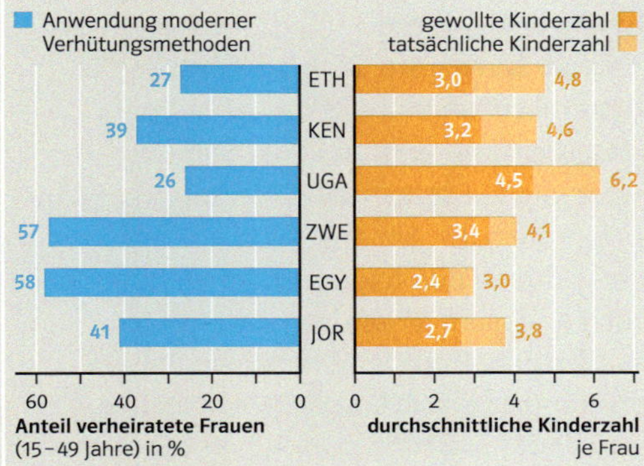

Statistik Deutschland 2019

durchschnittliche Kinderzahl: 1,60

Schulbildung:

Hauptschule: 30 %

Realschule: 24 %

Gymnasium: 33 %

ohne Schulabschluss: 4 %

Müttersterblichkeit: 2,8 (auf 100 000 Geburten)

2

C Stadtfamilie in Kairo

Eine junge Gesellschaft ist kennzeichnend für die ägyptische Bevölkerung.
In der gebildeten Mittelschicht sind Doppelverdiener und zurückgehende Kinderzahlen üblich. Die unteren Schichten verdienen ihr Geld, das sie für Trinkwasser, Nahrung, Wohnraum und Schulgeld benötigen, meist im informellen Sektor.

B

A Ägypten und Deutschland im Vergleich (2019)

	Ägypten	Deutschland
HDI-Rang	116	4
Bevölkerungswachstum	1,9 %	0,3 %
Grundschüler pro Lehrer/in	21,9	11,9
Lebenserwartung in Jahren	72,5	81,0
Unterernährte Menschen	5 %	k. A.
BNE pro Kopf und Jahr	12 080 US-$	55 800 US-$

Eigene Zusammenstellung nach verschiedenen Quellen

C Verhütung und Kinderzahlen in Entwicklungsländern

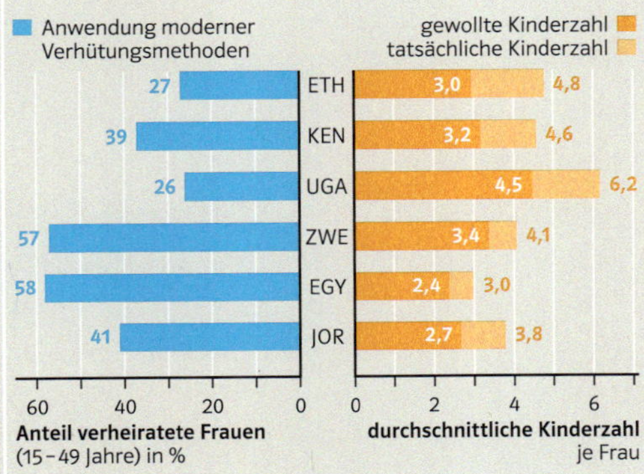

Länderlegende

BGD = Bangladesch
BRA = Brasilien
EGY = Ägypten
ETH = Äthiopien
HND = Honduras
IDN = Indien
JOR = Jordanien
KEN = Kenia
NGA = Nigeria
NPL = Nepal
TZA = Tansania
UGA = Uganda
ZWE = Simbabwe

3

Bevölkerungsentwicklung in Deutschland

Bevölkerungsentwicklung und -verteilung in einem Land sind von vielen Faktoren abhängig. Geburten- und Sterberate, Zu- und Abwanderungen sowie Kenntnisse der Altersstruktur liefern uns die Informationen. Doch was sind die Ursachen dafür?

Entwicklung der Bevölkerung in Deutschland	
Jahr	in Mio.
1900	56,0
1910	64,6
1925	63,2
1935	68,9
1939	69,3
1950	69,3
1960	73,1
1970	78,1
1980	78,4
1990	79,7
2000	82,3
2010	81,8
2015	82,1
2020	83,1

1

← Bevölkerungsdiagramme interpretieren Seite 82/83

Wie auch in anderen europäischen Ländern stieg in Deutschland die Bevölkerungszahl um 1900 stark an. Zum einen war die Geburtenrate hoch – Frauen bekamen im Durchschnitt vier Kinder – zum anderen sank aufgrund der sich ständig verbessernden medizinischen Versorgung die **Sterberate**. Der Rückgang der Kindersterblichkeit und die Steigerung der Lebenserwartung führten in der Folge zur Änderung des **generativen Verhaltens**. Die Geburtenrate sank. Ein Anstieg der Bevölkerungszahl wurde in den folgenden Jahrzehnten auch durch Kriegsereignisse und Wirtschaftskrisen deutlich gebremst. Bis 1950 ging die **Geburtenrate** kontinuierlichzurück. Sie sank auf etwa zwei Kinder pro Frau. Zwar führte der Wirtschaftsaufschwung nach dem Zweiten Weltkrieg dazu, dass die Anzahl der Geburten wieder leicht anstieg (Babyboom). Durch neue Verhütungsmöglichkeiten (Antibabypille) sank sie jedoch bis 1975 auf 1,5 Kinder pro Frau (sog. Pillenknick) und nahm auch in den folgenden Jahren weiter ab.

Neben der **Geburtenrate** bestimmt die Sterberate die Entwicklung der Bevölkerungszahl. Seit 1972 liegt die Geburtenrate in Deutschland unter der Sterberate. Folglich müsste die Anzahl der in Deutschland lebenden Menschen sinken. Das ist jedoch nicht der Fall. Woran liegt das?
Zum einen werden die Menschen älter: Lag die **Lebenserwartung** der Deutschen um 1900 bei ca. 40 Jahren bei Männern und 43 Jahren bei Frauen, liegt sie heute fast 40 Jahre höher – Tendenz steigend.
Zum anderen sind in den zurückliegenden 70 Jahren viele Menschen nach Deutschland zugewandert und die **Zuwanderung** hält an. Mittlerweile leben über 21 Mio. Menschen mit Migrationshintergrund hier.
Die Ursachen für die Zuwanderung waren und sind eng mit der wirtschaftlichen Entwicklung der Bundesrepublik verbunden. In den Nachkriegsjahren waren es expandierende Industrieregionen wie das Ruhrgebiet, die zu Zuwanderungsräumen wurden.

Die Bevölkerung ist ungleich verteilt und entwickelt sich unterschiedlich

Neben den Einwanderungen gab und gibt es auch Wanderungsbewegungen innerhalb Deutschlands. Eine wesentliche Ursache war die Teilung Deutschlands nach dem Zweiten Weltkrieg. Die wirtschaftlich deutlich bessere Entwicklung des westlichen Teils führte zu

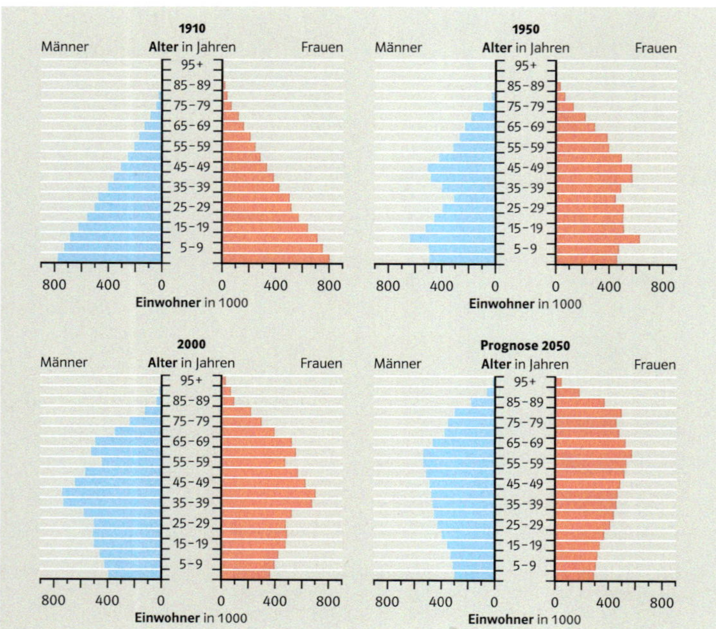

2 Altersstruktur in Deutschland

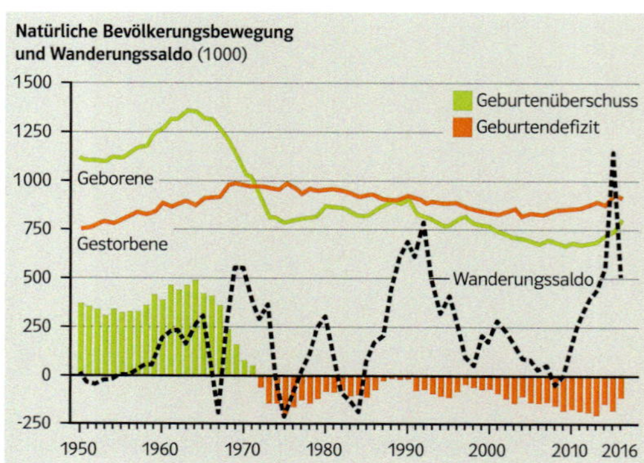

3 Natürliche Bevölkerungsentwicklung und Wanderungssaldo

Wanderungen von Ost- nach Westdeutschland. Um insbesondere die Abwanderung von Fachkräften aus der DDR zu unterbinden, wurde die Grenze zwischen der BRD und DDR bis zum Fall der Mauer 1989 geschlossen.
Wirtschaftskrisen und strukturelle Probleme führten auch innerhalb der Bundesrepublik ab den 1970er-Jahren zu regionalen Wanderungen. Ursachen waren Strukturwandel und Arbeitsplatzabbau in bisher bedeutenden Industrieregionen wie dem Ruhrgebiet und dem Saarland. In den Küstenregionen waren die Hochseefischerei und der Schiffsbau betroffen. In vielen Städten Westdeutschlands erfolgte ein Bevölkerungsrückgang. Seit 2010 verzeichnen einige dieser Städte jedoch einen erneuten Bevölkerungszuwachs, unter anderem durch Zuwanderungen aus dem Ausland. Auch der Trend, in die Städte zu ziehen, hält in den letzten Jahren an. Menschen nutzen die Vorteile des Stadtlebens:
- ein gutes Bildungs- und Arbeitsplatzangebot,
- kurze Wege zwischen Wohnort und Arbeitsplatz,
- ein gut ausgebauter öffentlicher Nahverkehr.

Auch das Angebot attraktiver Freizeiteinrichtungen ist heute für viele wichtiger geworden als das Wohnen im Grünen.
Deutlich wird diese Entwicklung an Städten in den neuen Bundesländern wie Leipzig, Magdeburg oder Rostock.

SP Tipp

Bevölkerungsentwicklung erläutern
→ Aufgabe 1
- Die Bevölkerung nimmt zu, weil/aufgrund …
- Das ist darauf zurückzuführen, dass …
- Infolge von …, sodass …

Folgen der Veränderungen

Die niedrige Geburtenrate sowie die steigende Lebenserwartung sind problematisch für unsere Sozialsysteme und unsere Wirtschaft. Experten betonen, dass Deutschland ohne Zuwanderung bzw. ohne Steigerung der Geburtenzahl die wirtschaftliche Stärke nicht erhalten kann. Außerdem gibt es veränderte Ansprüche an die Ausstattung des öffentlichen Raums und des privaten Wohnumfeldes (siehe Seite 92/93).

4 Bevölkerungsentwicklung

1 SP
Erläutere die Bevölkerungsentwicklung in Deutschland. Betrachte dabei nacheinander folgende Aspekte:
a) Entwicklung der Bevölkerungszahl;
b) Entwicklung der Altersstruktur;
c) Entwicklung der Verteilung der Bevölkerung innerhalb von Deutschland.

Tipp: Notiere zunächst Stichpunkte, schreibe anschließend einen vollständigen Text.

2
Nimm Stellung zu einer der folgenden Aussagen:
A „Der Bevölkerungsschwund ist ein Problem des Ostens."
B „Ohne Zuwanderung sterben die Deutschen irgendwann aus."

3 MK
Recherchiere, wie die Bevölkerungsdaten in Deutschland ermittelt werden. Informiere dich im Internet auf den Seiten des Statistischen Bundesamtes.

MK Komplexe Zusammenhänge darstellen: Concept Maps

Wir werden oft mit Themen konfrontiert, die komplex und zunächst schwer zu verstehen sind. Um ein solches geographisches Thema oder ein Problem zu erfassen, ist es oft sinnvoll, Zusammenhänge zu visualisieren. Man kann so nicht nur leichter über das Thema sprechen, man kann auch die systemischen Zusammenhänge identifizieren und sich einprägen.

1

Die Bevölkerung in Deutschland wie auch in anderen europäischen Ländern wuchs bis vor einigen Jahren stetig an. Seitdem ist jedoch ein Bevölkerungsrückgang zu verzeichnen. Die Gründe dafür sind komplex. Unterschiedliche Faktoren wie Zuwanderung, Geburten- und Sterberate und der gesellschaftliche Wandel spielen hierbei eine Rolle. Doch sind alle Faktoren gleichbedeutend? Und wie hängen sie zusammen und beeinflussen sich gegenseitig? Hier lernst du, wie dir das Erstellen einer Concept Map hilft, solche komplexen Zusammenhänge zu erfassen und dabei systemisch zu denken. Eine Concept Map ist eine Wissenslandkarte, die aus zentralen Begriffen (Substantive als Knotenpunkte) und Pfeilen mit Beschriftungen (Verben als Verbindungen) besteht. Nicht lineares, sondern vernetztes Denken soll damit geübt werden. Versuch es einmal!

↩ Welt geographisch sehen Seite 8/9

1. Schritt: Thema festlegen

Formuliere das Thema bzw. die Fragestellung, die du bearbeiten willst, z.B.: Wie kam es zum demografischen Wandel in Deutschland?

2. Schritt: Wichtige Begriffe und Einflussfaktoren identifizieren

Sammle relevante Einflussfaktoren und Begriffe, indem du zur Fragestellung ein Brainstorming machst und Informationsmaterial auswertest, z.B. aus dem Schulbuch oder Internet. Die bereits von dir bearbeiteten Aufgaben helfen dir ebenfalls.
Folgende Begriffe könnten sich zu dem Thema ergeben:

Alterung, Individualisierung, demografischer Wandel, Zunahme von Einpersonenhaushalten, grundlegender gesellschaftlicher Wandel, Wandel von Lebensformen und Haushaltsbildung, Geburtenrate unter Bestandserhaltungsniveau, medizinischer Fortschritt und Versorgung, steigende Lebenserwartung, Schrumpfung der Bevölkerung, Internationalisierung, Außenwanderungsgewinne, zweiter demografischer Übergang, Fokus auf den Beruf, Bedeutungswandel von Ehe und Familie, ...

Du kannst die Begriffe auf kleine Kärtchen schreiben. Dann ist das Sortieren einfacher.

3. Schritt: Begriffe ordnen

Sortiere die identifizierten Begriffe nach möglichen über- und untergeordneten Begriffen. Du darfst auch Begriffe ergänzen, die nicht direkt in den Texten erwähnt wurden, aber aus ihnen hervorgehen. Manche Begriffe können auch aussortiert werden, z.B. sinngleiche Begriffe oder wenn sich zwei Begriffe unter einem Begriff zusammenfassen lassen.

4. Schritt: Beziehungsnetz vorbereiten

Schreibe spätestens jetzt die wichtigsten Begriffe auf kleine Kärtchen. Achte darauf, dass auf einem Kärtchen nicht zu viele Wörter stehen. Lege dann alle Kärtchen auf ein Plakatpapier

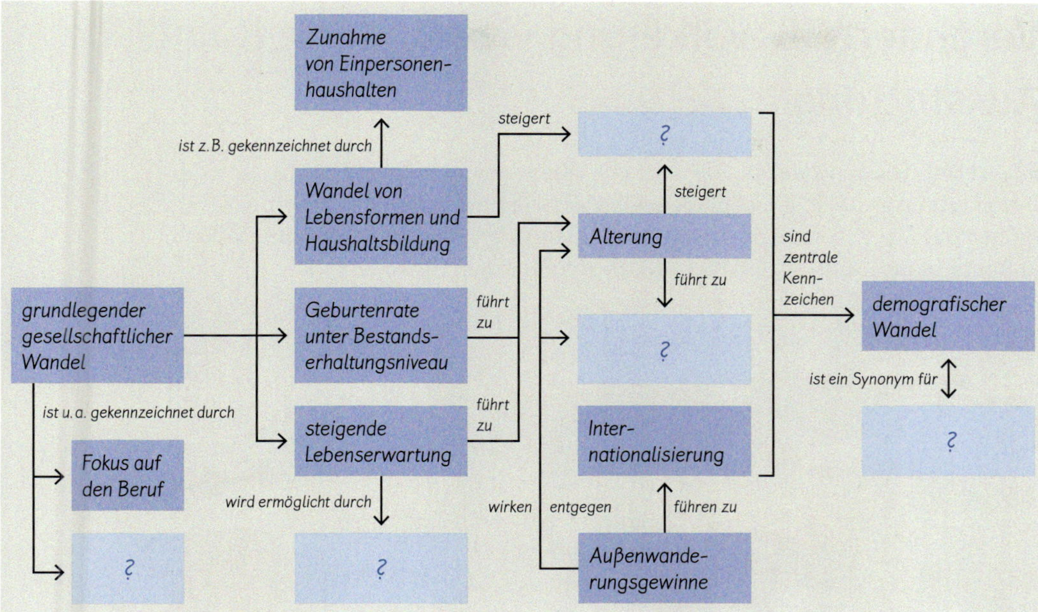

2 Concept Map

und gruppiere zusammenhängende Begriffe. Lass zwischen den Kärtchen Platz, falls du später noch Begriffe ergänzen möchtest. Es ist hilfreich, wenn du als übergeordneten Begriff das Thema des Ganzen notierst. Wenn du mit der Anordnung der Begriffe zufrieden bist, kannst du die Kärtchen festkleben.

5. Schritt: Zusammenhänge ermitteln und erläutern

Hierbei ist es hilfreich, vom Thema des Ganzen aus Verbindungen zu entwickeln. Überlege dir dazu, welche Zusammenhänge zwischen den einzelnen Begriffen bestehen. Verbinde die Begriffe, die etwas miteinander zu tun haben, mit einer Linie. Um die Verbindung zwischen den Begriffen zu erläutern, musst du jede Verbindungslinie eindeutig und konkret mit Verben beschriften. Typische Beschriftungen findest du in Kasten 3. Verdeutliche den Zusammenhang, indem du die Linie mit einer Pfeilspitze versiehst.

Beispiel: Die Begriffe „Außenwanderungsgewinne" und „Internationalisierung" hängen miteinander zusammen. Du verbindest die beiden Begriffe und überlegst, was du auf die Verbindungslinie schreiben könntest, z. B. „führen zu". Der Zusammenhang heißt also „Außenwanderungsgewinne führen zur Internationalisierung".

6. Schritt: Begriffe ergänzen

Betrachte deine Concept Map noch einmal und überlege, ob du noch Kärtchen und beschriftete Pfeile ergänzen musst.

Ursache-Wirkung:	bewirkt, löst aus, beeinflusst, setzt in Gang, veranlasst, weil, ruft hervor, führt zu
Bedingung:	wenn ... dann, setzt voraus, falls, sofern, soweit
Mittel:	indem, mittels
Zweck:	damit, dass, um ... zu
Vergleich:	ist größer als, ist genauso groß wie, in ähnlicher Weise
Teil-Ganzes:	ist Teil von, besteht aus Eigenschaft
Definition:	hat, ist gekennzeichnet
Beispiel:	z. B., wie an XY erkennbar

3

1 Die fast fertige Concept Map zeigt, wie es zum demografischen Wandel in Deutschland kommt.
a) Übertragt die Concept Map in eure Hefte.
b) Ergänzt die fehlenden Begriffe aus Schritt 2.
c) Beschriftet die leere Verbindungslinie.

2 Wendet die Methode an einem der folgenden Beispiele an:
A Bevölkerungswachstum in Indien und seine Folgen (Seite 80/81);
B Probleme und Lösungsansätze des demografischen Wandels in Deutschland (Seite 92/93).

Veränderte Bevölkerung – veränderte räumliche Ausstattung

Eine sinkende Geburtenrate, immer mehr ältere Menschen und eine geringe Bevölkerungsdichte in einigen Regionen Deutschlands verändern die Anforderungen der Menschen an die räumliche Ausstattung. Welche Maßnahmen werden in Deutschland ergriffen, um diese Herausforderungen zu stemmen?

1 Bürgerbus – „Bürger fahren für Bürger"

2 Neue Wohnform im Alter – im Trend: die Alten-WG

Maßnahmen aufgrund weniger Kinder

Der Staat hat Anreize geschaffen, dass in Deutschland mehr Kinder geboren werden. Seit 1975 erhält man z. B. ab dem ersten Kind Kindergeld, seit 1986 konnte man in den ersten 14 Monaten nach der Geburt Erziehungsgeld beantragen; seit 2007 können beide Eltern zusammen bis zu 14 Monate Elterngeld beziehen. Damit Schulen nicht geschlossen werden müssen und Kinder keine weiten Schulwege haben, werden in bevölkerungsschwachen Regionen jahrgangsübergreifende Klassen eingerichtet. Weniger Kinder bedeutet auch, dass weniger junge Menschen für die Arbeitswelt zur Verfügung stehen. Schon seit vielen Jahren hat Deutschland daher immer wieder Fachkräfte aus dem Ausland angeworben. Die Vorschriften dafür wurden ständig angepasst. Am 1. März 2020 ist ein neues Fachkräfteeinwanderungsgesetz in Kraft getreten. Fachkräfte aus Nicht-EU-Ländern, auch ohne akademische Ausbildung, wird nun ein unbeschränkter Arbeitsmarktzugang durch ein Visum oder einen Aufenthaltstitel zur Beschäftigung ermöglicht. Weiterhin können Menschen mit Berufsausbildung für sechs Monate einen Aufenthalt zur Arbeitsplatzsuche erhalten. Voraussetzung ist, dass die jeweilige Fachkraft eine anerkannte Qualifikation, die notwendigen Deutschkenntnisse und einen gesicherten Lebensunterhalt vorweist.

Maßnahmen für die ältere Gesellschaft

Wohnungen und der öffentliche Raum werden zunehmend altersgerecht konzipiert (z. B. Einbau von Rampen und Aufzügen). Bahnsteige werden auf die Höhe des Einstiegs angepasst oder die Lücke zwischen Zug und Bahnsteig durch eine ausfahrbare Trittstufe überbrückt. Auch die Grünphasen an Ampeln sind oft verlängert worden, damit Senioren ausreichend Zeit zur Überquerung der Straße haben. Im Berliner Umland wurde z. B. eine Kindertagesstätte so angelegt, dass sie leicht bei Bedarf zu einem Altersheim umgebaut werden kann.

Maßnahmen in Regionen mit geringer Bevölkerungsdichte

Wenn die Bevölkerung eines Ortes rapide abnimmt, kommt es oft zum Wohnungsleerstand. Darauf reagiert man mit dem Umbau von großen Wohnblocks in kleinere Häuser. Aber auch ein Abriss von Wohngebäude und die Errichtung von neuen Grünflächen sind nicht selten. In sehr dünn besiedelten Gebieten ist außerdem der öffentliche Nahverkehr nicht mehr rentabel und wird häufig eingestellt. Jedoch engagieren sich seit 1985 in NRW einige Menschen in Bürgerbus-Vereinen und fahren meist ehrenamtlich mit Bürgerbussen auf diesen Strecken. Auch in anderen Bundesländern gibt es diese Angebote.

3 Bebauung der Liselotte-Hermann-Straße in Hoyerswerda (Stand um 1995) (A) und nach dem Umbau im Jahr 2001/2002 (B)

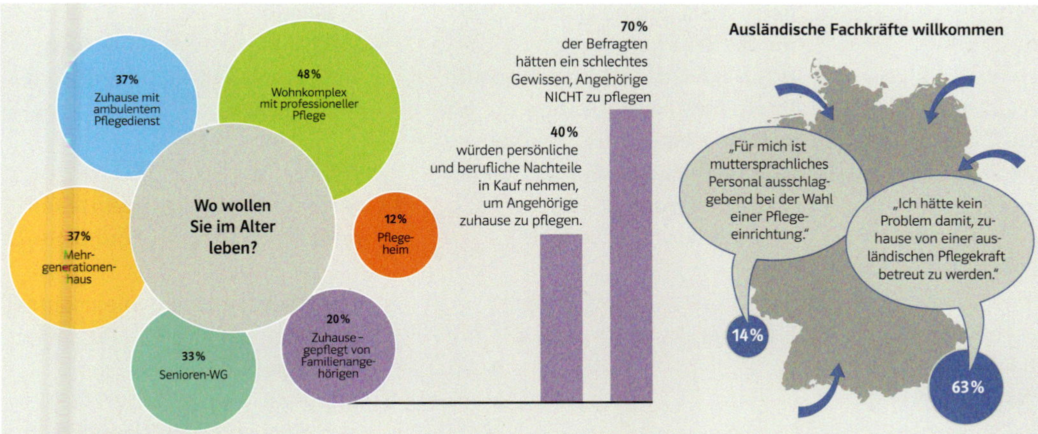

Studie der Deutschen Gesellschaft für Qualität e.V. (DGQ), bei der insgesamt 1032 Personen zwischen 18 und 69 Jahren befragt wurden. Die Stichprobe entspricht nach Alter, Geschlecht und Region der repräsentativen Verteilung der deutschen Bevölkerung.

↼ Concept Map Seite 90/91

4 Wie die Deutschen im Alter leben wollen (die Befragten konnten drei Antworten auswählen)

1

Maßnahmen bei geringer Bevölkerungsdichte:

a) Notiere dir stichpunktartig die wesentlichen Maßnahmen, die aufgrund von weniger Geburten, der Zunahme der Anzahl älterer Menschen und einer geringeren Bevölkerungsdichte durchgeführt werden.

b) MK Erweitere deine Concept Map (siehe Aufgabe 2, Seite 91) um die Maßnahmen, die du notiert hast. Präsentiere die Ergebnisse deiner Klasse.

2

Wohnsituation älterer Menschen:

a) Notiert Stichpunkte zu den in der Studie (Material 4) vorgestellten Wünschen an eine Wohnsituation älterer Menschen.

b) Überlegt euch Maßnahmen, die umgesetzt werden müssen, um den Wünschen der Studie gerecht zu werden.

c) SP Wie möchtet ihr im Alter leben? Formuliert eine individuelle Stellungnahme.

3

Werte die Karikatur 2 aus.

Wichtige Begriffe

- Bevölkerungsdiagramm
- Bevölkerungsstruktur
- Bevölkerungswachstum
- demografischer Übergang
- Geburtenrate
- generatives Verhalten
- Sterberate
- totale Fruchtbarkeitsrate (TFR)
- Verdopplungszeit
- Wachstumsrate

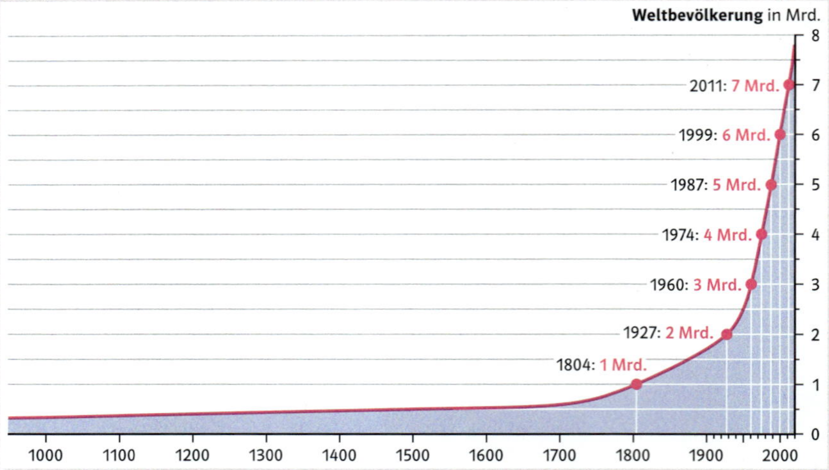

1 Historische Entwicklung der Weltbevölkerung

Kennen und verstehen

1 Diagramm 3

a Beschreibe, wie sich die Bevölkerungszahlen in den einzelnen Regionen verändern.

b Vergleiche die Entwicklung der dargestellten Regionen.

2 Finde die Begriffe.

a Durchschnittszahl an Kindern, die eine Frau in ihrem Leben zur Welt bringt

b Zeitraum, in dem die Bevölkerung eines Landes um 100 % wächst

c Begriff für den Übergang von hohen Geburten- und Wachstumsraten zu niedrigen Geburten- und Wachstumsraten

d Gesamtzusammensetzung einer Bevölkerung nach Kriterien wie Alter und Geschlecht

3 Richtig oder falsch?
Verbessere die falschen Aussagen und schreibe sie richtig auf.

a China wird immer das Land mit der höchsten Einwohnerzahl sein.

b Mit Bevölkerungsdiagrammen kann man keine Aussagen zur zukünftigen Entwicklung eines Landes treffen.

c Wenn eine Gesellschaft demografisch altert, hat das keine Folgen für die Bevölkerung.

d Das Modell des demografischen Übergangs ist problemlos auf Entwicklungsländer übertragbar.

e In Deutschland leben mehr junge Menschen (unter 25 Jahre) als ältere Menschen (über 50 Jahre).

4 Geburten- und Sterberaten
Erläutere das Diagramm 4.

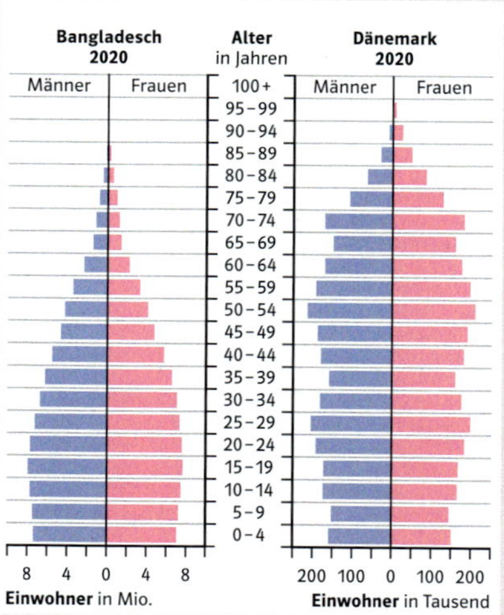

2 Bevölkerungsdiagramme von zwei Staaten im Jahr 2020

Fachmethoden anwenden

5 Bevölkerungsdiagramme interpretieren

a Interpretiere die Bevölkerungsdiagramme im Material 2.

b Beschreibe jeweils Auswirkungen auf das Wachstum der Bevölkerung, die sich aus dem Altersaufbau ergeben.

Beurteilen und bewerten

6 Kartendarstellungen beurteilen
Vergleiche die Karte 1 auf Seite 72 mit der Karte 6.

a Analysiere, welche gemeinsamen bzw. unterschiedlichen Aussagen hier getroffen werden.

b Begründe, welche Kartendarstellung du aussagekräftiger findest.

7 Statistiken auswerten

a Vergleiche Diagramm 1 mit dem Diagramm 2 auf Seite 73. Achte auf die Achsen.

b Gibt es einen Zusammenhang zwischen der absoluten Weltbevölkerungszahl und dem jährlichen Zuwachs in Millionen pro Jahr?

8 Geburtstag
Werte die Karikatur 5 aus.

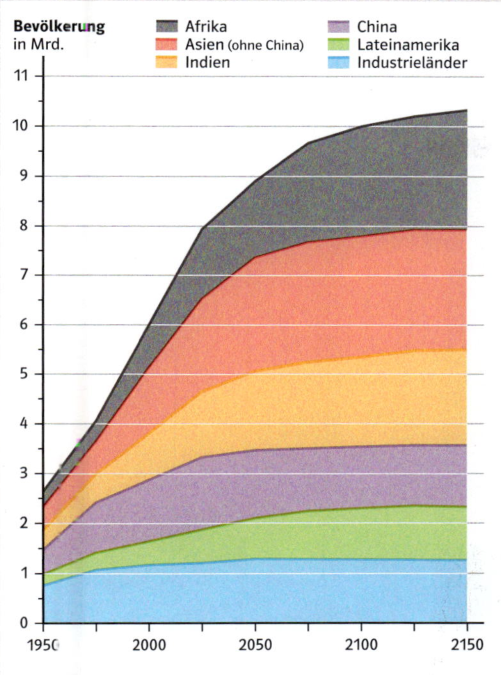

3 Bevölkerungsentwicklung 1950 bis 2150

5

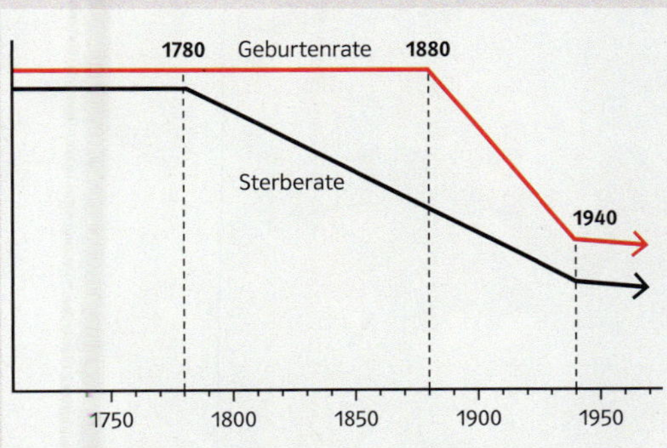

4 Dänemark: Geburten- und Sterberate

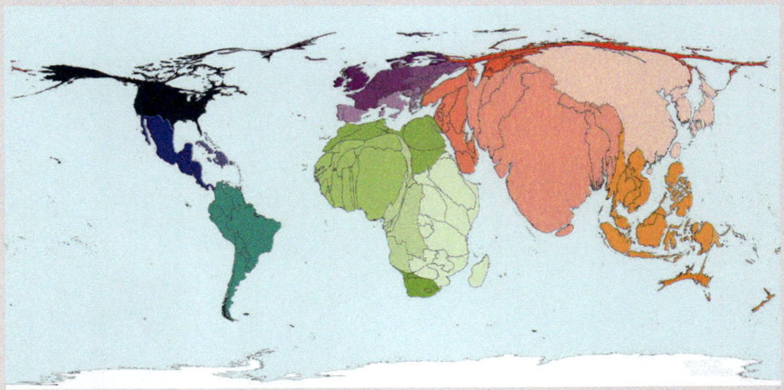

6 Prognose zur Verteilung der Weltbevölkerung 2050 (die Darstellung der Größe eines Landes resultiert aus der jeweiligen Bevölkerungszahl)

Jetzt kannst du ...

- die Bevölkerungsentwicklung weltweit sowie einzelner Länder und Regionen untersuchen;
- die Ursachen und Folgen der Bevölkerungsentwicklung für Mensch und Region abschätzen;
- das Modell des demografischen Übergangs erläutern;
- Bevölkerungsdiagramme interpretieren;
- die Bevölkerungsentwicklung in Deutschland verstehen;
- eine Concept Map erstellen;
- Maßnahmen zur Einflussnahme auf die veränderte Bevölkerungsentwicklung und ihre Auswirkungen bewerten.

5

Migration – auf der Suche nach Zukunft

1 Flüchtlinge auf dem Mittelmeer

Kein Mensch verlässt seine Heimat ohne Grund. Einige gehen, weil sie einen Arbeitsplatz an einem anderen Ort ergreifen wollen. Einige müssen gehen, weil sie aus der Heimat vertrieben werden oder keine Möglichkeiten haben, sich und ihre Familien ausreichend zu versorgen.
Warum verlassen Menschen ihre Heimat? Woher kommen sie? Wo finden sie Aufnahme? Welche Chancen und Herausforderungen ergeben sich in den Herkunfts- und Zielgebieten?

2 Arbeitsmigranten

3 Arzt aus Syrien in Deutschland

Migration – immer aktuell

Warum ist die Migration heute ein so bedeutendes Thema, das an fast jedem Tag in den Nachrichten auftaucht?

1 Hauptrouten der Flüchtlinge nach Europa, Stand 2019

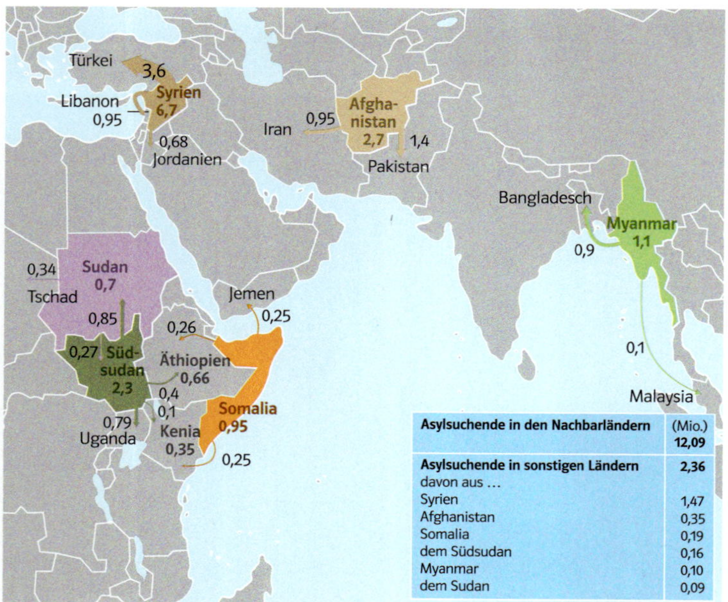

	(Mio.)
Asylsuchende in den Nachbarländern	**12,09**
Asylsuchende in sonstigen Ländern	**2,36**
davon aus …	
Syrien	1,47
Afghanistan	0,35
Somalia	0,19
dem Südsudan	0,16
Myanmar	0,10
dem Sudan	0,09

2 Die sechs größten Herkunftsländer von Flüchtlingen und deren Aufnahmeländer (2018)
(Nach UNHCR: Global Trends. Forced Displacement in 2018)

Die Ursachen für Migration sind vielfältig: Freiwillig verändern Menschen ihren Wohnsitz mit der Aussicht auf Arbeit, Wohlstand, Bildung oder sozialen Aufstieg. Unfreiwillig verlassen Menschen ihre Heimat, wenn sie vor Menschenrechtsverletzungen, Kriegen oder Naturkatastrophen fliehen müssen. Diese Art der **Migration** nennt man **Flucht**. Neun von zehn Flüchtlingen stammen aus Entwicklungsländern. Ende 2019 befanden sich weltweit fast 80 Mio. Menschen auf der Flucht. Der weitaus größte Teil von ihnen (ca. 41 Mio.) waren Binnenflüchtlinge, die innerhalb ihres Landes vertrieben wurden. Im Jahr 2015 erschütterten besonders die Bilder der Millionen Syrer, die durch Krieg aus ihrem Land vertrieben wurden. Weil diese Konflikte bis heute anhalten, flüchten nach wie vor Tausende Syrer.
Die Gründe, die Menschen dazu bringen, ihren Wohnsitz zu verlassen, nennt man **Push-Faktoren**. Gleichzeitig werden Menschen durch bestimmte Gründe zu ihrem Zielort hingezogen, die sog. **Pull-Faktoren**.

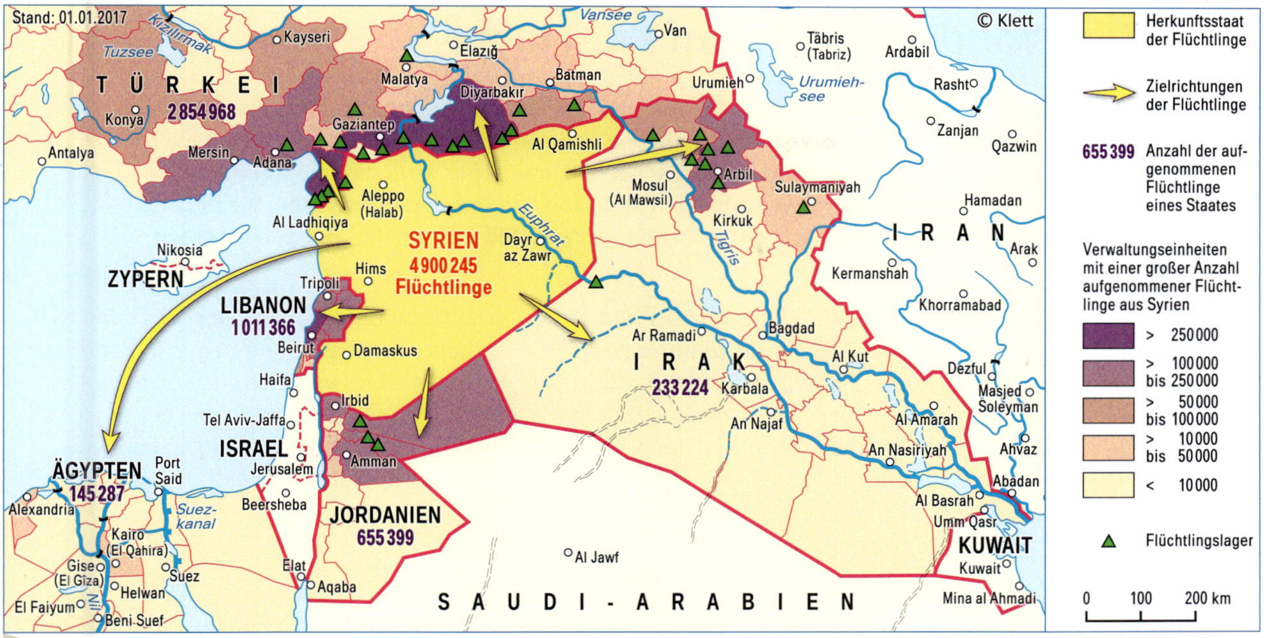

3 Bürgerkriegsflüchtlinge aus Syrien (2017)

4 Flüchtlinge auf dem Weg nach Europa

5 Flucht

Flucht

meist überstürztes Verlassen einer akuten Gefahrensituation, bedingt durch natürliche Bedrohungen (z.B. Erdbeben, Dürren), politische Gefährdungen (z.B. Krieg) oder entsprechende Kombinationen

1 Analysiere die Karten 1 und 2. Betrachte insbesondere die wichtigsten Herkunfts- und Zielgebiete.

2 Push-Faktoren:
a) Nenne verschiedene Push-Faktoren.
b) Gliedere die Push-Faktoren sinnvoll nach Oberbegriffen (politische Motive, wirtschaftliche Motive, ...).

3 SP Das Foto 4 zeigt Menschen auf der Flucht. Versetze dich in die Situation eines Flüchtlings und schreibe einen kurzen Brief, in dem du Angehörige über deine Lage informierst.

4 MK Analysiere die Karte 3 und informiere dich über den aktuellen Stand im Internet.

5 Interpretiere Karikatur 5 und arbeite wesentliche Grundaussagen heraus.

6 MK Flüchtlinge in Deutschland:
a) Informiere dich über die aktuellen Flüchtlingszahlen in Deutschland.
b) „Das Boot ist nie voll." (Winfried Kretschmann). Diskutiert und beurteilt diese Aussage.

7 Erzählt eure Migrationsgeschichte. Nennt folgende Details, die du, deine Eltern oder Großeltern erlebt haben: Jahr der Migration, Herkunftsort, Zielort, Entfernung zwischen Herkunfts- und Zielort, Push- und Pull-Faktoren.

Vor dem Klima auf der Flucht

Zunehmende Wetterextreme, Versteppung und Wüstenbildung, Anstieg des Meeresspiegels, Eisschmelze und Erdrutsche – durch den Klimawandel werden viele bewohnte Regionen auf der Erde unbewohnbar. Wenn klimatische Veränderungen zunehmend dazu führen, dass Ernten ausbleiben und Lebensräume zerstört werden, bleibt den dort lebenden Menschen oft keine andere Wahl: Sie müssen ihre Heimat verlassen.

Die Auswirkungen des **Klimawandels** sind weltweit eine der bedeutendsten Ursachen für Migrationsbewegungen. Vorsichtige Schätzungen gehen davon aus, dass derzeit mehr als 20 Mio. Menschen auf der **Flucht** vor dem Klima sind, Tendenz steigend.
Die meisten Geflüchteten suchen Schutz in vermeintlich sichereren Teilen ihres eigenen Landes. Dieser Zuzug stellt die Aufnahmeregionen jedoch häufig vor gesellschaftliche und wirtschaftliche Herausforderungen. Es kann zu Versorgungsengpässen und zu neuen Konflikten kommen. Dort, wo es bereits Konflikte gibt, werden diese durch die Folgen der Erderwärmung und der damit einhergehenden Klimaflucht verstärkt.

1 Zerstörtes Haus durch aufgetauten Permafrostboden in Russland

3 Folgen des Hurrikans „Dorian“ auf den Bahamas

2 Ausgetrocknetes Ajuankota-Wasserreservoir in Bolivien

4 Überflutete Region Sirajganj in Bangladesch

5 Vom Klimawandel besonders betroffene Regionen der E

1 MK
Beschreibe die Lage der besonders durch die Auswirkungen des Klimawandels betroffenen Gebiete (Karte 5). Nutze dazu auch den Erklärfilm (ff39g4).

2 MK
In der Karte 5 sind sonstige betroffene Orte eingetragen, die alle von den Folgen des Klimawandels betroffen sind. Gestaltet auf Basis einer Internetrecherche eine Präsentation, in der ihr die jeweilige Problematik und die Folgen anschaulich darstellt.

3 MK
Ioane Teitiota gilt als erster offizieller Klimaflüchtling. Recherchiert mithilfe des Internets die Hintergründe und den rechtlichen Status von Klimaflüchtlingen.

Die Städte nördlich der Polarkreise wurden auf Permafrostboden errichtet, der gewöhnlich nur in den Sommermonaten oberflächlich auftaut. Ansonsten ist er tiefgefroren und bietet den Häusern und Straßen einen sicheren Untergrund. Durch den Klimawandel tauen aber die Permafrostböden mehr und mehr auf. Dies hat zur Folge, dass Häuser umkippen, Straßen absacken, Bahnlinien beschädigt werden und Pipelines brechen. In den Küstenregionen müssen heute ganze Dörfer umgesiedelt werden, weil der Untergrund erodiert.

Der steigende Meeresspiegel gehört zu den augenfälligsten Folgen des Klimawandels. Derzeit steigt er durchschnittlich um 6 mm pro Jahr. Dieser Anstieg führt zu Küstenerosion und damit zum Verlust von fruchtbarem Ackerland. Durch das Einsickern des Meerwassers in die Grundwasserspeicher lässt sich zunehmend eine Versalzung von Böden und Trinkwasser feststellen. Darüber hinaus dringen Sturmfluten immer tiefer ins Landesinnere. Gefährdet sind v. a. niedrig liegende Küstengebiete und Flussdeltas. Dank der günstigen Lage haben sich dort viele Menschen angesiedelt. So würde z. B. ein Meeresspiegelanstieg um einen Meter im Gangesdelta in Bangladesch 15 Mio. Menschen direkt betreffen.
Gefährdet sind aber auch kleine Inselgruppen wie Kiribati oder Vanuatu, dessen höchste Erhebungen sich nur wenige Meter über dem Meeresspiegel befinden. Für sie bedeutet der Klimawandel im wahrsten Sinne des Wortes den Untergang, d. h., sie werden im Meer versinken.

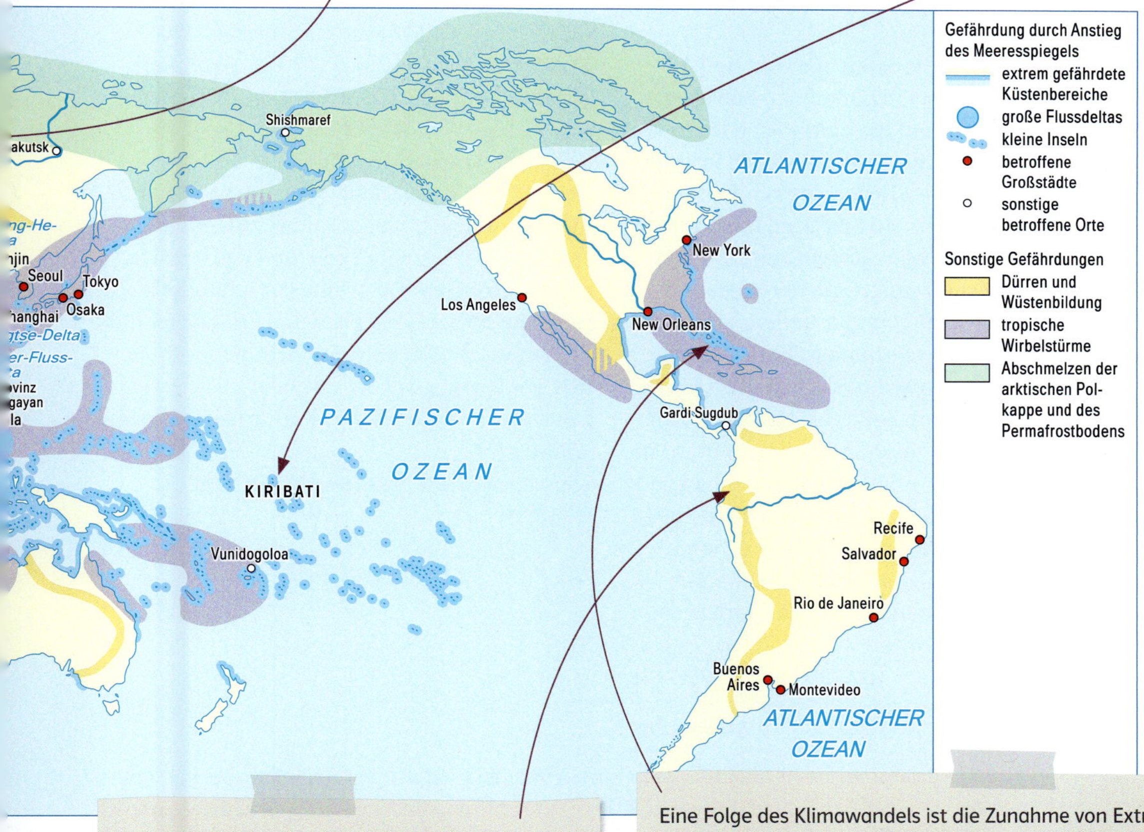

thematische Karte auswerten Seite 227

In Peru und Bolivien leben mehr als 40 Mio. Menschen. Deren wichtigste Wasserquelle stellen die Andengletscher dar. Jedoch sind diese als Folge der globalen Erderwärmung in den vergangenen 30 Jahren bereits um ein Viertel abgeschmolzen. Bis 2050 könnten die meisten Gletscher in der Region ganz verschwunden sein. Immer häufiger muss ein Wassernotstand ausgerufen werden. Aber auch Konflikte stehen in unmittelbarem Zusammenhang mit dem Klimawandel: Wenn Weideflächen verloren gehen, Brunnen austrocknen oder Samen aufgrund der Dürren nicht keimen, beginnt der Kampf um fruchtbarere Regionen.

Eine Folge des Klimawandels ist die Zunahme von Extremwettersituationen und Naturkatastrophen, wie z. B. Wirbelstürmen. Nach Angaben des UN-Büros für Katastrophenvorsorge (UNISDR) stieg die Zahl der klimabedingten Katastrophen im Jahr 2018 von 165 auf 329.
„Dorian" war der bislang schlimmste Hurrikan, der den 700-Insel-Staat Bahamas seit Beginn der Wetteraufzeichnungen getroffen hat. Er hinterließ verwüstete Landstriche und Ortschaften. 13 000 Wohnhäuser sowie der Großteil der Infrastruktur wie Häfen, Straßen, Krankenhäuser oder Geschäfte wurden komplett zerstört. Die etwa 400 000 Einwohner der Bahamas leben vom Tourismus. Er hat einen Anteil von etwa 50 % am BIP und ca. 60 % der Bevölkerung arbeiten für den Tourismus. Dorian hat somit nicht nur die Heimat, sondern auch die wirtschaftliche Lebensgrundlage vieler Menschen zerstört.

Fluchtweg Mittelmeer

An Meldungen wie diese (Text 2 und 3) haben wir uns mittlerweile gewöhnt. Achselzucken, zum Teil Unverständnis wegen der waghalsigen Flucht, aber auch Mitleid werden durch sie hervorgerufen. Wieso kommt es immer wieder zu diesen Verzweiflungstaten?
Vor allem Lampedusa ist einerseits zum Inbegriff der Hoffnung afrikanischer Migranten, andererseits zum Synonym für fürchterliche Flüchtlingsdramen und die rigide Einwanderungskontrolle der EU geworden. Die zu Italien gehörende 20 km² große Insel liegt nur 138 km vor der tunesischen Küste und ist damit Anlaufziel für viele Afrikaner auf ihrer **Flucht** nach Europa.
In maroden Schlauchbooten oder auf hoffnungslos überfüllten Fischerkähnen begeben sich die Flüchtlinge auf die gefährliche Überfahrt. Skrupellose Schleuser lassen sich ihre Vermittlung gut bezahlen, bevor sie sich absetzen und die Flüchtlinge ihrem Schicksal überlassen. Einige schaffen den heimlichen Grenzübertritt, weniger Glückliche werden von der Küstenwache aufgegriffen und gerettet, andere ertrinken. Auch die zahlreichen Rettungsschiffe, die meistens von Freiwilligen organisiert werden, konnten viele Menschen in Seenot retten. Das deutsche Rettungsschiff „Alan Kurdi" ist ein Beispiel dafür. Im Zuge der Corona-**Pandemie** mussten die Operationen zur Seenotrettung weitestgehend eingestellt werden. Dementsprechend sank auch der Anteil der Migranten, die sich Zutritt zu europäischen Inseln oder dem Festland verschaffen konnten.

Flucht nach Europa

„Schon seit Jahren fliehen Menschen aus den Krisenregionen der Welt über das Mittelmeer nach Europa – mit verheerenden Auswirkungen: Im Jahr 2016 ertranken über 5.000 Menschen im Mittelmeer. 2017 starben oder verschwanden laut dem Flüchtlingshilfswerk der Vereinten Nationen (UNHCR) mehr als 3.100 Geflüchtete. Und in 2018 waren mehr als 2.300 Tote und Vermisste zu beklagen. 2019 fanden 1.327 Menschen den Tod bei der Flucht über das Mittelmeer oder sind vermisst.
Obwohl die Zahl der Ankünfte über die Mittelmeerroute seit 2016 stark gesunken ist (2016: 373.652 Menschen; 2017: 185.139 Menschen; 2018: 141.472 Menschen; 2019: 125.427 Menschen), bleibt der Weg übers Mittelmeer die tödlichste Seeroute der Welt.
Der UNHCR fordert daher eine stärkere Koordinierung und mehr Solidarität der EU-Mitgliedsstaaten sowie erhöhte Such- und Rettungskapazitäten und eine Regelung zur Anlandung. Denn der Schutz von Leben und grundlegenden Menschenrechten muss weiterhin Priorität haben. Die Rettung auf See ist ein humanitärer Imperativ und eine Verpflichtung nach dem Völkerrecht."

UNO-Flüchtlingshilfe: Flucht nach Europa, 2020 (21.8.2020)

3

1 Überladenes Flüchtlingsboot auf dem Mittelmeer

Endstation Küstenwache

„Immer mehr Flüchtlinge kommen über das Mittelmeer nach Europa. Für Tausende ist es eine Reise in den Tod, auf Schiffen, die längst nicht mehr seetüchtig sind. Die EU-Grenzschutzagentur Frontex startete ... eine Mission, um Italien bei der Sicherung der Küste zu helfen. ... Die Grenzschützer patrouillieren an der italienischen Küste und auf dem Meer. Sie sollen die Grenzen überwachen und gegen Schlepper vorgehen. Flüchtlinge, die in Seenot geraten, werden sie retten. ... [Obwohl] die Aufgabe vor allem in der Sicherung der Grenzen, nicht im Aufspüren von Flüchtlingsbooten [besteht, haben die Grenzschützer seit 2017 Zehntausende Migranten aus Seenot gerettet und fast 300 mutmaßliche Schlepper und über 100 Schmuggler] festgenommen. ..."

Eva Krafczyk, dpa: Fast 80 Rettungseinsätze im Mittelmeer seit Start von „Triton". dpa-Meldung vom 2.1.2015 © Deutsche Presse-Agentur GmbH, soweit nicht anders ausgewiesen (21.8.2020)

2

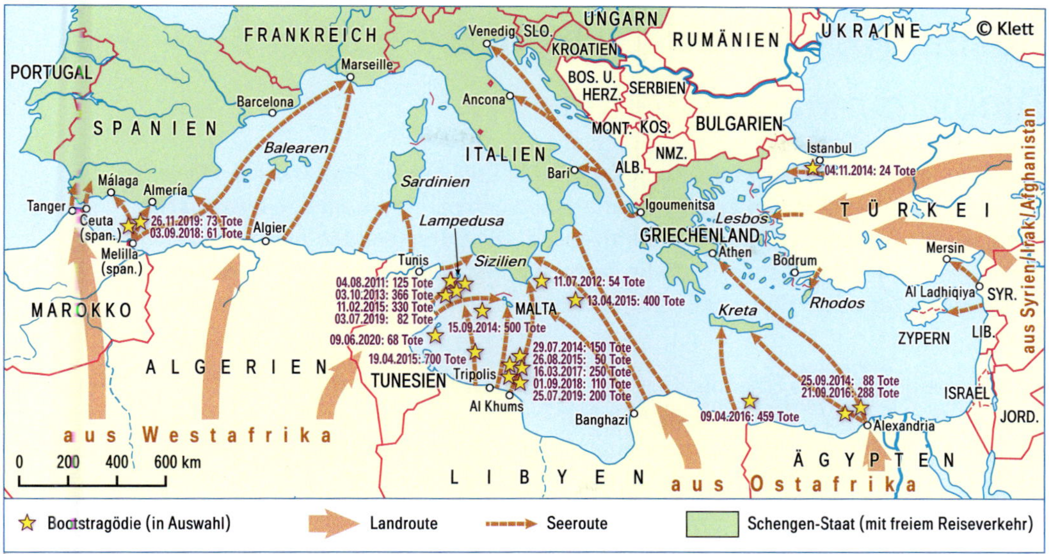

4 Flucht über das Mittelmeer nach Europa (Stand 2019)

„Was ist Frontex?
Frontex ist eine europäische Agentur, die ihren Sitz in Warschau hat. Sie soll für den Schutz der europäischen Außengrenzen sorgen, um die illegale Einwanderung nach Europa zu verhindern. Die Agentur beschäftigt [über 1 500 Mitarbeiter (Stand 2020)]. Frontex nahm im Mai 2005 ihre Arbeit [mit 370 Mitarbeitern] auf.

Wie arbeitet Frontex genau?
Die EU-Mitgliedsstaaten sind dafür verantwortlich, dass ihre Grenzen überwacht und kontrolliert werden. Frontex hilft den EU-Staaten, die gegen illegale Einwanderung ankämpfen. Dafür dirigiert Frontex nationale Einsatzkräfte bei der Küstenüberwachung und stellt bei Bedarf eine schnelle Eingreiftruppe von Grenzbeamten zusammen. Flüchtlingsboote werden ... abgefangen und in die Gewässer afrikanischer Staaten zurück eskortiert. Es stehen Hubschrauber, Dutzende Boote, Radaranlagen und Wärmebildkameras zur Verfügung. Außerdem bildet Frontex Grenzschutzbeamte aus.

Wer bezahlt die Arbeit der Agentur und die Einsätze?
Frontex wird durch Zuschüsse der EU finanziert. Dazu kommen noch Beiträge der Mitgliedsstaaten des Schengen-Abkommens. Das Europäische Parlament muss den Zuschüssen für Frontex zustimmen. Das Jahresbudget beträgt etwa [421 Millionen Euro (Stand 2020)].“

Leicht aktualisiert nach: Wie funktioniert Frontex?, tagesschau.de vom 15.02.2011 (13.5.2020)

5

6

1 Nenne Gefahren und Bedrohungen, die den Flüchtlingen bei der Überfahrt über das Mittelmeer drohen.

2 MK Beschreibe die verschiedenen Flüchtlingsrouten in die EU. Recherchiere, über welche Route momentan die meisten Flüchtlinge nach Europa gelangen.

3 Erläutere die Funktion der Grenzschutzagentur Frontex.

4 Werte die Mitteilung der UNHCR aus (Material 3). Welche Haltung nimmt die UN-Organisation gegenüber der EU-Flüchtlingspolitik ein?

5 Interpretiere die Karikatur 6.

MK Absolut oder relativ – Statistiken in Diagrammen darstellen

Migration, Integration, Zuwanderung oder Wanderungsmotive: Hinter diesen Begriffen stehen Werte oder Maßzahlen, die Informationen geben und Grundlage für wirtschaftliche, soziale und planerische Maßnahmen sind. Die Daten werden meist durch Zählungen, schriftliche oder mündliche Befragungen oder Fortschreibung erhoben und in Form von Statistiken dargestellt. Doch kann man ihren Aussagen auch vertrauen?

Im Allgemeinen sind die Erhebungen von offiziellen Institutionen wie dem Statistischen Bundesamt und den Statistischen Landesämtern sehr zuverlässig. Sie sind übersichtlich aufbereitet, mögliche Probleme bei Erhebung, Fortschreibung und Hochrechnungen werden angegeben und sind nachvollziehbar. Gleiches gilt für die Daten, die von internationalen Organisationen zusammengestellt und herausgegeben werden (World Factbook, WHO, UNO). Diese Organisationen müssen sich jedoch auf die Angaben verlassen, die ihnen von den statistischen Stellen der Länder gemacht werden. Dabei besteht die Gefahr, dass die Zahlen unvollständig, veraltet und in Bezug auf ihre Erhebungsmethode nicht immer nachvollziehbar sind. Besonders die Angaben aus weniger gut organisierten Staaten (z. B. Entwicklungsländern) können Ungenauigkeiten aufweisen.

Ein Bild aus Zahlen machen

Bevor die Daten interpretiert werden, muss das Zahlenmaterial in Bezug auf die Fragestellung gesichtet, strukturiert, verglichen und bewertet werden. Zur Veranschaulichung und optischen Erfassung der Aussagen ist es hilfreich, das Datenmaterial als Diagramme darzustellen. Dabei kann es auch bei sorgfältiger Darstellung der Erhebungsergebnisse allein durch die Wahl absoluter oder relativer Zahlen zu missverständlichen Interpretationsmöglichkeiten kommen. Ein Beispiel dafür bieten die Diagramme zu den Zuwanderungsmotiven der Bevölkerung mit Migrationserfahrung in den Bundesländern der Bundesrepublik (Diagramme 4 und 5). Das Zuwanderungsmotiv ist ein wichtiger Indikator und wirkt sich auf die Aufenthaltsperspektive und den Arbeitsmarktzugang aus.

Eine **absolute Zahl** gibt die zahlenmäßige Größe einer Menge an.

Eine **relative Zahl** gibt das Verhältnis einer absoluten Zahl zur Gesamtzahl an.

Statistik auswerten

1. Schritt: Überblick verschaffen – formal
- Thema / Überschrift: relevante Indikatoren in Bezug zur Fragestellung herausstellen
- Indikatoren klären: Zahlen (absolut, relativ, Index); Skalierung bzw. Größenklassen

2. Schritt: Überblick verschaffen – inhaltlich
- Maximal- und Minimalwert finden
- räumliche oder zeitliche Angaben klären
- Veränderungen oder Entwicklungen feststellen
- Beziehungen zwischen einzelnen Daten ausmachen
- Darstellung und Aussagegehalt prüfen

3. Schritt: Zusammenhänge erklären
- Daten zueinander in Beziehung setzen
- Ursachen für Entwicklungen finden
- eventuell Daten zur Veranschaulichung in Diagramme umsetzen

4. Schritt: Statistiken beurteilen
- Darstellungsform und Aussage der Statistik beurteilen

1 Nenne die drei Bundesländer mit der höchsten Anzahl an Bevölkerung mit Migrationserfahrung im Jahr 2017 (Tabelle 1).

2 Begründe die unterschiedliche Darstellung in den Diagrammen 4 und 5.

3 Arbeit mit den Diagrammen 4 und 5:
a) Nimm Stellung zu den folgenden Aussagen auf einer Skala von 1 bis 5:
  - Bei Diagramm 4 handelt es sich um eine manipulative Darstellung.
  - Bei Diagramm 5 handelt es sich um eine manipulative Darstellung.
b) Welche Abbildung hat den höheren Wahrheitsgehalt? Begründe.

Bundesland	gesamt	Arbeit	Familienzusammenführung	Flucht, Asyl, Verfolgung	gesamt	Arbeit	Familienzusammenführung	Flucht, Asyl, Verfolgung
	in 1000				in %			
Baden-Württ.	2 080	425	1 099	238	100	20	53	11
Bayern	2 042	483	934	221	100	24	46	11
Berlin	660	143	278	73	100	22	42	11
Brandenburg	125	22	46	32	100	18	37	25
Bremen	147	22	70	28	100	15	48	19
Hamburg	367	67	157	61	100	18	43	17
Hessen	1 172	247	573	155	100	21	49	13
Meck.-Vorp.	83	9	28	26	100	11	34	32
Niedersachsen	1 082	163	523	197	100	15	48	18
Nordr.-Westf.	3 038	503	1 467	468	100	17	48	15
Rheinl.-Pfalz	606	104	281	94	100	17	46	15
Saarland	131	18	48	24	100	14	37	18
Sachsen	210	33	67	54	100	16	32	25
Sachs.-Anhalt	109	12	30	36	100	11	27	33
Schlesw.-Holst.	303	47	125	70	100	15	41	23
Thüringen	102	17	32	26	100	17	31	26

1 **Bevölkerung mit Migrationserfahrung in Privathaushalten 2017 nach Hauptmotiv für den Zuzug nach Deutschland (Auszug, komplette Tabelle siehe Online-Code ff39g4) (Nach: Statistische Ämter des Bundes und der Länder, 2019)**

Mögliche Manipulationen bei Tabellen

- Datenmaterial basiert auf unzuverlässiger Quelle
- verschiedene Inhalte werden vermischt
- Mittelwerte werden manipuliert bzw nicht angegeben
- Prozentanteile werden aufgeführt ohne die Grundgesamtheit (100 %) anzugeben.
- die Summe der Prozentanteile ergibt nicht 100

2

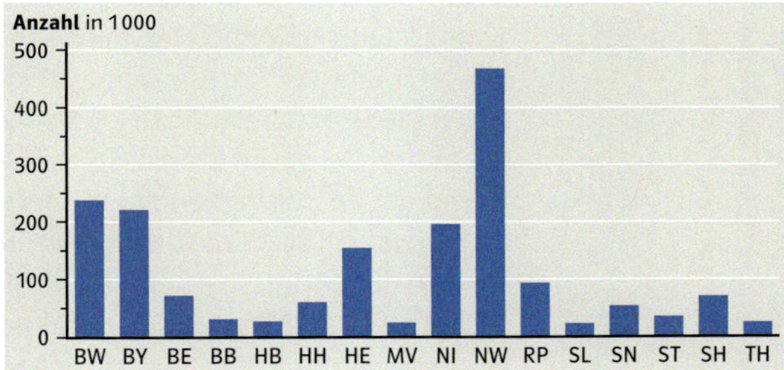

4 Bevölkerung mit Migrationserfahrung / Hauptmotiv für den Zuzug: Flucht, Asyl, Verfolgung (in 1000)

Mögliche Manipulationen bei Diagrammen

- Achsenskalierung ist nicht zuverlässig bzw. dem Datenmaterial nicht angemessen (Streckung, Stauchung, unregelmäßige Einteilung der Achsen)
- x-Achse wird bei Zeitreihen willkürlich eingeteilt
- Proportion zwischen dargestellten Zahlen und Flächendarstellung ist fehlerhaft

3

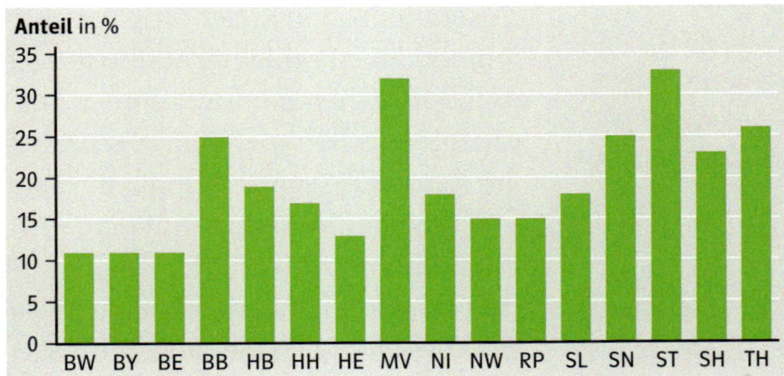

5 Bevölkerung mit Migrationserfahrung / Hauptmotiv für den Zuzug: Flucht, Asyl, Verfolgung (in %)

4

Arbeit mit Tabelle 1 (komplette Tabelle unter Online-Code ff39g4):

a) Wählt eines der Motive für den Zuzug nach Deutschland aus.
b) Erstellt ein Diagramm auf Grundlage der absoluten Zahlen.
c) Erstellt ein Diagramm auf Grundlage der relativen Zahlen.
d) Vergleicht die Darstellungen.

5

Vorsicht Statistik!
Zähle mindestens drei Gründe auf, warum man statistisches Material als Basis für Planungen sehr genau überprüfen sollte.

Gropiusstadt – die ganze Welt in unserem Viertel

Über 25 000 Menschen leben in der Gropiusstadt in Berlin. Knapp die Hälfte von ihnen sind Migrantinnen und Migranten. Wieso ist ihr Anteil ausgerechnet hier so hoch? Und was wird getan, um den Zusammenhalt der Bevölkerung zu fördern?

Transferleistungsbezieher
Menschen, die staatliche Gelder zur Existenzsicherung erhalten (z. B. Arbeitslosengeld II, Sozialhilfe, Bafög, Grundsicherung im Alter)

1 Mehrgeschosshäuser

	Gropiusstadt	Berlin
Größe	140,14 ha	89 169 ha
Einwohner	25 312	3 748 148
Migranten	54,1 %	34,1 %
Transferleistungsbezieher	28,6 %	15,7 %
Arbeitslosenanteil	5,13 %	3,91 %

(Stand: 31.12.2018)

2 Sozialstrukturdaten im Vergleich

Eine Großwohnsiedlung aus den 1960er- und 1970er-Jahren, umgeben von zahlreichen Grünstreifen, das ist die Gropiusstadt. Hier gibt es unterschiedliche Gebäudetypen: Einfamilienhäuser, Mehrgeschosshäuser und Hochhäuser. Durch große Straßen und die U-Bahn-Linie 7, die mitten durch die Gropiusstadt führt, ist das Viertel gut an das Verkehrsnetz der Hauptstadt angebunden. Das günstige Wohnraumangebot kam den Bedürfnissen vieler Migranten entgegen. Ein weiterer Grund für den hohen Migrantenanteil ist das Phänomen, dass nachziehende Migranten die Nähe zu ihren Landsleuten suchen und sich hier bevorzugt ansiedeln. Das Zusammenleben in der Gropiusstadt war nicht immer ohne Probleme: Konflikte zwischen unterschiedlichen Ethnien nahmen zu und die Qualität des Wohnumfelds verschlechterte sich. Im Jahr 2005 wurde deshalb ein Quartiersmanagement Gropiusstadt eingerichtet. Es soll Maßnahmen entwickeln, die den sozialen Zusammenhalt im Viertel stärken. Dazu sollen die Bewohner an den Planungsprozessen aktiv beteiligt werden. Bisher wurden fast 8 Mio. Euro für Programme ausgegeben.

Netzwerk und Nachbarschaft

Die Förderung der Nachbarschaft wird auf mehreren Ebenen unterstützt. So werden verschiedene Nachbarschaftstreffen initiiert, ein interkultureller Treffpunkt im Gemeinschaftshaus ist eingerichtet worden und zur Förderung von Frauen gibt es das Frauencafé Löwensteinring. Speziell für Familien gibt es den Jugendclub UFO, verschiedene Abenteuerspielplätze, ein Mädchensportzentrum, eine Projektwerkstatt oder ein Familienzentrum.

Mit Klasse und Anspruch – von der Kita bis zum Abitur

Ein besonders wichtiges Projekt für die zukünftige Entwicklung ist der Campus Efeuweg. Hier werden verschiedene Bildungs- und Freizeiteinrichtungen an einer Stelle konzentriert. So sollen abgestimmte Bildungsangebote ineinandergreifen und eine lernförderliche Umgebung geschaffen werden.
Dazu wurden zwei Schulen zu einer neuen ganztägigen Gemeinschaftsschule zusammengelegt. In dieser Schule lernen die Schülerinnen und Schüler gemeinsam von der ersten bis zur zehnten Klasse. Wenn sie am Ende der zehnten Stufe die Qualifikation für die Oberstufe erreichen, können sie in den benachbarten Neubau des Oberstufenzentrums Lise Meitner wechseln.

Die Gropiusstadt morgen und übermorgen – eine positive Zukunft?

Die Arbeit hat sich an vielen Orten der Gropiusstadt gelohnt. Wegen dieser Erfolge hat die Stadt Berlin beschlossen, die Förderung des befristeten Quartiersmanagements zum Ende des Jahres 2021 auslaufen zu lassen. Ab 2022 wird die weitere **Stadtplanung** aus regulären Mitteln bezahlt. Ziel ist es nun, dass die begonnenen Projekte über das Jahr 2021 hinaus erfolgreich weitergeführt werden.

SP Tipp

Vergleichen
→ Aufgabe 2
- Im Vergleich zu Berlin hat die Gropiusstadt …
- Trotz vieler Gemeinsamkeiten gibt es auch einige Unterschiede: …
- Im Gegensatz zu …

Bestand

- (1) Gemeinschaftsschule Campus Efeuweg
- (1a) Grundschule
- (1b) Sekundarschule
- (1c) Mensa
- (1d) Sporthalle der Sekundarschule
- (1e) Sporthalle der Grundschule
- (2) Kombibad Gropiusstadt
- (3) dewego-Sportplatz
- (4) Jugendclub Ufo
- (5) KITA Dreieinigkeit
- (6) Sporthalle
- (7) Campushalle
- (8) ehem. Lise-Meitner-Schule
- (15) Senioren- und Pflegeeinrichtung „Haus Rudow“

Neubau/in Planung

- (8) Oberstufenzentrum Lise-Meitner
- (9) Sporthalle
- (10) Campuspromenade
- (11) Forum Efeuweg
- (12) Schulbibliothek
- (13) zentraler Eingangsbereich zum Schulgelände der Gemeinschaftsschule
- (14) Zentrum für Sprache und Bewegung

0 50 100 m

3 Übersichtsplan Campus Efeuweg (Stand Masterplan 09/2014, akt. 2020) (Nach: kleyer.koblitz.letzel.freivogel)

1

Beschreibe mithilfe des Atlas die Lage der Gropiusstadt innerhalb von Berlin.

2 SP

Erläutert die Sozialstruktur der Gropiusstadt und vergleicht sie mit der von Berlin.

3

Projekt „Campus Efeuweg“

a) Beschreibe das Projekt.

b) MK Recherchiere den aktuellen Stand der Umsetzung.

c) „Mit Bildung zusammen wachsen“: Erläutere den Slogan des Campus.

d) Beurteile, ob das Projekt dazu geeignet ist, die Integration der Migrantinnen und Migranten zu fördern.

Planspiel

Auf der Suche nach einem Zuhause

Viele kleine und größere Planungen und Entscheidungen bestimmen unseren Alltag. Oft können diese Entscheidungen einfach getroffen werden, manchmal werden sie aber auch kontrovers diskutiert. Gerade dann ist es wichtig, eine Situationsanalyse durchzuführen, in der man sich Entscheidungskriterien überlegt.

1 Geplantes Haus für Flüchtlingsfamilien (insgesamt befinden sich in diesem Haus 12 Wohneinheiten für ca. 40 Personen)

Königssteiner Schlüssel

Er regelt, wie viele Asylbewerber jede Stadt aufnehmen muss. Er errechnet sich aus der Einwohnerzahl und dem Steueraufkommen in der jeweiligen Stadt.

In Musterstadt muss eine Entscheidung getroffen werden. Die Zahl der Asylbewerber, die von der Bezirksregierung in letzter Zeit nach dem Königssteiner Schlüssel zugewiesen werden, wird zwar kleiner, befindet sich aber auf einem hohen Niveau. Zwar ist noch Platz in den vorübergehend angemieteten Wohncontainern, aber alle Beteiligten sind sich darüber einig, dass die Wohncontainer nicht für längere Zeit genutzt werden können. Denn die Wohnverhältnisse und das nähere Umfeld sind alles andere als optimal.
Es soll also eine dauerhafte Lösung erreicht werden. Das kann nur der Bau eines Mehrfamilienhauses für die Flüchtlinge sein. Die Finanzierung dieses Gebäudes wird im Moment großzügig durch das Land Nordrhein-Westfalen gefördert. Deshalb sind sich die Politiker einig, einen solchen Neubau in die Wege zu leiten. Ein weiterer Vorteil dieses Projektes wäre, dass man dieses Haus nach ein paar Jahren (wenn es vielleicht nicht mehr für Flüchtlinge genutzt werden muss) dem sozialen Wohnungsbau zur Verfügung stellen könnte. So hätte man auch wieder mehr bezahlbare Wohnflächen in der Stadt. Diese fehlen im Moment.

Mögliche Standorte

Drei Standorte stehen zur Auswahl:

Standort 1
Das Grundstück befindet sich im Gewerbegebiet im Süden von Musterstadt. Das Grundstück ist im Eigentum der Stadt.

Standort 2
Hier handelt es sich um ein freies Grundstück am Rand der Wohnbebauung im Westen. Es ist nicht im Besitz der Stadt, sondern müsste vom Landwirt Schmitz gepachtet (also gemietet) werden.

Standort 3
Das Grundstück ist mitten im Ort. Es ist gerade frei geworden, weil ein baufälliges, altes Haus abgerissen worden ist. Auch dieses Grundstück befindet sich im Besitz der Stadt.

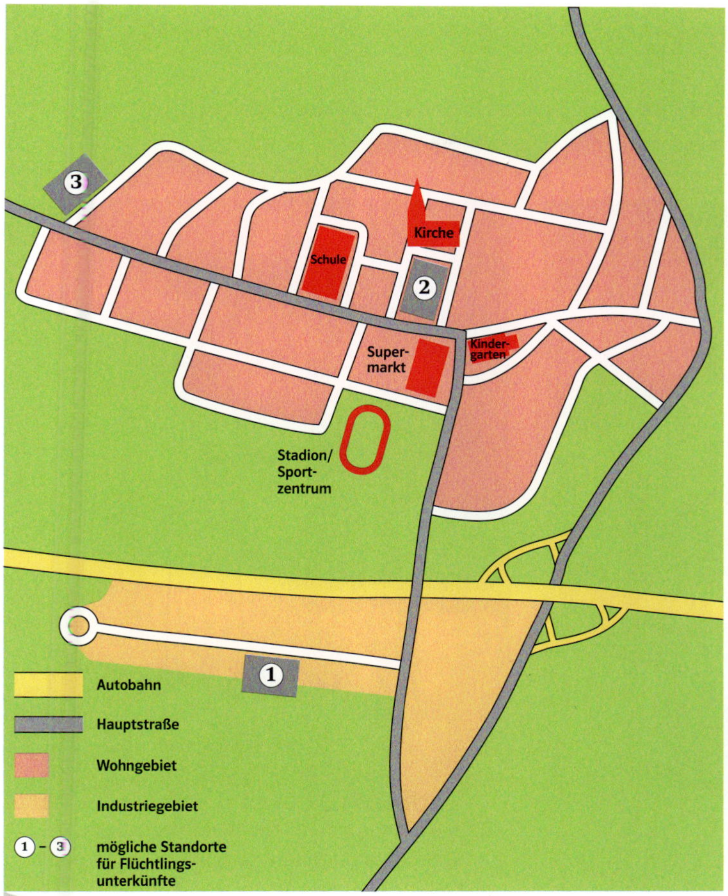

2 Musterstadt

Planen und entscheiden

Die Planung und Entscheidung führt ihr am besten in Gruppenarbeit durch. Zu Beginn der Arbeit werden Kriterien gesammelt, nach denen die einzelnen Standorte miteinander verglichen werden. Mögliche Kriterien sind die Eigentumsverhältnisse des Grundstücks oder die Nähe zu Versorgungs- bzw. Bildungseinrichtungen.
Jede Gruppe prüft die einzelnen Standorte dann nach den vorher festgelegten Kriterien. Zum Ende muss jede Gruppe zu einer begründeten Entscheidung für einen Standort kommen.

3

Daten zu Musterstadt	
Einwohnerzahl	10145
Fläche	13,8 km²
Nord-Süd-Ausdehnung (der Bebauung)	2,5 km
Ost-West-Ausdehnung (der Bebauung)	2,4 km

4

1 Wo soll das neue Zuhause für die Flüchtlinge in Musterstadt gebaut werden? Prüft die möglichen Standorte und entscheidet euch für eine der drei Möglichkeiten. Die Hinweise in Text 3 können bei der Arbeit helfen.

2 Vergleicht die Entscheidungen der einzelnen Gruppen und diskutiert darüber, was den Planungsprozess beeinflusst hat.

Migration weltweit

Es gibt viele Gründe, warum Menschen migrieren. Von den Wanderungsbewegungen sind einige Regionen der Welt besonders betroffen, andere kaum.

1 Flüchtlinge

2 Aus Syrien stammende Ärztin in einem deutschen Krankenhaus

Ändert man seinen Wohnort dauerhaft, so nennt man das Wanderung oder **Migration** (lat. migrare = wandern).
Migrationen können innerhalb eines Staates stattfinden, dann werden sie Binnenmigration genannt. Überschreiten sie eine Staatengrenze, so spricht man von Außenmigration. Wer aus einem Land auswandert, ist ein **Emigrant**. **Immigranten** dagegen sind Menschen, die in ein Land einwandern.
Die Gründe, warum Menschen einen anderen Wohnort suchen, nennt man Wanderungsmotive. Wirtschaftliche Gründe sind ein besonders wichtiges Wanderungsmotiv. Migranten, die aus solchen Gründen ihr Heimatland verlassen, nennt man Arbeitsmigranten. Von zehn Migranten sind neun Arbeitsmigranten.
Die Ursache für die Wanderungsbewegungen ist vor allem das Wohlstandsgefälle zwischen dem Gastland und dem Heimatland. Freiwillige Migration ist fast immer mit der Hoffnung auf eine bessere Zukunft verbunden. Dabei können sich Migranten im Zielland oft auf ihre Landsleute stützen. So entstehen durch die Kontakte untereinander Migrantennetzwerke.

Migrationen können freiwillig geschehen oder erzwungen sein. Flüchtlinge sind Menschen, die unfreiwillig und unter Druck ihre Heimat verlassen. Oft müssen sie dabei ihr Eigentum zurücklassen. Ursache für eine **Flucht** ist oft politischer Druck. Bei Menschen, die infolge von Naturkatastrophen gezwungen werden ihre Heimat zu verlassen, spricht man von Umweltflüchtlingen.

SP **Tipp**

Diskutiere
→ Aufgabe 3

- Ich bin der Meinung, dass …
- Einerseits …, andererseits …
- Trotzdem / dennoch …
- Ein Vorteil ist: … / Nachteilig ist …

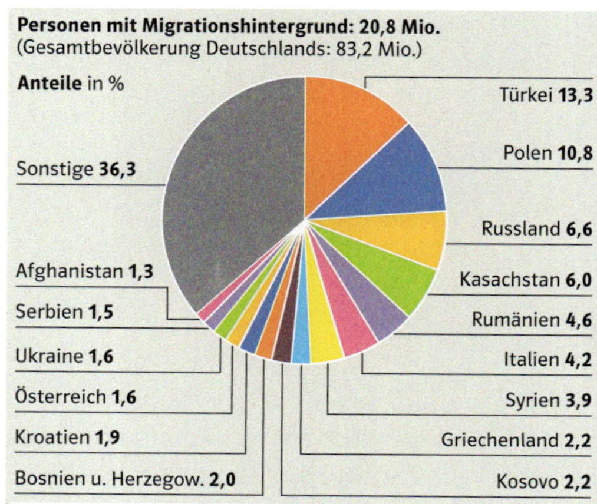

3 Bevölkerung mit Migrationshintergrund in Deutschland 2019 nach Herkunftsländern

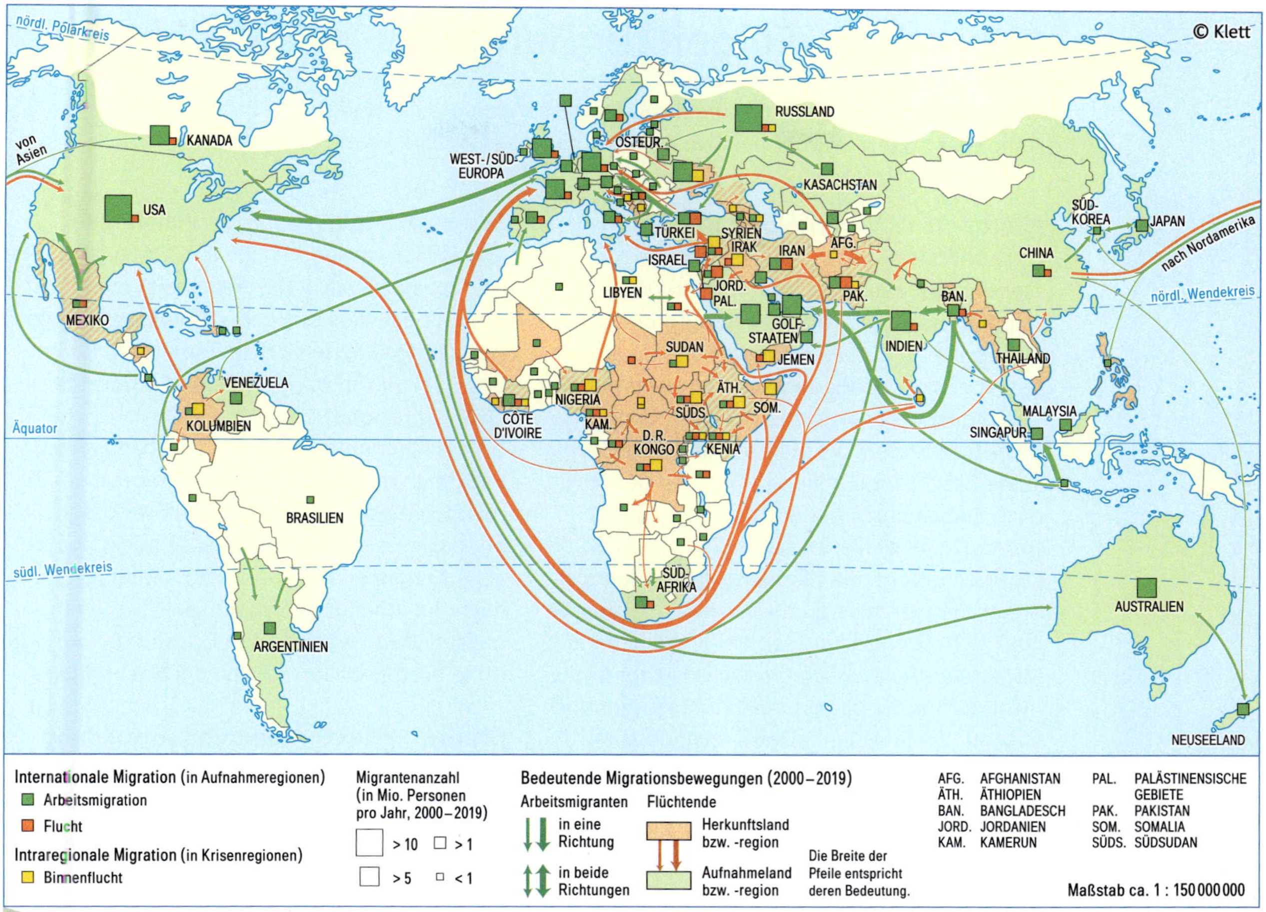

4 Migration weltweit

Arten von Migration

Nach Zielregion und Motivation lassen sich verschiedene Migrationsarten unterscheiden. Freiwillige Migration erfolgt oft in Hoffnung auf bessere Berufsperspektiven (Arbeitsmigranten) oder aus privaten Gründen (z. B. Familiennachzug).

Unfreiwillige Migration bedeutet, dass Menschen ihre Heimat verlassen, weil sie politisch vertrieben werden oder durch Krieg oder Katastrophen bedroht werden (Flüchtlinge). Manche ziehen in eine andere Region (Binnenmigration), andere verlassen ihr Land (internationale Migration).

5

→ thematische Karte auswerten Seite 227

1 Nenne verschiedene Motive für eine freiwillige Migration.

2 Die Karte 4 unterscheidet zwischen
A Arbeitsmigranten und
B Flüchtenden.
Wählt jeweils eine der beiden Gruppen (A oder B) aus und bearbeitet die Aufgaben a – c. Stellt euch anschließend die Ergebnisse gegenseitig vor.
a) Arbeitet Unterschiede und Gemeinsamkeiten heraus.
b) Erstellt eine Tabelle mit den wichtigsten Herkunfts- und Zielgebieten.
c) Beschreibt die räumliche Verteilung der globalen Migrationsbewegung.

3 SP Diskutiert Vorteile und Nachteile der Migration für Herkunfts- und Aufnahmeländer.

Migration – Folgen für Herkunfts- und Zielländer

Migration kann völlig unterschiedliche Auswirkungen auf die Herkunfts- und Zielländer haben, sowohl positive als auch negative. Welche können das sein?

Migration – „Win-win-Effekte“ für Herkunftsländer?

Moderne Industrie- und Dienstleistungsgesellschaften wie Deutschland sind aufgrund ihrer Altersstruktur auf die **Zuwanderung** qualifizierter Arbeitskräfte angewiesen. Daraus ergeben sich Chancen für Arbeitskräfte aus EU- und Nicht-EU-Staaten, die in ihren Heimatländern keine Beschäftigung finden bzw. auf der Suche nach besser bezahlter Arbeit sind. Deshalb werden in aktuellen Diskussionen vor allem die Chancen betont, die Wanderungsbewegungen bieten. So werden z. B. die **Rücküberweisungen** oder auch Geldtransfers der Migrantinnen und Migranten als wichtiger wirtschaftlicher Impuls nicht nur für die betroffenen Familien, sondern auch für die jeweiligen Herkunftsländer wahrgenommen. Man spricht von einem „Gewinn der Migration“. Doch führt die internationale Arbeitsmigration tatsächlich zu einer „Win-win-Situation“ für alle Beteiligten?

„Win-win-Effekt“ Rücküberweisungen

Tatsächlich wirken sich die Rücküberweisungen vielfach positiv aus. Die einzelnen Familien erhalten Geld, was ihre Lebensbedingungen verbessert. Sie können z. B. im ländlichen Raum ein Stück Acker- bzw. Weideland sowie Geräte oder Vieh kaufen.
Untersuchungen zeigen aber auch, dass die Rücküberweisungen die Eigeninitiative der Zurückgebliebenen schwächen. Sie verlassen sich auf diese Gelder und geraten so in eine gefährliche Abhängigkeit. Außerdem nehmen – vor allem im ländlichen Raum – die sozialen Ungleichheiten zwischen den Haushalten mit und ohne ausgewanderte Familienangehörige zu.

„Win-win-Effekt“ Arbeit und Ausbildung

Besonders für Länder mit einem hohen Anteil an junger Bevölkerung und einem Mangel an Ausbildungsmöglichkeiten sowie Arbeitsplätzen scheint der zunehmende Bedarf an Ar-

Dollars für die Heimat

Beit Chebeb, Libanon:
Joumana Saide steht auf dem Balkon. ... Von ihrem Haus in den Bergen kann man das Meer und den Hafen von Beirut sehen – ein Ausblick zum Schwärmen, wären dies normale Zeiten. Aber unten in der Hauptstadt warten ihre Landsleute in langen Schlangen vor ausländischen Botschaften, sie wollen weg aus dem Libanon, der sich seit Monaten am Rande des Kollapses befindet. Der korrupte Staat ist pleite, die Bevölkerung verarmt, nach der verheerenden Explosion im Beiruter Hafen Anfang August gibt es Gerüchte über einen neuen Bürgerkrieg. ... Rund zehn Millionen Libanesen leben in der Diaspora, doppelt so viele wie im Libanon selbst. Ihre eigenen Verwandten – Schwestern, Brüder, Cousins, Enkel – hat es nach Frankreich, Südafrika, in die USA und nach Deutschland verschlagen. ... ‚Auf den Staat kannst du dich ja nicht verlassen‘ sagt Joumana Saide. Unzählige familiäre, global gespannte Netzwerke sind so entstanden. Bei den Saides laufen die Fäden im Haus von Joumana zusammen. Täglich telefoniert und chattet sie mit ihren Verwandten. Mit den Daheimgebliebenen im Libanon, die Unterstützung brauchen. Mit den Ausgewanderten, die aus der Ferne Hilfe schicken. ... Das Netz der Familie Saide reicht von Beit Chebeb nach Wisconsin (USA), Lyon (Frankreich), Kapstadt (Südafrika), Accra (Ghana) bis in ein kleines Dorf in Hessen. ...

Erlensee bei Hanau, Deutschland:
Der Schrebergarten ist Georges Saides Oase. An einem Mast flattert die deutsche Fahne, ... im Gewächshaus zieht er libanesische Tomaten. ... Georges Saide, 51 ... ist Joumanas Bruder. Ende der Achtzigerjahre war er als junger Mann vor dem Bürgerkrieg nach Deutschland geflüchtet. ... Seit 2007 hat er die deutsche Staatsbürgerschaft. ‚Wenn ich sterbe werde ich hier beerdigt‘ sagt er. Jahrelang hat Saide Geld auf das Konto von Joumana und seiner Mutter überwiesen, die damit Arztrechnungen und Medikamente finanzierten. Wenn er in den Libanon flog, brachte er tiefgekühlte Bratwürstchen mit und einen Vorrat an Insulin.“

Andrea Böhm, Lea Frehse, Caterina Lobenstein: Dollars für die Heimat. In: DIE ZEIT Nr. 1/2021 vom 30.12.2020 (12.1.2021)

1

beitskräften in Industrie- und Dienstleistungsgesellschaften viele Vorteile zu bieten. Durch Abwanderung können junge Menschen eine qualitativ gute Ausbildung erhalten oder Arbeit finden. Einige Abwanderungsländer fördern deshalb die Migration von Teilen junger Bevölkerung durch gezielte Programme – auch in der Hoffnung, dass sie nach einigen Jahren in ihr Heimatland zurückkehren und das Land von ihrem erworbenen Knowhow und ihren Qualifikationen profitieren kann.
Die Erfahrungen zeigen jedoch, dass ein großer Anteil an hochqualifizierten Menschen abwandert und nur ein geringer Teil zurückkehrt. Für die Heimatländer bedeutet dies, dass sie oft unter einem extremen Mangel an Fachkräften wie Ärzten, Pflegepersonal oder Lehrkräften leiden.

Herausforderung Migration

Migration stellt Aufnahmeregionen vor große Herausforderungen. Eine der größten ist die Aufgabe der Integration und der Schaffung von Akzeptanz von Migranten in der Bevölkerung.
Bezogen auf Deutschland kann die Integration von Migranten bisher nur als teilweise erfolgreich angesehen werden. Einerseits sind viele Migranten in den Arbeitsmarkt eingebunden. Von den seit 2015 eingewanderten 1,2 Mio. Menschen gehen 2019 ein Drittel einer bezahlten Beschäftigung nach, Tendenz steigend. Andererseits übt die Hälfte nur Helfertätigkeiten aus, nur 4 Prozent machen eine Berufsausbildung.
Auch räumlich wirkt sich die Migration bei uns aus. So leben **Immigranten** in vielen Städten räumlich konzentriert und häufig abgegrenzt. Auf diese Weise entstehen migrantische Netzwerke.

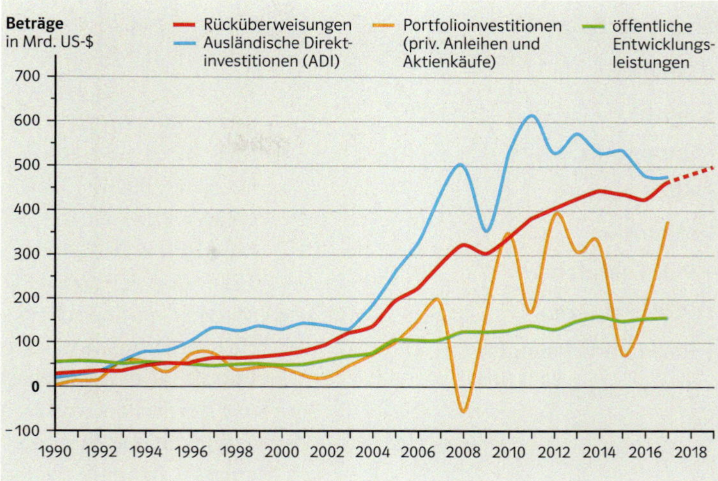

2 Rücküberweisungen und andere Kapitaltransfers in Entwicklungsländer (Nach KNOMAD: Remittances Data 1990 – 2018)

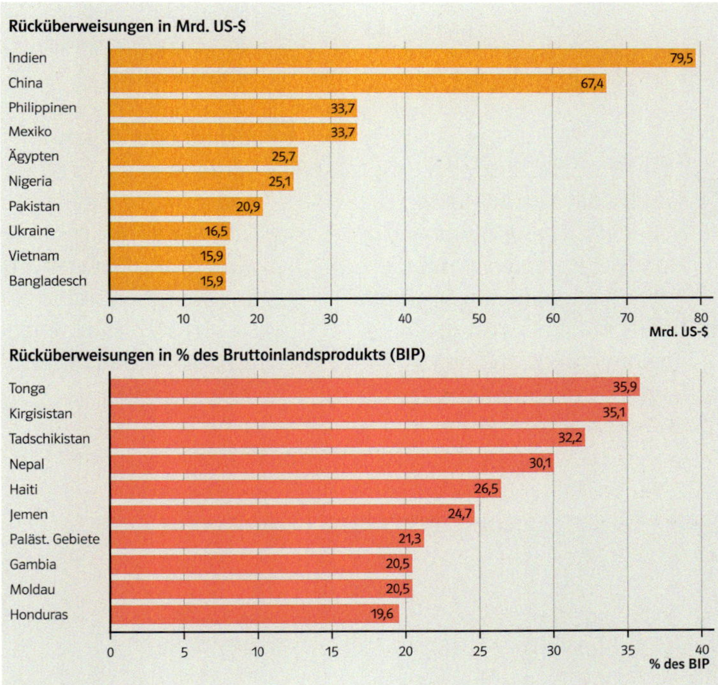

3 Top-Empfängerländer von Rücküberweisungen 2018
(Nach KNOMAD: Migration and Remittances, 2018, S. 3)

1 Beschreibe die Entwicklung und Bedeutung von Rücküberweisungen im Vergleich mit anderen Kapitalzuflüssen in Entwicklungsländern.

2 Erläutere die Vor- und Nachteile von Rücküberweisungen.

3 Beurteilt die Folgen der Migration und stellt euch gegenseitig die Ergebnisse vor:
A für die Herkunftsländer;
B für die Zielländer.

4 Beurteilt die Entstehung von migrantischen Netzwerken. Überlegt euch dabei die Vor- und Nachteile solcher Netzwerke.

Wichtige Begriffe

- Emigrant
- Flucht
- Immigrant
- Klimawandel
- Migration
- Pull-Faktoren
- Push-Faktoren
- Rücküberweisungen
- Zuwanderung

Kennen und verstehen

1 Arbeite mit Karte 4, Seite 111:

a Nenne die fünf wichtigsten Zuwanderungsregionen mit der Zahl der aufgenommenen Migranten.

b Nenne die fünf wichtigsten Abwanderungsregionen.

c Begründe die räumliche Verteilung.

2 Silbenrätsel

Schreibe die Begriffe auf und bilde aus den verbliebenen Silben das Lösungswort:

BIN – CAM – E – EFEU – FAK – FLÜCHT – FRON – GRA – GRAN – GRANT – IM – LING – MI – MI – MI – NEN – PULL – PUS – TEN – TEX – TION – TOR – WEG

a Mensch, der innerhalb seines Heimatlandes vertrieben wird;

b Begriff für einen Menschen, der aus einem Land auswandert;

c Gründe, die Menschen in andere Länder „ziehen“;

d Bildungsprojekt zur Förderung der Integration in der Gropiusstadt;

e Begriff für einen Menschen, der in ein Land einwandert;

f Name der europäischen Grenzschutzagentur.

3 Richtig oder falsch?

Verbessere die falschen Aussagen und schreibe sie richtig auf.

a Dürre und Trockenheit bringen zwar große Probleme, haben aber mit Migration nichts zu tun.

b Die meisten Flüchtlinge werden von den reichen Industrieländern aufgenommen.

c Migration kann nur über Staatsgrenzen hinweg stattfinden.

d Das Mittelmeer ist ein oft genutzter Fluchtweg.

e Das Thema Migration hat in den letzten Jahren deutlich an Bedeutung verloren.

f In der Gropiusstadt in Berlin ist der Migrantenanteil unterdurchschnittlich.

g Ein höheres Einkommen in einer anderen Stadt ist ein Push-Faktor.

h Frieden in einem anderen Land ist für Bürgerkriegsflüchtlinge ein Pull-Faktor.

4 Die Zukunft im Blick

a Beschreibe die Fotos 1 und 2.

b Erläutere jeweils, welcher Zusammenhang zwischen dem Fotoinhalt und dem Thema „Migration“ besteht.

Beurteilen und bewerten

5 Was geht uns das an?

Werte die Karikatur 3 aus.

6 „Die Not der Flüchtlinge muss man in ihren Heimatländern bekämpfen.“ Nimm Stellung zu dieser Aussage.

1 Desertifikation und Dürreschäden in Äthiopien

2 Sprachkurs in Deutschland

Üben interaktiv ff39g4

Material Selbsteinschätzung ff39g4

Lösungen ff39g4

7 Wie würdest du entscheiden?
Der Hochkommissar für Flüchtlinge der UN versucht die Rechte der Flüchtlinge weltweit zu schützen. Nach UN-Regeln gilt als Flüchtling eine Person, die ihr Heimatland aus begründeter Furcht vor Verfolgung wegen ihrer Rasse, Religion, Nationalität, Zugehörigkeit zu einer sozialen Gruppe oder wegen ihrer politischen Überzeugung verlassen hat.
Würdest du den folgenden Personen den Status eines Flüchtlings anerkennen?
Begründe deine Entscheidung:

a Eine Frau aus Togo bittet um Asyl, weil ihr Strafen drohen, wenn sie sich der in ihrem Land üblichen Verstümmelung der Geschlechtsorgane verweigert.

b Ein 19-Jähriger flieht aus seinem Land, weil er seinen Wehrdienst ableisten soll. Er will aus Gewissensgründen den Wehrdienst verweigern, dies ist aber in seinem Land nicht möglich.

c Nach Jahren erfolgloser Arbeitssuche sieht ein Familienvater nur die Möglichkeit der illegalen Einwanderung in eines der reichen Länder Europas.

d Eine Familie bittet um Aufnahme in einem EU-Land. Als Folge eines langjährigen Bürgerkrieges ist die Nahrungsmittelversorgung in ihrem Heimatland zusammengebrochen. Es bestand die Gefahr, zu verhungern.

3 „Was geht das eigentlich uns an?“

Handeln

8 Hilfe vor Ort
Überlege dir Hilfsmaßnahmen für die Menschen aus Aufgabe 7, denen du den Flüchtlingsstatus nicht zuerkannt hast.

9 MK Integration bei uns
Recherchiere im Internet: Welche Integrationsmaßnahmen werden in deiner Schule, in deiner Stadt oder in deinem Heimatort angeboten?

10 EU-Migrationspolitik
a) Fasse nach einer Internetrecherche die aktuelle Situation der Migrationssteuerung der EU zusammen.
b) Erörtere die Maßnahmen der EU zur Bewältigung der Flüchtlingsströme in Europa.

Jetzt kannst du ...

- globale Migrationsbewegungen benennen;
- Push- und Pull-Faktoren benennen und erklären;
- Folgen von Migration für Herkunfts- und Zielländer erklären;
- die Auswirkungen des Klimawandels auf Migrationsbewegungen beschreiben und begründen;
- die Bedeutung des Mittelmeers als Fluchtweg erläutern;
- Statistiken richtig auswerten und die Aussagekraft von Diagrammen beurteilen sowie typische Manipulationen von Statitiken erkennen;
- Möglichkeiten der Integration vor Ort beschreiben;
- einen Planungsprozess für die Unterbringung von Flüchtlingen simulieren.

6

Verstädterung und Stadtentwicklung

1 Detroit – Puritan Avenue / Log Cabin Street 2002 (oben) und 2017 (unten)

Während um 1800 nur 2 Prozent der Weltbevölkerung in Städten lebten, waren es 1950 schon 30 Prozent. Und nach Vorhersagen der Vereinten Nationen werden 2050 zwei von drei Menschen Stadtbewohner sein.
Die Zahl der Städte steigt und es gibt einen weltweiten Trend zu immer größeren und dichter besiedelten Städten. Eine besonders hohe Verstädterung weisen Nordamerika, Südamerika und Europa auf. Aber nicht alle Städte wachsen rasant und kontinuierlich, viele stagnieren und einige schrumpfen sogar. Diese „Shrinking Cities" sind besonders in den USA, aber auch in Europa zu finden.
Was sind die Ursachen für diese gegensätzlichen Entwicklungen?

2 Lagos – Küste am Atlantischen Ozean 2002 (oben) und 2020 (unten)

Köln wächst

Wichtiger Hinweis

Die folgenden Doppelseiten 118/119 und 120/121 sind als Einheit zu betrachten und sollten gemeinsam bearbeitet werden. Legt die beiden Doppelseiten nebeneinander.

Köln ist über Jahrhunderte hinweg gewachsen und hat eine abwechslungsreiche Stadtentwicklung hinter sich. Mit über einer Million Einwohnern ist Köln nach Berlin, Hamburg und München heute die viertgrößte Stadt Deutschlands – und eine der ältesten.

Die Zeit der Römer

Bereits vor Christi Geburt siedelten sich Ubier im Gebiet der heutigen Stadt Köln an. Da in der Nähe zwei Legionen der römischen Armee stationiert waren, entwickelte sich ein reger Geld- und Güterverkehr. Die „Hohe Straße" in Köln zeigt heute noch den Verlauf der Hauptachse dieser Siedlung.

50 n. Chr. erhielt die Siedlung römische Stadtrechte. Die „Colonia Claudia Ara Agrippinensium" entwickelte sich sprunghaft: Für die Bevölkerung wurden Häuser gebaut, Wasser mittels Aquädukten aus der Eifel herangeführt, ein Kanalnetz für Abwässer angelegt und die Stadt mit einer Mauer gesichert. Außerhalb der Mauer entstanden große Landgüter, die die Stadtbevölkerung versorgten. Der steigende Bedarf an Bau- und Brennholz führte zur Abholzung weiter Gebiete in der Umgebung. Bereits im 4. Jahrhundert wurde eine feste Brücke über den Rhein zum heutigen Köln-Deutz errichtet und dort ein römisches Kastell gebaut. Mit dem Ende der römischen Herrschaft in Germanien im 5. Jh. endete auch die erste Blütezeit Kölns.

→ thematische Karte auswerten Seite 227

Das „hillige" Köln

In den folgenden Jahrhunderten verlor die Stadt an Bedeutung. Erst als Köln dann um 800 Bischofssitz wurde, gewann es wieder an Ansehen und Einfluss. Die Kölner Erzbischöfe standen einer Kirchprovinz vor, die sich von der Elbe bis nach Flandern erstreckte. Neben der kirchlichen hatten sie auch die weltliche Macht und bestimmten die Geschicke der Stadt. Dem Kölner Erzbischof Reinald von Dassel ist es zu verdanken, dass die Gebeine der Heiligen Drei Könige 1164 in die Stadt kamen und Köln zu einem bedeutenden Wallfahrtsort wurde.

Bis zu ihrer Entmachtung durch die Kölner Bürger im Jahr 1288 blieben die Erzbischöfe auch die weltlichen Herren der Stadt.

Handelsstadt im Mittelalter

Im 12. Jahrhundert war Köln, mehrfach erweitert und mit einer mächtigen Stadtmauer gesichert, eine der größten europäischen Städte. Durch ihre verkehrsgünstige Lage am Kreuzungspunkt wichtiger Handelsstraßen mit dem Rhein war die Stadt bedeutender Handelsplatz.

1 Der Kölner Dom

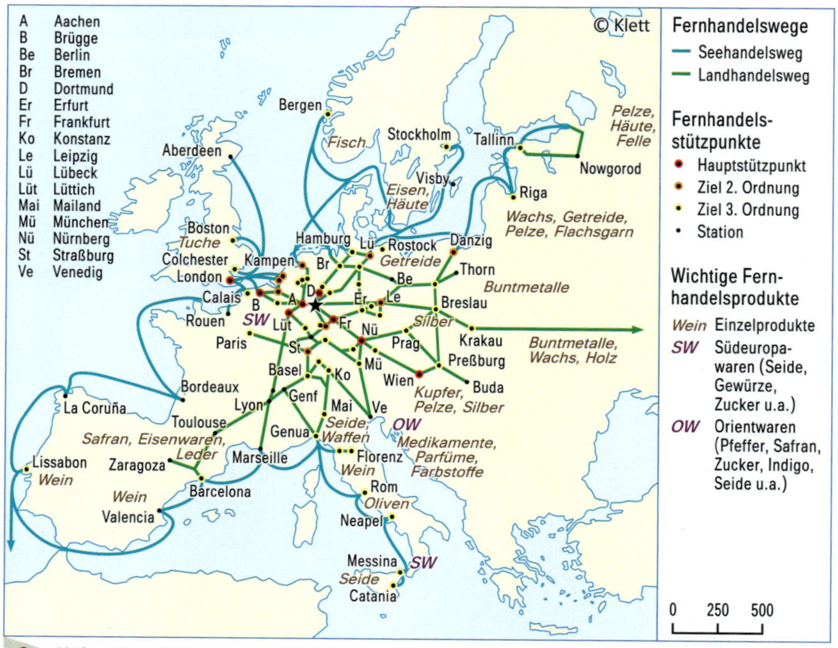

2 Kölns Handelswege im Mittelalter

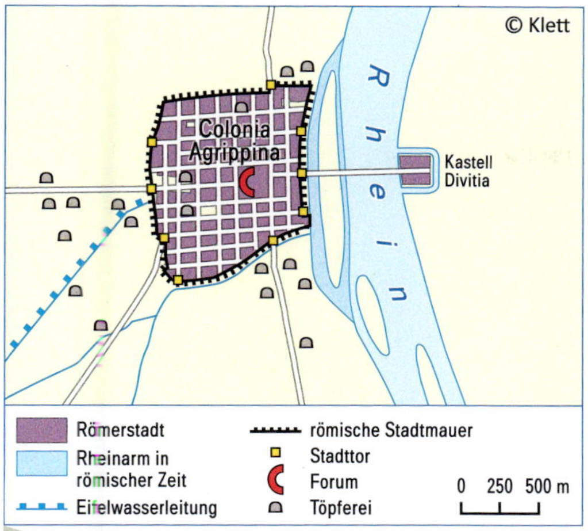

3 Stadtstruktur Kölns zur Zeit der Römer

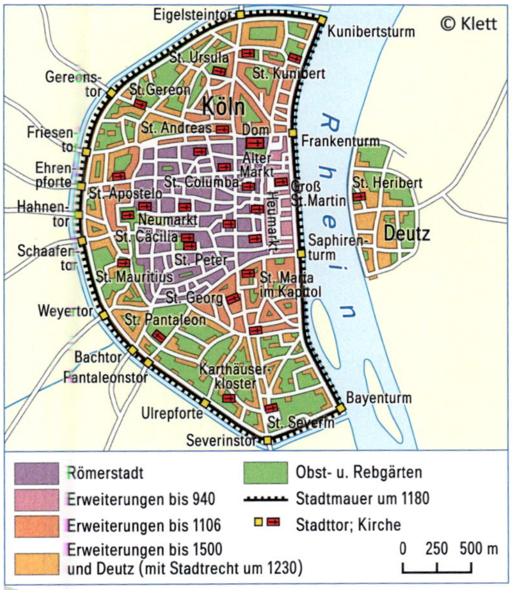

4 Stadtstruktur Kölns im Mittelalter

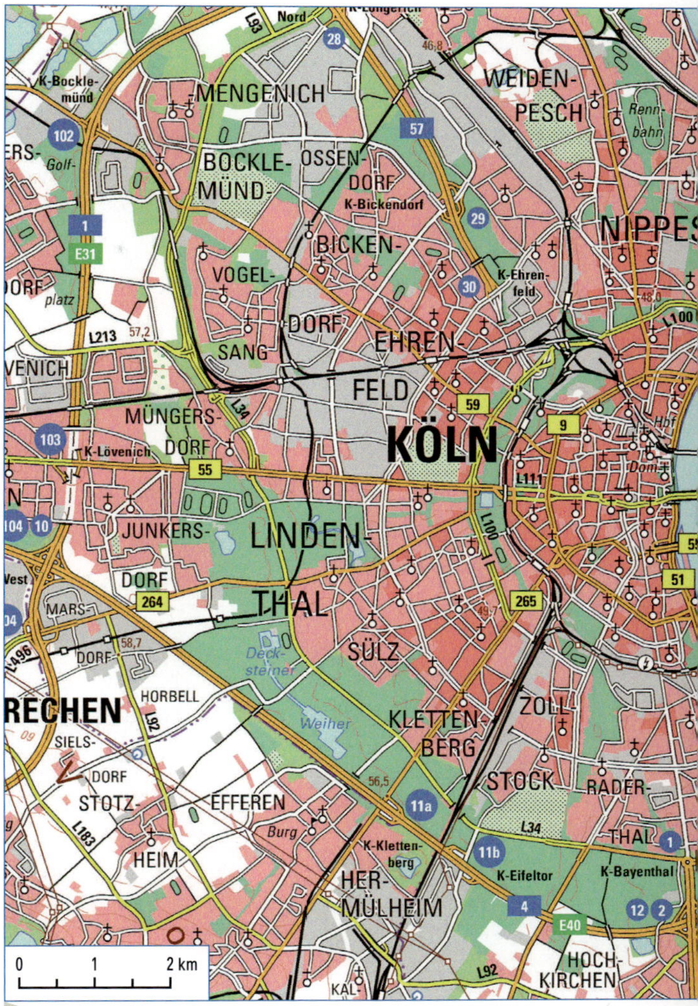

6 Köln (linksrheinisch) 2020 Ausschnitt aus der Digitalen Topografischen Karte 1 : 100 000

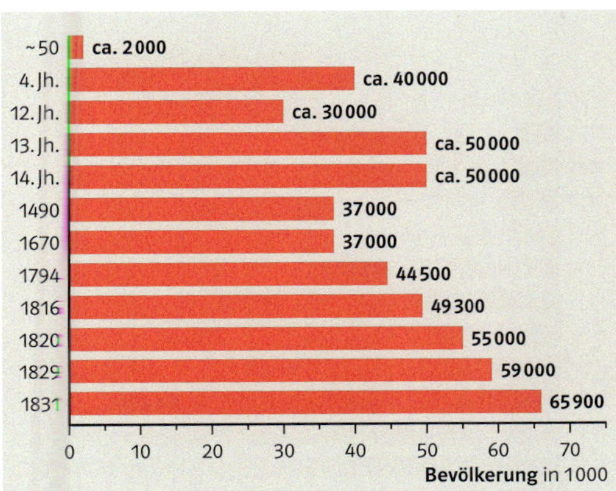

5 Bevölkerungsentwicklung in Köln bis 1831

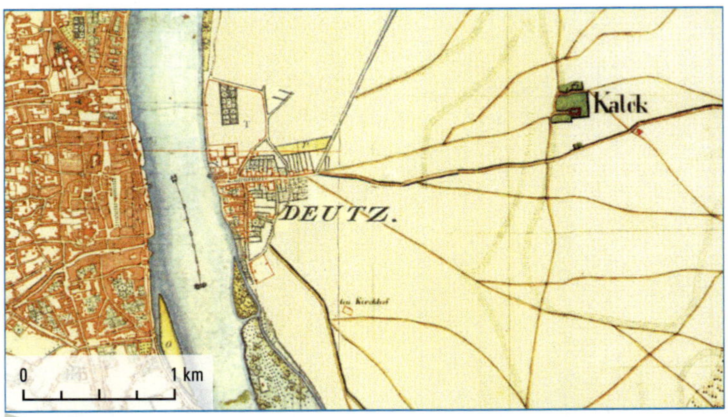

7 Köln 1825, Ausschnitt aus der ersten Landaufnahme, 1 : 50 000

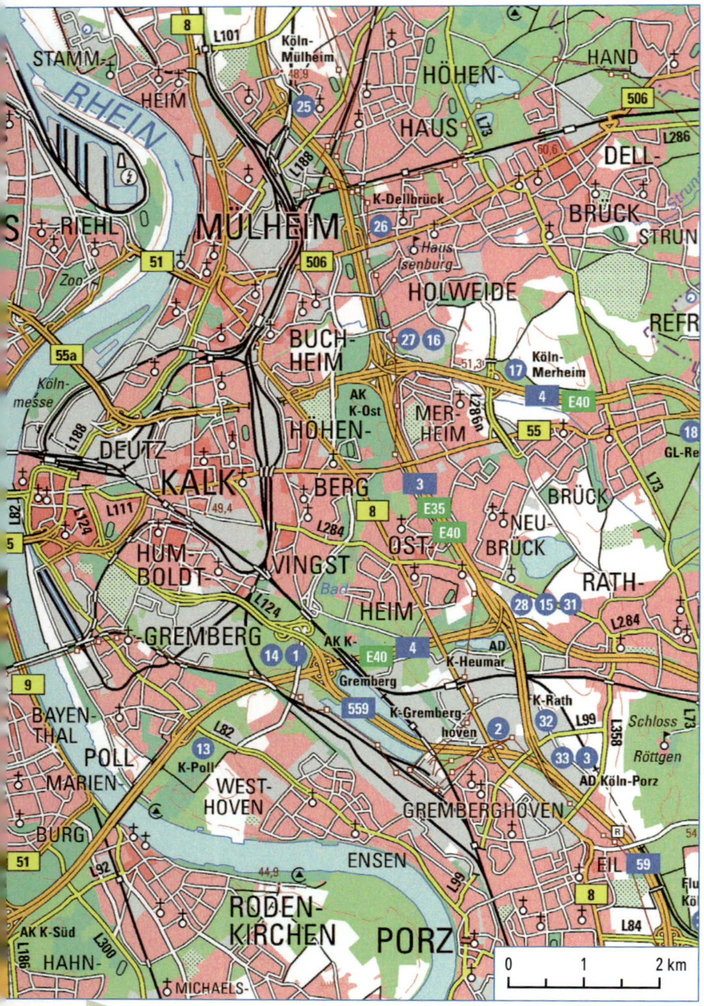

8 Köln (rechtsrheinisch) 2020, Ausschnitt aus der Digitalen Topografischen Karte 1 : 100 000

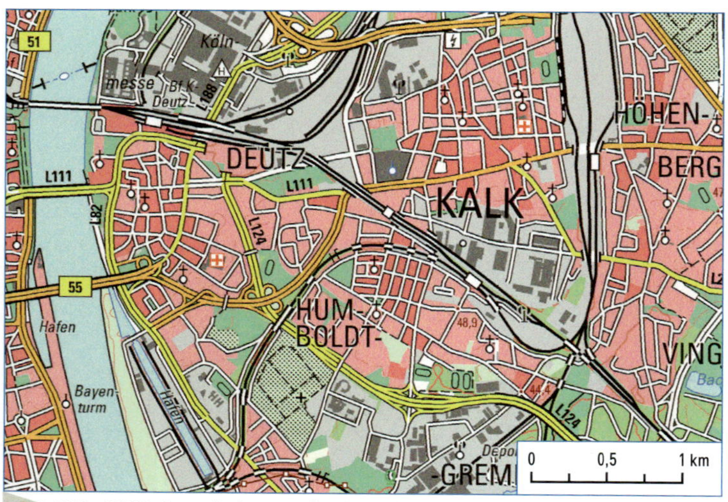

9 Köln 2020, Ausschnitt aus der Digitalen Topografischen Karte 1 : 50 000

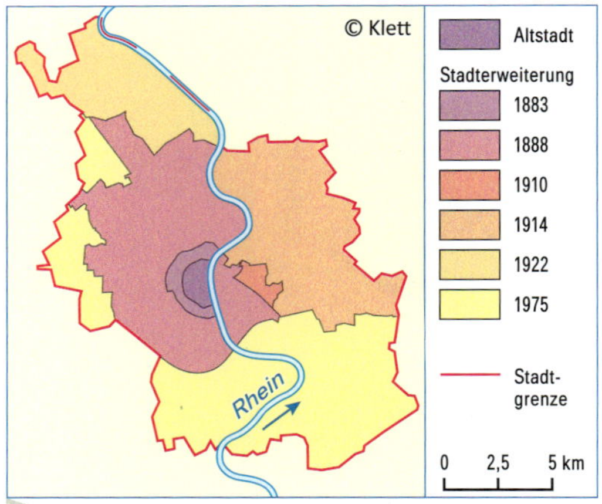

10 Köln – Eingemeindungen

Der Rhein konnte zur damaligen Zeit bis Köln mit Seeschiffen befahren werden. Erst hier wurden die ankommenden Waren auf kleinere Schiffe umgeschlagen. Bereits im 11. Jahrhundert hatten die Kölner Kaufleute eine eigene Hanse gegründet. Aufgrund ihrer guten Beziehungen zu London standen sie dort unter dem Schutz des englischen Königs.

Das neuzeitliche Köln

Bis zur Mitte des 19. Jh. stagnierte das Wachstum der Stadt. Erst im Zuge der Industrialisierung wurde Köln Standort neuer Fabriken und Gewerbeansiedlungen und damit Anziehungspunkt für Arbeitskräfte. Zudem verstärkten verbesserte hygienische Bedingungen das natürliches Bevölkerungswachstum. Die Geburten stiegen, die Sterberaten sanken. Auch in den Vorstädten siedelten sich Industrieunternehmen an. Die enge Anbindung an die Infrastruktur der Zentralstadt Köln und die Notwendigkeit, öffentliche Verwaltungsaufgaben zu zen-

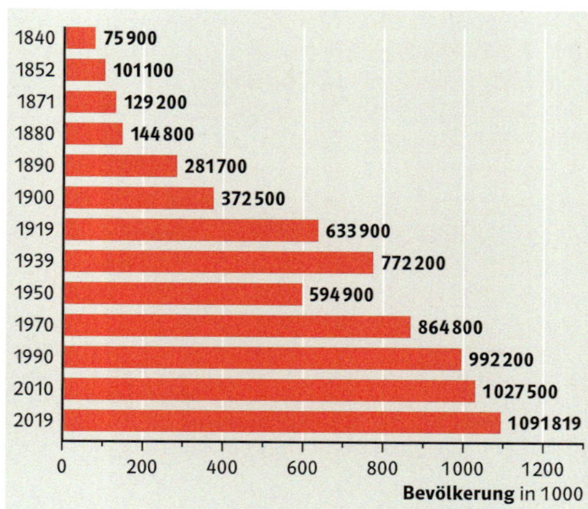

11 Bevölkerungsentwicklung in Köln 1840 bis 2019

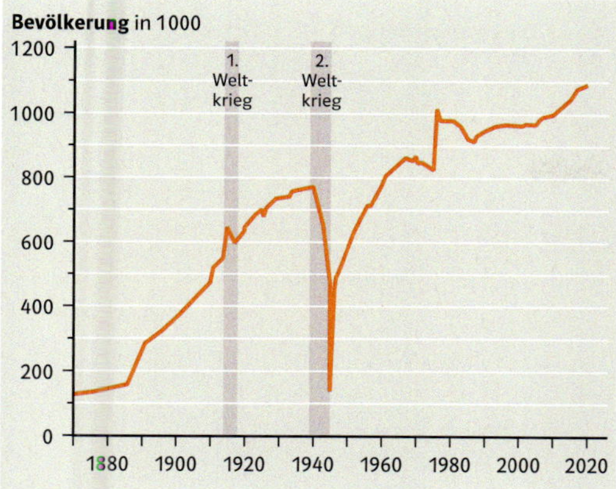

12 Einwohnerentwicklung in Köln

Nachhaltige und sozialgerechte Stadtentwicklung

Rund um das Thema Wohnen verfolgen wir eine klare Vision: Köln soll eine lebenswerte und durchmischte Stadt bleiben. Das Modell der „Europäischen Stadt" ist die Planungsgrundlage: Wohnen, Arbeiten, Bildung, Kultur und Freizeit am selben Ort. Kurze Wege, attraktive öffentliche Räume mit viel Stadtgrün, die aktive Beteiligung der Bürgerinnen und Bürger an der Planung – alles zum Zweck einer nachhaltigen und sozialgerechten Stadtentwicklung. ... „

Henriette Reker, Die Oberbürgermeisterin. Amt für Wohnungswesen: Wohnen in Köln – Fakten, Zahlen und Ergebnisse 2018. Ausblick 2019

13 Nachhaltige und sozialgerechte Stadtentwicklung

tralisieren, führten 1888 zu Eingemeindungen von Vorstädten wie Deutz und Poll. Die Bevölkerungszahl stieg, die Stadtfläche wurde verzehnfacht. Weitere Eingemeindungen folgten wie 1910 die Gemeinde Kalk, 1922 und 1924.
Eine zentrale Stellung der Wirtschaft nahm die Metallverarbeitung ein. In Deutz und Kalk wurden v. a. Lokomotiven und Motoren produziert. Auch als Folge davon siedelten sich 1929 die Ford-Automobilwerke an. Der Tertiäre Sektor gewann an Bedeutung: Handel, Banken und Versicherungen machten Köln zur Handelsmetropole. Die Ansiedlung des WDR (1926) war die Grundlage für den heutigen Medienstandort. Zudem wurde in Deutz in den 1920er-Jahren das Messegelände ausgebaut. Und in den 1930er-Jahren legte der Bau der ersten deutschen Autobahn zwischen Bonn und Köln den Grundstein für den heutigen Autobahnring.
Im Zweiten Weltkrieg wurde die Stadt stark zerstört. Danach spielten Wiederaufbau, Ausbau der Arbeitsstätten, Verkehrswege sowie der Wohnungsbau für die zuwandernde Bevölkerung eine wichtige Rolle. Großwohnsiedlungen mit der typischen Hochhausbebauung, wie in Köln-Chorweiler, entstanden in den 1970er- und 1980er-Jahren.

Köln – eine Millionenstadt mit Zukunft

Mit der letzten Eingemeindung vom 1. Januar 1975 wurde Köln Millionenstadt – wenn auch nur für ein halbes Jahr. Da die im Südosten von Köln gelegene Stadt Wesseling im Juli 1976 wieder ausgegliedert wurde, sank die Einwohnerzahl unter die Millionengrenze. Köln brauchte bis 2010, um die Million wieder zu erreichen, und die Stadt wird weiterwachsen. Für die wirtschaftliche Entwicklung spielt vor allem der Tertiäre Sektor eine immer größere Rolle. Große Versicherungsunternehmen haben ebenso ihre Standorte in Köln wie die des Mediensektors. Neben Verlagen und Filmstudios rücken Musikproduktionen, Computerspiele sowie der elektronische Handel in den Mittelpunkt: 2019 wies die Informations- und Kommunikationsbranche mit 500 000 Beschäftigten den stärksten Zuwachs auf. Und Köln ist Universitäts-, Einkaufs- und Messestadt und ein bedeutendes kulturelles Zentrum.
Aber wie in vielen anderen Großstädten ist es auch in Köln schwer, bezahlbaren Wohnraum zu finden und zu schaffen. Die Ziele der Stadt dafür sind anspruchsvoll.

Eingemeindung
Zusammenlegung von zwei oder mehr Gemeinden – meist im Rahmen einer überregional angelegten Gebietsreform. Damit wurden zum einen die Verwaltungen zusammengefasst und der Verwaltungsapparat verkleinert. Zum anderen konnten Planungsvorhaben (z. B. Wohnungs- und Straßenbau) einfacher durchgesetzt werden.

1 Fasst anhand der Materialien die Stadtentwicklungsphasen zusammen, die Köln in besonderem Maß geprägt haben.

2 Arbeitet mit den Karten 7 und 9:
a) Erstellt gemeinsam eine Liste von Faktoren, anhand derer ihr die beiden Karten miteinander vergleicht.
b) Fasst die Veränderungen zusammen.

3 Erläutert die Gründe für das Wachstum der Fläche und der Bevölkerung Kölns.

4 Beurteile die Planungen der Stadt Köln für eine zukünftige und nachhaltige Stadtentwicklung vor dem Hintergrund ihrer Bevölkerungs- und Wirtschaftsentwicklung.

○ 2a ◒ 1, 2b, 3 ● 4 → Lösungshilfen ab S. 230

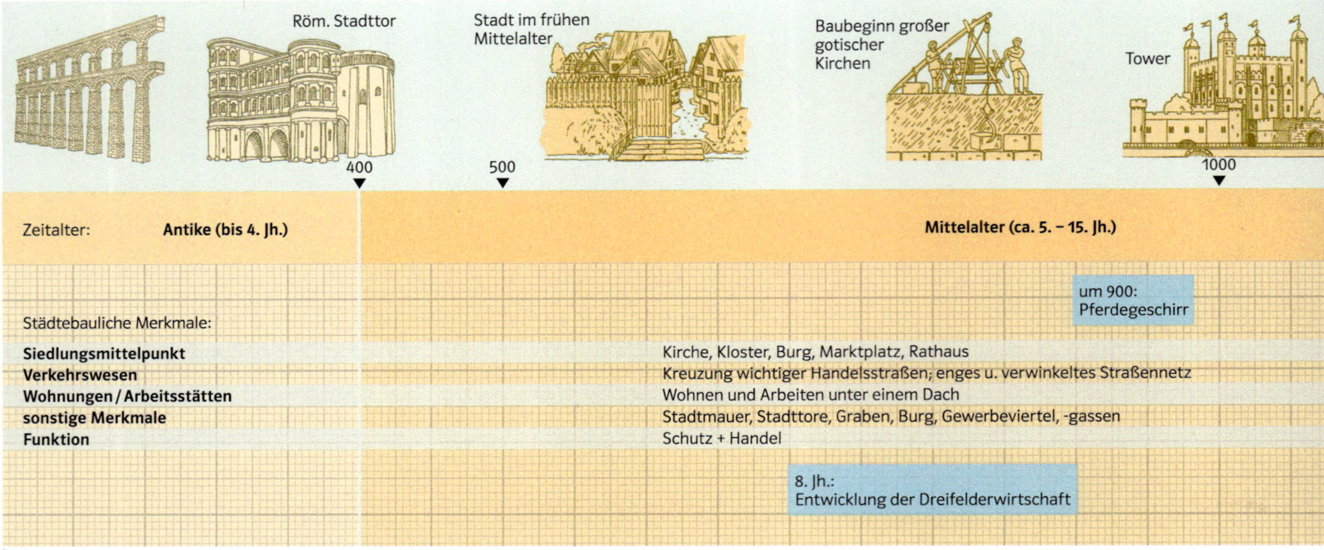

1 Stadtentwicklung in West- und Mitteleuropa

Modell der west- und mitteleuropäischen Stadt

↩ Infografiken erstellen Seite 56/57

Das heutige Aussehen der meisten Städte in West- und Mitteleuropa ist das Ergebnis verschiedener Stadtentwicklungsphasen. Jede dieser Phasen weist besondere Merkmale im Hinblick auf bauliche Strukturen, Verkehrswege, Anordnung von Wohn- und Arbeitsbereichen und Funktionen der Stadt auf.

Wichtige Impulse für die Verteilung und Lage der Städte in West- und Mitteleuropa gingen von den Römern aus. Sie errichteten zur Sicherung ihres Einflussgebietes Militärstützpunkte, aus denen sich bedeutende Wirtschaftszentren der damaligen Zeit entwickelten.
Im Spätmittelalter erfolgte die Hauptphase der Stadtgründungen, die durch technische Neuerungen der Landwirtschaft begünstigt wurde: Die aus neuen Anbauprodukten und Dreifelderwirtschaft resultierende Produktivitätssteigerung ermöglichte die Versorgung der wachsenden Stadtbevölkerung.
In den folgenden Jahrhunderten führten Kriege, Seuchen und Hungersnöte zu einem Bevölkerungsrückgang in ganz Europa – das Städtewachstum stagnierte. Erst im Absolutismus erfolgten neue Impulse, als Fürsten und Könige als Ausdruck ihrer Macht prunkvolle Schlösser anlegten.
Aber erst die Industrialisierung begünstigte den Zuzug zahlloser arbeitslos gewordener Landarbeiter. Die Schaffung billigen Wohnraums in der Nähe der Industrieanlagen sorgte für ein rasantes Städtewachstum, bei dem sich in wenigen Jahrzehnten die Bevölkerungszahlen vervielfachten. Heute wird das Umland immer weiter besiedelt, weil die Nachfrage nach dem Wohnen im Grünen gestiegen ist und immer bessere Verkehrsverbindungen das Pendeln erleichtern.

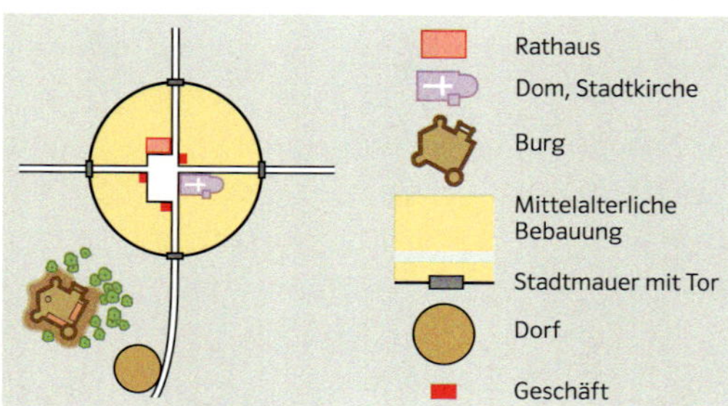

2 Mittelalterliche Stadt

Stadtmodelle

Ein Modell ist immer eine Vereinfachung der Wirklichkeit. In wesentlichen Eigenschaften stimmt es mit ihr überein.
Auch die städtebaulichen Entwicklungsphasen lassen sich als Modelle darstellen, die das Gemeinsame vieler Städte zeigen.

3

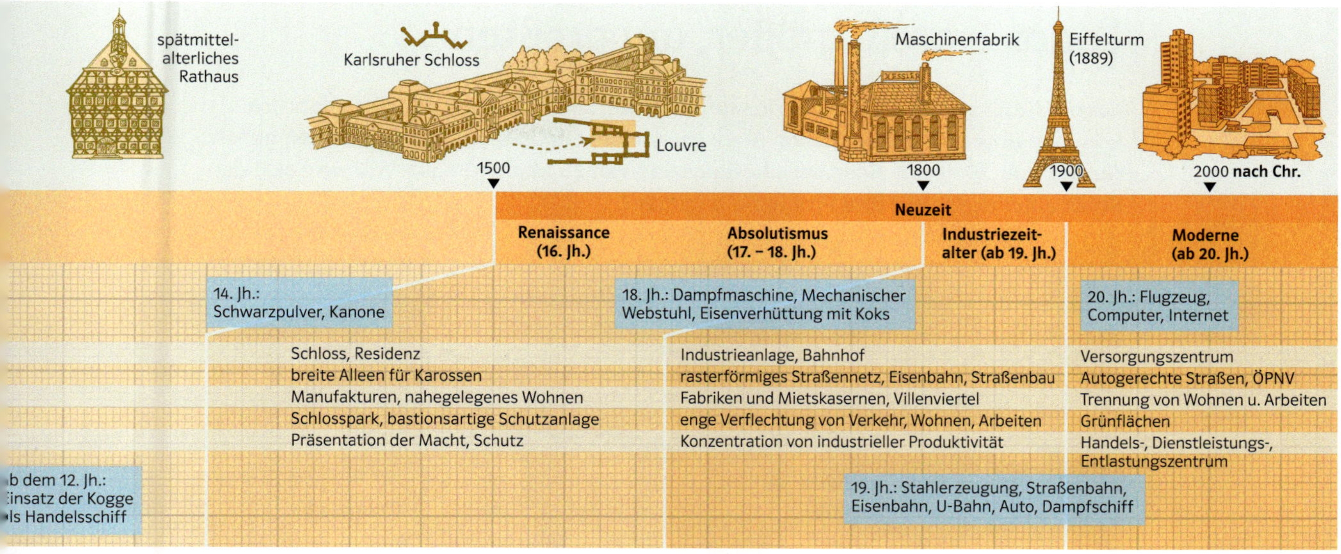

4 Stadt im 19. Jahrhundert

5 Heutige Stadt

1 Zähle anhand der Grafik 1 die Entwicklungsphasen west- und mitteleuropäischer Städte auf.

2 Vergleicht die Stadt unter den Aspekten der Wohn-, Verkehrs- und Industriesituation:
A im Mittelalter;
B im 19. Jahrhundert;
C heute.

3 Analysiert die Lagebeziehungen verschiedener Wohnviertel, Industrie- und Gewerbeflächen am Modell der heutigen Stadt. Zeigt dabei Zusammenhänge auf.

4 MK Erkundet euren Ort oder eine nahe Stadt. Notiert Indizien für verschiedene Stadtentwicklungsphasen. Bereitet dazu eine Präsentation mit eigenen Fotos und Materialien vor.

Lagos – groß, größer, am größten ...

Lagos ist die größte Stadt Nigerias und eine der größten Städte Afrikas. Jährlich kommen über eine halbe Million Menschen in die Lagunenstadt. Schätzungen gehen für das Jahr 2030 von einer Bevölkerungszahl von 25 Millionen aus. Wie wird sich die Stadt entwickeln, wie ihre Probleme angehen?

1 Lagos – Blick auf Victoria Island

Erst um das Jahr 1300 wurde das Gebiet des heutigen Lagos besiedelt. 1472 bauten Portugiesen die Fischersiedlung Eko auf Lagos Island zu einem Handelsstützpunkt aus und nannten sie Lagos – nach einer Hafenstadt im Süden Portugals. Lagos entwickelte sich in den folgenden Jahrhunderten zu einem Schwerpunkt des Sklavenhandels. Dabei boten die Mangrovenwälder an der Küste den Sklavenhändlern Unterschlupf. Erst durch die Übernahme der Stadt um 1860 durch die Briten wurde der Sklavenhandel erfolgreich bekämpft. 1914 wurde Nigeria britische Kronkolonie und Lagos Hauptstadt. Palmöl war jetzt das wichtigste Exportgut.

Erdölfunde im Nigerdelta und die Unabhängigkeit im Jahr 1960 veränderten die wirtschaftliche und politische Situation Nigerias. Lagos blieb Hauptstadt und entwickelte sich zum Wirtschafts- und Finanzzentrum Westafrikas. Vor allem aus dem Norden des Landes strömten die Menschen nach Lagos. Die Infrastruktur der Stadt war der Bevölkerungsentwicklung nicht gewachsen. Der fehlende Zugang zu Trinkwasser, Kanalisation und Elektrizität sowie den sanitären, medizinischen und Bildungseinrichtungen wurde zum großen Problem. Eine Vielzahl neuer Slumsiedlungen entstand.

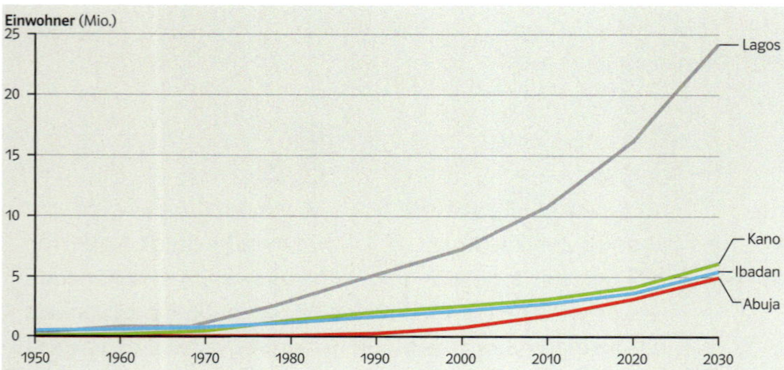

2 Bevölkerungsentwicklung ausgewählter Städte in Nigeria 1950 – 2030 (Die Verlässlichkeit der dargestellten Zahlenangaben muss aufgrund ungenauer Volkszählungsdaten als kritisch betrachtet werden.)

Haushalte mit Anschluss an das jeweilige Versorgungsnetz in ausgewählten Städten Nigerias (2017, in %)

Stadt	Trinkwasser	Abwasser	Telefonfestnetz	Mobilnetz	Elektrizität
Lagos	5,4	7,9	4,2	97,5	99,4
Ibadan	0,5	1,8	2,2	94,3	78,2
Kano	2,1	0,5	25,2	81,1	79,8
Abuja	35,4	39,9	8,6	97,9	95,7

3

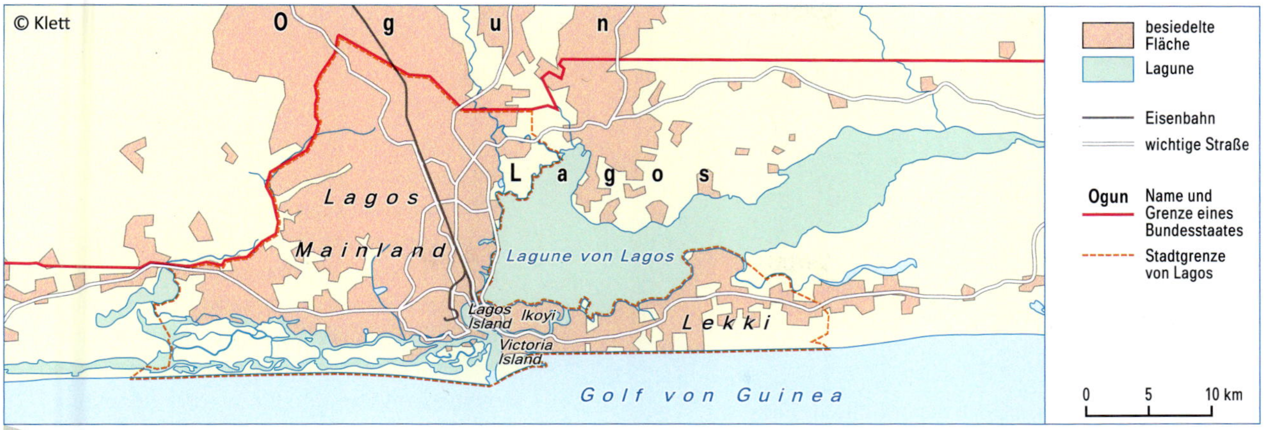

4 Lagos: besiedelte Fläche

Auch die Errichtung der neuen Hauptstadt Abuja im Jahr 1991 konnte die **Zuwanderungen** nach Lagos nicht aufhalten und die Schwierigkeiten nicht lösen.

„Lagos ist so groß, dass Himmel und Hölle darin Platz finden."

Das sagt man in Nigeria. Die **Metropole** ist mit knapp 2 000 km^2 fast so groß wie das Saarland. Und obwohl die Stadt weit über ihre Grenzen hinaus gewachsen ist, reißt der Zuwanderungsstrom nicht ab. Der Ausbau der Infrastruktur kann schon lange nicht mehr Schritt halten. Stromausfälle, riesige Müllberge, chronisch verstopfte Straßen und Staus sind an der Tagesordnung. Auch die sanitäre Versorgung ist unzureichend. Besonders betroffen sind die westlich der Lagune liegenden LGA (Local Government Areas), die von den Einheimischen als Lagos Mainland bezeichnet werden.

Im Gegensatz dazu stehen die exklusiven Wohnviertel, Hotels und Einkaufszentren in Lagos Island, Ikoyi und Victoria Island. Botschaften, Verwaltung und viele Banken sind hier zu finden. Die Büromieten und Grundstückspreise zählen zu den höchsten in Afrikas. In die großen Apartmentanlagen kommt man nur nach einer Kontrolle durch das Sicherheitspersonal. Und dazwischen? Noch ist die Mittelschicht klein in Lagos. Im südöstlich gelegenen Stadtgebiet Lekki sind Vororte für diese Bevölkerungsgruppe entstanden. Einfamilienhäuser mit Vorgärten, Einkaufszentren und Schulen sind hier zu finden. Die Nachfrage wird weiter steigen. In den letzten Jahren sind viele junge Nigerianer nach ihrer Ausbildung in Europa nach Lagos zurückgekehrt.

Tayo (16 Jahre alt)

Ich bin vor zwei Jahren nach Lagos gekommen. Vorher habe ich mit meinen Geschwistern und der Großmutter in einem Dorf in der Nähe von Kano gelebt. Meine Eltern sind an Aids gestorben. In Kano haben Hilfsorganisationen Schulen eingerichtet, wo ich drei Jahre Lesen, Schreiben und Rechnen gelernt habe. Die Schule ist dann wegen der Terrorgruppe Boko Haram geschlossen worden. Danach habe ich im Laden von meinem Onkel gearbeitet. Mit dem, was meine Großmutter von ihrem Feld geerntet hat, konnte sie uns nicht mehr ernähren. Ich wollte weg, nach Lagos und Geld verdienen. In Lagos habe ich zuerst weit draußen am Stadtrand gewohnt. In einer Hütte mit fünf anderen. Ab und zu haben wir Arbeit bekommen. Ich lebe zurzeit in Mainland und bin Okada-Fahrer. Okadas sind Moped-Taxis, die wegen der Staus immer sehr gefragt sind. Das bringt zwar Geld, aber viel lieber würde ich im Büro arbeiten.

5

Fime (24 Jahre alt)

Mein Mann und ich leben seit einem Jahr in Lagos, genauer gesagt in Lekki. Ich bin in London geboren, zur Schule gegangen und habe Medienwissenschaft studiert. Da unsere Familien aus Nigeria kommen, wollten wir beide nach Lagos zurück. Mein Mann arbeitet im Anlagenbau für den Energiesektor. Die Versorgung mit Energie ist hier katastrophal. Strom gib es meist nur ein paar Stunden am Tag. Der meiste Strom in Lagos kommt nicht aus dem Netz, sondern wird mit Dieselgeneratoren erzeugt. Das ist laut, überall in der Stadt zu riechen und für die Firmen teuer. Ja, und ich habe einen Job in der Filmindustrie. Das ist ein Wirtschaftszweig, der sich hier in den letzten 20 Jahren ungeheuer stark entwickelt hat. „Nollywood" produziert etwa 2 000 Filme pro Jahr – zugegeben: nicht immer hohe Qualität.

6

7 Lage von Makoko und Eko Atlantic City in Lagos

Eko Atlantic City und Makoko

Die Bevölkerungsdichte in Lagos ist immens hoch. Gebiete mit über 100 000 Einwohnern pro km² sind keine Seltenheit. Zum Vergleich: Kreuzberg, der am dichtesten besiedelte Stadtteil von Berlin, weist 14 000 Einwohner pro km² auf. Innerstädtische Freiflächen sind in Lagos kaum vorhanden. Daher ist es oft nur schwer möglich, neue Siedlungsflächen bereitzustellen oder größere infrastrukturell notwendige Baumaßnahmen durchzuführen. Zwei Projekte, die auch international Aufmerksamkeit erregen, versuchen Lösungen für die drängendsten Probleme der Stadt zu finden – mit sehr unterschiedlichen Herangehensweisen.

Eko Atlantic City in Lagos – eine nachhaltige Stadt?

„Eko Atlantic City heißt das Bauprojekt, bei dem die nachhaltigste Stadt [Afrikas] ... entstehen soll: eine Geschäftsmetropole mit Finanzdistrikt, die dem Klimawandel und dem steigenden Meeresspiegel trotzen und ein Musterbeispiel an grüner Bauweise und Energieeffizienz werden soll.
Durch Aufspülung von Sand aus dem Meer werden an der Küste vor Victoria Island ... neun Quadratkilometer Bauland gewonnen. Der 8,5 km lange Seewall aus 100 000 Betonklötzen ... soll extremen Stürmen gewachsen sein und den stärksten Flutwellen widerstehen. ... [Fast 300 000] Menschen sollen bereits im Jahr [2019] auf der künstlich angelegten Insel leben, weitere 150 000 dort arbeiten. Im Gegensatz zum übrigen Lagos gäbe es ... eine durchgehende Energie- und Trinkwasserversorgung, ein intaktes Nahverkehrsnetz, üppige Grünanlagen. ... Die Planer betonen, dass die ursprüngliche Idee für Eko Atlantic City gewesen sei, den Folgen der Küstenerosion sowie Überschwemmungen in Victoria Island entgegenzuwirken. Tatsächlich haben Überflutungen in den letzten zehn Jahren die Wirtschaftsleistung dieses Stadtteils erheblich verschlechtert. Da sich Straßen und Abwasserkanäle in einem miserablen Zustand befinden, kam es bei Überschwemmungen immer wieder zu Verkehrsstaus, die es den Menschen unmöglich machten, zu ihrer Arbeitsstelle zu fahren oder nach Hause zu kommen. Einige Unternehmen verließen deshalb ... das Geschäftsviertel.
Dieser Blick auf Eko Atlantic City ist aber nur ein Teil der Geschichte. Als florierendes Wirtschaftszentrum und Sitz der neuen Börse Nigerias wird sie von den Bauplanern und privaten Investoren angepriesen. Aber tatsächlich wird die neue Luxusstadt nur den reichen Nigerianern vorbehalten sein und die Kluft zwischen Arm und Reich verbreitern. Und ob Eko Atlantic City so ökologisch und nachhaltig realisiert wird, ... muss sich noch zeigen."

Bukky Oyedeji: Auf Sand gebaut: Eko Atlantic City. Übersetzung: Jelena Nikolic. Heinrich-Böll-Stiftung vom 11. 5. 2015 (umgestellt und gekürzt) (18. 5. 2020)

8

9 Makoko

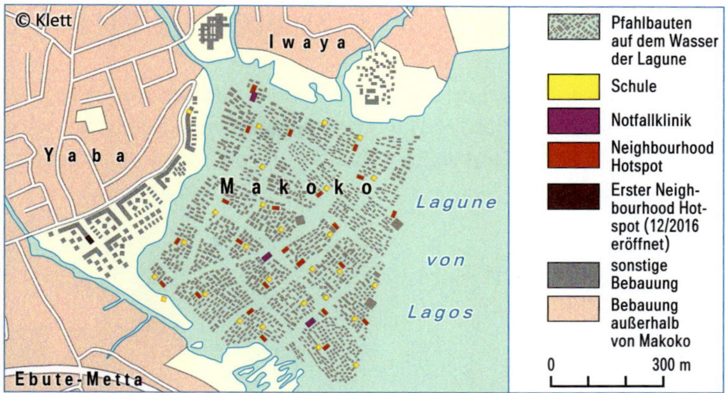

10 Entwicklungsplan Makoko (Nach: World-Architects)

Makoko

Nach Angaben der Weltbank gibt es über 100 **Slums** in Lagos. Ein Konzept für die Verbesserung der Lebensbedingungen gibt es vonseiten der **Stadtplanung** nicht. Immer wieder wurde und wird versucht, das Slum-Problem mit gewaltsamen Räumungsaktionen zu lösen. Denn Slums passen nicht zum Image einer aufstrebenden Wirtschaftsmetropole.
Der bekannteste Slum in Lagos ist Makoko. Wie viele Menschen hier leben, ist unbekannt. Nach Schätzungen sind es über 50 000. Die Menschen leben in Pfahlhütten aus Holz, im Wasser der Lagune. Es gibt keine sanitären Einrichtungen, kein Trinkwasser, keinen Stromanschluss, keine Abfallbeseitigung, nur eine Schule und keine stabilen Einnahmequellen. Die meisten Männer arbeiten in der Fischerei. Mehr als die Hälfte der Bewohner lebt unterhalb der Armutsgrenze von 1,25 US-Dollar am Tag. Einzige Verkehrsmittel sind Boote.
2013 haben internationale Architekten und Stadtplaner einen Entwicklungsplan für Makoko erstellt. Das Ergebnis: Die Siedlung soll in ihrer baulichen und sozialen Grundstruktur erhalten bleiben, das Konzept der im Wasser stehenden Pfahlbauten beibehalten und die Bausubstanz erneuert werden.

Wie Schwächen zu Stärken werden

„Eine Lösung [für viele Probleme] stellen kleine, einfach konstruierte Biogasanlagen auf dem Wasser dar, die mit dem vor Ort entstehenden organischen Abfall betrieben werden könnten. Die Bewohner könnten diese Biogasanlagen bewirtschaften, sodass mit der Produktion eine Basis für die lokale Wirtschaft geschaffen wäre. Den Betriebsstrom für die kleinen Kraftwerke liefert die Sonne, von der in Lagos reichlich vorhanden ist. [Dazu werden Solarzellen auf dem Dach installiert.] Die Biogastechnologie besticht mit einem einfachen System, das robust, einfach einzurichten und zu bedienen ist. So kann Biogas in einer geschlossenen Kreislaufwirtschaft produziert werden, und aus Abfall entsteht erneuerbare Energie. Das Ausgangsmaterial, der organische Abfall, ist lokal verfügbar und besteht aus Exkrementen, Fischerei- und Haushaltsabfällen. Die Anlagen (Neighbourhood Hotspots) könnten in speziellen Pfahlbauten untergebracht werden, die auch als gemeinschaftlicher Handelsplatz und Nachbarschaftszentrum fungieren. Sie könnten Biogas liefern ... sowie Filtersysteme, Toiletten ... oder eine Arztpraxis beherbergen."

Fabienne Hoelzel: Wie in Makoko Schwächen zu Stärken werden. Übersetzung: Jelena Nikolic. Heinrich-Böll-Stiftung vom 11.6.2015 (18.5.2020)

11

1 Erstelle eine Zeitleiste zur Entwicklung von Lagos. Gib dabei den bedeutenden Wirtschaftsfaktor an.

2 Beschreibe die Lage der in Diagramm 2 aufgeführten Städte und vergleiche die Bevölkerungsentwicklung.

3 Nimm Stellung zu der Aussage: „Lagos ist so groß, dass Himmel und Hölle darin Platz finden."

4 MK Können die beiden vorgestellten Projekte zur Lösung der Probleme in Lagos beitragen?
a) Wählt jeweils ein Projekt aus, informiert euch darüber im Internet und stellt es eurem Partner vor. Haltet euch an die Fragewörter: „Wo in Lagos?" – „Warum?" – „Was?" – „Wie?"
b) Ordnet die Projekte auf einer Skala von 1 bis 6 den folgenden Begriffspaaren begründet zu:
- einmalig (nur für diesen Standort) / übertragbar (auf andere Standorte);
- langfristig erfolgreich / langfristig erfolglos.
c) Vergleicht eure Ergebnisse untereinander.

Wohin entwickelt sich Detroit?

Kaum eine Stadt in den USA ist so schnell gewachsen wie Detroit. Und kaum eine Stadt hat in kurzer Zeit so viele Bewohner wieder verloren. Wie kam es dazu? Und welche Konsequenzen haben diese unterschiedlichen Entwicklungen für die Stadt?

1 Detroit Downtown

Der Ford T, auch „Tin Lizzy" (= „Blechliesel") genannt, war das meistverkaufte Automobil seiner Zeit.

↼ Statistiken auswerten Seite 104/105

Vor etwa 100 Jahren begann der rasante Aufstieg von Detroit. 1908 baute Henry Ford hier den Ford T, das Auto, das in den folgenden Jahren durch die Massenproduktion am Fließband zum Verkaufshit wurde. Neben Ford machten Chrysler und General Motors aus Detroit die „Motorcity", das Zentrum der amerikanischen Automobilindustrie. Auch viele Zulieferer der Rüstungsindustrie hatten hier ihren Standort. Die um die großen Seen angesiedelte Schwerindustrie lieferte das notwendige Material. 1953 war Detroit mit fast 2 Millionen Einwohnern die fünftgrößte Stadt der USA. In der Hoffnung auf Arbeit und Gleichstellung kamen in den 1950er- und 1960er-Jahren vor allem Afroamerikaner aus den Südstaaten der USA in die Stadt.

Der Beginn des Niedergangs

Doch der Bedarf an Arbeitskräften ging sowohl in der Rüstungs- als auch in der Automobilindustrie zurück. Der im Autobau eingesetzte Stahl wurde immer mehr durch andere Werkstoffe ersetzt. Daher wurden auch weniger Arbeitskräfte in der Stahlindustrie benötigt. Das Zusammenleben der ansässigen weißen und der zugezogenen afroamerikanischen Bevölkerung war von Anfang an problematisch. Diskriminierungen im Alltag, am Arbeitsplatz und auf dem Wohnungsmarkt kamen immer wieder vor. 1967 eskalierte die Situation und mündete schließlich in Unruhen und Aufständen mit vielen Todesopfern.

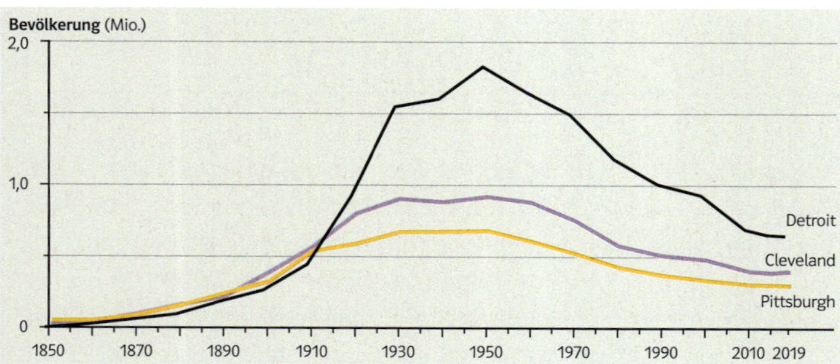

2 Bevölkerungsentwicklung in Detroit, Pittsburgh und Cleveland

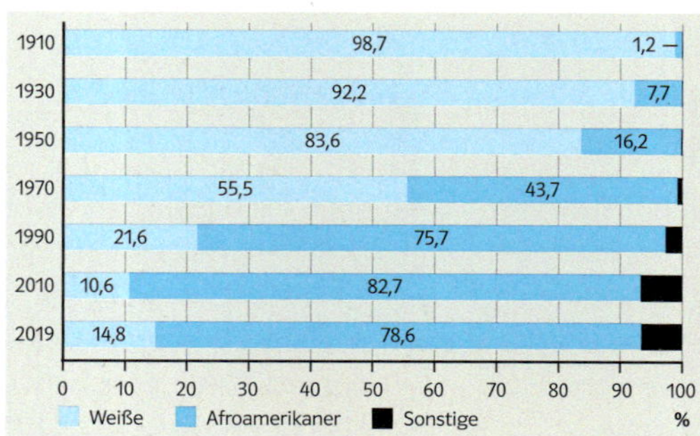

3 Bevölkerungszusammensetzung in Detroit

Der Donut-Effekt

Durch die Aufstände nahm die Abwanderung der meist besser ausgebildeten und besser verdienenden weißen Bevölkerung in die Vorstädte zu. Auch viele Unternehmen verlagerten ihre Arbeitsplätze oder Verwaltungen dorthin. Der Ausbau des Straßennetzes und der Bau großer Einkaufszentren begünstigten diese Entwicklung. Die ärmere, afroamerikanische Bevölkerung blieb in Detroit zurück, nicht zuletzt, weil auch viele Vorstädte massiv den Zuzug dieser Bevölkerungsgruppe behinderten. In Detroit fehlten nun Unternehmen und Einwohner, deren Steuerzahlungen die Infrastruktur der Stadt aufrechterhielten. Der massive Abbau von städtischen Leistungen – Feuerwehr, Polizei, Schulen, ÖPNV – war die Folge.

Die Spirale dreht sich weiter

Verstärkt wurden die Probleme, als in den 1970er-Jahren aufgrund des steigenden Ölpreises die Absatzzahlen der großen, spritfressenden Autos, die in Detroit gebaut wurden, deutlich zurückgingen. Weitere Betriebsstilllegungen, Arbeitslosigkeit und Verarmung waren die Folge. Auch in den nächsten Jahren erholte sich die Stadt nicht. Viele Gebäude in Detroit wurden zerstört, abgerissen, abgebrannt **(schrumpfende Stadt)**. Auf Flächen abgerissener Wolkenkratzer in der Downtown entstanden riesige Parkflächen – in einer Stadt, in der etwa 25 % der Haushalte kein Auto besitzen. 2007 schloss die letzte Supermarktfiliale in Detroit. „Food desert" wurde die Stadt in den US-Medien genannt.

Weitere Tiefpunkte für die Entwicklung Detroits waren 2009 der Konkurs von General Motors sowie 2013 der finanzielle Bankrott der Stadt. 2009 betrug die Arbeitslosenrate etwa 30 %, 2013 etwa 20 %, 2019 unter 10 %. Das ist zwar noch fast doppelt so hoch wie im US-amerikanischen Durchschnitt, ein deutlicher Rückgang ist jedoch zu erkennen. Die Kriminalitätsrate war und ist aber immer noch die höchste in den USA.

Seit 2014 betreibt die Stadt eine im Internet öffentlich einsehbare „Abrissdatei". Demnach wurden seit Beginn dieses Programms 12 000 Gebäude abgerissen. Insgesamt wird die Zahl seit den 1950er-Jahren auf über 150 000 Abrisse geschätzt. Anträge auf Neubauten sind bisher gering. Nur in der Downtown werden Apartmenthäuser renoviert oder neu errichtet. Dafür gibt es bereits lange Wartelisten.

4 Detroit und ausgewählte Vorstädte

Jahr	Warren	Livonia	Dearborn Heights
1950	43	18	20
1960	89	67	61
1970	179	110	80
1980	161	105	68
1990	145	101	61
2000	138	101	58
2010	134	97	58
2019	134	94	56

5 Bevölkerungsentwicklung in ausgewählten Vorstädten von Detroit (in 1000)

Der Donut-Effekt

In der Stadtentwicklung bezeichnet der **Donut-Effekt** die Wanderungsbewegung aus der Innenstadt in die Randbezirke und / oder in die umliegenden Vorstädte. Schrumpfung durch **Suburbanisierung** beschreibt das in den USA häufig vorkommende Abwandern der Besserverdienenden in die Vorstädte, während die ärmeren Bevölkerungsschichten im Zentrum zurückbleiben.

6

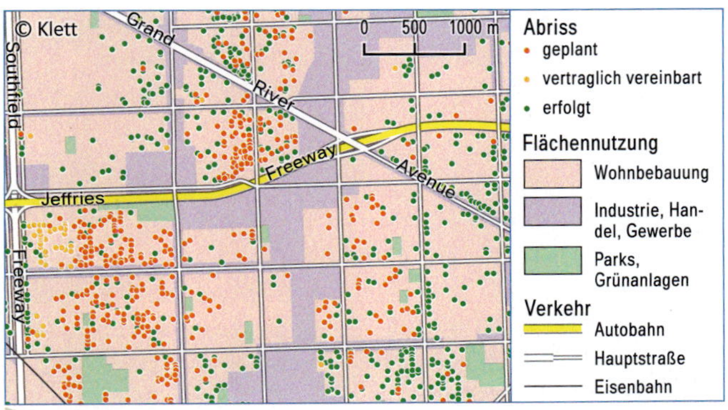

7 Ausschnitt aus der Abrissdatei von Detroit

8 Campus Martius Park

10 Detroit Downtown, Schrägansicht (Google Earth) mit Nahverkehr

↝ Wirkungsgefüge Seite 218/219

Zukunftswerkstatt Detroit?

Für kaum eine andere Stadt der USA gab und gibt es so unterschiedliche Zukunftsprognosen wie für Detroit. In den 1980er- und 1990er-Jahren nutzten vor allem Künstler die leer stehenden Häuser und Fabrikhallen. Neue Unternehmen siedelten sich nicht an. Es fehlten qualifizierte Arbeitskräfte, gut ausgestattete Büros, ansprechende Wohnungen und ein attraktives Freizeitangebot. An der miserablen Versorgung mit öffentlichen Verkehrsmitteln änderte auch der 1987 eröffnete Peoplemover wenig. Diese etwa 5 km lange Hochbahn sollte ein stadtweites Schnellbahnsystem an die Downtown Detroit anbinden. Sie blieb lange Zeit eine touristische Attraktion.

Positiv für die wirtschaftliche Entwicklung der Stadt hat sich die Einrichtung der Techtown erwiesen. Seit 2004 bietet sie in Zusammenarbeit mit der Wayne State University Unternehmen und Start-ups organisatorische Hilfe, Beratung und Unterstützung bei der Firmenentwicklung an. Auch sonst tut sich seit der Jahrtausendwende einiges in Detroit.

Downtown – up

2011 beschloss Dan Gilbert, die Zentrale seiner Online-Bank mit über 1 000 Mitarbeitern aus Livonia nach Detroit zu verlegen. Sie liegt direkt am Campus-Martius-Park. Dan hat nicht nur diesen Park erneuert , er hat in den vergangenen Jahren fast die halbe Innenstadt aufgekauft. Insgesamt 40 Gebäude gehören ihm. Viele hat er saniert und an Unternehmen vermietet. „Bevor wir unsere Konzernzentrale in die Innenstadt verlegt haben, fiel es uns immer schwerer, junge Leute als Mitarbeiter zu gewinnen.“ Die besten Talente haben keine Lust, auf dem Land zu arbeiten. Junge Leute wollten in die Stadt mit urbanen Flair. „Also hab ich beschlossen, Detroit cool zu machen.“

Tina Kaiser: Nach der Pleite erobern Hipster Detroit für sich. Die Welt vom 15.4.2014 (verändert) (18.5.2020)

9

Thinking outside the box

Vor vier Jahren gründete Labenz seine Internetfirma im Silicon Valley. Ein idealer Ort, aber: „Du konkurrierst dort mit Arbeitgebern wie Google und Facebook.“ Seine Firma kam nicht vom Fleck. Im Herbst 2012 verlegte er sie nach Detroit. Seitdem geht es bergauf. „Und weil die Lebenshaltungskosten hier viel günstiger sind, kann ich 40 Prozent weniger zahlen als im Silicon Valley.“ Günstige Mieten, niedrige Löhne, Förderprogramme und spezialisierte Universitäten machen die Stadt zu einer attraktiven Alternative zu anderen Technologiestandorten.

Tina Kaiser: Nach der Pleite erobern Hipster Detroit für sich. Die Welt vom 15.4.2014 (verändert) (18.5.2020)

11

1 Bevölkerung in Detroit:
a) Beschreibe die Bevölkerungsentwicklung (Diagramm 2).
b) Erkläre auffällige Veränderungen.
c) Begründe die Zunahme der afroamerikanischen Bevölkerung in Detroit (Diagramm 3).

2 Weise den Donut-Effekt für Detroit nach (Materialien 4 bis 6).

3 MK Erstellt ein Wirkungsgefüge zu Einflussfaktoren und Auswirkungen auf die heutige Situation der Stadt Detroit und ihrer Bewohner.

Gemüse statt Cadillac

Auf fast 2 000 wird die Zahl der Gärten und Farmen in der ehemaligen Motorcity geschätzt. Nachbarschaften, kirchliche Gemeinden, Sozialhilfeempfänger, Studenten oder Suppenküchen haben sie auf verlassenen Hausgrundstücken, Industriebrachen oder Hinterhöfen angelegt. Und damit viele Fliegen mit einer Klappe geschlagen: Die Gärten beleben ausgestorbene Straßen, sie geben Menschen Beschäftigung, versorgen sie in einer Stadt ohne Gemüseläden und Supermärkte mit frischen Lebensmitteln, bieten Naherholung und Kontakt zur Natur und bringen die Bewohner der Quartiere wieder miteinander in Kontakt. Verkauft werden die Produkte auch auf dem Eastern Market im Stadtzentrum, einem der größten Bauernmärkte in den USA. Auch Restaurants in der Stadt werden mit frischem Gemüse beliefert.
Einige der Stadtfarmer haben weder eine Genehmigung noch einen Pachtvertrag. Andere arbeiten mit Genehmigung der Stadtverwaltung auf gekauften Grundstücken. Die gab es bis vor kurzem noch für eine Handvoll Dollars. Seit Neuestem prüfen aber auch große Agrarunternehmen, ob sie Flächen nutzen wollen. In Quartieren nahe Downtown sind die Grundstückspreise schon gestiegen.

Klaus Sieg: Gemüse statt Cadillac – Urban Gardening in Detroit. Ernährung im Fokus. Online Spezial 07/16, Bundeszentr. für Ernährung (Bundesanstalt für Landwirtschaft und Ernährung)

12

14 Urban Farming in Detroit

Detroit. ÖPNV. QLine. Eröffnet am 12. Mai 2017

Was heute kaum noch jemand weiß. ... Es gab einmal ein funktionierendes Netz von Straßenbahnen in Detroit; bis 1956. Es heißt, General Motors hätte den Betrieb aufgekauft und stillgelegt.
Der ÖPNV gilt als Antrieb für Mobilität und regionale Integration. Ziel ist es auch, das Zentrum einer Stadt zu beleben, damit es als Standort für Unternehmen, Handel und Freizeit attraktiv wird. Kurz gesagt, ÖPNV ist ein Instrument der Stadt- und Wirtschaftsentwicklung. Diese Zusammenhänge hat man auch in Detroit erkannt. Im Jahr 2014 begann der Bau einer neuen Straßenbahnlinie. Sie verbindet auf fünf Kilometern das Zentrum mit der Universität. Die Baukosten der Strecke werden auf 150 Millionen Dollar geschätzt. Zu viel für eine Stadt in der Insolvenz. Die gesamte Finanzierung übernahmen das Land, der Bundesstaat und vor allem verschiedene Unternehmen und Stiftungen. Natürlich gibt es auch gegen dieses Projekt Kritik. Die Linie ist zu kurz und erreicht die Vororte gar nicht. Abgesehen davon macht eine Strecke noch kein Netz. Die Siedlungsdichte ist zu gering und die laufenden Betriebskosten sind für die Stadt nicht finanzierbar.

René Geißler: Detroit. ÖPNV. Geschichte eines Missverständnisses. Bertelsmann-Stiftung: blog.wegweiser-kommune.de vom 9.12.2014 (verändert) (18.5.2020)

13

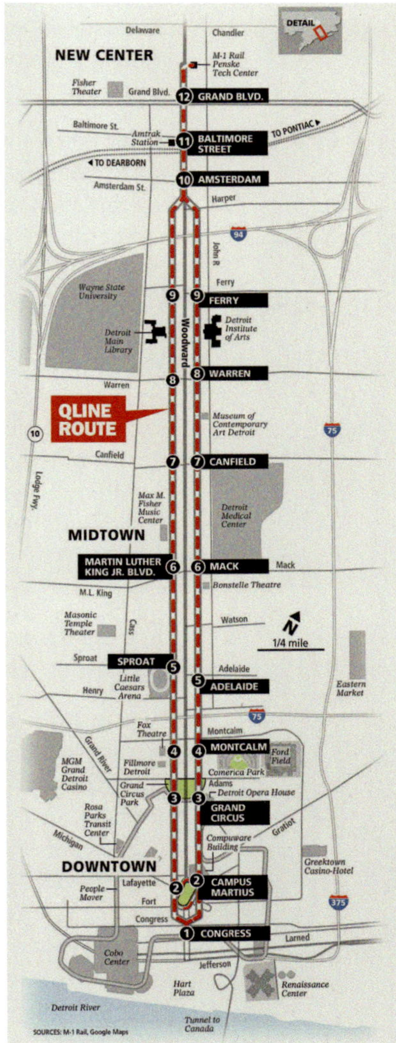

15 QLine Detroit

4 Wähle aus den vier Projektbeispielen eins aus, das deiner Meinung nach für die Entwicklung Detroits das erfolgversprechendste ist. Begründe deine Auswahl.

5 „Zukunftswerkstatt Detroit": Erläutere die Überschrift und nimm Stellung dazu.

6 SP Verfasse einen Artikel zur Situation Detroits im Jahr 2030:
A in einer Fachzeitschrift;
B auf der Internetseite der Stadt;
C in einer Boulevardzeitschrift.

Mit einer SWOT-Analyse Entscheidungen vorbereiten

Die SWOT-Analyse wurde als Hilfsmittel entwickelt, um Strategien für die Entwicklung von Wirtschaftsunternehmen vorzubereiten. Vor allem die vielen technischen Neuerungen und die zunehmenden Verflechtungen auf dem nationalen und internationalen Markt machten es notwendig, Unternehmen sowohl auf ihre internen Stärken und Schwächen als auch auf ihre externen Chancen und Risiken zu überprüfen. SWOT-Analysen werden heute in vielen Bereichen angewendet. Oft liegen sie den zukunftsorientierten Überlegungen und Entscheidungen der Stadt- und Regionalentwicklung zugrunde.

S W O T

S Strengths (Stärken)

W Weaknesses (Schwächen)

S + W = **internes Umfeld**

O Opportunities (Chancen)

T Threats (Risiken)

O + T = **externes Umfeld**

Soll der Betrieb vergrößert werden? Sollen neue Beschäftigte eingestellt, der **Absatzmarkt** erweitert, die Produktionsfläche vergrößert, ein Zweigbetrieb eröffnet werden? Oder müssen Arbeitskräfte entlassen, muss die Produktion zurückgefahren, der Betrieb verlagert, verkleinert oder sogar geschlossen werden?
Vor solchen Entscheidungen stehen Unternehmen immer wieder. Wird die SWOT-Analyse als Entscheidungshilfe eingesetzt, muss zu Beginn immer klar herausgestellt werden, welches Ziel das Unternehmen inhaltlich, zeitlich und / oder räumlich anstrebt. Auf dieses Ziel bezogen, werden die Unternehmensstärken (Strengths) und auch Schwächen (Weaknesses) untersucht. Nach dieser internen Analyse müssen in einer externen Analyse die Chancen (Opportunities), die sich im Umfeld des Unternehmens bieten, und die zu erkennenden Risiken (Threats) für das formulierte Ziel geprüft werden. Danach werden die Stärken und Schwächen aus dem internen Umfeld mit den Chancen und Risiken des externen Umfelds in Beziehung gebracht. Die SWOT-Analyse schafft damit eine fundierte Grundlage, mögliche Vorgehensweisen zu prüfen, um das angestrebte Ziel zu erreichen.

Ein Urban-Farming-Unternehmen in Detroit muss sich entscheiden

Gemüse bauen wir seit 10 Jahren an. Größer eingestiegen sind wir vor vier Jahren. Da haben wir ein Gewächshaus geschenkt bekommen. Seitdem bauen wir vor allem Kräuter und Gemüse an. Den Obstanbau haben wir schon lange aufgegeben. Obst kommt billiger aus Kalifornien. Im Laufe der Zeit haben wir auch leer stehende Grundstücke in der Umgebung „entmüllt“ und darauf angebaut.
Wir haben einen festen Mitarbeiter. Dem gehört das Auto, mit dem wir zu unseren Kunden und auf den Markt fahren. Einige neue Restaurants sind an unseren Kräutern interessiert. Die haben von unserer guten Qualität gehört.
Und es gibt hier so viele kleine Farmer, die Kräuter und Gemüse verkaufen. Das ist jetzt in. Für einen Finanzierungsanschub haben wir uns auch beworben. Wir wollen unseren Absatz in einem Jahr um wenigstens 20 % steigern.

1

1. Schritt: das Ziel präzise und eindeutig formulieren

Ein Beispiel: Ziel ist es, im nächsten Jahr unseren Absatz um 20 % zu steigern.

2. Schritt: Stärken und Schwächen des Unternehmens zusammenstellen (interne Analyse)

Die Analyse erfolgt vor dem Hintergrund des gesetzten Ziels. Dabei müssen die besonderen Fähigkeiten des Unternehmens herausgestellt werden.

3. Schritt: Chancen und Risiken des Unternehmens im Umfeld zusammenstellen (externe Analyse)

Die Analyse erfolgt vor dem Hintergrund des gesetzten Ziels. Oft ist es sinnvoll und notwendig, eine Vielzahl von Informationen einzuholen.

4. Schritt: Interne und externe Umfeldfaktoren miteinander in Beziehung bringen

Hier gilt es, Überlegungen zu möglichen Strategien anzustellen.

internes Umfeld → **interne Analyse**		
S = Strength + **Stärken** fördern	**interne Faktoren**	W = Weakness – **Schwächen** verringern
+ feste Kundengruppe + großes Angebot + … + … + … + …	– Personal – Erfahrung – Marktkenntnis – Kreativität – Spezialfähigkeiten – Image – Finanzen – Kosten – Zielgruppen / Kunden – Fläche / Gebäude – Abläufe – …	– nur ein Mitarbeiter – großes Angebot – … – … – … – …

Ziel ist es, den Absatz in einem Jahr um wenigstens 20 % zu steigern.

externes Umfeld → **externe Analyse**		
O = Opportunities + **Chancen** nutzen	**externe Faktoren**	T = Threats – **Risiken** eingrenzen
+ „frisch" ist in + Stand auf dem Markt + … + … + … + …	– Infrastruktur – Gesetzgebung – politische Interessen – neue Technologien – steigende Kosten – neue Zielgruppen – neue Wettbewerber – gesellschaftliche Interessen – Wertewandel – kultureller Wandel – …	– viele Mitbewerber – Abnehmer mit oft wechselnden Wünschen – … – … – …

SO-Strategien = + +
Welche von unseren **Stärken** (+) können eingesetzt werden, damit die vorhandenen **Chancen** (+) und Möglichkeiten genutzt werden? Wie können sie eingesetzt werden?
Diese Kombination stellt den Idealfall da.

WO-Strategien = – +
Mit welchen externen **Chancen** (+) und Möglichkeiten können wir unsere **Schwächen** (–) verringern?

ST-Strategien = + –
Wie können unsere **Stärken** (+) eingesetzt werden, um bestimmte **Risiken** (–) einzugrenzen oder abzuwenden?

WT-Strategien = – –
Wie können wir ein Aufeinandertreffen von **Schwächen** (–) und **Risiken** (–) vermeiden?
Tritt diese Kombination zu häufig auf, sind die Ziele kaum zu erreichen.

→ **Entscheidung treffen**

2 Matrix zur SWOT-Analyse „Ein Urban-Farming-Unternehmen in Detroit"

SP **Tipp**

Begründen
→ Aufgabe 2

- Da ein großes Angebot …
- Deshalb muss das Unternehmen …
- Aufgrund des steigenden / fallenden Absatzes …

1 MK
Vervollständigt mithilfe des Textes 1 die SWOT-Analyse für das Urban-Farming-Unternehmen in Detroit. Arbeitet in Vierergruppen zusammen.
a) Bearbeitet jeweils einen der vier Analysefaktoren (Stärken, Schwächen, Chancen, Risiken).
b) Tragt eure Ergebnisse zusammen und vervollständigt die SWOT-Analyse.
c) Entwickelt mögliche Strategien.
d) Macht Vorschläge zur Erreichung des Ziels des Unternehmens.

2 SP
Begründet, warum ein großes Angebot sowohl eine Schwäche als auch eine Stärke sein kann.

◐ 1a, 1b, 2 ● 1c, 1d

Wähle aus!

São Paulo – Gegensätze direkt nebeneinander

Unterschiedlichste Wohn- und Siedlungsformen liegen insbesondere in Megastädten wie São Paulo direkt nebeneinander – oder auch nur wenige Kilometer voneinander entfernt.

1 MK
Wähle eine der hier vorgestellten städtischen Siedlungsformen aus und erstelle dazu einen Kurzvortrag in Form einer PowerPoint-Präsentation.

A Slum (Favela):
a) Wähle fünf Begriffe aus, die Slums (Favelas) charakterisieren.
b) Beschreibe die Entwicklung von Paraisópolis von 1920 bis heute.
c) Beurteile das Konzept des „halben Hauses" als weltweit übertragbare Maßnahme zur Aufwertung eines Slums.

B Gated Community:
a) Wähle fünf Begriffe aus, die Gated Communities charakterisieren.
b) Beschreibe die Entwicklung von Alphaville von 1970 bis heute.
c) Beurteile mögliche Gründe zur Errichtung von Gated Communities in einer europäischen Großstadt.

○ Aa, Ab, Ba, Bb ● Ac, Bc

A

Mitten in Morumbi, einem der reichsten Stadtteile von São Paulo, liegt die Favela Paraisópolis. Auf dem nur 1 km^2 großen städtischen Land sollte um 1920 eine Siedlung für die Oberschicht von São Paulo entstehen. Das an vielen Stellen sehr steile Gelände fand aber keine Interessenten. Die Erdrutschgefahr war zu hoch. Im Laufe der Jahre siedelten sich illegal Zuwanderer vor allem aus dem ländlichen Nordosten des Landes an. Extrem dichte Besiedlung, marode Bausubstanz, offene Abwasserkanäle sowie eine hohe Kriminalitätsrate prägten die Favela mit ihren heute über 80 000 Bewohnern. Vor wenigen Jahren wurden im Rahmen eines „Slum-Upgradings" Maßnahmen durchgeführt, um Paraisópolis aufzuwerten. Viele Hütten wurden durch Ziegelbauten ersetzt, Straßen asphaltiert, die Siedlung an das städtische Busnetz angeschlossen sowie Gesundheitsstationen eingerichtet. Die illegale Landnahme wurde legalisiert, den Bewohnern wurden Eigentumsrechte zuerkannt.

Der UN-Habitat Bericht „The Challenge of Slums" enthält …

„[Hinweise] zur Definition von Slums.
Dabei stützt man sich auf Merkmale wie:
- schlechte Lokalisierung (im öffentlichen Raum, an steilen Hängen, große Entfernung zu den Jobs, etc.);
- fehlender Schutz vor … klimatischen …, natürlichen und anderen Risiken;
- temporäre Bauweise und gravierende konstruktive Mängel;
- geringe Wohnfläche und Überbelegung der Räume;
- fehlende Infrastruktur, insbesondere Wasser und sanitäre Einrichtungen;
- zu hohe Kosten der Unterkunft."

Eckhart Ribbeck: Slums. Bundeszentrale für politische Bildung, Dossier Megastädte vom 24.9.2008 (19.5.2020)

1

Das halbe Haus

Der chilenische Architekt Aravena wurde durch seine „halben Häuser" bekannt, die er 2004 konzipierte. Die Regierung beauftragte ihn damals, für hundert Familien aus Favela-Quartieren bessere Wohnlösungen zu schaffen. Rund 7 500 Dollar standen ihm pro Familie zur Verfügung – nicht genug, um Bauland, Infrastruktur und ein ganzes Haus zu finanzieren. Seine Lösung: Er baute nur halbe Häuser, bestehend aus einer 36 Quadratmeter-Basisunterkunft mit Zimmer, Küche, Bad plus Dach. Die zweite Hälfte komplettierten die Bewohner anschließend step-by-step nach eigenen Vorstellungen, dann allerdings mit Eigenmitteln. Aravenas Konzept der schrittweisen Verwirklichung von Wohnlösungen wurde rund zweitausend Mal in Chile, Mexiko und Brasilien umgesetzt.

Katharina Kainz-Traxler: Eine Milliarde neue Häuser. corporAID Magazin 65 (verändert) (19.5.2020)

2

B

Alphaville

Etwa 25 Kilometer außerhalb von São Paulo leben in Alphaville, einer der größten Gated Communities Brasiliens, heute etwa 50 000 Menschen – vollständig abgeschottet hinter drei Meter hohen Mauern und mit strengen Zugangskontrollen.
Geplant waren hier zu Beginn der 1970er-Jahre ein Gewerbepark für IT-Unternehmen und Leichtindustrien. Zunehmende Unsicherheiten aufgrund einer steigenden Kriminalitätsrate in São Paulo führten dazu, dass die Nachfrage nach sicherem Wohnraum für die wohlhabende obere Mittelschicht stieg. Neben den heute mehr als 20 000 Villen und Einfamilienhäusern sind in Alphaville Ärzte, Kliniken, Banken, Hotels, Schulen und Hochschulen sowie Einkaufszentren zu finden.

Gated Community

„Eine **Gated Community** beschreibt einen geschlossenen Wohnkomplex mit verschiedenen Arten von Zugangsbeschränkungen. Die Größe von Gated Communities variiert von einzelnen bewachten Appartementblöcken bis hin zu Siedlungen mit mehreren Tausend Einwohnern, eigener Infrastruktur wie Einkaufsmöglichkeiten, Gemeinschaftseinrichtungen, Schulen und Krankenhäusern und sogar eigenen Bürozentren und Arbeitsstätten. Seit den 1970er-Jahren ist die Anzahl der geschlossenen Wohnsiedlungen kontinuierlich gestiegen, vor allem in den Ballungszentren Nord- und Südamerikas. Auch in Asien und Europa gibt es seit Beginn des 21. Jahrhunderts diese ... Wohnform."
Wikipedia: Gated Community (19.5.2020)

5

6 Alphaville bei São Paulo

3 Paraisópolis in Morumbi

4 Die luxuriöse Villen und Hochhäuser von Morumbi werden rund um die Uhr von Sicherheitspersonal bewacht

And the winner is ...

Wachsen und Schrumpfen, soziale Ausgrenzung und Integration, nachhaltige Entwicklung und wirtschaftliches Wachstum – mit diesen Problemfeldern müssen sich Städte heute immer wieder auseinandersetzen. Können auch Wettbewerbe dazu beitragen, über Probleme neu nachzudenken und interessante Lösungen zu entwickeln?

1 Logo des „Green Leaf Award“

2 Logo der „Good Practice-Stadt“

4 Essen – Gewinnerstadt des „Green Capital Awards“ 2017

SP Tipp

Nimm Stellung

→ Aufgabe 4

- Meiner Meinung nach ist die Image-Politur ...
- Ich finde das (nicht) gut, weil ...
- Ich kann das (nicht) nachvollziehen, weil ...
- Eine Bewertung ist schwierig, da ...

Die Europäische Kommission unterstützt heute auf vielfältige Art und Weise die Städte in Europa. Neben finanziellen Zuschüssen stellt sie Netzwerke bereit, auf denen sich Städte austauschen und voneinander lernen können. Doch die Öffentlichkeit erfährt meist wenig davon. Und auch die Städte nutzen nicht immer die Möglichkeiten, die geboten werden.

Ein Preis – ein Titel – ein Label – gewonnen?!

Seit einigen Jahren hat die EU durch Ausschreibungen von Wettbewerben Anreize für Städte geschaffen, interessante Projekte zu entwickeln und der Öffentlichkeit zu präsentieren. Sich neben der finanziellen Unterstützung mit einem Preis, Titel oder Label zu schmücken und sich damit positiv hervorzuheben, war für viele Städte Ansporn am Wettbewerb teilzunehmen.

Die Auszeichnung „European Green Capital“ wird seit 2010 an Städte verliehen, die hohe Umweltstandards nachweisen. Bewerben können sich Städte über 100 000 Einwohnern. Die Bewerberstädte werden anhand von zwölf Themenfeldern auf ihre Eignung überprüft. Außerdem müssen sie nachweisen, dass ihr Konzept für die zukünftige Stadtentwicklung nachhaltig ist und weitere Maßnahmen zur Verbesserung der Umweltbedingungen beinhaltet. Zu den Gewinnerstädten zählen z. B. Hamburg (2011), Essen (2017) und Lissabon (2020).

Der Wettbewerb soll auch Möglichkeiten bieten, dass die Städte voneinander lernen und miteinander in Kontakt kommen. Hamburg hat dieses Ziel mit dem „Zug der Ideen“ beispielhaft umgesetzt. Dabei reiste ein Zug mit sechs Ausstellungscontainern fünf Monate lang durch 18 europäische Städte. Auch die besuchten Städte konnten Maßnahmen zur **nachhaltigen Stadtentwicklung** vorstellen.

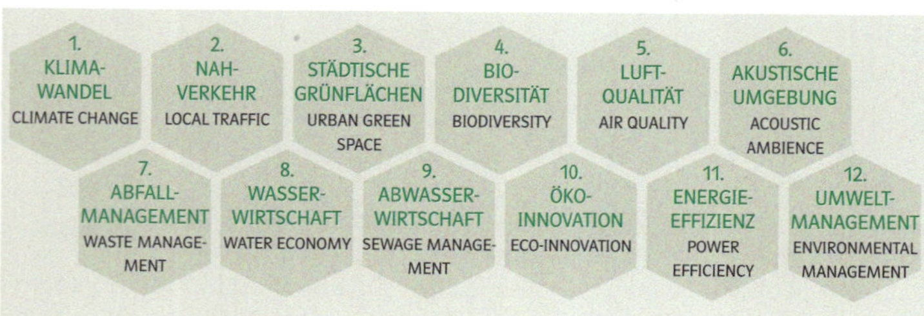

3 „European Green Capital Award“: Themenfelder

Seit 2015 werden Städte zwischen 20 000 und 100 000 Einwohnern bei einem ähnlichen Wettbewerb mit dem „European Green Leaf Award" ausgezeichnet. Auch hier werden hohe Umweltstandards als Maßstab für den Sieger gesetzt – allerdings nur in sechs Themenfeldern.
Auch das Kooperationsprogramm URBACT hat 2017 Städte aus ganz Europa für beispielhafte praktische Lösungen im Bereich der Stadtentwicklung als „URBACT Good Practice-Stadt" ausgezeichnet. URBACT ist ein Programm der EU, das den Erfahrungsaustausch und die Netzwerkarbeit europäischer Städte zu allen Themen der nachhaltigen Stadtentwicklung fördert. Am Wettbewerb teilnehmen konnten Städte aller Größen. Gewonnen haben integrierte Konzepte, die gut funktionieren und übertragbar sind. Die Beiträge decken unterschiedliche Themen ab, wie etwa die Integration von Migranten, städtischen Nahverkehr oder eine verbesserte Luftqualität. Von 270 Bewerbungen wurden 97 Projekte ausgezeichnet, darunter fünf deutsche Städte: Altena und Chemnitz wurden prämiert für Maßnahmen gegen den Bevölkerungsrückgang, München für ein Programm, das Bürger bei der Nutzung umweltfreundlicher Verkehrsmittel unterstützt, Pforzheim für die Aufwertung eines Stadtteils und Hamburg für eine bürgerorientierte interaktive Suche für Flüchtlingsunterkünfte. Ziel des Wettbewerbs ist es, dass die Gewinnerstädte ihre Konzepte anderen europäischen Kommunen näher bringen, die mit ähnlichen Herausforderungen kämpfen.

Alles nur Image-Politur oder geht es doch um mehr?

Essen ist Grüne Hauptstadt Europas. Das bringt Fördergelder, mehr Besucher und ein besseres Image – hoffen die Initiatoren.
Doch was bleibt über 2017 hinaus?
Für die Grüne Hauptstadt Europas fließen rund 17,5 Mio. Euro aus Bundes-, Landes- und Stadtmitteln sowie Sponsorengelder. Umgesetzt werden 300 Projekte, davon 200 mit Bürgerbeteiligung. Etwa in Radtouren zu Bauern in der Umgebung, wo sich die Leute selber aus der Region versorgen können. Denn 15 Prozent der Essener Fläche werden immer noch landwirtschaftlich bewirtschaftet. Und mit ihren vielen Parks, Wäldern und Wiesen gilt sie als grünste Stadt in NRW.
„Essen ist bislang mit Sicherheit noch nicht grüne Hauptstadt", sagt der Vorsitzende des BUND in NRW. „Die Stadt kann es höchstens noch werden." Beim Verkehr habe Essen den größten Nachholbedarf, räumt auch der Oberbürgermeister ein. So habe die Stadt eine neue Straßenbahnlinie gebaut. Auch fließe viel Geld in moderne Züge und Fahrradwege. „Wir starten gerade eine grüne Dekade", die gehe von der Grünen Hauptstadt über eine Klimaexpo 2022 bis zur Internationalen Gartenausstellung, die 2027 im Ruhrgebiet stattfinden wird.
Zudem nimmt die Stadt für sich in Anspruch, mittlerweile ca. 13 000 grüne Jobs in der Umweltwirtschaft zu haben. Das liegt daran, dass Konzerne verstärkt auf erneuerbare Energien und grüne Technologien umgestellt haben. Wenn Umweltorganisationen wie der BUND die Entwicklungen in Essen kritisch begleiteten, sei das absolut in Ordnung, sagt die Umweltdezernentin der Stadt. Dass der BUND am Umwelttisch im Rathaus teilnehme und an vielen Projekten beteiligt sei, spreche für den guten Weg, auf dem sich Essen befinde.

Guido M. Hartmann: Alles nur Image-Politur oder geht es doch im mehr? WELT Online vom 6.6.2017 (19.5.2020)

5

1 Stelle die Unterschiede zwischen den vorgestellten Wettbewerben gegenüber.

2 Bei welchem der Wettbewerbe könnte sich die Stadt, in der du lebst, beteiligen?

3 Begründe die positiven Rückmeldungen auf den „Zug der Ideen".

4 SP Nimm Stellung zur Überschrift des Textes 5: „Alles nur Image-Politur oder geht es doch um mehr?"

5 „Wettbewerbe sind … für eine nachhaltige Entwicklung der Städte in Europa!" Wähle eine der folgenden Aussagen aus. Vervollständige damit den Satz und begründe deine Auswahl:
- nachhaltiger Impuls,
- notwendiger Impuls.

6 MK Das Kooperationsprogramm URBACT:
a) Informiert euch auf der Projektseite des Wettbewerbs „URBACT Good Practice-Stadt" über die Gewinner des jeweiligen Jahres.
b) Wählt eines der Gewinnerprojekte aus und stellt es vor.
c) Überlegt, mit welchem Projekt sich die Stadt, in der ihr lebt, an diesem Wettbewerb beteiligen könnte.

Das Klima in der Stadt ist anders

Unter dem Begriff Stadtklima wird die menschengemachte Veränderung des Klimas und der Luftqualität in städtischen Ballungsräumen zusammengefasst. Es unterscheidet sich deutlich vom Klima im Umland. Doch worin genau liegen die Unterschiede? Wie sind sie zu erklären? Und wie kann man das Stadtklima „lebensfreundlicher" gestalten?

1

Stellt in Form einer Liste die besonderen Eigenschaften des Stadtklimas sowie deren Ursachen dar.

2

Auf den folgenden Seiten werden euch drei Möglichkeiten A – C vorgestellt, wie man das Klima in der Stadt verbessern kann.

a) Wählt euch jeweils eines der Themen aus.

b) Erläutert euch gegenseitig die Themen. Leitet dabei Möglichkeiten ab, wie man das Stadtklima insgesamt verbessern kann.

c) MK Erstellt gemeinsam eine Präsentation zum Thema: „Meine Heimatstadt soll klimafreundlicher werden."

○ 2a ◒ 1, 2b, 2c → Lösungshilfen ab S. 230

1 München, eine der am stärksten versiegelten Großstädte Deutschlands

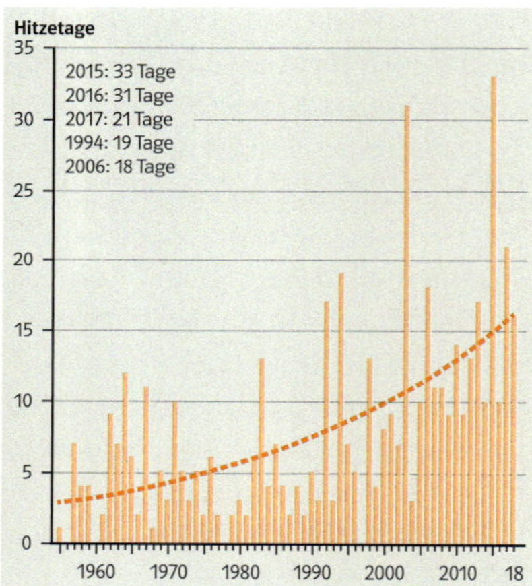

3 Anzahl der Hitzetage pro Jahr in München (München-Stadt (T_{max} ≥ 30 °C)

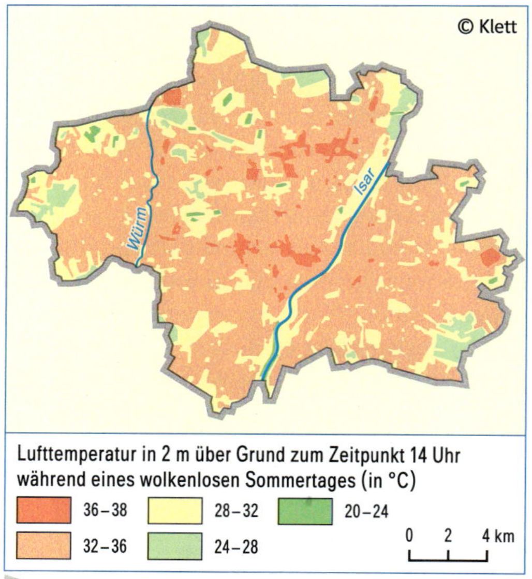

4 Stadtklimaanalyse München – Lufttemperatur zur Mittagszeit (Landeshauptstadt München – Referat für Gesundheit und Umwelt)

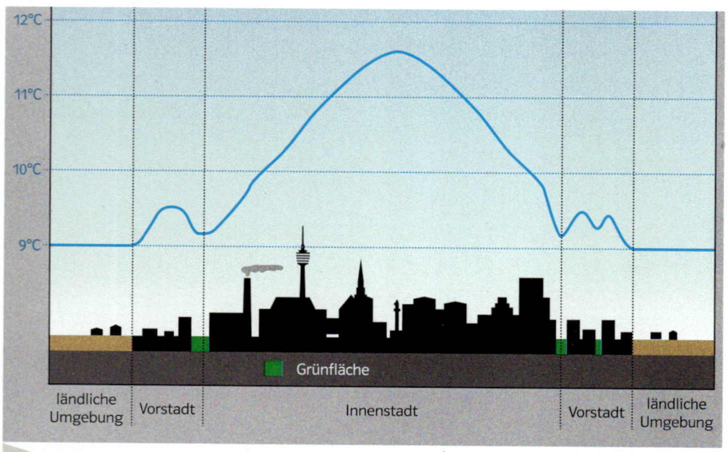

2 Schema des Wärmeinseleffektes mit bodennaher Temperatur
(Nach www.stadtklima-stuttgart.de)

Dichte Bebauung, ein hohes Maß an Bodenversiegelung, die fehlende Durchsetzung mit Grün- und Wasserflächen sowie die beträchtlichen Emissionen aus Industrie, Haushalten und Verkehr führen in Städten und Ballungsräumen zu einem besonderen Klima, dem **Stadtklima**. Kennzeichnend sind höhere Temperaturen, höhere Schadstoffbelastungen, niedrigere Windgeschwindigkeiten sowie eine schlechtere Durchlüftung. Das Phänomen des Aufheizens wird als städtische **Wärmeinsel** bezeichnet.

Je größer die Stadt, desto stärker ist die Ausprägung der Wärmeinsel. Zusammen mit emissionsbedingten Luftverunreinigungen durch Schadstoffe und Feinstaub sowie dem Lärm und der Hektik in der Stadt entsteht ein Klima, das für Flora, Fauna und letztlich auch für den Menschen sehr belastend ist. Insbesondere Kinder, Senioren und Menschen mit Herz- und Kreislaufproblemen leiden unter diesem Stadtklima. So konnte in den extrem heißen Sommermonaten der Jahre 2003 und 2015–2018 eine erhöhte Sterblichkeit innerhalb dieser Risikogruppen nachgewiesen werden.
Die genannten Probleme des Stadtklimas werden sich durch das fortschreitende Wachstum, die Verdichtung der Städte und vor allem durch den **Klimawandel** verschärfen. Extremereignisse wie die extremen Hitzesommer der letzten Jahre werden in ihrer Häufigkeit und Intensität voraussichtlich weiter zunehmen. Das bedeutet, dass es in Zukunft immer wichtiger sein wird, die Entwicklung des Klimas in unseren Städten genau zu beobachten und einer weiteren Verschlechterung mit geeigneten Maßnahmen entgegenzuwirken.

A Möglichkeit 1: Mehr hell, weniger dunkel – Erhöhung der Albedo

Städte sind durch eine dichte Bebauung und ein hohes Maß an Versiegelung gekennzeichnet. Die vorwiegend verwendeten Materialien Stein, Beton und Asphalt weisen ein höheres Wärmeaufnahme- und Wärmespeicherverhalten als die natürliche Vegetation auf. Zudem erscheinen ihre Oberflächen oftmals dunkler als beispielsweise eine Wiese: Sie besitzen also eine niedrigere **Albedo**. Diese beiden Eigenschaften führen vor allem im Sommer dazu, dass sich die Baukörper in der Sonne schnell und stark aufheizen und große Wärmemengen speichern.
Die tagsüber aufgenommene Wärme wird dann in der Nacht abgegeben und verhindert die Abkühlung der Stadtluft. Das Phänomen verstärkt sich durch die hohe Gebäudedichte, die Oberflächenvergrößerung im Zuge ihrer dreidimensionalen Struktur sowie durch die Einengung des Horizonts in Straßenschluchten. Es treten Mehrfachreflexionen an den Häuserwänden auf.

5 Die weißen Dörfer von Santorin – ein Vorbild auch für Städte?

Was ist eine Albedo?

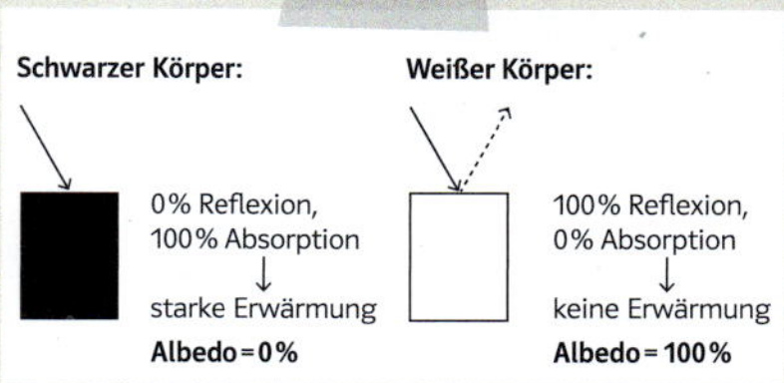

Die Albedo beschreibt, wie viel Strahlung eine Oberfläche aufnimmt und wie viel sie reflektiert. Eine Albedo von 1 bedeutet, dass 100% der Strahlung reflektiert und keine absorbiert wird. Eine Albedo von 0 bedeutet, dass 0% der Strahlung reflektiert wird, also die gesamte Strahlung absorbiert wird. Hierdurch heizt sich die Oberfläche auf. Das spürst du, wenn man im Sommer barfuß über dunklen Asphalt läuft.

Strahlungseigenschaften typischer Oberflächen

Oberfläche	Albedo	Oberfläche	Albedo
Asphalt	0,05–0,20	Anstrich: weiß	0,50–0,90
Beton	0,10–0,35	Anstrich: gün	0,20–0,35
Beton, weiß	0,71	Wiese	0,15–0,25
Dachziegel	0,10–0,35	Wasserfläche	0,03–0,10
Glas	0,09–0,52	Neuschnee	0,75–0,90

6

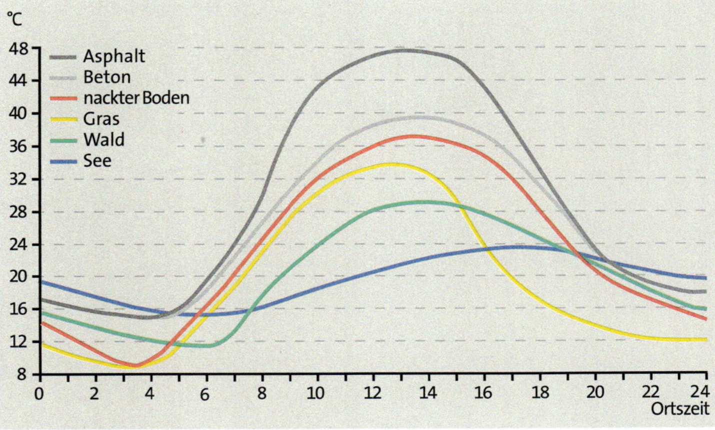

7 Temperaturen verschiedener Oberflächen an einem Hochsommertag
(Nach Städtebauliche Klimafibel online, Stuttgart 2007)

8 Die vertikalen Wälder (Bosco Verticale) des Architekten Boeri: Mailand – ein Vorbild für andere Städte?

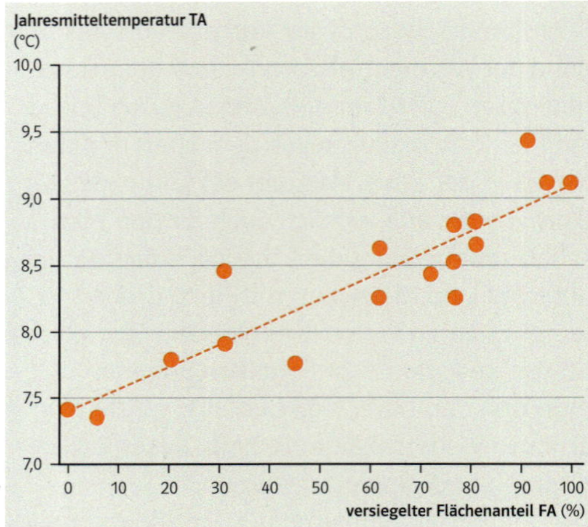

11 Zusammenhang zwischen Jahresmitteltemperatur und Versiegelungsgrad

↩ Temperaturen verschiedener Oberflächen Seite 139

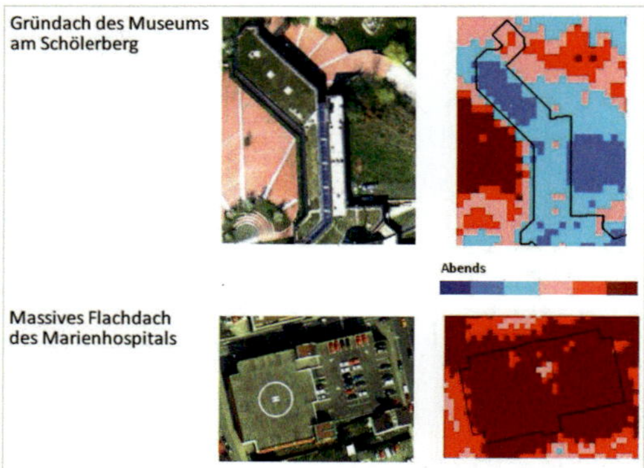

10 Oberflächentemperaturen verschiedener Dachflächen an einem Sommerabend

B Möglichkeit 2: Mehr grün, weniger grau – Förderung des innerstädtischen Grüns durch Dach- und Fassadenbegrünung

In unseren Städten ist ein Großteil der Oberfläche durch undurchlässige Materialien nahezu vollständig abgedichtet. Dies hat zur Folge, dass Niederschlagswasser schnell und ungehindert der Kanalisation zugeführt wird. Hiermit geht es für die Evaporation und dem damit verbundenen Kühlungseffekt verloren. Kommt jetzt noch die Abwärme aus Industrie, Verkehr und Haushalten hinzu, ist es nicht verwunderlich, dass der Temperaturunterschied zwischen Stadt und Land im Sommer bis zu zehn Grad Celsius betragen kann.

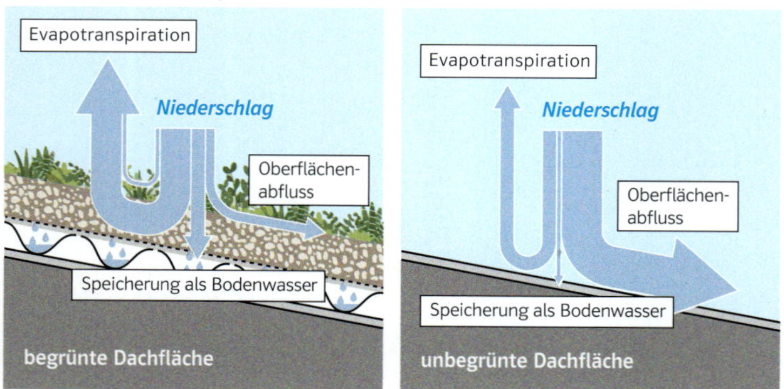

9 Niederschlagsverhalten bei begrünten und bei unbegrünten Dachflächen

Transpiration: Verdunstung von Wasser über die Blätter der Pflanzen, vor allem über deren regulierbaren Spaltöffnungen (Stomata) im Zuge der Fotosynthese, aber auch über deren übrige Außenhaut (Cuticula).

Evaporation: Verdunstung von Wasser auf unbewachsenen Land- oder Wasserflächen

Evapotranspiration: Summe aus Transpiration und Evaporation

Verdunstungskälte: die für sämtliche Verdunstungsprozesse benötigte Energie, die der Umgebungsluft als Wärme entzogen wird. Die Luft wird dadurch abgekühlt.

12

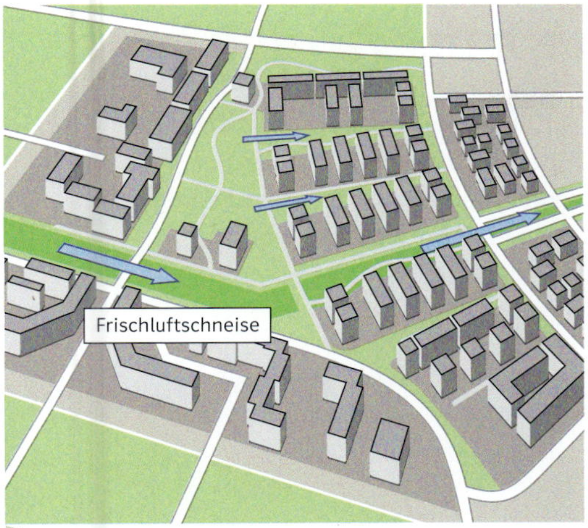

13 Geplantes Neubauprojekt mit Frischluftschneisen – ein Vorbild für andere Städte?

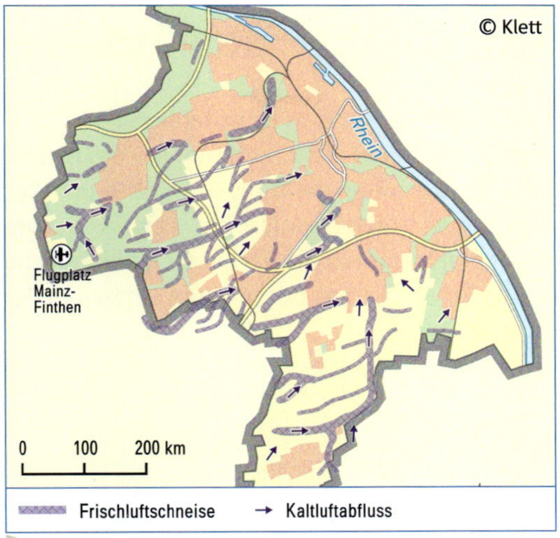

15 Frischluftschneisen der Stadt Mainz: durch sechs Täler fließt frische Luft in die Innenstadt

C Möglichkeit 3: Mehr klimaschonend, weniger schädigend – klimaschonende Bebauung und Verkehrsverhalten

Nachts kühlt sich – im Gegensatz zu Asphalt- und Betonflächen – die Luft im unverbauten Umland und über Grünflächen ab. Da die schwerere, kalte Luft eine höhere Dichte aufweist als die noch warme innerstädtische Luft, strömt sie bodennah über bestimmte Luftleitbahnen. Dies erfolgt meist reliefbedingt entlang von Taleinschnitten in die Stadt und verdrängt die warme, belastete Luft der Innenstädte. Teilweise sind diese Frischluftschneisen allerdings durch Bebauung versperrt, sodass die kühlende Frischluftzufuhr unterbunden wird.

16 Energetische Gebäudesanierung in Form von Wärmedämmung (linke Hälfte noch unsaniert, rechte Hälfte saniert)

Das Auto ist nach wie vor das beliebteste Fortbewegungsmittel der Deutschen. Allein die Anzahl der Pkws beläuft sich in Deutschland auf fast 48 Millionen (Stand 2020). Addiert man außerdem noch die vielen Lkws, Motorräder, Motorroller und Busse hinzu, ist es kein Wunder, dass zu manchen Zeiten die Straßen hoffnungslos verstopft sind. Die Städte leiden unter diesem Individualverkehr – ihnen droht der sog. Verkehrsinfarkt. Neben dem Lärm, Stress und dem Gefahrenpotenzial werden durch den Verkehr in hohem Maße Wärme und Luftschadstoffen emittiert. Hierdurch heizt sich die Stadt noch weiter auf.

14 Platzverbrauch von Auto, Bus und Fahrrad

Smart City – das Stadtkonzept der Zukunft?

Smartphones sind für uns selbstverständlich, Smart Homes sind noch nicht normaler Alltag, aber auch nicht mehr ungewöhnlich. Smart Cities – das sind die Städte der Zukunft. Sie sollen mehr als der Hälfte der Weltbevölkerung Platz bieten, gleichzeitig Ressourcen schonen und nachhaltig wirtschaften. Kann eine Antwort auf diese Herausforderungen die Vernetzung von Informationen und die Digitalisierung von vielen Bereichen des alltäglichen Lebens in der Smart City sein?

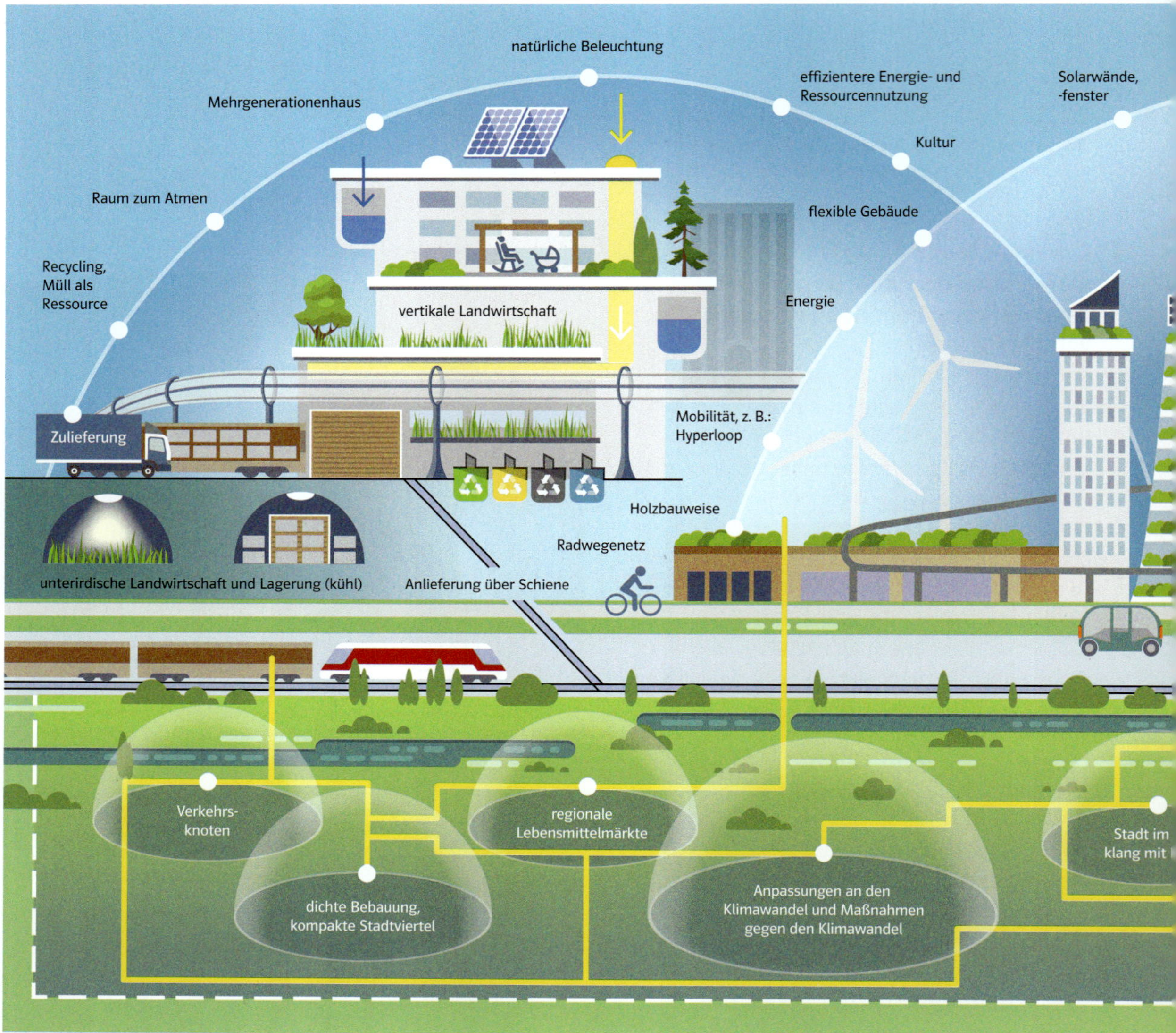

1 Stadt der Zukunft

2 Legt eine Liste mit Begriffen an. Markiert dort die Phänomene, die raumwirksam sind und/oder die zur Nachhaltigkeit beitragen.

3 MK Untersucht am Beispiel von Gelsenkirchen, wie durch den Einsatz von Virtual Reality die Bürgerinnen und Bürger bei der Stadtplanung und dem Stadtumbau einbezogen werden können (Internet).

Smart-City-Konzept:
ganzheitliches Entwicklungskonzept, mit dem Ziel, durch die Vernetzung von Informations- und Kommunikationstechnologien Großstädte effizienter, technologisch fortschrittlicher, grüner und sozial inklusiver zu machen.

Gelsenkirchen ist eine der fünf digitalen Modellkommunen in NRW und belegt deutschlandweit den 22. Platz im Smart-City-Index 2020. Strategie: Gemeinsam. Intelligent. Vernetzt.

Kleinstädte in Deutschland:
In mehr als 2100 Kleinstädten leben über 24 Mio. Menschen. Auch diese Wohn- und Wirtschaftsstandorte sollen gestärkt werden. Im Juni 2018 hat das Bundesinnenministerium einen Kongress „Kleinstädte in Deutschland – Urbanität, Vielfalt, Perspektiven." durchgeführt. Die polyzentrale Struktur der Kleinstädte ist ein Gunstfaktor.

Top Ten der deutschen Smart Cities (2020)
(von insgesamt 81 Plätzen)

1. Hamburg
2. München
3. Köln
4. Darmstadt
5. Karlsruhe
6. Stuttgart
7. Berlin
8. Osnabrück
9. Aachen
10. Heidelberg

→ Agenda 2030 Seite 14/15

1 Arbeitet mit Grafik 1:
a) Beschreibt die Grafik und recherchiert unbekannte Begriffe.
b) Benennt Elemente, die ihr von gegenwärtigen Städten kennt.

4 Stellt Veränderungen im Erscheinungsbild unserer Städte dar, wenn das Smart-City-Konzept konsequent umgesetzt wird.

5 Bewertet das Smart-City-Konzept im Klassengespräch vor dem Hintergrund der Agenda 2030.

6 Erörtert, welche Elemente des Smart-City-Konzepts auf Kleinstädte übertragbar sind.

Millionenstädte und Megacities

⁉ **Kaum zu glauben**

Kanada hatte 2018 mit 36,9 Mio. Einwohnern geringfügig weniger Einwohner als die Megastadt Tokyo.

Bezugsräume der UN-Angaben

City Proper (CP): Kernstadt; Angaben sind durch die Verwaltungsgrenzen bestimmt

Urban Agglomeration (AG): Berücksichtigt wird die Bevölkerung des an die Kernstadt angrenzenden städtischen Gebiets.

Metropolitan Area (MA): Grundlage des Zählungsraums sind die wirtschaftlichen und sozialen Verflechtungen sowie die Pendlerbeziehungen.

Eine Stadt mit mehr als 10 Millionen Einwohnern wird nach Definition der Vereinten Nationen als Megacity bezeichnet. Im Jahr 2018 gab es weltweit 33. 48 Städte hatten eine Bevölkerungszahl zwischen 5 und 10 Millionen. Von diesen 48 Städten werden sich bis 2030 vermutlich 10 Städte zu Megacities entwickeln.

Noch ist Tokyo nach UN-Angaben mit über 37 Mio. Einwohnern die größte **Megacity**. Die meisten anderen Ranglisten führen die japanische Hauptstadt auch an erster Stelle. Doch die folgenden Plätze weisen je nach Veröffentlichung deutliche Unterschiede auf. So liegt Jakarta in einigen Rankings mit 32 Mio. Einwohnern direkt hinter Tokyo. Die UN führt die indonesische Stadt mit knapp über 10 Mio. erst an Platz 30. Bei der Erstellung eines Rankings ist man auf Angaben der Städte/Institutionen angewiesen, die nicht immer zuverlässig sind. Bisher gibt es keine international standardisierten Kriterien für die Festlegung der Grenzen einer Stadt und damit der verbundenen Bevölkerungszahl. Meist bestimmen die Verwaltungsgrenzen das Stadtgebiet. In dicht besiedelten Gebieten sind diese Grenzen jedoch kaum wahrnehmbar. Das städtische Siedlungsgebiet geht an den Rändern oft über die administrative Grenze hinaus. Je nach Festlegung wird die dort lebende Bevölkerung bei den Angaben der Bevölkerungszahl einbezogen oder eben nicht. Die hier vorliegenden UN-Daten geben den Bezugsraum der Daten an.

Vorsicht Zahlen!

Nahezu alle Angaben zur Bevölkerungszahl einer Stadt, Agglomeration oder **Metropole** beruhen heute auf Schätzungen. Zählungen werden kaum noch durchgeführt. In den europäischen Staaten sind es vor allem Fortschreibungen – meist auf der Basis von Melderegistern. Aber selbst in den USA gibt es bis heute keine Meldepflicht für die Bewohner.
Noch schwieriger gestaltet sich die zahlenmäßige Erfassung der Bevölkerung in Schwellen- und Entwicklungsländern. Hier ist man dazu übergegangen, Siedlungserweiterungen des Stadtrands und ausgewählter innerstädtischer Cluster mithilfe von Satellitenbildern auszuwerten. Zuwachs und Verdichtung werden auf der Basis von kleinräumigen Untersuchungen hochgerechnet und fortgeschrieben.

Probleme – aber nicht überall gleich

Die Entwicklung der Millionen- und **Megastädte** wird sich in Zukunft unterschiedlich gestalten. Die Prognose für Tokyo macht deutlich, dass das Wachstum gebremst ist. Japanische, europäische und nordamerikanische Millionenstädte

1 Megacities 2018 und 2030

Staat	Stadt	Räumliche Grundlage	Einw. in Mio. 2018	Staat	Stadt	Räumliche Grundlage	Einw. in Mio. 2030
Japan	Tokyo	MA	37468	Indien	Delhi	MA	38939
Indien	Delhi	MA	28514	Japan	Tokyo	MA	36574
China	Shanghai	CP	25582	China	Shanghai	CP	32869
Brasilien	São Paulo	MA	21650	Bangladesch	Dhaka	MA	28076
Mexico	Mexico City	MA	21581	Ägypten	Al-Qahirah (Cairo)	MA	25517
Ägypten	Al-Qahirah (Cairo)	MA	20076	Indien	Mumbai (Bombay)	MA	24572
Indien	Mumbai (Bombay)	MA	19980	China	Beijing	AG	24282
China	Beijing	AG	19618	Mexico	Mexico City	MA	24111
Bangladesch	Dhaka	MA	19578	Brasilien	São Paulo	MA	23824
Japan	Kinki M.M.A. (Osaka)	MA	19281	Rep. Kongo	Kinshasa	AG	21914
USA	New York-Newark	AG	18819	Nigeria	Lagos	AG	20600
Pakistan	Karachi	AG	15400	Pakistan	Karachi	AG	20432
Argentinien	Buenos Aires	AG	14967	USA	New York-Newark	AG	19958
China	Chongqing	AG	14838	China	Chongqing	AG	19649
Türkei	Istanbul	AG	14751	Japan	Kinki M.M.A. (Osaka)	MA	18658

2 Die 15 größten Städte der Welt
(Nach: UN Department of Economic and Social Affairs, Population Division (2018). World Urbanization Prospects: The 2018 Revision.)

wachsen deutlich langsamer und sind durch ihren wirtschaftlichen Status weniger von Problemen betroffen. Hier ist man oft sogar in der Lage, Optimierungen im Bereich der Nachhaltigkeit vorzunehmen und für eine Erhöhung der Lebensqualität zu sorgen (z.B. Nordeuropa). Für Afrika hingegen gehen die UN-Prognosen davon aus, dass sich die Anzahl der Städte mit mehr als 1 Mio. Einwohnern von 63 (2018) auf fast 100 (2030) erhöht. Das meist unkontrollierbare Wachstum stellt diese Städte vor nahezu unlösbare Probleme. Ihre infrastrukturelle Ausstattung kann mit dem **Bevölkerungswachstum** nicht mithalten. In der Folge entstehen riesige Slumsiedlungen. Lösungsstrategien setzen auf raum- und situationsbedingte, individuelle Maßnahmen.
In Asien sind es vor allem China und Indien, die einen deutlichen Zuwachs der Mega- und Millionenstädte erfahren. Verantwortlich dafür ist die dynamische wirtschaftliche Entwicklung in diesen Regionen.

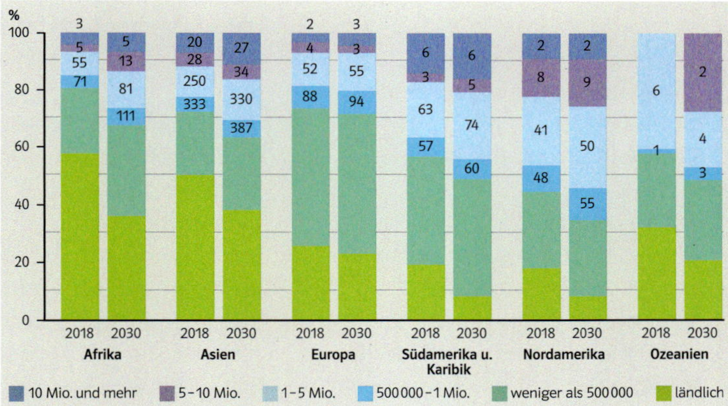

3 Bevölkerungsverteilung nach Größenklasse der städtischen Siedlungen und Regionen, 2018 und 2030 (in Prozent)

← Statistiken auswerten Seite 104/105

1 Beschreibe die Verteilung der Megacities 2018 und 2030.

2 Erläutere die Veränderungen im Ranking der Megacities 2018 und 2030.

3 Beurteile mögliche Auswirkungen der zukünftigen Entwicklung (Material 3):
A in städtischen Regionen;
B in ländlichen Regionen.

4 MK Wähle eine der für das Jahr 2030 prognostizierten Megacities aus. Informiere dich im Internet über deren aktuelle Situation (z.B. Infrastruktur, Lebensbedingungen, Nachhaltigkeitskonzepte).

Wichtige Begriffe

- Albedo
- Donut-Effekt
- Gated Community
- Megastadt (Megacity)
- Metropole
- nachhaltige Stadtentwicklung
- schrumpfende Stadt
- Slum (Favela)
- Smart-City-Konzept
- Stadtklima
- Stadtplanung
- Suburbanisierung
- Urban Farming
- Verstädterung
- Wärmeinsel

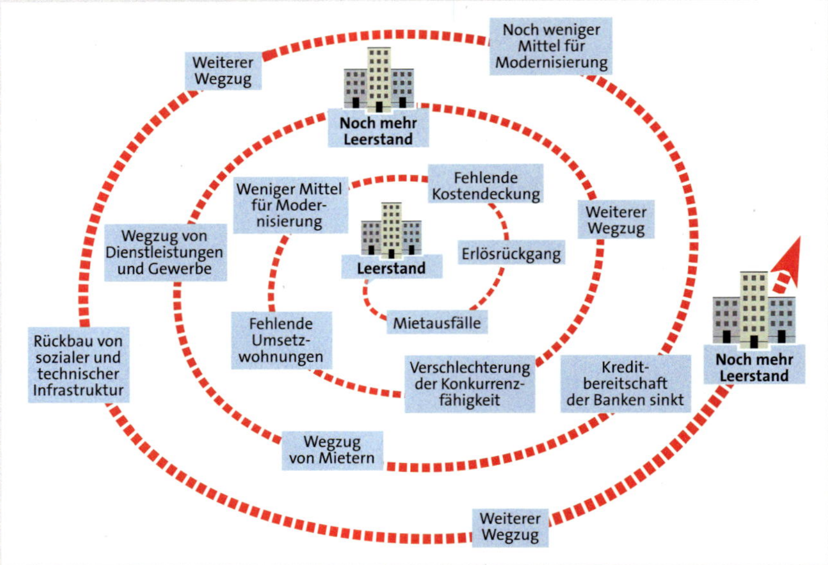

1 Leerstandsspirale

Kennen und Verstehen

1 Nenne den Zeitraum, in dem die meisten Städte in West- und Mitteleuropa entstanden sind.

2 Richtig oder falsch
Verbessere die falschen Aussagen und schreibe sie richtig auf.
- **a** Mehr als die Hälfte der Weltbevölkerung lebt heute in Städten.
- **b** Mit Suburbanisierung bezeichnet man den Ausbau der Kanalisation in einer Stadt.
- **c** Die afroamerikanische Bevölkerung stellt heute den größten Bevölkerungsanteil in Detroit.
- **d** Lagos und Detroit haben etwa gleich viele Einwohner und ähnliche Probleme.
- **e** In den Favelas Südamerikas kann man „halbe" Häuser finden.
- **f** Durch den Schutz der vielen Häuser ist das Klima in der Stadt deutlich kühler als auf dem Land.
- **g** Die „Leuchttürme des Wissens" stehen in Curitiba direkt am Strand.

3 Begriffe gesucht
Finde mithilfe der Umschreibung den jeweiligen Begriff und notiere den angegebenen Buchstaben. Die Zusammensetzung dieser Buchstaben ergibt den gesuchten Begriff.
- **a** Stadtentwicklungsphase, in der Könige und Fürsten prunkvolle Schlösser anlegten
  → 9. Buchstabe
- **b** Englischer Begriff für Preis oder Auszeichnung. Mit Preisen werden auch europäische Städte ausgezeichnet, die sich um eine nachhaltige Entwicklung bemühen.
  → 2. Buchstabe
- **c** „Süße" Umschreibung der Folgen der Abwanderung der Bevölkerung aus der Innenstadt in die Randbezirke bzw. Vorstädte.
  → 2. Buchstabe
- **d** Geschlossener Wohnkomplex mit Zugangsbeschränkung
  → 3. Buchstabe

4 Erläutere anhand der Leerstandsspirale (Grafik 1) die Folgen und Probleme des Schrumpfungsprozesses für:
- **a** die Bewohner einer Stadt,
- **b** die Stadtverwaltung.

5 Stellung nehmen
Wähle aus:
- **a** Schrumpfende Stadt
  Nimm Stellung zur Aussage im Text 3.
- **b** Gated Community
  Nimm Stellung zur Karikatur 2.

Fachmethoden anwenden

6 MK Bestimme anhand des Luftbildes von Münster zwei deutlich auszumachende Entwicklungsphasen der Stadt. Erstelle eine kurze Präsentation zu deinen Ergebnissen (max. 2 Minuten).

2 Karikatur – Gated Community

„Das größte Manko schrumpfender Städte?
Es gehen die, die es sich leisten können. ... Zurück bleiben die A-Gruppen: Arbeitslose, Alte, Arme. ... Fortgehen ist ein Privileg, keine Strafe. Die verlassenen Städte verlieren nicht nur Steuergeld, sie müssen sich auch um die kümmern, die nicht die Möglichkeit haben, zu gehen.“
Süddeutsche Zeitung vom 13./14.01.2007 (19.5.2020)

3

5 Senkrechtluftbild von Münster

Beurteilen und bewerten

7 Bedeutung von Urban Farming

a Ergänze den folgenden Satz mit einem der Adjektive:
mögliche, sinnvolle, notwendige, überflüssige, unsinnige, zwingende, zukunftsorientierte
Urban Farming ist eine ... Maßnahme zur Flächennutzung in Detroit.
Begründe deine Entscheidung.

b Formuliere und begründe die Aussage auch für die Städte: Lagos, Köln, Curitiba und Essen.

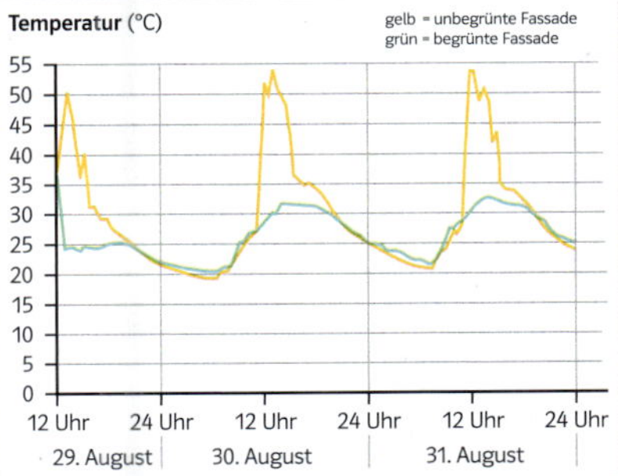

4 Auswirkungen einer Fassadenbegrünung

8 Bedeutung Fassadenbegrünung

Beurteile mithilfe des Diagramms 4 die Vorteile der Fassadenbegrünung für die Verbesserung des Stadtklimas.

Handeln

9 MK Stadteindrücke

a Schaut euch eure Stadt einmal genau an. Sucht Indizien für das Wachsen oder Schrumpfen eurer Stadt oder Heimatort. Fotografiert, zeichnet Bilder oder beschreibt, was ihr seht.

b Führt eine kurze Meinungsumfrage unter den Schülerinnen und Schülern eurer Schule, euren Verwandten oder Bekannten durch. Welche Veränderungen nehmen sie in der Stadt wahr?

c Sucht in eurer Stadt Maßnahmen, die zur Verbesserung des Stadtklimas beitragen.

10 MK Meine Stadt von morgen

a Ermittelt mithilfe des Internets die Einwohnerzahlen der letzten zehn Jahre für eure Stadt oder eine Stadt in der Nähe.

b Erstellt mit diesen Daten ein Balkendiagramm zur Bevölkerungsentwicklung. Welche Tendenz ist erkennbar?

c Erkundet Maßnahmen, die eure untersuchte Stadt ergreift, um der Bevölkerungsentwicklung zu entsprechen.

d Recherchiert im Internet oder auf den offiziellen Seiten der Stadt, ob sie sich an einem der europäischen Wettbewerbe zur nachhaltigen Stadtentwicklung beteiligt. Gute Gesprächspartner für diese Informationen sind auch im Amt für Stadtentwicklung zu finden.

Jetzt kannst du ...

- die Methode der SWOT-Analyse durchführen und damit Entscheidungen vorbereiten;
- die wichtigsten Entwicklungsphasen der west- und mitteleuropäischer Stadt nennen und beschreiben;
- Möglichkeiten für die Lösung von Problemen wachsender und schrumpfender Städte benennen und erläutern;
- Möglichkeiten zur Verbesserung des Stadtklimas nennen und bewerten;
- ungewöhnliche Strategien für die Lösung von Problemen schrumpfender, wachsender und nachhaltiger Städte begründen;
- die räumlichen Auswirkungen der Digitalisierung für Städte bewerten.

7

Globalisierung – die ganze Welt, ein Markt

1 Containerhafen von Singapur – eine Drehscheibe des globalen Güterverkehrs

2 Regal in einem deutsche

Globalisierung – vor 60 Jahren hätte man diesen Begriff noch vergeblich im Lexikon gesucht. Heute ist das ein alltäglicher Begriff. Globalisierung lässt sich definieren als Entwicklung eines weltweiten komplexen Netzwerkes in allen wesentlichen Wirtschaftsbereichen: Landwirtschaft, Industrie, Dienstleistungen, Mobilität. Hinzu kommen die Verflechtungen der wirtschaftlichen Faktoren mit politischen, finanziellen, kulturellen und ökologischen Strukturen. Grundlage der Globalisierung ist die ständig schneller werdende informations- und kommunikationstechnische Verflechtung. Vor allem die Digitalisierung hat entscheidend zur Beschleunigung des Globalisierungsprozesses beigetragen. Die Globalisierung bietet unendlich viele Möglichkeiten, aber sie birgt auch viele Risiken.

ebensmittelmarkt – Vielfalt aus aller Welt

Globalisierung: Was ist das?

Der Begriff Globalisierung steht für den zunehmenden weltweiten Austausch von Waren, Kapital und Dienstleistungen. Das hat weitreichende Folgen. Die Weltwirtschaft wächst und rückt näher zusammen. Aber dadurch werden auch die gegenseitigen Abhängigkeiten größer. Und längst nicht jeder profitiert von der Globalisierung.

1 Wortwolke Globalisierung

Das Wort **Globalisierung** ist heute in aller Munde, besonders in der Wirtschaft. Es beschreibt in erster Linie den weltweiten Prozess der erhöhten Mobilität von Waren, Dienstleistungen, Wissen und Kapital – aber auch von Personen. Beschleunigt wurde der Globalisierungsprozess vor allem durch neue Technologien im Kommunikations-, Informations- und Transportwesen. Sie ermöglichen erst die rasante Zunahme der weltweiten Kommunikation. Das Internet erlaubt den Wirtschaftsunternehmen heute eine weltweite Zusammenarbeit in kürzester Zeit. Es macht kaum einen Unterschied, ob sich ein Geschäftspartner nebenan oder auf einem anderen Kontinent befindet.
Hauptakteure der Globalisierung sind große multinationale Unternehmen, die sog. **Global Player**, die mit ihren Investitions-, Produktions- und Produktstrategien weltweit agieren. Sie suchen sich nicht nur ihre Handelsplätze frei aus, sondern wählen auch Produktionsstandorte nach dem Prinzip der Kostenminimierung. Dies führt zum **Outsourcing**, d. h. zur Auslagerung von Produktions- und Dienstleistungsstandorten in Niedriglohnländer. Forschung und Entwicklung von neuen Produkten finden überwiegend noch in Industrieländern statt. Durch die **arbeitsteilige Produktion** können viele Staaten am Endprodukt beteiligt sein.
Die Globalisierung wird jedoch nicht nur positiv gesehen. Viele kritisieren die wirtschaftlichen Entwicklungen und warnen vor den negativen Folgen. Insbesondere Entwicklungsländer schaffen es nicht, mit der rasanten Entwicklung mitzuhalten. Nichtregierungsorganisationen wie Attac haben es sich zur Aufgabe gemacht, auf negative Folgen der Globalisierung hinzuweisen.
Auch auf kultureller und sozialer Ebene nimmt die Globalisierung stetig zu. Vom kulturellen Austausch profitieren viele, es kommt aber auch zu einer kulturellen Überprägung. So findet man in den Einkaufsstraßen gleiche Marken, egal ob in Dortmund, Berlin, Moskau, New York oder Shanghai.

Globale Vernetzung

Durch die modernen Kommunikationsmedien – Radio, Fernsehen, Telefon und Internet – ist die Welt heute sehr gut verbunden. Daten und Informationen werden weltweit ausgetauscht, Geldströme gelenkt und Waren gekauft, verkauft und verschickt. Das weltweite Netz, das uns mit anderen Menschen in anderen Ländern verbindet, wird durch moderne Technik möglich.

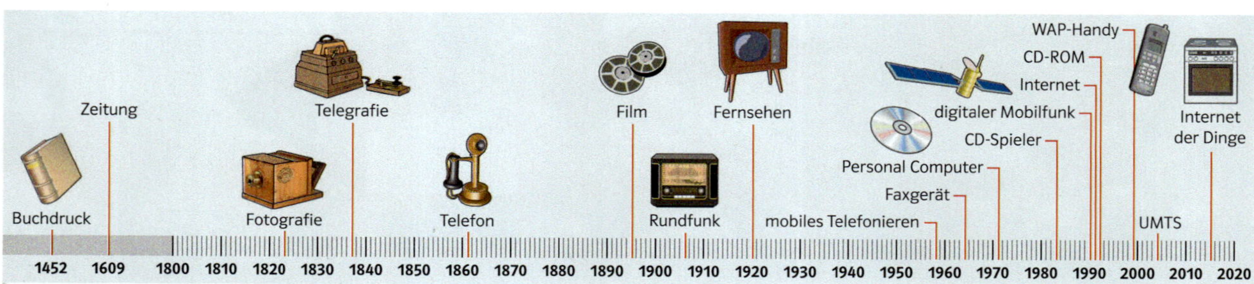

2 Entwicklung der Kommunikationsmedien

Chancen und Risiken der Globalisierung (ungeordnete Auswahl)

- mehr Wohlstand bei uns
- Ankurbelung der Wirtschaft
- Zerstörung einheimischer Strukturen
- globalisierte Kommunikation
- Belastung der Umwelt
- internationales Warenangebot
- mehr Armut woanders
- weltweite Zusammenarbeit
- mehr internationale Kriminalität
- verschärfter Wettbewerb
- Auslagerung von Arbeitsplätzen ins Ausland
- größere Mobilität
- globalisierte Krankheiten
- Zusammenwachsen der Kulturen
- Vereinheitlichung der Kulturen
- sinkende Preise bei uns
- kein fairer Wettbewerb
- globalisierte Krisen

3

Hast du schon einmal beim Snooker oder Billard zugeschaut bzw. selber gespielt? Ein Spieler stößt den Spielball an, der trifft auf eine (oder zwei, drei, vier) andere Kugel(n). Die werden nach links oder rechts geschoben und treffen dann auf weitere Kugeln. Der zweite Spieler kann mit seinem Gegenstoß die Strategie des ersten durchkreuzen.

(to snook somebody = jemanden sperren)

4 Viele Bälle – ein Spielfeld

Daten werden über Satelliten oder durch weltumspannende Glasfaserkabel in Bruchteilen von Sekunden rund um den Globus gesendet. Das erleichtert auch viele Abläufe in unserem Alltag. Selbst die Entwicklungsländer sind heutzutage gut vernetzt. Auch hier setzten sich das Smartphone und das Internet immer stärker durch bzw. gehören bereits zum alltäglichen Leben. Dies bietet gerade der jungen Generation die Möglichkeit, sich besser auszubilden, da sie durch das Internet Zugang zu vielfältigen Informationen hat.

5 Globalisierung

SP Tipp

Stelle dar

→ Aufgabe 2

Wenn Arbeitsplätze ins Ausland verlagert werden, sinken bei uns die Preise, d.h., das geringe Lohnniveau woanders bewirkt, dass bei uns der Wohlstand wächst.

1 MK

Was ist Globalisierung?

a) Erläutert die Entwicklung der Kommunikationsmedien und deren Einfluss auf die Globalisierung (Grafik 2).

b) Notiert Stichpunkte aus dem Text und dem Erklärfilm (9su4qi). Erläutert damit euren Mitschülern den Begriff „Globalisierung“.

2 SP

Wie beim Snooker:
Jeder Faktor der Globalisierung beeinflusst mindestens einen anderen. Beispiel: „Auslagerung von Arbeitsplätzen ins Ausland“
→ „sinkende Preise bei uns“;
→ „mehr Armut woanders“;
→ „mehr Wohlstand bei uns“.
Stelle ein weiteres Beispiel der Beeinflussung dar. Nutze dafür auch Material 3.

3

Die Globalisierung und wir.
Kauf einer Jeans online oder vor Ort? Erörtert die Frage auf der Basis von tabellarischen Gegenüberstellungen und stellt euch die Ergebnisse gegenseitig vor:

A Vor- und Nachteile für euch;
B Vor- und Nachteile für den Produzenten;
C Vor- und Nachteile für die Umwelt.

4

Erstelle eine eigene Wortwolke zum Stichwort „Globalisierung in meinem Alltag“.

Globalisierte Landwirtschaft

Schweineschnitzel mit Pommes ist eines der Lieblingsgerichte der Deutschen – vielleicht auch deins? Hättest du gedacht, dass unser Fleischkonsum Räume prägt und nicht nur bei uns, sondern auch am anderen Ende der Welt unterschiedlichste politische, soziale, ökonomische sowie ökologische Auswirkungen hat?

Auf den folgenden Seiten erfahrt ihr anhand von zwei Beispielen (Schweinefleisch und Tomaten), wie die Landwirtschaft weltweit verflochten ist, welche politischen, sozialen, ökologischen und ökonomischen Auswirkungen sie auf einzelne Räume hat und welche Zielkonflikte es dabei gibt. Bearbeitet jeweils zuerst die speziellen Aufgaben der Beispiele und anschließend die allgemeinen Aufgaben für alle Themen dieser Seite. Ihr könnt auch arbeitsteilig vorgehen und euch anschließend über die beiden Themen austauschen.

1 Benenne die hauptsächlich thematisierten Dimensionen der Nachhaltigkeit.

2 MK Recherchiere weitere Informationen, auch zu nicht thematisierten Dimensionen der Nachhaltigkeit.

3 Beurteile die jeweilige Entwicklung hinsichtlich ihrer Nachhaltigkeit.

4 Identifiziere deine bzw. unsere Rolle im jeweiligen Zusammenhang.

5 Entwickelt gemeinsam Ideen, wie man die Entwicklungen nachhaltiger gestalten könnte.

○ 1 ◒ 2, 4 ● 3, 5

In Deutschland werden durchschnittlich 34,1 kg Schweinefleisch im Jahr gegessen.

1 Schnitzel vom westfälischen Schwein und eine Sojaplantage in Brasilien: Wo ist der Zusammenhang?

↰ Nachhaltigkeit Seite 12/13

↰ Concept Map Seite 90/91

Nicht nur der Verzehr von Schweinefleisch, sondern der Konsum vieler landwirtschaftlicher Güter prägt weltweit Räume. Dies liegt an der Struktur und Verflechtung der Landwirtschaft.

Globale Verflechtung

Das Wirken eines Betriebs ist längst nicht mehr auf eine bestimmte Region oder gar einen Ort beschränkt. Landwirte kaufen heute z. B. Futtermittel aus entfernten Gegenden ein und verkaufen die erzeugten Produkte wiederum in andere Regionen. Auch die Landwirtschaft ist globalisiert. Die landwirtschaftlichen Wertschöpfungsketten erstrecken sich über die Grenzen von Regionen, Ländern und sogar Kontinenten hinweg.

Spannungsfeld Nachhaltigkeit

Diese globalisierte Landwirtschaft bewegt sich dabei in einem komplexen Spannungsfeld. Verbraucher und Nicht-Regierungs-Organisationen fordern eine **nachhaltige Landwirtschaft**: Vor allem die ökologischen und sozialen Belange sowie das Wohl der Tiere sollen stärker berücksichtigt werden. Die Landwirtschaft muss sich aber nicht nur diesen Herausforderungen stellen, sie ist auch den Zwängen des globalen Wettbewerbs ausgesetzt und steht daher unter wirtschaftlichem Druck.

Das westfälische Schwein – eigentlich ein Brasilianer?

Niedersachsen und Westfalen sind die Zentren der deutschen Schweinehaltung. Diese erfolgt traditionell auf eher ertragsärmeren Böden. Seit Jahren vergrößern diese Veredelungsbetriebe ihre Viehbestände, damit sie günstiger und somit wettbewerbsfähig produzieren.

Umweltprobleme in Deutschland

Die Nahrungsmittelindustrie sichert die Ernährung und bietet viele Arbeitsplätze. Aus ihren Aktivitäten ergeben sich jedoch auch zahlreiche Umweltprobleme. Bei der Schweinemast fallen enorme Mengen Gülle an. Diese wird als Dünger auf den Feldern ausgebracht. Das darin enthaltene Nitrat, eine Stickstoffverbindung, fördert das Pflanzenwachstum. Wird es aber in zu großen Mengen verteilt, nehmen Boden und Pflanzen es nicht mehr auf und das Nitrat gelangt ins Grundwasser. Dadurch wird die Trinkwasserqualität beeinträchtigt. Nitrat ist eigentlich ungiftig, kann sich im Magen jedoch zu giftigem Nitrit umwandeln. Die Trinkwasserreinigung ist zudem aufwendig und teuer.
Die hohe Nachfrage nach Futtermais als Nahrung für die Schweine führt außerdem zur Ausweitung von Maisflächen. Solche Monokulturen verringern die landschaftliche Vielfalt und damit auch den Lebensraum für Wildtiere.

Flächenmangel

Die Maispflanze wird als Schweinefutter v. a. wegen ihres hohen Flächenertrags genutzt. Sie verträgt eine intensive Düngung mit Gülle. Der heimische Anbau von Futtermitteln reicht jedoch bei Weitem nicht mehr aus, um die Masttiere zu sättigen. Daher wird Soja aus Übersee importiert.

2 Landwirtschaft in Nordwestdeutschland

1 Werte Karte 2 aus. Erkläre, warum in Westfalen die Schweinemast besonders ausgeprägt ist.

2 MK Erläutere die Folgen der Intensivierung der Schweinemast für die Umwelt in Westfalen mit einer Concept Map.

3 Begründe, warum Niedersachsen noch bedeutender in der Schweineproduktion ist.

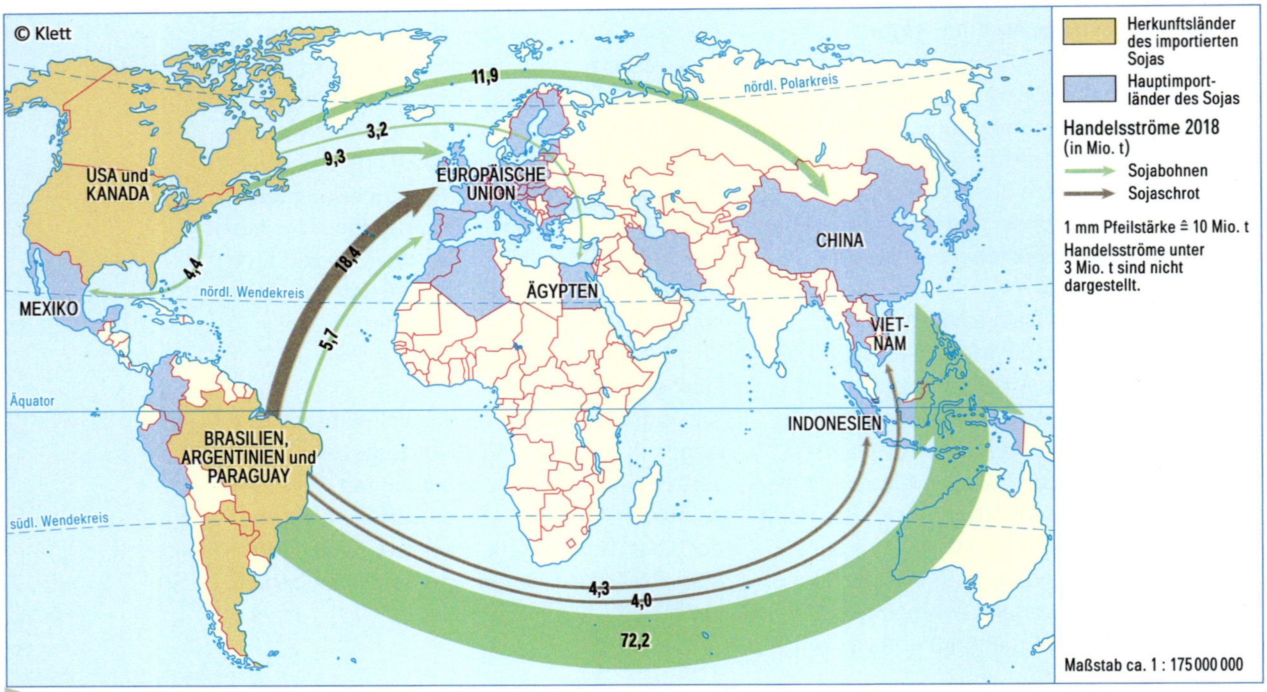

3 Herkunft des importierten Sojas

Globaler Sojahandel

Wechselt man die Maßstabsebene und betrachtet den globalen Handel mit Soja und Sojaschrot, kommt man der Herkunft des Sojas auf die Spur. Die Sojabohne benötigt viel Wärme und kann in unseren Breiten nur schlecht wachsen. Daher wird sie aus Süd- und Nordamerika importiert. Seit Jahren steigt weltweit die Nachfrage nach Soja aus Nord- und Südamerika. Untersuchungen kommen zu dem Schluss, dass ein konventionell produziertes Schnitzel eine „Anbaufläche" von 1,63 m² benötigt, wovon 0,9 m² auf ausländischen Sojaanbau entfallen.

↼ Welt geographisch sehen Seite 8/9

Ausweitung des Sojaanbaus in Brasilien

Der Anbau des Sojas erfolgt in Monokulturen auf riesigen Farmen mit oft über 1 000 ha Fläche (etwa 1 500 Fußballfelder). Einer der größten Sojaproduzenten neben Argentinien und den USA ist Brasilien. Seit den 1970er-Jahren wird dort der Sojaanbau kontinuierlich ausgedehnt. Neben anderen Einflussfaktoren wie dem Siedlungs- und Straßenbau, der Ausbreitung von Rinderfarmen und der Holzentnahme ist die Ausweitung der Sojaflächen einer der Hauptgründe für den Rückgang der tropischen Regenwälder und Savannen.

4 Sojabohne

Folgen für Mensch und Umwelt

Durch die Ausweitung des Sojaanbaus ist Brasilien zu einem der bedeutendsten Sojaproduzenten weltweit aufgestiegen. Von den entsprechenden Einnahmen profitieren der brasilianische Staat und die Agrarkonzerne. Der Agrarsektor bietet zahlreiche Arbeitsplätze. Eine weitestgehend positive wirtschaftliche Entwicklung, vor allem der Anbauregionen, ist unbestritten. Es gibt aber auch bedeutende Kehrseiten dieser Entwicklung.

Biodiversitätsverlust: Der unumkehrbare Verlust von Lebensräumen (Regenwald und Savanne) und damit von Tieren und Pflanzen hat z. B. zur Folge, dass ein Reservoir von potenziellen Arznei-Wirkstoffen, Nahrungsmittelpflanzen und nutzbaren Genen für die Züchtung verloren geht.

Landkonflikte: Die sich ausweitenden großbetrieblichen und exportorientierten Sojafarmen verdrängen Kleinbauern von ihrem Land. Durch den Landverlust fehlt ihnen die Lebensgrundlage. Dies wird oft von gewalttätigen Konflikten begleitet. Zudem wird die Lebensgrundlage indigener Völker angegriffen.

Verwundbarkeit: Monokulturen sind sehr anfällig für die schnelle Ausbreitung von Schädlingen, sodass die Plantagen einer ständigen Bedrohung ausgesetzt sind. Zudem schafft die Aus-

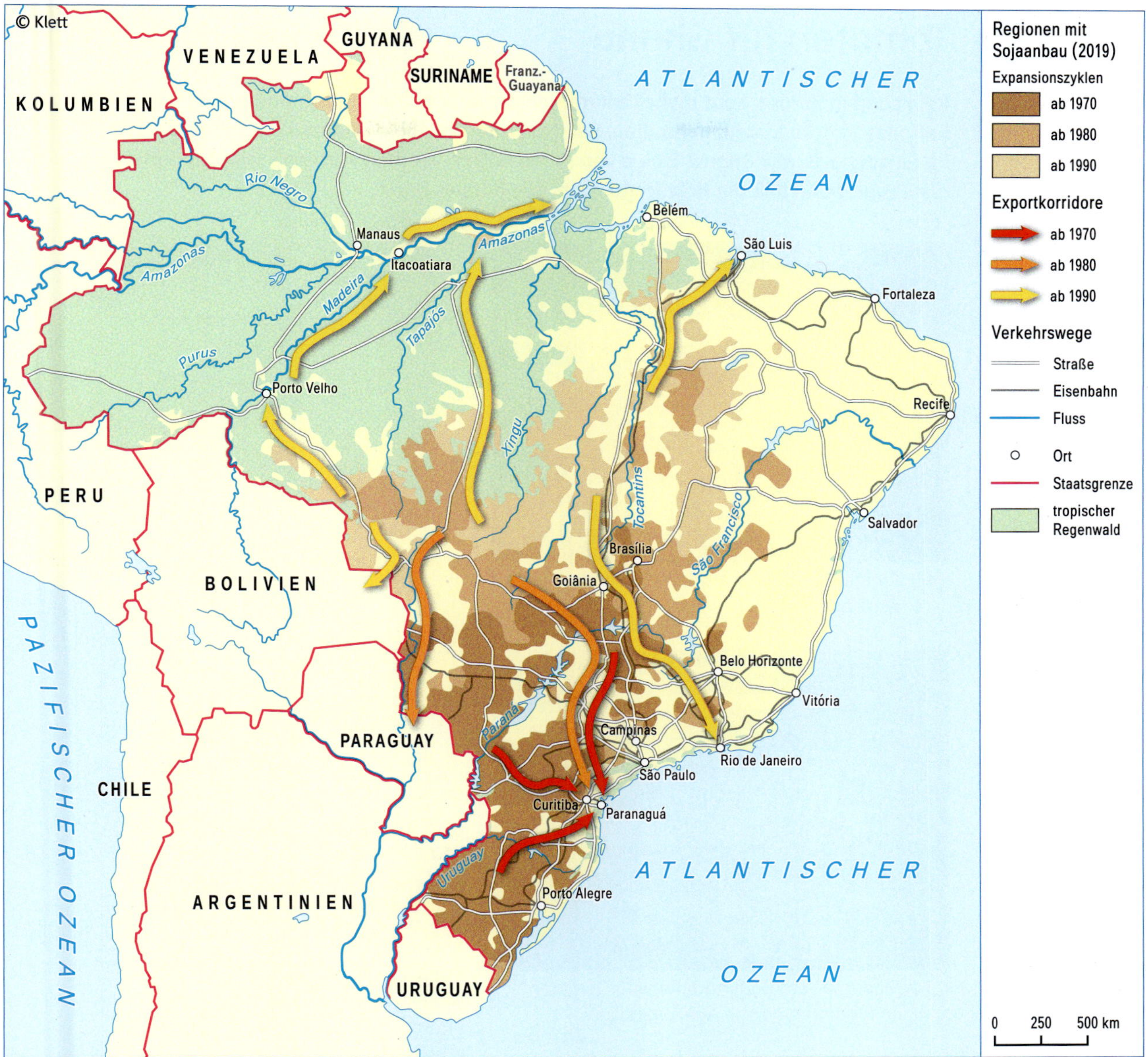

5 Voranschreiten des Sojaanbaus in Brasilien

richtung der Anbauregionen auf häufig nur ein Produkt starke Abhängigkeiten vom Weltmarkt. Förderung des anthropogenen Klimawandels: Da Wälder durch die Fotosynthese das Treibhausgas Kohlenstoffdioxid (CO_2) binden, funktionieren sie als CO_2-Senke. Werden sie gerodet, geht diese Funktion verloren. Zudem erfolgt die Rodung oft mit Feuer, wodurch zusätzliches CO_2 freigesetzt wird.

← Concept Map Seite 90/91

4 Berechne, wie viel Anbaufläche du mit deinem Fleischkonsum in der letzten Woche in Anspruch genommen hast. Wie viel Fläche wäre das in einem Jahr? Wie viel Fläche nimmt eure Klasse in Anspruch?

5 Werte Karte 5 aus. Beschreibe und erläutere die Ausweitung des Sojaanbaus in Brasilien.

6 MK Erläutere knapp die Folgen und Zielkonflikte der Ausweitung der Sojaanbauflächen in Brasilien mithilfe einer Concept Map. Nutze dafür auch geeignete Atlaskarten.

7 Gib eine Antwort auf die Fragestellung dieses Themas und erläutere dabei entsprechende Transportwege des Sojas.

Tomaten für Ghana

Kein Land in Europa baut mehr Tomaten an als Italien. Die größten Anbauflächen befinden sich im Süden, in Apulien. Bei der Ernte sind viele afrikanische Arbeitskräfte im Einsatz, z. B. aus Ghana. Einige von ihnen hatten vor ihrer Ausreise selbst Tomaten angebaut. Dann ließ die Nachfrage nach. Wie kam es dazu?

1 Tomaten auf einem Markt in Ghana – lokale Ware oder Import?

↜ **Fluchtweg Mittelmeer Seite 102/103**

2 Moderne Verarbeitungsanlage für Tomaten und Tomatenmark in Apulien, Italien

Tomatenproduktion 2018 (in Tonnen)		
1.	China	61 523 462
2.	Indien	19 377 000
3.	USA	12 612 139
4.	Türkei	12 150 000
5.	Ägypten	6 624 733
6.	Iran	6 577 109
7.	Italien	5 798 103
8.	Spanien	4 768 595
9.	Mexiko	4 559 375
10.	Brasilien	4 110 242
…		
23.	Niederlande	910 000
…		
44.	Ghana	381 015
…		
57.	Belgien	258 680
…		
78.	Deutschland	103 266
Nach FAO: FAOSTAT		

3

SP Tipp

Nimm Stellung
⇝ Aufgabe 3

- Meiner Meinung nach stimmt der Vergleich, denn …
- Ich finde das (nicht) gut, weil …
- Eine Bewertung ist schwierig, da …
- Deshalb / darum …

Wakuso Kwesi gehört zu den Afrikanern, die ihr Glück in Europa suchten. Er fand Arbeit bei einem Gemüseproduzenten in Altamura in der Nähe der Hafenstadt Bari. An vielen Tagen ist er bei der Tomatenernte im Einsatz. Für 300 kg gepflückter Tomaten erhält er 4,50 Euro. Das Unternehmen baut auf 18 ha Tomaten an. Bewässerungseinrichtungen sorgen dafür, dass ganzjährig geerntet werden kann.
Wakuso erinnert sich an sein Leben in Ghana. Er baute auf 1,5 ha Gemüse an: Maniok, Tomaten, Zwiebeln und Paprika. In der Trockenzeit war es nicht leicht, die Pflanzen zu erhalten. Die Ernte verkaufte seine Frau auf dem Markt, ein Teil der Tomatenernte wurde aber auch von einer Konservenfabrik aufgekauft. Die Früchte wurden dort zu Tomatenmark verarbeitet.

Wakuso verdiente nicht viel, doch es reichte, um seine Familie zu ernähren. Dann stellte die Fabrik die Produktion ein, gleichzeitig verkaufte Frau Kwesi nicht mehr so viele Tomaten auf dem Markt. Die Ursache: Italienische Firmen belieferten Ghana mit Tomaten in Dosen – geschält, gehackt oder als Tomatenmark.
Die Tomaten oder Tomatenprodukte aus der Dose schmecken den Ghanaern nicht nur gut, sie sind auch billiger als die heimischen Produkte. Wie ist das zu erklären?
Die EU unterstützt mit **Subventionen** den Tomatenanbau. Jeder Betrieb, der Tomaten anbaut, erhält eine festgelegte **Betriebsprämie**. Sie senkt die **Produktionskosten** und führt dazu, dass verarbeitete Tomaten unter dem Erzeugerpreis verkauft werden können. So soll verhindert

Tomaten als Fluchtursache?

„Langfristig ... werden die meisten Flüchtlinge nicht aus dem Nahen Osten kommen. Viel mehr Menschen werden sich aus Afrika nach Europa aufmachen, um der Armut in ihrer Heimat zu entrinnen. Die EU will nun ‚Fluchtursachen bekämpfen', sie will dafür sorgen, dass sich die Lebensbedingungen in den Heimatländern der Flüchtlinge verbessern. Die Strategie klingt einleuchtend. Aber sie hat einen Haken: Die EU will nicht nur Hilfe nach Afrika schicken, sie will auch Handel mit Afrika treiben. Aber es ist ein Handel, der die Chancen von Bauern ... verschlechtert.
Warum die europäische Handelspolitik diesen Bauern schadet, versteht man, wenn man ... dem Weg der Tomaten folgt. Zu den Märkten und Straßenhändlern in Ghana, die keine heimischen Tomaten verkaufen, sondern Tomaten aus dem Ausland. Zu den riesigen Agrarkonzernen in Süditalien, die diese Tomaten produzieren und im großen Stil exportieren. Zu den Menschen, die diese Tomaten ernten. Am Ende wird man auf ghanaische Flüchtlinge treffen, die Tausende Kilometer weit gereist sind ..., um in Europa genau dasselbe zu tun wie zu Hause: Tomaten zu pflücken.
Im südöstlichen Zipfel Italiens ... erstreckt sich eine fruchtbare Ebene entlang der Adria. ... Dies ist Apulien, das größte Tomatenanbaugebiet Europas. Oro rosso werden die Tomaten hier genannt: rotes Gold. Die Fabrik ... steht in einem Industriegebiet nahe der Provinzhauptstadt Foggia. ... 400 000 Tonnen Tomaten können hier pro Jahr verarbeitet werden, 80 Prozent davon für den Export. Sie werden gewaschen und geschält, geseiht und gewürfelt, zu Soße gekocht und zu Mark konzentriert. ... Die fertigen Konserven landen in den Regalen europäischer Supermärkte – und im Containerhafen von Neapel. Von dort werden sie in die Welt verschifft. Auch nach Afrika.
Es gibt noch einen weiteren Vorteil aufseiten der Europäer. ... Obwohl das Lohnniveau in Europa im weltweiten Vergleich sehr hoch liegt, verfügen die Tomatenbauern in Italien über ein schier unerschöpfliches Reservoir an billigen Arbeitskräften: Flüchtlinge.
Will man sie besuchen, muss man ... nach Apulien, ins Land des roten Goldes. Nicht weit von der Tomatenfabrik in Foggia entfernt ... [liegt das] ghetto ghanese – das ghanaische Ghetto. Hier hausen in zerfallenen Hütten etwa 150 Menschen. Zur Erntesaison im Sommer schwillt das Camp auf bis zu 800 Menschen an. Viele von ihnen sind Bauern, die vor dem Preisdruck nach Europa geflohen sind."

Matthias Krupa, Caterina Lobenstein: Ein Mann plückt gegen Europa. In: DIE ZEIT Nr. 51 vom 17.12.2015 (18.6.2020)

4

werden, dass die europäischen Betriebe ihre Waren zu höheren Preisen anbieten als die Konkurrenz und aufgeben müssten. In Italien profitieren vor allem die Gemüsebauern von diesem System. Durch Freihandelsabkommen, z.B. mit Ghana, ist es möglich, dass EU-Waren zollfrei nach Afrika eingeführt werden können. Die Folge: Der Tomatenmarkt in Ghana ist zusammengebrochen. Die sechs Konservenfabriken verfallen. Stattdessen importiert Ghana über 50 000 t Tomatenmark im Jahr (vor allem aus der EU und China). Geflüchtete Bauern wie Wakuso Kwesi tragen nun als Saisonarbeiter in Italien dazu bei, dass hier kostengünstig produziert werden kann. Der Lohn beträgt weniger als die Hälfte des italienischen Mindestlohns. Auch wenn Wakuso Kwesi weiß, dass die EU-Agrarpolitik mit dazu beigetragen hat, seine berufliche Existenz in Ghana zu zerstören, bleibt er in Italien, um von Zeit zu Zeit seiner Familie Geld zu überweisen.

→ Wirkungsgefüge Seite 218/219

1 Erkläre, warum die afrikanischen Arbeitskräfte in Italien mit dazu beitragen, dass die landwirtschaftlichen Produkte dort kostengünstiger erzeugt werden können als in ihrer Heimat. Erstelle hierzu ein Wirkungsgefüge (Methode, Seite 218/219).

2 MK Informiere dich über das Handelsabkommen Economic Partnership Agreements (EPA) zwischen der EU und Afrika und seine Auswirkungen auf die Exporte Afrikas in die EU.

3 SP „Wir können mit den hochsubventionierten Agrarprodukten aus Europa nicht mithalten. Freihandel zwischen Europa und Afrika ist wie ein Fußballspiel zwischen Real Madrid und der Schulauswahl von Boli Bomboi", sagt der ghanaische Ökonom Kwabena Otoo. Nimm Stellung zu dieser Aussage.

4 MK Überlege, wie den ghanaischen Landwirten geholfen werden könnte. Müssen Tomaten eine Fluchtursache bleiben?

MK Ein Mystery entschlüsseln: „Was haben Elenas Rosen mit Darias Leben zu tun?"

Ein Mystery beschreibt Situationen, die auf den ersten Blick nichts miteinander zu tun haben. Indem ihr die zahlreichen Informationen (Mystery-Karten und Begleitmaterial) ordnet, könnt ihr Zusammenhänge herstellen und die Ausgangsgeschichte entschlüsseln. Dafür gibt es verschiedene Möglichkeiten.

1 Gewächshäuser am Naivasha-See in Kenia

Was ihr braucht:
- dieses Schulbuch
- 1 DIN-A4-Blatt mit den Mystery-Karten
- 1 leeres DIN-A3-Blatt oder 2 zusammengeklebte DIN-A4-Blätter
- 1 Schere
- Klebstoff
- Bleistift, Farbstifte

Im Alltag begegnen uns oft Probleme, deren Bewältigung uns herausfordert: Es gibt viele unterschiedliche Informationen, die manchmal sogar widersprüchlich sind, sodass uns die Lösung Schwierigkeiten bereitet.
So ist das auch beim Mystery. Es handelt sich um eine Art Rätsel, das aus einer Geschichte und einer Reihe von zusätzlichen Informationen besteht. Die Zusammenhänge zwischen diesen Informationen erscheinen zunächst unklar. Wenn es dir aber gelingt, die Informationen sorgfältig zu lesen, Wichtiges von Unwichtigem zu unterscheiden und die zentralen Informationen miteinander zu verknüpfen, dann kannst du das Mystery lösen.

1. Schritt: Hypothesen formulieren
Es stellt sich die Leitfrage: „Was haben Elenas Rosen mit Darias Leben zu tun?" Stellt Vermutungen zur Beantwortung an.

2. Schritt: Mystery-Karten lesen
In Gruppen von maximal vier Mitgliedern könnt ihr euch nun an die Arbeit machen: Kopiert die Mystery-Karten (Seite 160/161) und schneidet anschließend die einzelnen Karten aus. Lest danach alle Mystery-Karten in der Gruppe vor und klärt unbekannte Begriffe.

3. Schritt: Mystery-Karten und Begleitmaterial auswerten
a) Unterstreicht auf jeder Karte mit einem Farbstift die wichtigste Aussage oder den Schlüsselbegriff.
b) Ordnet und strukturiert die Karten und setzt die Informationen zueinander in Beziehung, um die Leitfrage zu beantworten. Verwendet dabei auch das Begleitmaterial. Achtung: Nicht alle Karten sind für die Lösung wichtig.

4. Schritt: Leitfrage beantworten
Entwerft eine begründete Lösung des Mysterys und stellt die Zusammenhänge in Form eines Wirkungsgefüges eurer Klasse vor.

5. Schritt: Erkenntnisse verallgemeinern
Was habt ihr aus dem Mystery gelernt? Zieht Schlussfolgerungen für euer eigenes Konsumverhalten und überlegt, wie die Situation verbessert werden kann.

Leitfrage: Was haben Elenas Rosen mit Darias Leben zu tun?

Mai 2020 – Die Arbeiterin Daria (25 Jahre alt, 3 Kinder) pflückt in einer Blumenfarm am Naivasha-See in Kenia Rosen.

2

Mai 2020 – Die Schülerin Elena kauft für ihre Mutter als kleines Dankeschön einen Strauß Rosen für 1,99 Euro in einem Bochumer Supermarkt.

4

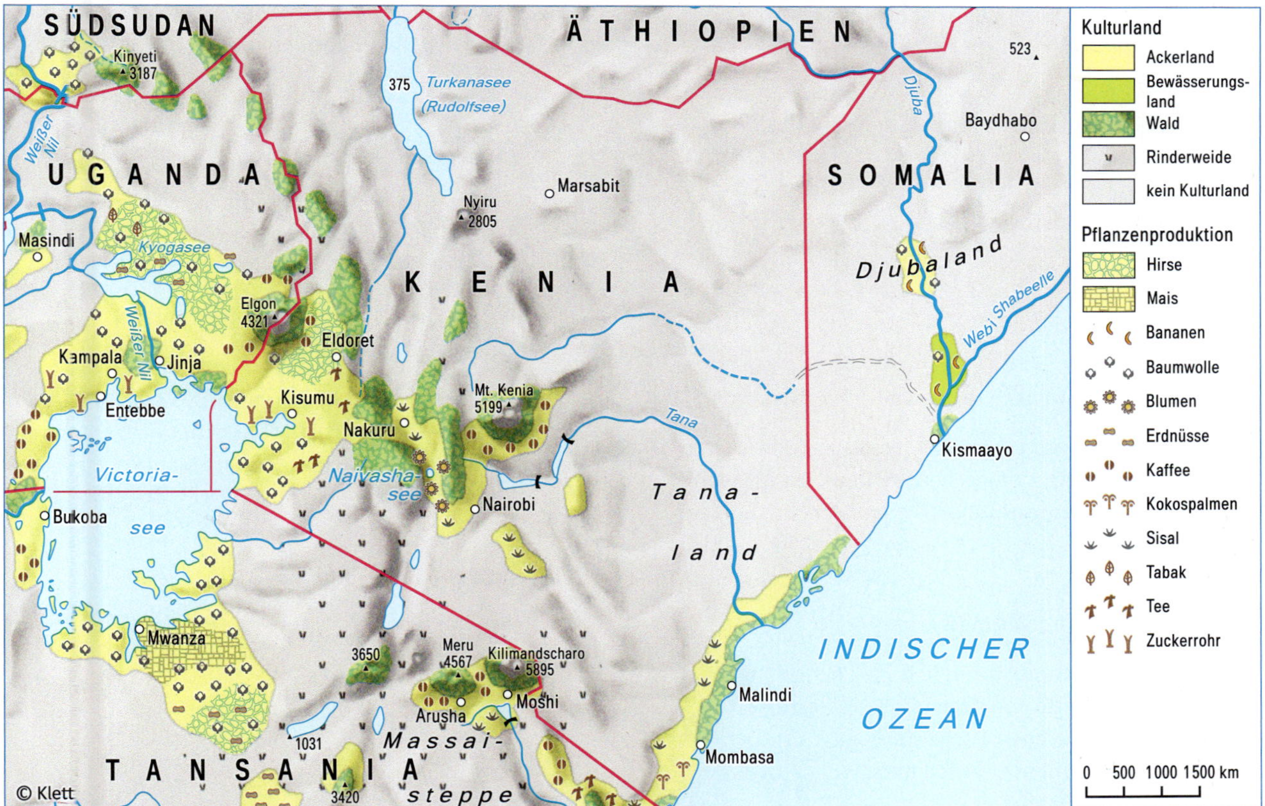

3 Das Blumenanbaugebiet am Naivasha-See in Kenia

1

Entschlüsselt das Mystery mithilfe der Mystery-Karten (Seite 160/161) und der Materialien 2 – 4. Beantwortet abschließend die Leitfrage.

2

Entwickelt Ideen, wie die Rosenindustrie in Kenia nachhaltiger gestaltet werden kann.

1. Entwicklung Schnittblumenexport Kenias

1980	1990	2000	2010	2017
1900t	15000t	38750t	120220t	159961t

Nach Kenya Flower Council, 2020

2. Zugewanderte Blumenpflückerin

Daria: „Die Blumenindustrie ist wichtig. Sie gibt uns Jobs und sichert das Familieneinkommen."

3. Wichtiges Blumenanbaugebiet für Deutschland

Die Rose ist die beliebteste Blume der Deutschen. Zwei Drittel aller in Deutschland verkauften Rosen kommen aus Kenia. Ihre Reise beginnen sie in Naivasha, dem größten Blumenanbaugebiet Afrikas.

4. Bevölkerungsentwicklung am Naivasha-See

1969	7000 Einwohner
2007	300000 Einwohner
2019	1000000 Einwohner

5. Mehr Arbeitsplätze auf den Blumenfarmen

Die Hoffnung auf einen Arbeitsplatz auf den Farmen zieht immer mehr Menschen an. Dank der Rosenindustrie sind etwa 100000 Arbeitsplätze entstanden.

6. Die Königin der Blumen

Die Rose kommt ursprünglich aus Persien. Es gibt Hunderte von Rosenarten. Sie wird seit der griechischen Antike auch als „Königin der Blumen" bezeichnet.

7. Voraussetzungen für die Rosenproduktion

Temperatur	max. 28 °C, mind. 15 °C
Wasser	täglich 60000 Liter pro ha
Licht	mind. 10 Std. Sonne pro Tag

8. Kenia: ein Entwicklungsland

Kenia gilt als eines der ärmsten Länder der Welt. Die Lebensbedingungen sind sehr schwierig. Das BIP pro Kopf liegt bei rund 2000 US-Dollar (Stand 2019).

9. Bezahlung

Ein Arbeiter auf einer Blumenfarm in Kenia verdient ca. 45 Euro im Monat. In Deutschland liegt der monatliche Durchschnittslohn bei 2079 Euro (Stand 2019).

10. Arbeitsbedingungen I: Gesundheitsgefährdung

Ein Arbeiter erzählt: „Manche nehmen stark ab und denken, dass sie Aids haben. Aber es sind die Pestizide. Wir sprühen täglich neun Stunden lang mit wenigen Pausen. Und die ganze Zeit ernten die Frauen ein paar Meter weiter ohne Schutzkleidung die Blumen."

11. Rosenpreis in Deutschland

Elena ist begeistert. Sie hat heute für 1,99 Euro einen Strauß Rosen im Supermarkt gekauft. „Ein super Preis!"

12. Veränderungen im See

Der Wasserspiegel ist in den vergangenen Jahrzehnten um fünf Meter gesunken. Die Blumenfarmen entnehmen dem Naivasha-See unbekannte Mengen an Wasser.

13. Klimatische Bedingungen

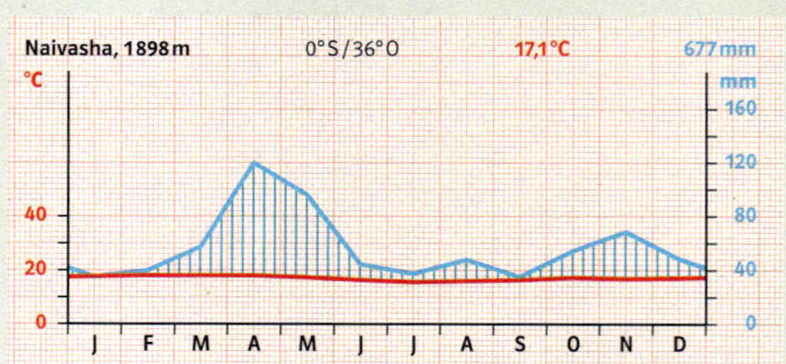

14. Fischsterben

Heute hat der Fischer Chumba viele tote Fische an der Oberfläche des Naivasha-Sees gesehen.

15. Leben am Naivasha-See

Der Naivasha-See versorgt die lokale Bevölkerung mit Trinkwasser und Fisch. Außerdem ist er Heimat vieler Tier- und Pflanzenarten. Er lockt zahlreiche Touristen an.

16. Bedeutung der Blumenindustrie für Kenia

Mit einem Jahresumsatz von rund 700 Mio. Euro macht die Blumenindustrie etwa 1,3 % des kenianischen Bruttoinlandsproduktes (BIP) aus und stellt neben dem Tourismus einen der wichtigsten Devisenbringer für Kenia dar (Stand 2017).

17. Fairtrade-Siegel

FAIRTRADE

Das Siegel zum fairen Handel garantiert, dass die importierten Schnittblumen aus menschenwürdiger und umweltschonender Produktion stammen. Blumenfarmen, die die Fairtrade-Standards erfüllen, erhalten das Gütesiegel. Die Fairtrade-Standards:
- Zwangsarbeit und Arbeiten für Kinder unter 15 Jahren sind verboten.
- Löhne müssen den regionalen Durchschnittslöhnen oder dem lokalen Mindestlohn entsprechen oder höher sein.
- Um Verletzungen zu vermeiden, müssen Maßnahmen zum Gesundheitsschutz und zur Sicherheit der Arbeiter vorhanden sein.

18. Darias Wohnviertel

19. Blumenhandel in Deutschland

Der 14. Februar (Valentinstag) und der zweite Sonntag im Mai (Muttertag) sind die beiden umsatzstärksten Tage im deutschen Blumenhandel. Auch Elena möchte ihrer Mutter in diesem Jahr wieder eine Freude machen.

20. Lebensunterhalt für die Großfamilie

„Ohne meine Arbeit kann ich kein Essen für meine Familie kaufen und meinen Kindern auch keine Schulbildung ermöglichen", sagt Daria.

21. Umweltkontrollen

Die Blumenfarmen rund um den Naivasha-See werden etwa alle zwei Jahre von einem Umweltinspekteur kontrolliert. Die Kontrollen müssen vorher angekündigt werden.

22. Starkes Algenwachstum

Die Einleitung der ungeklärten, mit Düngemitteln und Pestiziden verunreinigten Abwässer der Blumenfarmen verursacht eine Überdüngung des Sees (Eutrophierung). Dadurch kommt es zu einem starken Algenwachstum.

23. Arbeitsbedingungen II: Arbeitszeiten und Regeln

Die durchschnittliche Wochenarbeitszeit in der kenianischen Blumenindustrie liegt bei über 50 Stunden. Besonders an den Tagen vor Valentinstag oder Muttertag müssen die Arbeiter zahlreiche, meist nicht oder schlecht bezahlte Überstunden leisten. Zudem herrscht eine „Hire-and-Fire"-Politik, d.h., wer sich nicht an die Regeln des Chefs hält, wird entlassen.

24. Arbeiter versprüht Pestizide

25. Blumentransport Kenia – Europa

Aus dem Kühlhaus werden die Rosen per Lkw nach Nairobi gebracht. Jede Nacht fliegen mehrere Flugzeuge vom internationalen Flughafen in Nairobi nach Europa und transportieren etwa 300 Tonnen Schnittblumen über 7000 km.

Welthandelsgut Ackerland

Viele unserer Nahrungs- und Konsummittel stammen aus fernen Ländern – und das nicht erst seit heute. Bereits in der Kolonialzeit wurden Flächen in den Überseekolonien genutzt, um Nahrungsmittel und Rohstoffe für das Mutterland zu produzieren. Mit dem Wachsen der Weltbevölkerung wuchs auch der Bedarf an Anbauflächen. Fruchtbares Ackerland wurde zu einer global gehandelten Ware, aber nicht ohne Konflikte.

1 Auswirkungen des Landhandels

2008 erschütterte eine weltweite Nahrungsmittelkrise den Weltmarkt. Das Ergebnis: Die Nahrungsmittelpreise stiegen und einzelne Länder begannen, über staatliche oder private Agrarkonzerne oder Banken große Anbauflächen in Afrika, Südostasien und Südamerika zu pachten oder zu kaufen. Zu den ersten Ländern, die im Ausland Agrarland erwarben, gehörten Saudi-Arabien und China. Ein Großteil der Investitionen erfolgte in **Entwicklungsländern**. Die wachsende Nachfrage nach Ackerflächen ließ die Bodenpreise in die Höhe steigen und

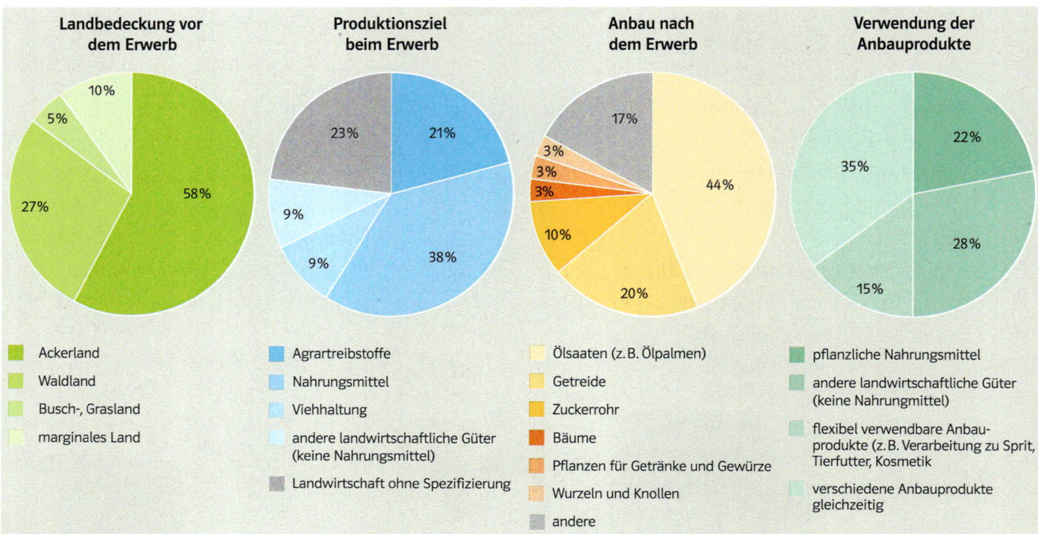

2 geänderte Landnutzung durch internationale Investoren, 2020

1
Nenne Staaten, die große Landflächen an ausländische Investoren verkauft haben (Karte 3). Erkläre die Gründe für den Verkauf.

2
Beim Landhandel gibt es unterschiedliche Investorentypen:
a) Länder mit hohem Bevölkerungswachstum und dadurch steigendem Bedarf an Nahrungsmitteln und Agrarrohstoffen;
b) reiche Staaten mit stark begrenzten Ackerland- und Wasserressourcen;
c) multinationale Großkonzerne der Industriestaaten.
Nenne für jeden Typ mindestens ein Beispiel und eine dazu passende Auswahl an Anbauprodukten (Karte 3, Grafik 2).

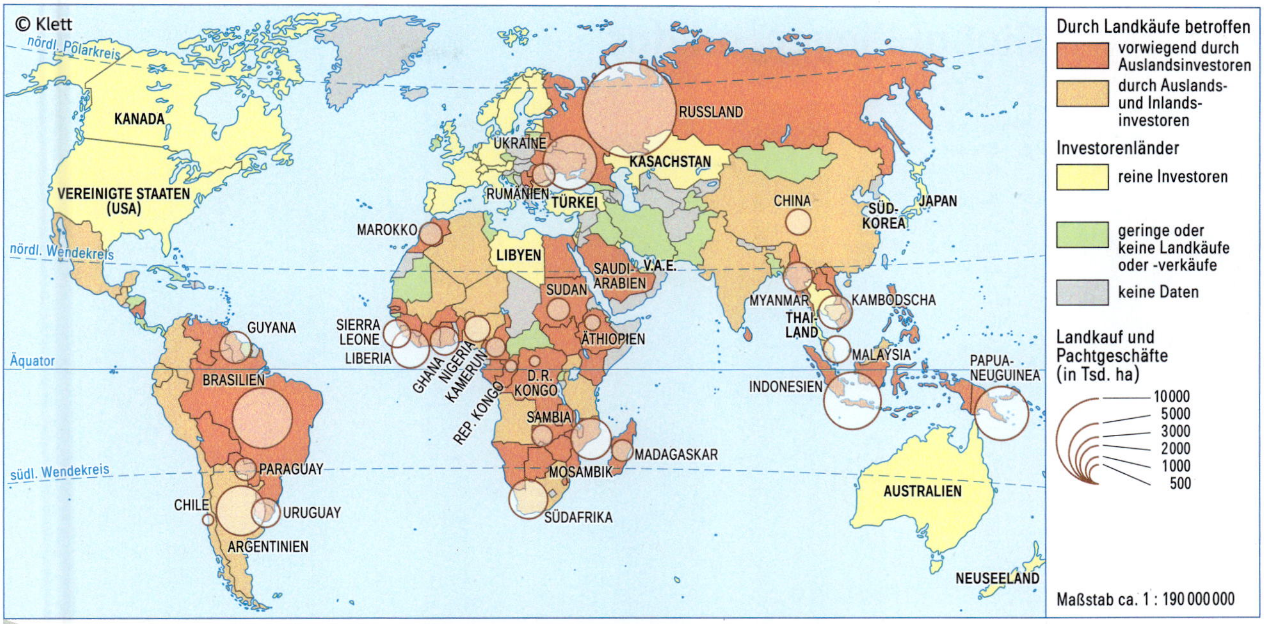

3 Internationaler Landhandel (Ackerland) (The Land Matrix Initiative – Land Matrix)

machte den Landhandel für viele dieser Länder attraktiv. Dabei erleichtern ein fehlendes Landrecht und eine korrupte Regierungsführung die Enteignung und Vertreibung v.a. von Kleinbauern, die auf Anbauflächen von selten mehr als 2 Hektar Nahrungsmittel für den Eigenbedarf oder für den lokalen Markt produzierten. Manchmal rodete man auch Wälder, um Ackerland für ausländische Investoren zu schaffen. In Gebieten mit Nomaden wurden die Weiderechte dafür aufgehoben. Diese Art des Landhandels wird als **Landgrabbing** bezeichnet. Schätzungen gehen davon aus, dass bisher zwischen 50 und 230 Mio. Hektar Ackerfläche bei dem Rennen um Land an in- und ausländische Investoren verkauft oder verpachtet wurden. Zum Vergleich: 2016 betrug die gesamte landwirtschaftliche Produktionsfläche der EU 173 Mio. Hektar.

Angebaut wurden zuerst hochwertige landwirtschaftliche Exportprodukte (Cash Crops), bald aber auch Pflanzen zur Produktion von Biokraftstoffen. Moderne Bewässerungssysteme der neuen Betriebe erschwerten oftmals die Wasserversorgung der Bevölkerung.
Die Hoffnung der Zielländer, durch die Verpachtung von Land neue Arbeitsplätze für die eigene Bevölkerung zu schaffen, erfüllten sich nur teilweise. Auch die Verbesserung der Infrastruktur durch Erschließung der Investoren (wie z.B. Straßenbau oder Ausbau von Hafenanlagen) erfolgte vielfach nicht. Stattdessen verschärften sich die Landkonflikte und die ökologischen Schäden durch agroindustrielle Monokulturen, Übernutzung und Pestizideinsatz. Entwicklungsorganisationen erwarten, dass die Corona-**Pandemie** und ihre Folgen diese Konflikte noch verstärken wird.

4 Nachhaltigkeitsziel Nr. 2 der UN „Kein Hunger“

← Nachhaltigkeitsziele der UN Seite 14/15

3

Karikatur 1:

a) Interpretiere die Karikatur hinsichtlich der Akteure des Landhandels sowie der Auswirkungen der Landkäufe auf die Menschen vor Ort.

b) Ordne die Position des Karikaturisten zum Landhandel ein und nimm selbst Stellung dazu.

4 SP

Mit dem UN-Nachhaltigkeitsziel Nr. 2 (Material 4) soll Hunger bekämpft und die Ernährungssicherheit weltweit verbessert werden. Diskutiert, ob Landhandel in diesem Sinn eine Strategie zur Ernährungssicherung ist.

5

Statt der Begriffe „Landhandel“ oder „Landerwerb“ wird auch der Begriff „Landgrabbing“ gebraucht, was so viel wie „Landgrapscherei“ oder „Landraub“ bedeutet. Welcher Begriff ist deiner Meinung nach richtig?

6 MK

Es gibt den Begriff „Watergrabbing“. Informiere dich darüber im Internet und erläutere den Zusammenhang mit Landgrabbing.

Global Player „adidas“

1 Adi Dassler (1900 – 1978)

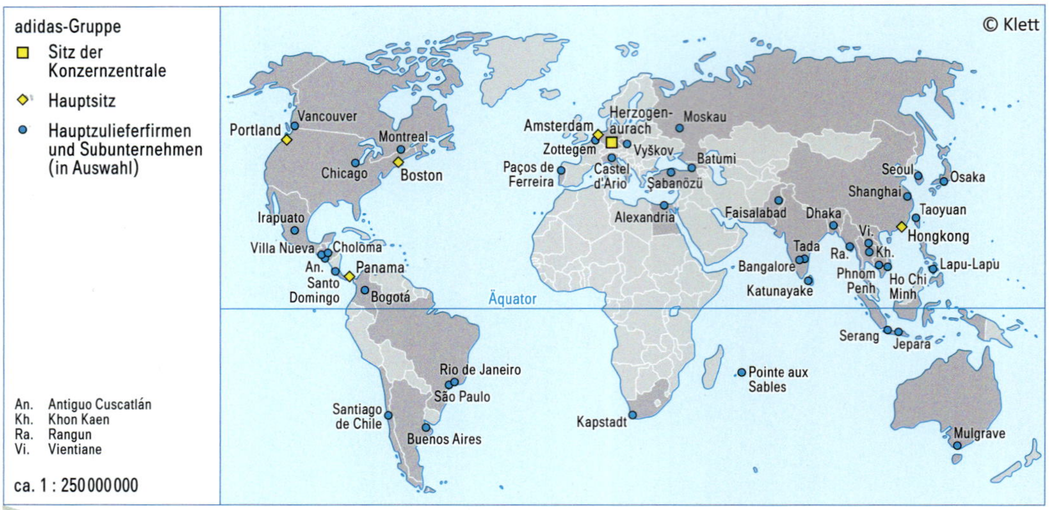

3 „adidas“ in der Welt (Adidas Group – Global Factory List 2017)

Global Player

Multinationales Unternehmen, das auf fast allen nationalen Märkten mit eigenständigen Betriebsteilen bzw. Tochterfirmen agiert. Ein Global Player optimiert Zulieferung, Produktion und Absatz durch Nutzung von Kostenvorteilen im globalen Maßstab. Eine Kontrolle durch die nationalen Behörden ist dabei kaum noch möglich.

1920 entwickelt der erst 20-jährige Adi Dassler in einer kleinen Werkstatt ohne Elektrizität in Herzogenaurach seinen ersten Schuh. Es ist ein aus Leinen gefertigter Trainingsschuh für Läufer, er kostet zwei Reichsmark und bildet den Grundstein eines Weltkonzerns. Bis heute ist das Unternehmen geprägt vom Streben nach dem Ziel, das sich Adi Dassler von Anfang an setzt: Jeder Sportler sollte mit dem für ihn optimalen Equipment ausgerüstet werden.
1937 führt Adi Dassler schon 30 verschiedene Schuhmodelle für elf verschiedene Sportarten und beschäftigt fast 100 Mitarbeiter. Damit entwickelt sich das Unternehmen zum führenden Schuhhersteller weltweit.
Nach dem Zweiten Weltkrieg fertigt Adi Dassler 1948 mit 47 Mitarbeitern aus Segeltuch und dem Gummi amerikanischer Treibstofftanks die ersten Nachkriegsturnschuhe. Als Produktname wählt er die ersten Silben seines Vor- und Nachnamens und gibt mit den drei Streifen seinen Schuhen das unverwechselbare Markenzeichen, das heute auf der ganzen Welt erkannt wird. „adidas“ ist auf dem Weg zum **Global Player**. Der offizielle Unternehmensnamen lautet momentan „adidas Group“.

Neue Produkte – neue Kunden

Parallel zur Schuhproduktion ergänzt „adidas“ sein Programm. Seit 1963 produziert das Unternehmen auch Bälle, 1967 kommen Sporttextilien, 1974 Tennisschläger und 1976 Ski-Langlaufbindungen hinzu. Durch Neuheiten spricht „adidas“ immer neue Kundengruppen an. Das

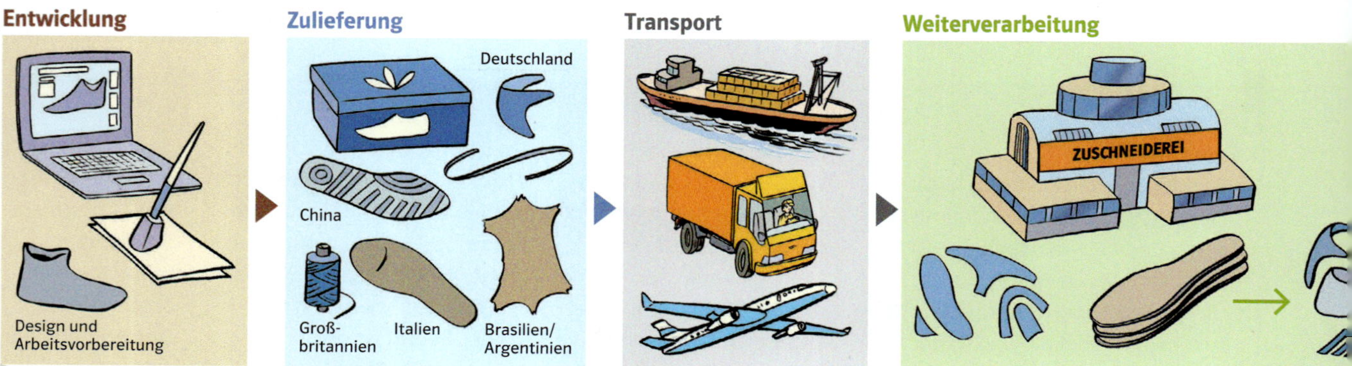

2 Produktionsschema für einen Sportschuh am Standort Scheinfeld

4 „adidas“ in Südafrika

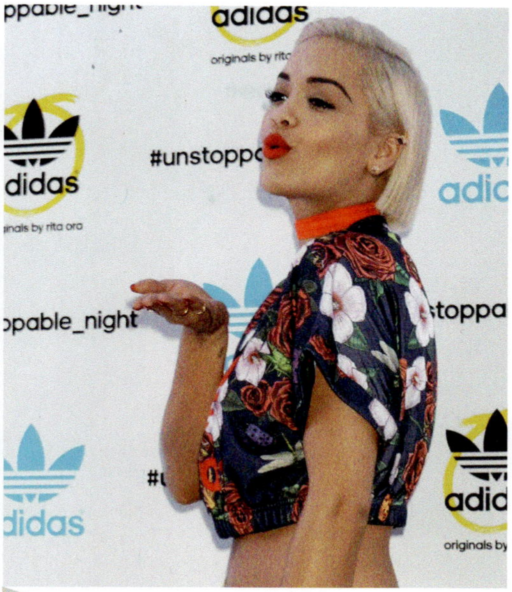

5 „adidas“ wirbt mit Popstars

Unternehmen betreibt mit Werbeverträgen für Einzelpersonen, z. B. Franz Beckenbauer, oder auch für Mannschaften einen breiten verstärkten Werbefeldzug.
1989 wird das Familienunternehmen in eine Aktiengesellschaft (AG) umgewandelt. 1995 geht sie an die Börse, um Kapital zu beschaffen. In einer AG ist das Grundkapital in Aktien zerlegt, die an der Börse gehandelt werden. Käufer werden Miteigentümer des Unternehmens. Falls die Aktiengesellschaft Pleite geht, verlieren die Aktionäre nur den Geldbetrag, den sie für die Aktien ausgegeben haben. Die Eigentümer von Familienunternehmen haften im Gegensatz dazu auch mit dem Privatvermögen. Mit der Übernahme der Salomongruppe 1997 wird „adidas-Salomon“ zur zweitgrößten Sportartikelfirma der Welt. Die beiden Firmen ergänzen sich bei den Produkten. Damit hat das Unternehmen neue Absatzgebiete erschlossen. Die Integration der Wintersport-Outdoor-Marke „Salomon“ gelingt jedoch nicht und „adidas“ verkauft „Salomon“ im Frühjahr 2005. 2006 übernehmen die Herzogenauracher das amerikanische Unternehmen „Reebok“, das den American Football beherrscht, wo „adidas“ überhaupt nicht vertreten ist. Anfang 2021 stellt „adidas“ die schwächelnde US-Marke „Reebok“ wieder zum Verkauf und will sich zukünftig auf die führende Position seiner eigenen Marke am weltweiten Sportartikelmarkt konzentrieren.

Mitarbeiter in Zahlen	
2010	42 541
2012	46 306
2014	53 731
2016	58 902
2018	57 016
2019	59 533

6

Umsatz in Mio. Euro	
2010	11 990
2012	14 883
2014	14 534
2016	19 291
2018	21 915
2019	23 640

7

Gewinn vor Steuern in Mio. Euro	
2010	806
2012	1 116
2014	913
2016	1 444
2018	1 702
2019	1 976

8

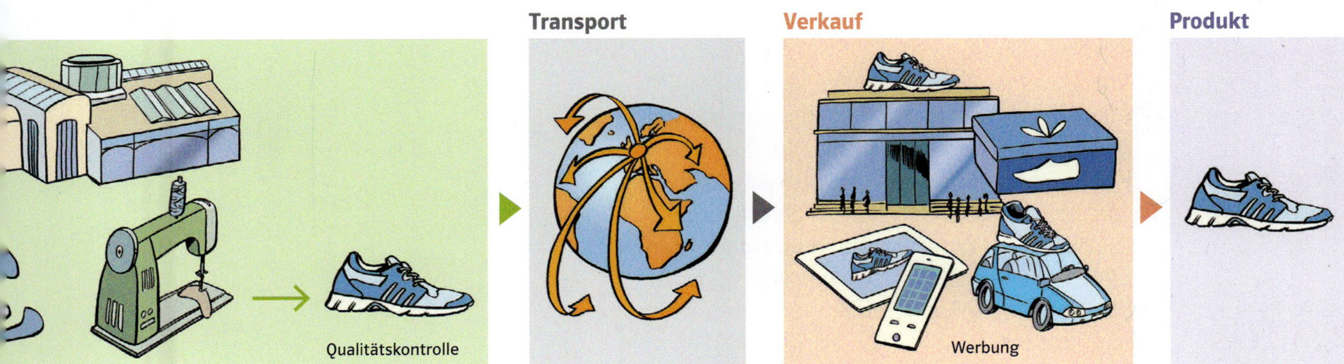

Umsatz 2019 nach Regionen in %	
Nord-amerika	22
Süd-amerika	7
Europa	26
Asien-Pazifik	34
Russland/ GUS	3
Sonstige	8

9

Zulieferer-Regionen 2019 in %	
Asien	73
Nord-/ Südamerika	17
Europa	9
Afrika	1

10

Mitarbeiter 2019 nach Unternehmens-bereichen in %	
Einzel-handel	55
Logistik	14
Verwaltung	9
Vertrieb	6
Marketing	10
Produktion	1
IT	3
F&E	2

11

12 Produktion in China

Ein Global Player wie die „adidas Group" nutzt die Vorteile betrieblicher und internationaler Arbeitsteilung und treibt sie voran. Der Konzern ist inzwischen auf fünf Kontinenten vertreten. 2016 gehören zur „adidas Group" über 170 Tochtergesellschaften, die allesamt der Leitung von „adidas" unterstellt sind. Die Firmenleitung sitzt nach wie vor in Herzogenaurach.

Von der Forschung zum Absatz

Neue Produkte entstehen in den Forschungs- und Entwicklungsabteilungen, die in den sechs Standorten Herzogenaurach, Portland, Canton, Carlsbad, Tokyo und Shanghai angesiedelt sind. Dort arbeiten Teams aus Experten für Biomechanik, Materialtechnologie, Produkt- und Prozesswesen sowie Designer und Produktentwickler. Global Operations, das internationale Beschaffungsteam der „adidas Group", koordiniert die Entwicklung, Herstellung und Logistik für einen Großteil der Produkte und ist zudem verantwortlich für die Optimierung der Beschaffungskette.
Mit der reinen Produktion lässt sich heute kein Gewinn mehr erzielen. Darin stimmen alle großen Sportartikelhersteller überein. Die überwiegende Mehrheit der Produkte wird deshalb von unabhängigen Herstellern gefertigt. Die Zulieferer sind entweder Hauptauftragnehmer mit einer direkten vertraglichen Geschäftsbeziehung oder Subunternehmer ohne Vertrag mit „adidas".
Darüber hinaus bestehen Lizenzvereinbarungen mit Herstellern, die spezielle Produkte entwickeln, herstellen und vertreiben. Dieses **Outsourcing** übernehmen jetzt andere Firmen, die diese Leistungen schneller, billiger oder besser erledigen können. Insgesamt wird in über 1200 Fabriken in 65 Ländern gefertigt.

Impossible is nothing

Das Unternehmen wird offizieller Ausrüster für wichtige Weltsportereignisse und bringt jedes Mal eine Produktneuheit oder Kollektion mit einer Werbekampagne auf den Markt: So gehörte „adidas" z. B. 2018 zu den acht Konzernen, die offiziell von der FIFA das exklusive Vermarktungsrecht der Fußball-Weltmeisterschaft in Russland übertragen bekamen. Diese Werbestrategien sind oft sehr erfolgreich und für die weitere Wirtschaftsentwicklung enorm effizient, denn sie sprechen die wichtigste Zielgruppe an – Kinder, Jugendliche und junge Erwachsene. Die Unternehmen wissen, dass viele Verbraucher den Marken treu bleiben, die sie als Jugendliche kaufen.

1 Erläutert am Beispiel der „adidas Group" den Begriff des „Global Player".

2 Stellt in einem Flussdiagramm die Arbeitsabläufe innerhalb der „adidas Group" dar.

13 Näherinnen in Indien

Auszeichnungen für adidas 2019
- Dow Jones Sustainability
- FTSE4Good
- MSCI
- STOXX
- Ethibel
- ECPI
- Global 100
- CDP
- CITI
- FLA
- CHRB
- Know the Chain Benchmark
- Stop Slavery Award

15

Trendscouts

Um möglichst schnell neue Trends aufzuspüren, schicken die Unternehmen „Trendscouts“ aus, die in Discos, an Skaterbahnen oder einfach unterwegs in der Stadt die neuesten Ideen der Jugendlichen beobachten und an die Abteilungen Forschung & Entwicklung (F & E) sowie Marketing weiterleiten.

Nachhaltigkeit

Seit 1989 engagiert sich „adidas“ für Nachhaltigkeit in der Produktion und im sozialen Bereich. Ein Beispiel ist das Nachhaltigkeitsmanagement des Unternehmens (siehe Material 14).
Aber es gibt auch Fragen z. B. zur Beschäftigung von Minderjährigen bei den Zulieferern der „adidas Group“: Welche Arbeit machen sie? Wie sind die Arbeitsbedingungen? Wie wird die Einhaltung der Arbeitsbedingungen kontrolliert? Wie sieht die Schulausbildung aus?
Antworten können wir gemeinsam recherchieren und finden.

Produkte
1. Wir schätzen Wasser.
2. Wir entwickeln innovative Materialien und Prozesse.
3. Wir sparen Energie ein.

Menschen (Mitarbeiter des Unternehmens und der Zulieferer)
4. Wir befähigen Menschen.
5. Wir fördern die Gesundheit.
6. Wir ermutigen zum Handeln.

Worum geht es bei diesen Zielen?
1. Wassereffizienz bei der Produktion, Wasserqualität und Wasserzugang;
2. Verwendung nachhaltiger Materialien und das Erreichen eines geschlossenen Recyclingkreislaufs;
3. Reduzierung des Energieverbrauchs, saubere Energie und Erforschung von Energiegewinnungsmöglichkeiten;
4. Ausübung der Rechte und Entfaltung des eigenen Potenzials;
5. gesünderes und erfüllteres Leben;
6. Profitieren vom Sport; adidas als Vorbild in der Branche.

(adidas Group, Allgemeiner Ansatz, 2020)

14 Nachhaltigkeitsmanagement – Ziele für 2020

3 Erläutert die Strategien der „adidas Group“. Bezieht die Auszeichnungen des Unternehmens mit in die Betrachtung ein.

4 MK Recherchiert auf der Homepage von adidas zum Thema „Nachhaltigkeit“:
a) Details zu den Zielen von adidas für 2020 und ob sie erreicht wurden;
b) die FAQs und den Link zu den Schülerreferaten;
c) die Kontaktadresse von adidas für weitere Nachhaltigkeitsfragen.

5 MK Recherchiert im Internet zwei kritische Kommentare zu adidas. Erörtert, ob die Kritik berechtigt ist.

A Seehandel

Auf dieser Seite könnt ihr eure Kenntnisse zu Containern erweitern. Arbeitet zu dritt oder viert.

1 Erläutert die Vorteile des Containers.

2 Arbeitet mit Tabelle 3. Tragt in eine Weltkarte die zehn wichtigsten Containerhäfen ein. Beschreibt die Verteilung.

3 Der Containerumschlag ist ein Indikator für die wirtschaftliche Bedeutung. Erläutert mithilfe der Tabelle 1 die wirtschaftliche Bedeutung der Kontinente.

4 SP Stellt die Ergebnisse eurer Arbeit einer der Gruppen für den „Lufthandel" vor.

○ 2 ◒ 1, 3, 4 → Lösungshilfen ab S. 230

2018	in Mio. TEU
China	225,8
USA	54,7
Singapur	36,6
Südkorea	28,9
Malaysia	25
Japan	22,4
Deutschland	19,6
Hongkong	19,6
VAE	19,1
Spanien	17,2
Indien	16,4
Vietnam	16,3
Taiwan	15,3
Niederlande	14,8

Nach statista, 2020

1 Länder mit dem weltweit höchsten Containerumschlag

Der Container – Motor des Welthandels

Seit Mitte der 1970er-Jahre hat der Container den **Welthandel** revolutioniert. Dank der Standardmaße, die für Schiffe, Lkw und Eisenbahnwaggons gelten, kann ein Container computergesteuert und schnell durch fahrerlose Fahrzeuge zum nächsten Transportmittel gebracht und geladen werden. Ein Schiff wie die CSCL Globe wird so in 48 Stunden ent- und wieder neu beladen. Die Digitalisierung spart Arbeitskräfte und Zeit beim Transport, ein Faktor, der erheblich die Kosten senkt.

Inzwischen liegen die Transportkosten für einen 40-Fuß-Container mit 10.000 Jeans von Asien nach Europa bei etwa 3.000 € (Kostenrückgang in den letzten 70 Jahren um 65 %). Nur noch 2 – 3 % von den Produkt-Gesamtkosten entfallen auf den Transport.

Typische Seefrachtgüter sind z. B. Kleidung, Spielwaren, Teppiche oder Fahrräder.

Die Umweltbelastung durch die Schifffahrt, die über 90 % des Weltwarenverkehrs leistet, ist nicht unproblematisch: z. B. Ölverschmutzung der Meere, Schadstoffe aus den Schornsteinen, Eingriffe in die Landschaft durch den Ausbau von Hafenbecken und Fahrrinnen.

	Containerhafen	Containerumschlag (in Mio. TEU)
1.	Shanghai	43,3
2.	Singapur	37,2
3.	Ningbo	27,5
4.	Shenzhen	25,8
5.	Guangzhou	23,2
6.	Busan	21,9
7.	Qingdao	21,0
8.	Hongkong	18,3
9.	Tianjin	17,3
10.	Rotterdam	14,8

Nach statista, 2020

3 Die zehn größten Containerhäfen 2019

TEU
Twenty-foot Equivalent Unit = 20-Fuß-Container mit festgelegten Maßen (6,058 m lang, 2,438 m breit, 2,591 m hoch); kann z. B. 10 000 Jeans fassen; über 20 Millionen im Umlauf

FEU
Forty-foot Equivalent Unit = 40-Fuß-Standard-Container (12,192 m lang, 2,438 m breit, 2,591 m hoch); über 15 Millionen im Umlauf

CSCL Globe:
Länge: 400 m
Breite: 59 m
Tiefgang: max. 16 m
Besatzung: ca. 20 Personen
Ladung: 19 000 TEU-Container

2 Containerschiff CSCL Globe

Material
Stumme Weltkarte
9su4qi

B Lufthandel

Auf dieser Seite lernt ihr Neues zum Thema Lufthandel. Arbeitet zu dritt oder viert.

1 Arbeitet mit Tabelle 4. Tragt in eine Weltkarte ein:
a) die vier größten Passagierflughäfen;
b) die vier größten Frachtflughäfen.

2 Erläutert den Zusammenhang zwischen Transportmitteln und Frachtwert (Tabelle 3).

3 Erörtert die folgende Aussage: „Der Luftverkehr profitiert einerseits von der Globalisierung, andererseits treibt er globale arbeitsteilige Produktionsprozesse an." Lässt sich die Aussage auf den Passagierverkehr übertragen?

4 SP Stellt die Ergebnisse eurer Arbeit einer der Gruppen für den „Seehandel" vor.

○ 1 ◒ 2, 4 ● 3 → Lösungshilfen ab S. 230

Beim Vergleich zwischen Schiff und Flugzeug zeigt sich, dass bezogen auf die Menge 98 % aller Waren per Schiff transportiert werden. Aber die fehlenden 2 % machen 40 % des Wertes der gehandelten Waren aus.
Da es in der heutigen arbeitsteiligen Weltwirtschaft auf Schnelligkeit, Sicherheit und Zuverlässigkeit des Transports ankommt, werden v. a. hochwertige oder leicht verderbliche Produkte in Containern als Luftfracht verschickt, auch wenn diese Art des Transports teurer ist.

Typische Luftfrachtgüter sind z. B. Blumen, Obst, Gemüse, Ersatzteile, Arzneimittel, Mobiltelefone, lebende Tiere, Tageszeitungen, Briefe, Pakete, Hilfsgüter bei Katastrophen, wichtige Dokumente oder Modeartikel.
Luftfracht belastet die Umwelt mehr als andere Transportmittel (Schadstoffe, Lärmbelastung). Kohlenstoffdioxid und Wasserdampf sind zwar nicht giftig, aber klimarelevant.

!?
Kaum zu glauben

Der Flughafen Düsseldorf hat eine Fläche von 613 ha, der Hamburger Hafen dagegen 7 200 ha

1 Luftfracht

Zahl der Passagiere	2013	2018
(in Milliarden)	3,14	4,3

Eigene Zusammenstellung

2 Weltluftverkehr

Durchschnittlicher Wert / t Fracht 2017 (in Euro)			
Schiene	1 387	Schiff	2 007
Lkw	2 937	Flugzeug	86 077

BDL report, 2019

3 Frachtwerte 2017

Flughafen	Passagiere (in Mio.)	Veränderung zu 2017 (in %)
Atlanta	107,39	+ 3,3
Beijing	100,98	+ 5,4
Dubai	89,15	+ 1,0
Los Angeles	87,53	+ 3,5

Flughafen	Fracht (in Mio. t)	Veränderung zu 2017 (in %)
Hongkong	4,62	+ 2,2
Memphis	4,29	0
Shanghai	3,44	+ 5,0
Anchorage	2,76	+ 5,0

Eigene Zusammenstellung

4 Die größten internationalen Flughäfen 2018

Import	Ware	Export
55,5	Elektronik	61,4
12,1	Maschinen / Metallwaren	34,5
9,3	Pharma / Chemie	25,7
7,0	Fahrzeug-/Flugzeugbau	14,2

BDL report, 2019

5 Wichtigste Luftfracht in Deutschland 2017 (Warenwert in Mrd. Euro)

Strukturwandel im Dienstleistungssektor

Global betrachtet ist der Tertiäre Sektor in den höher entwickelten Ländern der dominierende Wirtschaftsbereich. Das gilt auch für Deutschland, denn er generiert den größten Anteil des BIP und beschäftigt weitaus die meisten Menschen. In den letzten Jahrzehnten haben sich tiefgreifende Veränderungen vollzogen. Welche sind das?

→ Cluster Seite 189

Die rasante Entwicklung der Informations- und Kommunikationstechnologien hat nicht nur auf globaler Ebene, sondern auch in Deutschland wirtschaftliche, soziale und gesellschaftliche Veränderungen bewirkt. Im Bereich der Dienstleistungen sind sie erheblich. Immer häufiger werden einfache konsumorientierte Dienstleistungen online erledigt oder im Rahmen der Globalisierung und Digitalisierung ins Ausland verlagert (siehe Kapitel 8, S. 188/189). Viele Arbeitsplätze der einfachen Dienstleistungen wurden dadurch überflüssig. Stattdessen sind hochqualifizierte Dienstleister gefragt.

konsumorientierte Dienstleistungen: dienen dem privaten Konsum, z. B. Einzelhandel, Gaststätten, Bäcker, Metzger

unternehmensorientierte Dienstleistungen: dienen den Unternehmen und Institutionen und fließen in Produktionsprozesse ein, z. B. Transport, Bildungswesen, Forschung und Entwicklung, Unternehmensberatung, Versicherungen, Banken

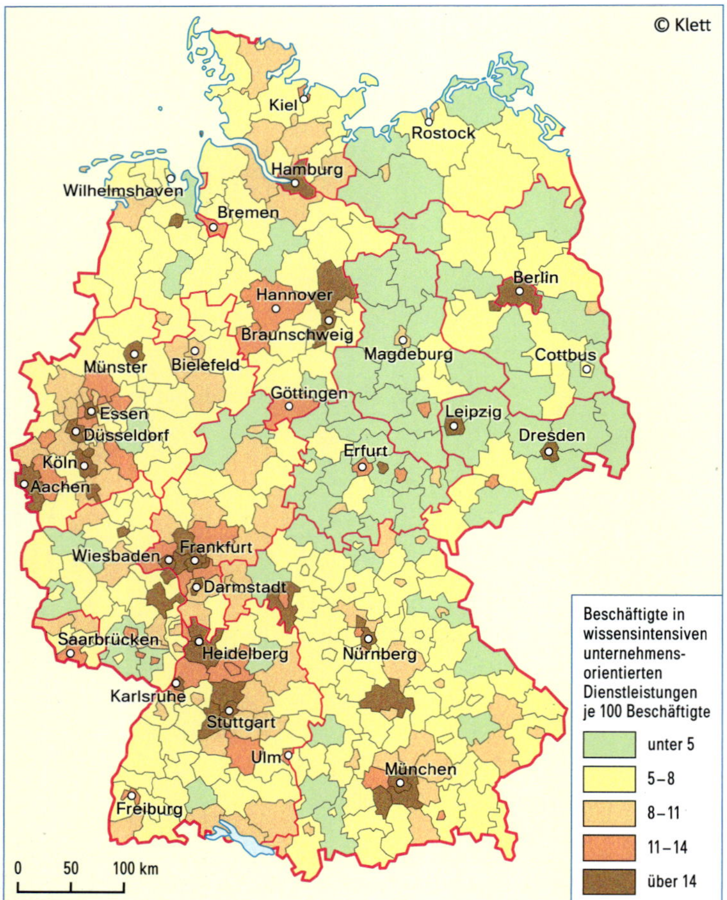

1 Beschäftigte in wissensintensiven unternehmensorientierten Dienstleistungen je 100 Beschäftigte

Veränderte Standortstruktur

Für konsumorientierte Dienstleistungsunternehmen sind zumeist Kundennähe und die Zahl der Nachfrager die entscheidenden Faktoren bei der Standortwahl. Anders ist es bei den unternehmensorientierten Dienstleistern. In der Regel bestimmt eine ausgezeichnete Verkehrslage deren Standortwahl. Diese Voraussetzungen erfüllen vor allem Großstädte. Sie bieten die Nähe zu anderen Dienstleistungsunternehmen und begünstigen die Bildung von Clustern. Besonders für kleinere Unternehmen, die den Großteil der unternehmensorientierten Dienstleister ausmachen, sind diese Kooperationen, auch mit Hochschulen, oft eine entscheidende Existenzfrage. Zu diesen harten Standortfaktoren kommen weiche hinzu, z. B. das Image und die sog. Umfeldqualität einer Stadt oder deren wirtschaftspolitisches Klima.

Soziale Auswirkungen

Von den 20 Wirtschaftszweigen mit dem höchsten Anteil an Niedriglohnbeziehern kommen 19 aus dem Tertiären Sektor. Das starke Wachstum des Dienstleistungssektors hat also auch in Deutschland eine Kehrseite: Die Zahl der Menschen mit geringem Verdienst ist stark gestiegen, der Anteil von Teilzeitkräften und von Menschen mit geringfügiger Beschäftigung ist im Dienstleistungssektor sehr hoch – höher als dies im produzierenden Gewerbe je der Fall war. So trägt die Tertiärisierung durchaus zu einer wachsenden sozialen Ungleichheit in Deutschland bei. Solche Entwicklungen lassen sich auch in anderen Ländern wie USA, Frankreich, dem Vereinigten Königreich oder Norwegen beobachten.

Branchen mit einem Anteil von über 60 % an Beschäftigten mit Niedriglohn	
Betrieb von Taxis	87,0
Friseur- und Kosmetiksalons	85,6
Reinigung von Gebäuden, Straßen, Verkehrsmitteln	81,5
Restaurants, Gaststätten, Cafés u. Ä.	77,3
Wäscherei und chemische Reinigung	73,6
Kinos	73,5
Einzelhandel mit Nahrungs- und Genussmitteln, Getränken und Tabakwaren	68,9
Callcenter	68,1
Überlassung von Arbeitskräften (Zeitarbeit)	67,7
Caterer/sonstige Verpflegungsleistungen	64,5
Hotels, Gasthöfe und Pensionen	62,3
Private Wach- und Sicherheitsdienste	60,3

Nach Statistisches Bundesamt, 2018

2

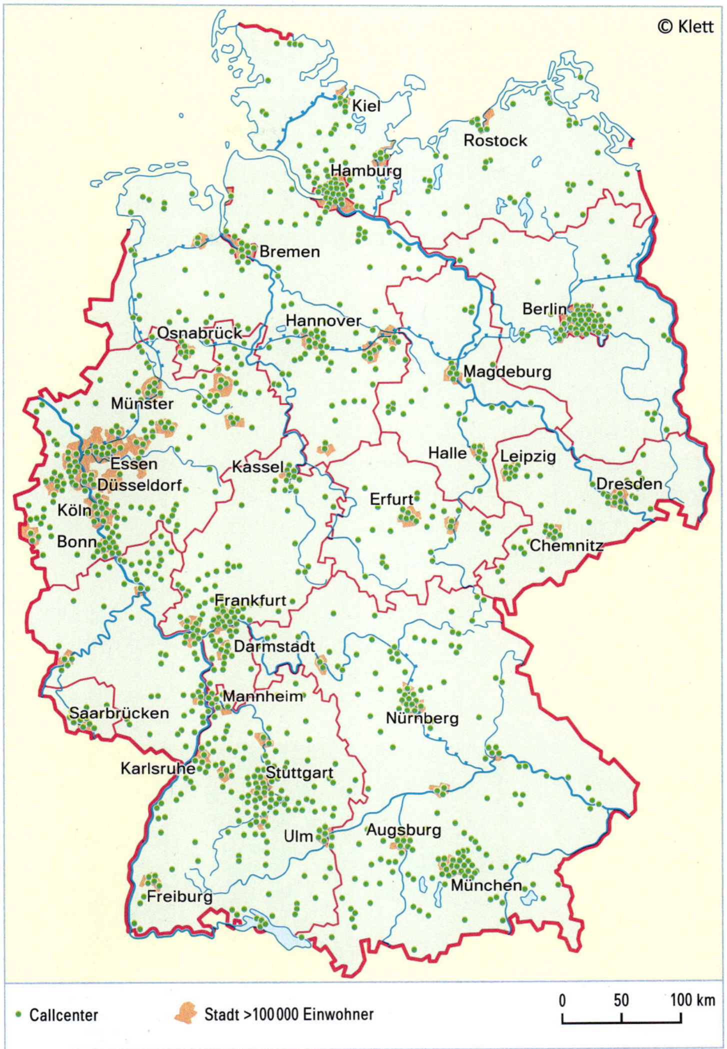

3 Callcenter in Deutschland

Verstärkung oder Ausgleich räumlicher Gegensätze?

Für die Geographie stellt sich bei Betrachtung derartiger gesellschaftlichen Folgen des Strukturwandels im Dienstleistungssektor die Frage nach den räumlichen Wirkungen dieses Prozesses. Grundsätzlich könnte man davon ausgehen, dass sich das Auseinanderdriften der Löhne im Tertiären Sektor auch in der Veränderung von Raumstrukturen unseres Landes niederschlägt. Zu erwarten wäre z. B. die konzentrierte Ansiedlung bestimmter tertiärer Niedriglohnbereiche in strukturschwächeren Räumen. Eine Überprüfung dieser These muss im Detail erfolgen, beispielsweise durch eine Auswertung des Verteilungsmusters der Callcenter in Deutschland (siehe Aufgabe 3).

1 Erkläre den strukturellen Wandel innerhalb des Dienstleistungssektors.

2 Beschreibe, wo sich in Deutschland wissensintensive Dienstleistungen konzentrieren (Karte 1).

3 Räumliche Verteilung der Callcenter in Deutschland (Karte 3):
a) Beschreibt die Verteilung der Callcenter.
b) Begründet das sichtbare Verteilungsmuster.
c) Vergleicht dieses Verteilungsmuster mit der Verteilung der wissensintensiven Dienstleistungen.
d) Erörtert, ob der Tertiärisierungsprozess überhaupt räumliche Wirkungen hervorrufen kann.
e) Erörtert, ob der Tertiärisierungsprozess räumliche Gegensätze verstärkt oder eher ausgleicht.

4 Der Wandel Deutschlands zur Dienstleistungsgesellschaft wird als Erfolgsgeschichte gewertet. Überprüfe, ob es neben dieser positiven Einschätzung auch negative Aspekte gibt.

Müll gefällig?

Wusstet ihr, dass 2017 in Deutschland 18,7 Mio. Tonnen Verpackungsmüll angefallen sind? Das sind 226,5 kg pro Einwohner. In Deutschland sind davon etwa 47 % privater Müll und 53 % gewerblicher Müll. Beim Verpackungsmüll entfallen knapp 50 % auf Papier und etwa 50 % zu fast gleichen Anteilen auf Holz, Kunststoff und Glas. Das bedeutet Müllberge mit zunehmender Tendenz. Können wir etwas dagegen tun?

Drei Blicke auf Müll: Wir ermitteln verschiedene Aspekte der durch Müll verursachten Probleme, um Antworten auf folgende Leitfragen zu finden: Welche Müllproblematiken werden dargestellt? Können wir Lösungsansätze zur Bewältigung der Müllproblematik aus unseren Informationen ableiten?

1 Wählt eines der drei Themen aus (A, B oder C). Lest den Informationstext und bearbeitet die jeweiligen Aufgaben.

2 Bereitet zu eurem Thema einen Kurzvortrag vor. Stellt die Ergebnisse den anderen Arbeitsgruppen vor.

3 Erörtert gemeinsam Antworten auf die genannten Leitfragen.

!?

Kaum zu glauben

Die Zahlen für 2017 wurden Ende 2019 veröffentlicht. Es dauert sehr lange, bis die Informationen dem Statistischen Bundesamt vorliegen und aufbereitet sind.

1 Frisch gepresster Plastikmüll

A Malediven

Eine Insel aus Müll

Thilafushi, so heißt die künstliche Müllinsel 6,8 km von Malé entfernt. Sie ist etwa 50 ha groß. Sie entstand durch die Zuschüttung einer Lagune, die ca. 7 km lang und 200 m breit war. Seit der ersten Schüttung im Januar 1992 wächst Thilafushi jeden Tag. Es werden rund 400 Tonnen Müll täglich angeliefert.

Inselretter

Strände und Wasser sind vermüllt mit Plastik. Shaahina Ali, Direktorin der Umweltschutzorganisation „Parley for the oceans“ (Malediven) versucht durch Plastikmüllsammelaktionen das Umweltbewusstsein der Einheimischen zu wecken. Was sie mit Schulklassen und anderen Gruppen sammelt, wird in Müllpressen verdichtet und in andere Länder zum Recyceln transportiert.

Nachhaltigkeitsmanager

Einzelne maledivische Luxus-Resorts werben inzwischen mit ökotouristischen Angeboten.

2

B Kreuzfahrttourismus und Müll

Kreuzfahrtschiffe stellen weniger als 1 % der globalen Hochseeflotte dar, aber produzieren 25 % der Abfälle. Pro Passagier und Tag fallen im Durchschnitt 210 Liter Abwasser aus Wäschereien, Duschen und Küchen an und 30 Liter unverdünntes Toilettenabwasser, das ins Meer geleitet wird. Lebensmittelabfälle werden im Meer entsorgt, bei allen anderen festen Abfällen erfolgt die Entsorgung an Land. Etliche Häfen spezialisieren sich auf die Entsorgung der Müllarten und verschaffen sich so Standortvorteile. Abgesehen vom produzierten Müll erzeugen die Kreuzfahrtschiffe eine erhebliche Luft- (z. B. CO_2, NO_x, Feinstaub und Rußpartikel) und Wasserverschmutzung (z. B. durch Öl- und Kraftstoffreste). Eine weitere Umweltbelastung entsteht durch den An- und Abreiseverkehr der Kreuzfahrttouristen und durch die Anlieferung der Nahrungs- und Versorgungsmittel.

3

C Unsere Müllkippe schließt

Abfalltourismus heißt der Transport von Müll der Industrieländer in andere Länder (oft Entwicklungsländer). Dort wird der Abfall verwertet oder beseitigt.
Bislang gingen 56 % des weltweiten Plastikmülls nach China, wurden dort oft noch von Hand sortiert, recycelt oder verbrannt. Außerdem gingen 60 % des US- und 70 % des europäischen Papiermülls nach China.
ABER: Seit dem 1. 1. 2018 nimmt China weder unseren Plastikmüll noch das Altpapier oder alte Textilien mehr an. China will seine Bevölkerung nicht länger durch schmutzigen Müll gefährden, sondern eine eigene Kreislaufwirtschaft aufbauen. Thailand, Malaysia und Indonesien sind „eingesprungen", aber inzwischen gibt es auch dort einen Einfuhrstopp für Müll, der wiederum mit einem blühenden Müllschmuggel einhergeht.

5

	2016	2017
EU gesamt (Mio. t)	83,3	88,5
kg / E	167,3	173,4
Deutschland gesamt (Mio. t)	18,2	18,7
kg / E	220,5	226,5

4 Verpackungsmüll

6 Verladung von Plastikmüll

SP Tipp

Geographische Daten:
→ Aufgabe 4A
- Lage
- Größe
- Landesnatur
- Bevölkerung
- Wirtschaft

4 MK

A Malediven
a) Stellt die wesentlichen geographische Daten der Malediven zusammen.
b) Recherchiert Informationen zu:
- Tourismus,
- Thilafushi,
- Parley for the oceans,
- Ökotourismus,
- Umweltministerium der Malediven.

c) Erläutert die Bedeutung des nachhaltigen Tourismus für die Malediven.

B Kreuzfahrttourismus und Müll
a) Recherchiert Zahlen zu:
- Touristen und Besatzungsmitgliedern,
- Menge und Größe der Kreuzfahrtschiffe.

b) Recherchiert die Bedeutung von „Umweltmanagementsystemen" und „Entsorgungsmanagement".
c) „Ein Kreuzfahrttourist verbraucht etwa doppelt so viel Wasser und Nahrung wie zu Hause." Erläutert diese Aussage.

C Unsere Müllkippe schließt
a) Recherchiert Fakten zum Abfalltourismus (Zielländer, Verwertung und Behandlung des Mülls, Bezahlung).
b) Recherchiert wohin Europa seinen Müll jetzt exportiert.
c) „Die Kunststoffneuproduktion ist immer noch gewinnbringender als die Wiederverwertung." Erläutert die Auswirkungen dieser Feststellung.

Welthandelsströme und wirtschaftliche Zusammenschlüsse

Die ganze Welt ist ein riesiges Kaufhaus. Waren werden weltweit produziert, verkauft und über die ganze Welt bewegt. Transport und Logistik setzen kaum Grenzen und fast alle Waren können so an jeden Ort der Welt transportiert werden. Internationale Handelsbündnisse vereinfachen den Warenaustausch und festigen damit die Wirtschaftsbeziehungen zwischen den Partnerländern. Aber nicht nur durch eine Pandemie kann es zu Störungen kommen.

Index
statistische Messzahl, die genommen wird, wenn mehrere Aspekte mit einer einzigen Zahl dargestellt werden sollen, um durchschnittliche Veränderungen zu zeigen.

Die internationalen Warenströme sind ständig im Wandel, abhängig von Wirtschaftskrisen oder wirtschaftlichem Aufschwung. Die Exporte und Importe konzentrieren sich auf die drei großen Wirtschaftsregionen der Erde: Asien, Nordamerika und Europa. Gerade Asiens Wirtschaftszentren Indien und China zeigen in jüngster Vergangenheit die größte Dynamik im Handelsaufkommen. Deutschland, zwischen 2003 und 2008 sowie im Jahr 2016 globaler Exportweltmeister, wurde mittlerweile von anderen Nationen verdrängt und liegt inzwischen auf Platz 3 deutlich hinter China und den USA.

Wirtschaftliche Zusammenschlüsse ...

Um ihre wirtschaftliche Macht zu stärken und das Handelsvolumen zu vergrößern, bilden Staaten Zusammenschlüsse und schließen Handelsabkommen miteinander. Die Mitgliedsstaaten einer Freihandelszone erheben untereinander keine Zölle und errichten auch keine anderen Handelshemmnisse. Gegenüber außenstehenden Staaten kann jedoch jedes Mitglied selbstständig Zölle festlegen, was für viele Entwicklungsländer zum Nachteil wird. Die EU bildet eine Ausnahme bei den wirtschaftlichen Zusammenschlüssen, da ihre Mitgliedsstaaten auch auf politischer Ebene zusammenarbeiten.

... und die Politik

Politische Zusammenarbeit kann also der wirtschaftlichen Zusammenarbeit einen stabilen Rahmen geben. Umgekehrt gilt aber auch, dass politische Differenzen negativen Einfluss auf wirtschaftliche Kooperation nehmen können. Drei Beispiele sollen das verdeutlichen:

Es kann sein, dass ...

- ... nach einer Wahl die neue Regierung eines Landes das nationale Interesse in den Vordergrund stellt und die internationale Kooperation mit Wirtschaftspartnern als nachteilig für das eigene Land darstellt;
- ... ein Land mit Strafzöllen oder einem Handelsboycott versucht, ein anderes Land unter Druck zu setzen, mit dessen Politik es nicht einverstanden ist;
- ... eine über Jahrzehnte erarbeitete wirtschaftliche und politische Stabilität auf der Grundlage einer Kooperation im gemeinsamen Frieden von den Menschen als so selbstverständlich angesehen wird, dass es dem Einzelnen als nicht notwendig erscheint, sich für diese Stabilität zu engagieren.

Handelsabkommen – auf dem Weg oder in der Sackgasse?

CETA (Comprehensive Economic and Trade Agreement)
Freihandelsabkommen zwischen der EU und Kanada, seit September 2017 vorläufig in Kraft; bis Januar 2020 haben 14 EU-Länder das Abkommen ratifiziert.

CPTPP (Comprehensive and Progressive Agreement for Trans-Pacific Partnership)
Freihandelsabkommen zwischen Australien, Brunei, Chile, Japan, Kanada, Malaysia, Mexiko, Neuseeland, Peru, Singapur, Vietnam; ab 30.12.2018 für die ersten Partnerländer in Kraft.

JEFTA (Japan-EU Free Trade Agreement)
Freihandelsabkommen zwischen Japan und der EU; seit dem 1.2.2019 in Kraft.

1

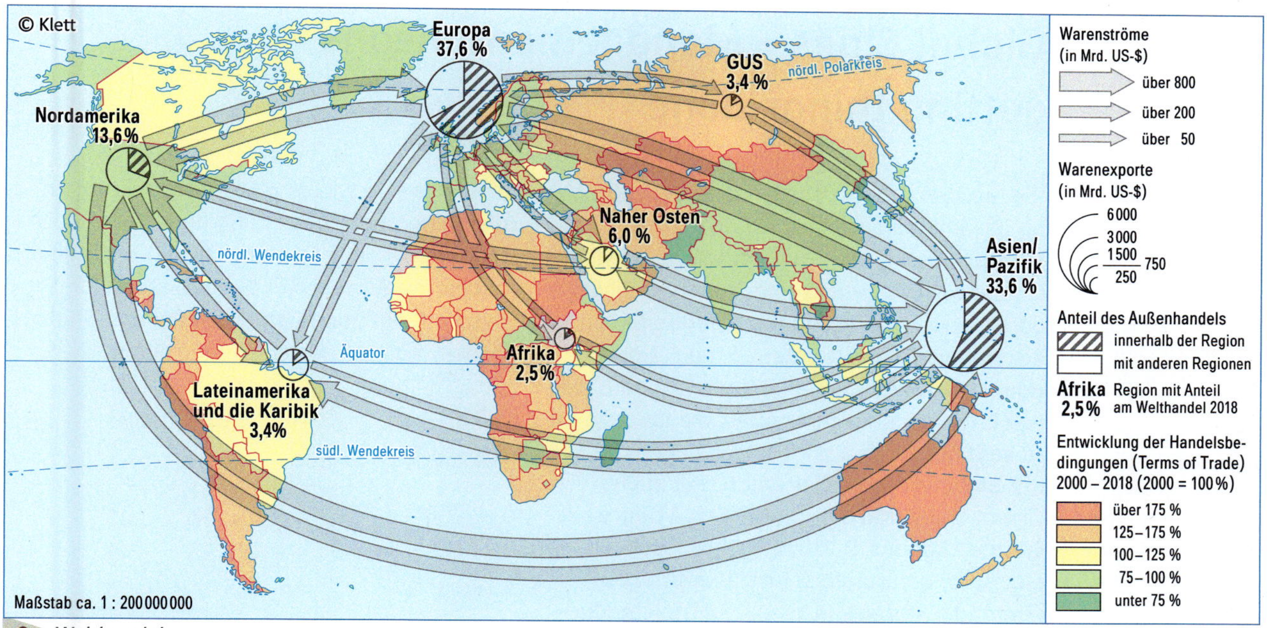

2 Welthandel

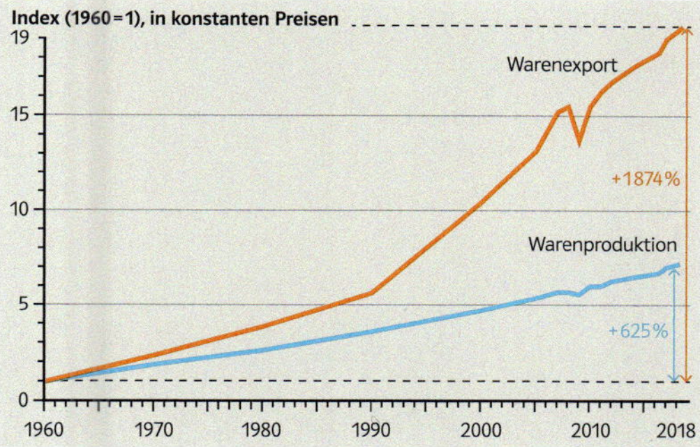

3 Entwicklung des grenzüberschreitenden Warenhandels

Exportländer 2019	
China	2 499,03
USA	1 645,63
Deutschland	1 489,16
Niederlande	709,23
Japan	705,53
Frankreich	569,73

Importländer 2019	
USA	2 568,41
China	2 077,1
Deutschland	1 234,22
Japan	720,74
Ver. Königreich	691,8
Frankreich	651,18

Nach statista, 2020

4 Die größten Export- und Importländer 2019 (in Mrd. US-Dollar)

1 MK

Wirtschaftliche Zusammenschlüsse (Materialien 1 und Karte 2):

a) Beschreibe die räumliche Verteilung der wirtschaftlichen Zusammenschlüsse und die Warenströme des Welthandels.

b) Erläutere die Auswirkungen der wachsenden Warenströme auf die Raumstruktur.

c) Vergleiche den Handel innerhalb der jeweiligen Regionen mit dem Volumen des Handels außerhalb.

d) Informiere dich über den aktuellen Stand der Abkommen CETA, CPTPP und JEFTA.

2

Welt-Warenhandel (Material 3):

a) Beschreibt den Verlauf der beiden Kurven.

b) Erläutert die Entwicklung des Warenexports im Zusammenhang mit Zöllen und Handelsabkommen sowie im Zusammenhang mit der Finanzkrise 2008. Wie hat sich die Corona-Pandemie ausgewirkt?

c) „Der Handel ist der Motor der Globalisierung." „Die Globalisierung ist der Motor des Handels." Erörtert die beiden Aussagen.

3

Es kann sein, dass …

A Nennt Beispiele aus den letzten Jahren, die die erste Aussage (Seite 174) bestätigen.

B Nennt Beispiele aus den letzten Jahren, die die zweite Aussage (Seite 174) bestätigen.

C Nennt Beispiele aus den letzten Jahren, welche die dritte Aussage (Seite 174) bestätigen.

D Fasst – unter Rückgriff auf das Europa-Kapitel, Seiten 46 – 69 – zusammen, welche Vorteile die EU für die Mitgliedsstaaten und für die Bürger hat.

Global Cities – Management means getting things done

Mori Memorial Foundation:
ist eine Stiftung mit dem Ziel urbane Strategien zur Erneuerung und Entwicklung einer idealen urbanen Umwelt zu finden. Allen Menschen soll ein nachhaltiges und zukunftsfähiges Leben möglich werden.

↩ **Statistiken auswerten Seite 104/105**

Die meisten Städte besitzen eine Bedeutung für ihr Umland oder für das ganze Land. Einige Städte haben jedoch Funktionen, die für viele Länder von Bedeutung sind. Das liegt teilweise daran, dass sich hier Hauptniederlassungen der weltweit tätigen Unternehmen (**Transnationale Unternehmen**, TNC) befinden. Hier werden Entscheidungen getroffen, die für die ganze Welt bedeutsam sind. Solche Knotenpunkte der **Globalisierung** nennt man **Global City**. Global Cities sind also die großen Akteure des Weltgeschehens. Doch wer gehört dazu? Eigentlich ganz einfach festzustellen: Man nimmt die Statistiken zu bestimmten **Indikatoren** und rechnet den Wert aus. Dann kann man die Global Cities miteinander vergleichen. „Kearney" ist eine internationale Unternehmensberatung, deren Einschätzungen der Leistungsfähigkeit und des Potenzials von **Metropolen** weltweit anerkannt sind. Sie werden jährlich erhoben und im Global Cities Index und Global Cities Outlook veröffentlicht. Aber Wirtschaftskraft ist nicht alles. Kultureller Reichtum, Lebens- und Umweltqualität, Qualität der Forschung und Entwicklung, Erreichbarkeit – auch das sind wichtige Bewertungskriterien, die immer mehr Beachtung finden.
Der Global Power City Index (GPCI) ermittelt die qualitative Attraktivität der Großstädte für Kreativschaffende, junge Unternehmer und Gründer. Dabei wird nach sechs Kriterien differenziert.

Stadt	2015	2017	2019
New York	1	1	1
London	2	2	2
Paris	3	3	3
Tokyo	4	4	4
Hongkong	5	5	5
Singapur	8	6	6
Los Angeles	6	8	7
Chicago	7	7	8
Beijing	9	9	9
Washington D.C.	10	10	10
Brüssel	12	11	12
Berlin	17	14	14

Nach KEARNEY: 2019 Global Cities Report

2 Ranking des Global Cities Index (GCI)

Global Cities Index
gibt die gegenwärtige Leistung der Global Cities an in den Bereichen:
- Wirtschaftsaktivitäten (30 %) (z. B. Anzahl der Zentralen der umsatzstärksten Firmen)
- Humankapital (30 %) (z. B. Prozentanteil der Einwohner mit Universitätsabschluss)
- Information und Medien (15 %) (z. B. Anzahl internationaler Nachrichtenbüros)
- Kulturangebot (15 %) (z. B. Attraktivität der Kunst- und Kulturstätten)
- politische Bedeutung (10 %) (z. B. Anzahl internationaler Organisationen)

Global Cities Outlook
gibt an, wie schnell Metropolen gegenüber den Global Cities zukünftig aufholen können in den Bereichen:
- Lebensqualität (25 %)
- Ökonomie (25 %)
- Innovation (25 %)
- Governance (25 %)

1 Systematik Global Cities Index und Global Cities Outlook

Stadt	2015	2017	2019
London	2	4	1
Singapur	14	11	2
San Francisco	1	1	3
Amsterdam	9	16	4
Paris	19	3	5
Tokyo	18	23	6
Boston	3	5	7
München	7	7	8
Dublin	?	?	9
Stockholm	8	9	10
Berlin	13	18	16
New York	4	2	24

Nach KEARNEY: 2019 Global Cities Report

3 Ranking des Global Cities Outlook (GCO)

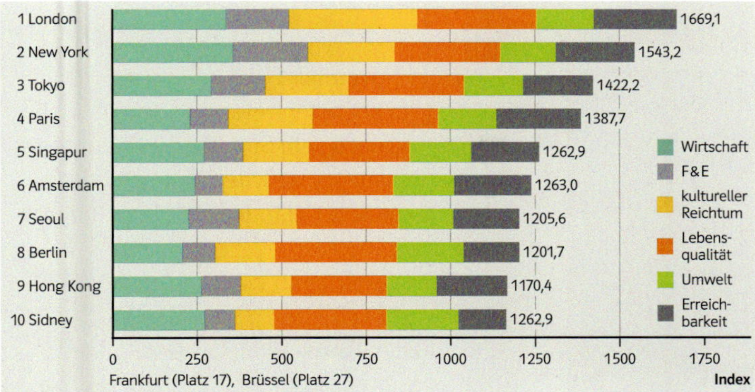

4 Global Power City Index (GPCI) 2018, Top 10
(Mori Memorial Foundation's Institute, 11 / 2019)

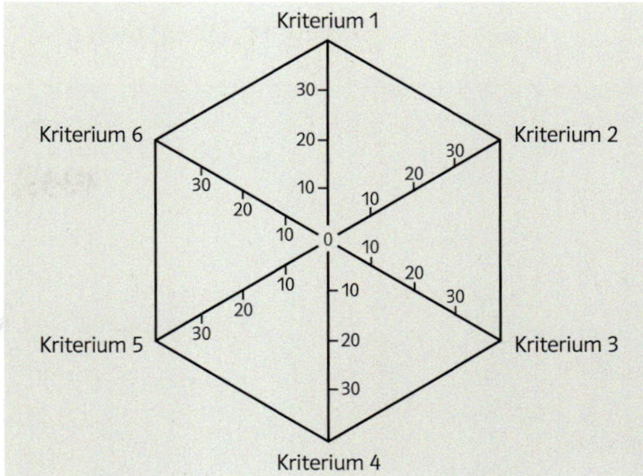

6 Sechseckiges Netzdiagramm, Vorlage

Wirtschaft (Kriterium 1)	Forschung und Entwicklung (F&E) (Kriterium 2)	Kultureller Reichtum (Kriterium 3)	Lebensqualität (Kriterium 4)	Umwelt (Kriterium 5)	Erreichbarkeit (Kriterium 6)
1 New York (358,5)	1 New York (224,5)	1 London (382,7)	1 Paris (371,8)	1 Zürich (242,5)	1 Paris (247,1)
2 London (331,4)	2 London (187,8)	2 New York (254,1)	2 Amsterdam (365,5)	2 Stockholm (232,4)	2 London (239,1)
3 Beijing (288,4)	3 Tokyo (166,2)	3 Paris (252,2)	3 Madrid (364,4)	3 Kopenhagen (222,8)	3 New York (226,6)
4 Tokyo (286,6)	4 Los Angeles (163,1)	4 Tokyo (241,9)	4 Vancouver (364,3)	4 Helsinki (218,9)	4 Shanghai (225,7)
5 Zürich (269,4)	5 Seoul (146,5)	5 Singapur (204,3)	5 Berlin (361,8)	5 Sydney (216,0)	5 Frankfurt (223,7)
… …	… …	… …	… …	… …	… …
26 Frankfurt (217,8)	15 Berlin (94,2)	7 Berlin (177,7)	11 Tokyo (343,3)	8 Frankfurt (207,5)	8 Tokyo (208,0)
29 Berlin (204,1)	21 Brüssel (71,7)	22 Brüssel (123,6)	18 Frankfurt (334,6)	13 Berlin (195,2)	20 Brüssel (172,5)
33 Brüssel (183,3)	35 Frankfurt (46,3)	39 Frankfurt (70,9)	22 Brüssel (329,2)	23 Tokyo (176,2)	21 Berlin (168,8)
				32 Brüssel (164,0)	

Mori Memorial Foundation's Institute, 11/2019

5 Global Power City Index (GPCI) 2018, differenziert nach Einzelkriterien

1

Global Cities Index:
a) Nennt die Kennzeichen einer Global City.
b) Tragt in eine stumme Weltkarte die TOP 10 von 2019 ein.
c) MK Beschreibt die Entwicklung des Rankings seit 2015. Recherchiert die Entwicklung ab 2020.
d) Stellt dem bestehenden Ranking (GCI) die potenziellen zukünftigen Global Cities (GCO) gegenüber.

2

Global Power City Index:
a) Analysiert die Unterschiede der Kriterien des GPCI im Vergleich zum GCI und GCO.
b) Beschreibt die Unterschiede und die Gemeinsamkeiten in den Rankings der jeweiligen TOP 10.
c) Zeichnet die Rankings von Tokyo, Berlin, Frankfurt und Brüssel (Tabelle 5) in ein sechseckiges Netzdiagramm (1–6 = Einzelkriterien) ein (Vorlage Grafik 6).
d) Erläutert die Auffälligkeiten.

Tokyo im Überblick

7 Tokyo mit Skytree und Fuji

Name (Weltrang nach Fortune Global 500 / Branche)	Umsatz (in Mrd. US-$)	Sitz
Toyota (5 / Autos)	254,69	Tokyo
Honda (29 / Autos)	129,20	Tokyo
Japan Post Group (33 / Logistik)	122,99	Tokyo
Nissan (44 / Autos)	108,16	Yokohama
NTT (50 / Telekommunikation)	105,13	Tokyo
Hitachi (72 / Elektronik)	84,56	Tokyo
Æon (88 / Einzelhandel)	75,77	Chiba
Sony (106 / Elektronik)	70,17	Tokyo
Panasonic (111 / Elektronik)	67,78	Osaka

Wikipedia, 2020

8 Liste der größten Unternehmen in Japan

London	290
Paris	245
Amsterdam	220
New York	120
Berlin	93

9 Internationale Flug-Direktverbindungen

Stadt	Ausländer (in %)
New York	41
London	40
Frankfurt	30
Paris	20
Berlin	25
Tokyo	5,2

11 Ausländeranteil (2018)

!?

Kaum zu glauben

Kosten für einen Innenstadtparkplatz: 300 bis 400 Euro / Monat

	Tokyo (Stadt)	Metropolregion
Fläche (km²)	628	13 572
Einw. (Mio.) (2019)	9,6	38,5

Metropolregion = Tokyo + Saitana (N), Chiba (O), Yokohama (S), Kawasaki (S), Tama-Region (W)

10

Skytree
- eröffnet November 2012
- mit 634 m höchster frei stehender (Fernseh-) Turm und nach dem Burj Khalifa in Dubai das zweithöchste Bauwerk der Welt
- gebaut auf dem Gelände eines alten Rangierbahnhofs
- die Bahngesellschaft trägt den größten Teil der Kosten
- am Fuß des Turms ist ein großes Einkaufszentrum entstanden (praktisch für die, die auf die Aussichtsplattformen des Turms fahren)

Nahverkehr
- Netz: etwa 1 200 km Schienen, über 800 Bahnhöfe
- täglich etwa 40 Mio. Passagiere
- Zugfrequenz (in Spitzenzeiten) alle 1 – 2 Minuten
- jährliche durchschnittliche Verspätung pro U-Bahn / Nahverkehrszug 0,7 Minuten

Messen
- drei Messegelände in der Metropolregion: Tokyo Big Sight, Makuhari Messe, Pacifico Yokohama
- Beispiele: Tokyo Motor Show, Semicon

Humankapital
- etwa 150 Universitäten, Colleges und Fachhochschulen mit ausgezeichneten Forschungsergebnissen
- Englisch wird aber als Arbeitssprache nur zögernd angenommen
- international bedeutende Kongresse im Vergleich zu anderen Global Cities sind relativ selten

12

3

Tokyo als Global City:

a) Beschreibt die Position Tokyos im GCI und im GCO (siehe Seite 176).

b) Erläutert Tokyos Position in den beiden Rankings mithilfe der Informationen dieser Seite.

○ 3a ◒ 3b

Frankfurt am Main im Überblick

	Frankfurt (Stadt)	Frankfurt (Region)
Fläche (km²)	248	14 755,1
Einw. (2019)	753 056	5,7 Mio.

13

Wirtschaftliche Aktivitäten

– über 699 600 Arbeitsplätze
– ¼ des BIPs von Hessen

14

17 „Mainhattan" – die Skyline der Frankfurter City

Kontinentaleuropäisches Finanzzentrum
– führender Finanzplatz der Eurozone FINTECH HUB
– Deutsche Börse: integriertes Geschäftsmodell, breiteres Dienstleistungsangebot als andere Börsen
– bietet gesamte Wertschöpfungskette im Finanzgeschäft
– Sitz der Deutschen Bundesbank
– Sitz der Europäischen Zentralbank

Messe Frankfurt
– seit mehr als 780 Jahren
– größter Messeplatz Europas (mit ständig wechselndem Portfolio)
– 155 Messen an über 50 Standorten auf fünf Kontinenten
– 105 Messen außerhalb Deutschlands
– 50 Messen innerhalb Deutschlands
– 41 Messen in Frankfurt (2019) mit fast 38 000 Ausstellern und 1,84 Mio. Besuchern (Beispiele: IAA, Frankfurter Buchmesse, Achema, IMEX)

Verkehrsgunst
– viertgrößter Flughafen Europas (70,5 Mio. Passagiere 2019, 248 Zielorte, 2,1 Mio. t Fracht)
– großes Autobahnkreuz
– großes Schienennetz (450 000 Passagiere / Tag, 1 800 Züge / Tag)
– wichtige Logistikdrehscheibe für Europa

Informationen und Medien
– einer der wichtigsten Datenknotenpunkte der Welt: Platz 2 der Hubs auf internationalen Datenhighways
– zweithöchste Rechenzentrumsdichte
– weltweit größter und zuverlässigster Datenumschlagplatz
– Sitz von DENIC (= alles, was mit .de endet)
– Sitz von DE-CIX: Deutsche Commercial Internet Exchange

Humankapital
Goethe-Universität:
– über 48 000 Studierende
– knapp 600 Professoren, davon etwa 30 % ausländische Professoren
– 13 internationale Schulen

Politische Bedeutung
– 108 Konsulate
– 59 ausländische Handelskammern

15

Herkunft der Unternehmen im IHK-Bezirk Frankfurt

USA	738	China	378
Russland	327	Indien	192
Frankreich	511	Südkorea	126
Ver. Königreich	618	Japan	140

16

4 ⚭
Frankfurt auf dem Weg zur Global City?
a) Beschreibt die Positionen von Tokyo und Frankfurt im GPCI, differenziert nach Einzelkriterien (siehe Seite 177, Tabelle 5 sowie Aufgabe 2c und d).
b) Analysiert die Auswirkungen der Globalisierung auf die Position Frankfurts im Ranking der Global Cities. Entwickelt dazu einen konkreten Vorschlag, wie die Position verbessert werden kann.

Material
Globalisierungsrätsel
9su4qi

Wichtige Begriffe

- arbeitsteilige Produktion
- Betriebsprämie
- Global City
- Globalisierung
- Global Player
- Landgrabbing
- nachhaltige Landwirtschaft
- Outsourcing
- Pandemie
- Produktionskosten
- Subventionen
- Transnationales Unternehmen
- Welthandel

Kennen und verstehen

1 Global Cities (Seite 176 – 179)

a Welcher Kontinent hat 2019 die meisten Global Cities der Top 10?

b Liegt ein wichtiger Container- oder Flughafen in einer der TOP 10 Global Cities (Seite 168/169)? Wenn ja, welcher?

c Welche Kontinente haben keine Global City der TOP 10?

2 Finde den Staat

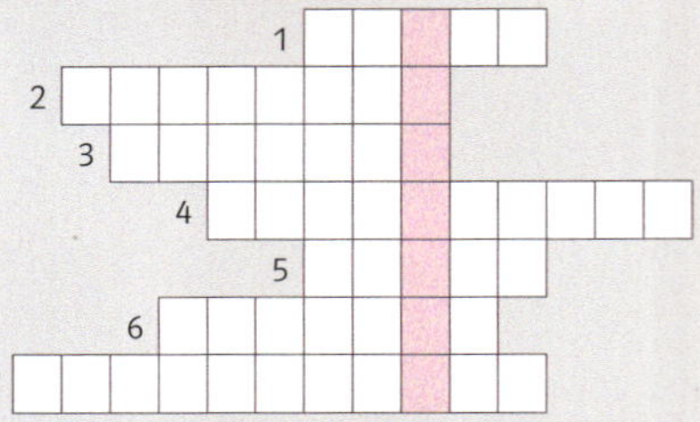

1 südlicher Nachbarstaat Perus
2 Hauptstadt Ungarns
3 Staat östlich von Kenia
4 Region im Süden Spaniens
5 weltweit größter Agrarproduzent
6 Hauptsitz der EU-Behörden
7 Beneluxstaat mit großen Gewächshausflächen

3 Fachbegriffe üben (Material 3 und Online-Code 9su4qi)

a Schreibe die gesuchten Begriffe zur Globalisierung in dein Heft. Ersetze dabei die Leerstellen aus der Silbenliste.

b Arbeitet zu zweit: Der eine nennt den Begriff, der andere erläutert ihn. Der eine umschreibt ein Phänomen, der andere nennt den passenden Begriff.

4 Fachbegriffe finden

a Öffentliche Gelder, die Betriebe oder Produktionszweige unterstützen sollen.

b Wirtschaftspolitische Maßnahmen, um ausländischen Anbietern den Zugang zum heimischen Markt zu erschweren.

c Landwirtschaftliches Wirtschaften, das ökonomisch, ökologisch und sozial zukunftsorientiert arbeitet.

d Aneignung von Land und Flächen in fremden Staatsgebieten.

Fachmethoden anwenden

5 Auswertung und Interpretation der Karikatur 1 und des Diagramms 2

a Beschreibe und erläutere die Karikatur.

b Untersuche, wie sich die Fleischproduktion weltweit seit 1961 in den dargestellten Regionen verändert hat.

c Stelle den Zusammenhang zwischen der Karikatur 1 und dem Diagramm 2 her.

1 „Ohne Beilagen"

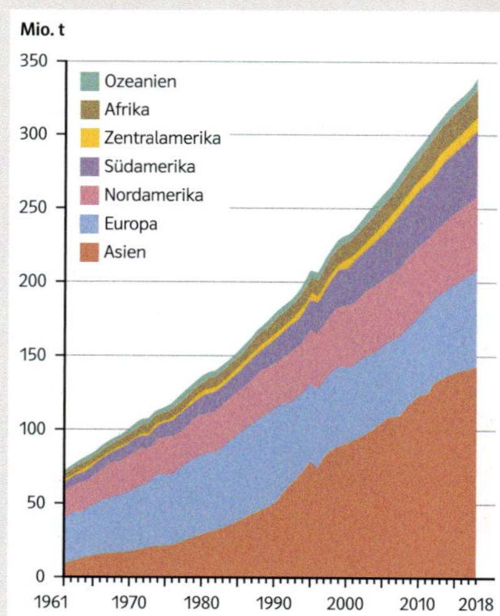

2 Fleischproduktion weltweit nach Regionen (1961 – 2018)

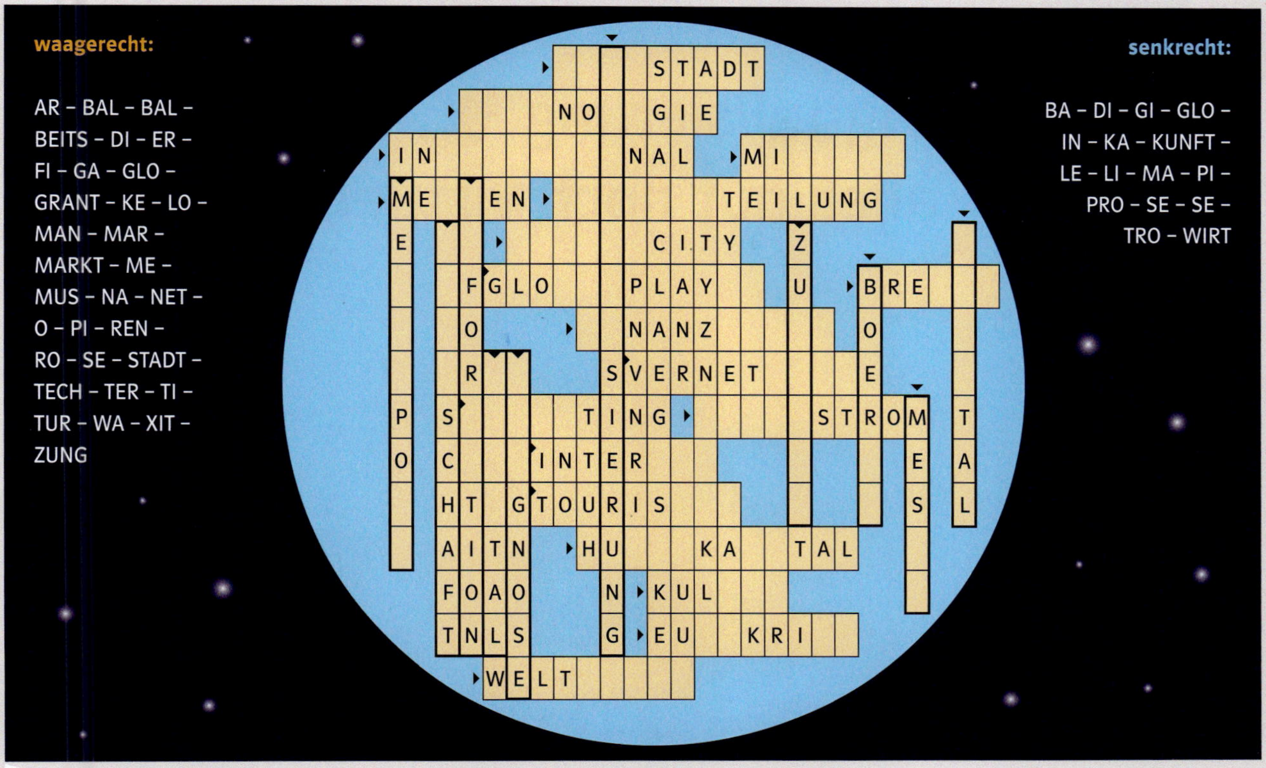

3 Rätselhafte Globalisierung

Beurteilen und bewerten

6 MK **Du bist gefragt!**
Als dieses Buch geschrieben wurde (Redaktionsschluss November 2020), war noch nicht abzusehen, wie sich die Corona-Pandemie im sozialen, wirtschaftlichen und ökologischen Bereich auswirkt. Es haben sich Veränderungen in vielen Lebensbereichen ergeben, aber wie es wird oder bis jetzt geworden ist, musst du selbst recherchieren. Untersuche, wie sich die im Kapitel dargestellten Phänomene verändert haben:

a Was hat sich zum jetzigen Zeitpunkt negativ verändert?
b Was ist zum jetzigen Zeitpunkt besser geworden?
c Was haben wir gelernt?

Handeln

7 Wir müssten auf etwa ein Drittel des Konsums an tierischen Kalorien verzichten, wenn das Idealbild einer ökologischen Landwirtschaft umgesetzt würde.
Nimmst du an dieser Umstellung teil? Begründe deine Haltung.

Jetzt kannst du ...

- das Spannungsfeld erläutern, in dem sich eine nachhaltige Landwirtschaft bewegen muss;
- erklären, was der Fleischkonsum bei uns mit dem Sojaanbau in Südamerika zu tun hat;
- erläutern, welche Auswirkungen Subventionen der EU-Landwirtschaft haben können;
- Staaten nennen, in denen eine bedeutende Produktion an Tomaten und Rosen zu finden ist;
- ein Mystery entschlüsseln;
- die internationale Arbeitsteilung an einem Beispiel erläutern;
- internationale Verflechtungen eines Global Players beschreiben;
- Global Cities charakterisieren;
- Gewinner und Verlierer, Chancen und Risiken der Globalisierung erläutern;
- wirtschaftliche und wirtschaftspolitische Zusammenhänge erläutern und erörtern.

8

Digitalisierung – alles nur noch virtuell?

1 Digitalisierte Industrie

Wir sind längst in einer digitalisierten Welt angekommen. Die Digitalisierung betrifft nicht nur klassische IT-Unternehmen, sondern hat Einfluss auf zahlreiche Branchen und verändert viele unserer Lebensbereiche und den Raum. Insbesondere das Internet und GPS-Daten spielen dabei eine Schlüsselrolle.
Welche Möglichkeiten bieten diese Entwicklungen? Kann der Straßenverkehr durch die digitale Vernetzung optimiert werden? Wie können Transportwege von Waren automatisiert werden? Welche Möglichkeiten ergeben sich durch eine digitale Vernetzung von Maschinen und ganzen Fabriken auf die Produktion? Wie können landwirtschaftliche Erträge optimiert werden? Welche Rolle spielt der Mensch in dieser digitalen Welt? Und wie verändert sich dabei der Raum?

2 Digitalisierte Landwirtschaft

Digitalisierung im Verkehr – von A nach B digital unterstützt

Für gut zwei Drittel aller Berufspendler ist das Auto aufgrund von Komfort und Flexibilität immer noch das Verkehrsmittel Nummer eins. Dieser Individualverkehr führt allerdings zu Staus und hohen Stickoxid- und Feinstaubbelastungen in unseren Städten. Können wir durch die Digitalisierung Straßen entlasten, die Luftverschmutzung reduzieren und Konzepte der nachhaltigen Mobilität stärken?

Car-2-X-Technologie:
Vernetzung von Fahrzeugen untereinander und mit der Verkehrsinfrastruktur über Funk, GPS, WLAN und mobiles Internet

1 Optimale Routensuche per Smartphone

Schneller und komfortabler von A nach B

Eine Strategie der Städte, die Anzahl der Autos und damit die Schadstoffemissionen zu reduzieren, ist die Attraktivität des Nahverkehrs mittels digitaler Angebote zu steigern. Seit ein paar Jahren können z. B. digitale Tickets für öffentliche Verkehrsmittel per Smartphone gekauft werden und das meistens zu günstigeren Preisen.
Auch die städtischen Verkehrsbetriebe binden vermehrt das Konzept „Mobility as a Service“ (MaaS) in ihre Apps ein, um Nutzerinnen und Nutzern sowohl öffentliche als auch private Mobilitätsdienstleistungen anzubieten. Das können beispielsweise Car-Sharing-Dienste sein, die auf Bestellung bzw. Abruf (sog. On-Demand-Dienste) zum ermittelten Standort der Kunden geschickt werden. Dies erfolgt meistens über GPS. Auf dem Weg zum Ziel berechnet ein Algorithmus, welche Fahrgäste eine ähnliche Route haben und so auf der Fahrt eingesammelt werden könnten. Derartige Sammelverkehre nennt man „Ridepooling“. Sie sollen die Anzahl der Leerfahrten und Fahrzeuge auf den Straßen minimieren.
Ein weiterer Ansatz zur Verringerung des Autoverkehrs ist der verstärkte Ausbau von öffentlich nutzbaren Fahrrädern und Elektrorollern, die per Smartphone gebucht werden können.

!?

Kaum zu glauben

Für Studien zur Wirksamkeit der Digitalisierung im Straßenverkehr werden i. d. R. nur wenige Messfahrzeuge zur Datensammlung eingesetzt. Die Berechnungen beruhen im Wesentlichen auf Computersimulationen.

Ampeln, Fahrzeuge und Co digital vernetzt

Zahlreiche Pilotprojekte rüsten die bestehende Verkehrsinfrastruktur mit digitaler Technik nach, um sie mit Fahrzeugen zu vernetzen und so den Verkehrsfluss zu optimieren. Dabei wurde z. B. die Vernetzung von Fahrzeugen über Apps, WLAN-Sender, Car-2-X-Technologie mit zentralen Computern, digitalen Verkehrstafeln und Detektoren in Straßen und an Ampeln getestet. Durch die Vernetzung erhält das Fahrzeug Informationen über die optimale Route und Geschwindigkeit, aber auch Ampelphasen können nach Bedarf angepasst werden.
Welche digitalen Komponenten nun wirklich zu einem optimierten Straßenverkehr beitragen, ist schwierig zu sagen, denn zahlreiche Aspekte wirken hier zusammen: Der Verkehrsfluss wird z. B. durch die Anzahl der Autos auf der Straße, deren Geschwindigkeit und Abstand zueinander beeinflusst. Weiterhin ist an einer Kreuzung die Dauer der Grünphase sowie die Anzahl und Art der Fahrspuren entscheidend, wie das Vorhandensein einer separaten Abbiegespur.
Exemplarisch werden im Folgenden einzelne Studienergebnisse vorgestellt, um einen Eindruck zu bekommen, was Digitalisierung im Verkehr bewirken kann.

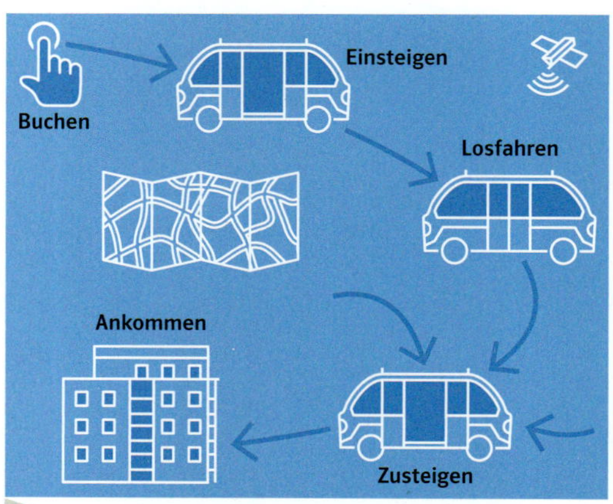

2 Funktionsweise von On-Demand-Diensten

Auf den Teststrecken auf dem Südring und in der Kruppstraße in Düsseldorf wurden einzelne Fahrzeuge mit dem Ampelphasenassistenzsystem (APAS) ausgestattet. Aus der Verkehrslage und den Informationen der Ampelschaltung berechnet das APAS-System die optimale Geschwindigkeit und meldet sie den Fahrzeugen. Anschließend erfolgt die Hochrechnung und Simulation der weiteren Effekte. Auf dem Abschnitt „Südring" wurden weniger starke Veränderungen als auf dem Abschnitt „Kruppstraße" beobachtet (siehe Tabelle), da auf dem Abschnitt Südring ein größerer Einfluss der verkehrsabhängigen Steuerung vorlag. Trotzdem zeigen die Ergebnisse eine deutliche Reduktion der Halte, wobei ein größerer Effekt erzielt wird, je mehr Autos mit dem APAS ausgestattet sind. Die Verringerung der Anzahl der Halte wirkt sich positiv auf die Umwelt aus (weniger Stopps und Beschleunigungen). Dadurch können wiederum der Kraftstoffverbrauch gesenkt und die Emissionen reduziert werden. Es gilt jedoch zu beachten, dass die Ergebnistabelle nur auf einer Hochrechnung beruht und die tatsächlichen Auswirkungen in der Realität abweichen können.

	Anteil der mit einem APAS ausgestatteten Autos		Änderung auf dem Südring	Änderung auf der Kruppstraße
Effizienz auf der Strecke	15 %	Anzahl der Halte	−0,2 %	−7,6 %
	80 %		−4,2 %	−24,4 %
	15 %	benötigte Zeit für die Strecke	−0,1 %	−0,8 %
	80 %		−0,1 %	−1,8 %

	Anteil der mit einem APAS ausgestatteten Autos		Änderung auf dem Südring und der Kruppstraße
Auswirkung auf die Umwelt	15 %	Kraftstoffverbrauch	−0,4 %
	80 %		−1,6 %
	15 %	Kohlenstoffmonoxid (CO)	−1,6 %
	80 %		−9,9 %
	15 %	Stickoxide (NOx)	−1,3 %
	80 %		−3,6 %

Ergebnisse der berechneten Effekte in Ost-West-Richtung zwischen 11 und 12 Uhr
Eigene Zusammenstellung nach Technische Universität München: UR:BAN Leitfaden

3 Ergebnisse der Untersuchung einer Ampelphasenassistenz in Düsseldorf im Rahmen des Projektes UR:BAN

Eine Studie aus Lissabon fand heraus, dass mit einem kompletten Umstieg auf Ridepooling-Dienste bis zu 100 Autos mit 3 Shuttles ersetzt werden können.

Aber ich habe gelesen, dass On-Demand-Fahrdienste in US-Städten nicht zur Straßenentlastung beitragen. Ganz im Gegenteil. Die häufigen Einzelfahrten tragen sogar vermehrt zu Staus und zur Luftverschmutzung bei.

4 Eine Unterhaltung über einen Internetblog

Pilotprojekt: smarte Verkehrsführung verkürzt die Routen und spart CO_2-Ausstoß ein

Vier Wochen lang wurde in München mit Sensoren der Luftzustand gemessen und daraus Luftschadstoff-Karten erstellt. Der selbstlernende Algorithmus konnte nach einer Weile Infos über die Auslastung von Strecken einbeziehen und per App die umweltfreundlichste Route mitteilen. „Das Ergebnis: 40 Prozent der Teilnehmer wählten wiederholt die vorgeschlagenen Routen und sparten dadurch insgesamt über 600 km Strecke sowie etwa 85 kg CO_2, da die gewählten Strecken oftmals kürzer waren."
Nach BMWI (2019): Erfolgreiches Pilotprojekt (10.7.2020)

5

1
Arbeite mit dem Text und den Materialien 3 und 4:
a) Erkläre, was man unter On-Demand-Verkehrsdiensten versteht.
b) Nimm Stellung zur Aussage: „Die Einführung von On-Demand-Angeboten reduziert den Verkehr."
c) MK Recherchiere, ob es in deiner Stadt Angebote zu On-Demand-Verkehrsdiensten gibt.

2
Konzepte zur Verkehrsentspannung (M3 und M5):
a) Beschreibt die digitale Technik, die zur Verkehrsoptimierung in den Beispielen gewählt wurde.
b) Diskutiert unter Berücksichtigung des Textes auf Seite 184, ob die jeweilige Technik der Beispiele zur Stau- und Schadstoffreduzierung beigetragen haben.

3 MK
Informiere dich im Internet über weitere Projekte zur Digitalisierung des Verkehrssektors (z. B. in Düsseldorf oder Wiesbaden). Recherchiere Ziele, Maßnahmen, Kosten und Details zur Datenerfassung und -verarbeitung. Bewerte die Auswirkungen auf den Raum. Stelle das Projekt in einem Referat vor.

Digitalisierung in der Logistik und im Handel – Auswirkungen auf unseren Lebensraum

Die Digitalisierung hat nicht nur unser Einkaufsverhalten und die Warentransportwege maßgeblich verändert, sondern auch unseren Alltag und damit unseren Lebensraum. Aber wo wird das im Raum sichtbar? Welche Vorteile und Herausforderungen ergeben sich durch diese Veränderungen?

1 Automatisiertes Lager

3 Logistikzentrum in Rheinberg

4 Paketzustellung durch den Roboter „Digit"

Concept Map Seiten 90/91

Standortfaktoren Seiten 170/171

autonom: eigenständig, unabhängig

Jahr	Anzahl der Sendungen
2000	1690
2010	2330
2019	3650

Nach statista, 2020

2 Paketsendungen in Deutschland (in Mio.)

Auswirkungen des Onlinehandels

Online-Shopping ist heute bei allen Bevölkerungsgruppen ein etablierter Bestandteil des Konsum-Alltags. Die bestellte Ware wird in Logistikzentren automatisiert über Förderbänder, Lastarme und selbstfahrende Regale bereitgestellt, verpackt und schließlich über Warenverteilungszentren nach Hause geliefert.
Der wachsende Onlinehandel stellt den stationären Einzelhandel vor immer größere Herausforderungen und er wird teilweise als Ursache für die abnehmende Zahl der Geschäfte in Innenstädten angesehen. Der Onlinehandel trägt aber auch zur Entstehung neuer Logistik-, Paket- und Warenverteilungssendungen bei.
Aufgrund der benötigten Fläche befinden sich diese häufig im ländlichen oder stadtnahen Raum. Zum Teil reicht hier aber die ausgebaute Infrastruktur nicht aus, wie es sich beim Bau des Amazon-Logistikzentrums in Mönchengladbach-Rheindahlen zeigte. Zahlreiche Lkw stauten sich anfangs auf den umliegenden Straßen, verfuhren sich oder mussten mit dem Traktor aus dem Feld gezogen werden. Nachbesserungen waren notwendig. So entstanden u.a. ein Lkw-Parkplatz und zusätzliche Spuren an mehreren Kreuzungen der umliegenden Landstraßen.
In Regionen mit geringerer Flächenverfügbarkeit und bereits vorhandener Infrastruktur wurden demgegenüber stillgelegte Industriebrachen sinnvoll für Logistikzentren umgenutzt (z.B. im Ruhrgebiet) oder es entstanden Hybridobjekte, die Logistik-, Produktions- und Büroflächen unter einem Dach vereinen.
In diesem Zusammenhang siedelten sich neue Rechen- und Kundenzentren an, wodurch einerseits eine Vielzahl unterschiedlicher Arbeitsplätze entstand. Andererseits findet aber auch ein zunehmender Austausch von Mitarbeitern durch Roboter statt.
Darüber hinaus werden zunehmend digital unterstützte Konzepte entwickelt, um dem Problem des erhöhten Verkehrsaufkommens durch Onlinebestellungen entgegenzuwirken. Das Unternehmen Hermes setzt z.B. auf eine Software, die optimale Auslieferungsrouten ermittelt und so die gefahrenen Kilometer durchschnittlich um 7% reduziert.
Diese Ansätze könnten auch bei den zahlreichen Retouren eingesetzt werden. 2019 sind geschätzt 500 Mio. Produkte retourniert worden, ein neuer Rekord. 3,9 Prozent dieser Waren wurden vernichtet (Grafik 6). Denn oft ist die Entsorgung billiger als die Aufbereitung.

Erklärfilm
Standortfaktoren
4ir4cz

Geliefert ohne personelle Zusteller

Ziel für die Zukunft ist es, die Warensendungen selbst „intelligent“ werden zu lassen, sodass sie ihren Transport autonom organisieren. Zunehmend werden die Möglichkeiten einer vollautomatisierten Zustellung getestet: So rollten im Herbst 2016 Lieferroboter durch Hamburg. 2019 stellte Ford den in Kooperation mit dem Unternehmen Agility entwickelten, maschinellen Zusteller „Digit“ vor. Er kann 18 kg schwere Pakete tragen, Treppensteigen, Hindernissen ausweichen und wird mittels eines autonomen Fahrzeugs zur entsprechenden Adresse transportiert.
Des Weiteren wird der personenlose Versand durch die Luft vorangetrieben. Bereits im Dezember 2016 verschickte z. B. Amazon eine Lieferung per Drohne und führt seit Herbst 2020 weitere Tests in den USA durch.

Standortsuche und Raumwirksamkeit

Die Wahl eines Standortes stellt für Unternehmen eine der wichtigsten langfristigen Entscheidungen dar. Die Kombination verschiedener Standortfaktoren ist entscheidend für die dauerhafte Existenz eines Unternehmens.
So hat der US-amerikanische Internetriese Amazon nicht nur geeignete Standorte für Logistikzentren in Deutschland finden müssen, sondern auch Standorte für Rechen- und Kunden-Servicezentren sowie für Forschungs- und Entwicklungseinrichtungen. In der jüngsten Vergangenheit gings es um ein Forschungszentrum für „maschinelles Lernen“ im Rahmen künstlicher Intelligenz (KI), z. B. im Hinblick auf selbstlernende Sprachassistenten oder autonome Zustellung. Amazon entschied sich für Tübingen im sog. Cyber Valley, in dem das Unternehmen seit 2017 vertreten ist. Tübingen hat 89 000 Einwohner und liegt ca. 45 km südlich von Stuttgart. Größter Arbeitgeber ist mit etwa 10 000 Beschäftigten die Universität. Neben dem hohen Bildungswert verfügt die Stadt über eine besondere Qualität in den Bereichen Lage, Wohnen, Kultur und Freizeit. Allerdings verstärken sich mit solchen Firmenansiedlungen oft auch die bereits vorhandenen Probleme: Staus, hohe Mieten, fehlende Fachkräfte.

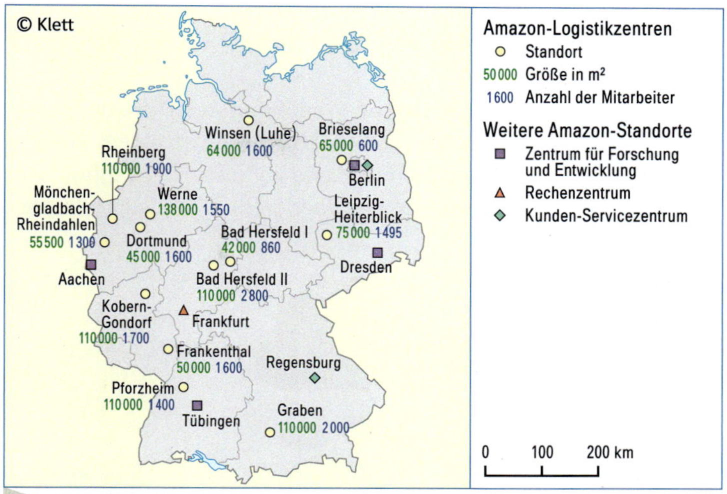

5 Standorte von Amazon in Deutschland

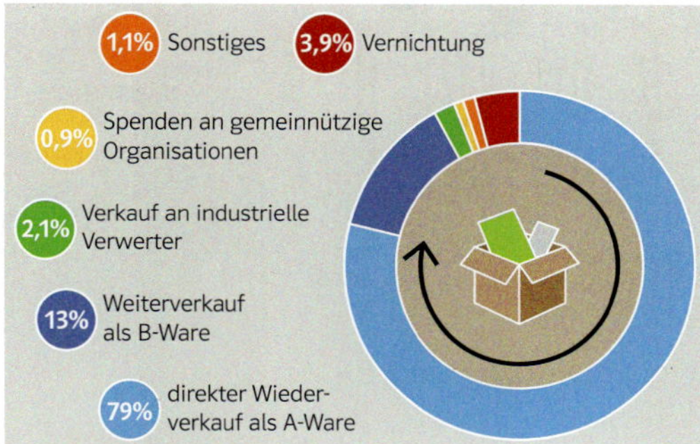

6 Das passiert mit Retouren

1
Standorte von Amazon in Deutschland:
a) MK Analysiere die Standortwahl von Amazon für die Logistikzentren sowie Forschungs- und Entwicklungszentrum in Bezug auf die Lage, Verkehrsanbindungen, benötigte Fläche und die Mitarbeiter (Karte 5, Atlas, Google Maps).
b) Beurteile die räumlichen Auswirkungen der Ansiedlung der Logistik- sowie Forschungs- und Entwicklungszentren auf das direkte Umfeld.

2
Vor- und Nachteile des Onlinehandels:
a) Erstelle eine Tabelle zu den Vor- und Nachteilen des zunehmenden Onlinehandels und die dadurch genutzten Liefermöglichkeiten. Gehe dabei v. a. auf Veränderungen ein, die den geographischen Raum und unsere Lebenswelt betreffen.
b) Nimm Stellung zu folgender Aussage: „Trotz Digitalisierung und Automatisierung nehmen die Arbeitsplätze in der Logistikbranche noch zu.“
c) MK Schreibe einen Zeitungsartikel, indem du kritisch den Onlinehandel betrachtest.

20 000 km von hier und doch nebenan

Früher fanden Produktion und Dienstleistungen eines Unternehmens unter einem Dach und selbstverständlich an einem Standort statt. Im Zeitalter kostengünstiger Transportmittel und vor allem der Digitalisierung kooperieren die Mitarbeiter eines Unternehmens über große Distanzen erfolgreich miteinander.

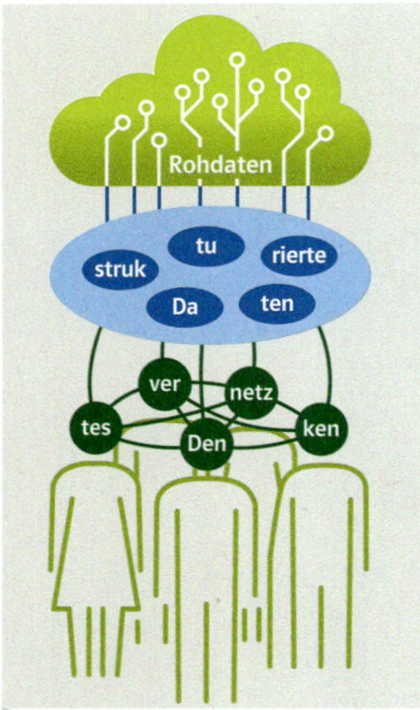

2 Wissensmanagement

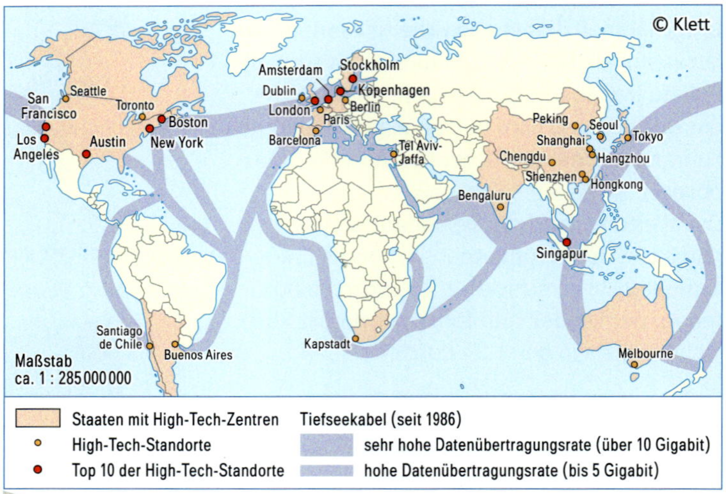

3 High-Tech-Zentren und Tiefseekabel

Strukturwandel Seite 170/171

Digitalisierung und Globalisierung

Flexibiltät im Denken und Handeln, Mobilitätsbereitschaft und Kreativität sind zukunftsfähige Eigenschaften, die zu einer erfolgreichen Anpassung an die sich verändernden Strukturen in Wirtschaft, Gesellschaft und Umwelt gehören. Dazu wird es immer wichtiger, sich Informationen selbstständig zu beschaffen, sie zu begutachten und zu benutzen. Innovationsgeschwindigkeit und Wissensmanagement werden zukunftsentscheidend sein. Ein wichtiges Instrument dabei ist die Digitalisierung. Sie bietet weltweite Vernetzungsmöglichkeiten und erleichtert den Wissensaustausch. Es ist nicht mehr wichtig, ob der andere im Büro nebenan, im Homeoffice oder auf der anderen Seite des Globus arbeitet.

Eine deutsche Firmenzentrale kann Maschinen und Betriebsabläufe in einer ausländischen Niederlassung digital steuern. Die Kooperation mit Unternehmenspartnern, Zulieferern, Kunden oder Institutionen erfolgt mit einem Klick.

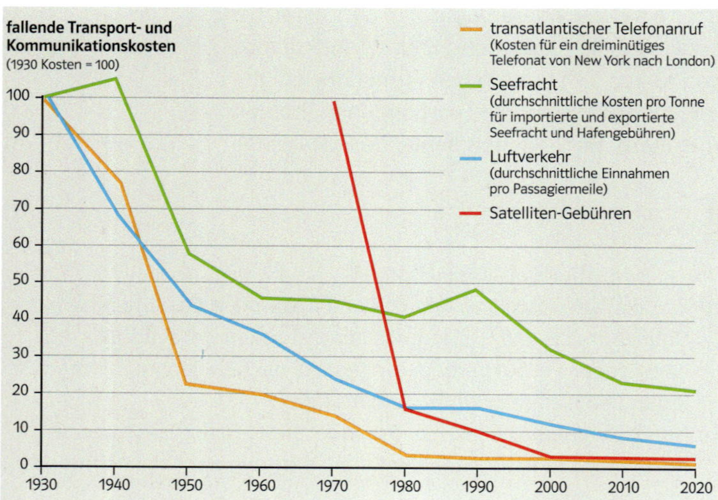

1 Entwicklung der Kosten bei Transport und Telekommunikation
(Nach UNCTAD auf BBCNews 2008, umgezeichnet, ergänzt und aktualisiert, Quelle: HM Treasury)

Regionalisierungstendenzen

Doch seit etwa 2010 sinkt der Anteil der Industrie an der globalen Wertschöpfung. Teilweise ermöglicht auch der technischer Fortschritt (z. B. 3D-Drucker) eine kostengünstige heimische Produktion in Deutschland, statt einer arbeitsintensiven Produktion in einem **Schwellenland.** Genauso kann z. B. China vormals importierte Vorleistungen durch heimische Produktionen ersetzen.

Doch auch die Corona-**Pandemie** von 2020 hat Einfluss auf die globale Vernetzung. Sie hat den Güterhandel vor allem von China und Indien

Richtung Europa verlangsamt oder zum Teil zeitweise unterbrochen. Das könnte in Zukunft dazu führen, dass neue Zulieferer für die Produktion von Industriegütern ins Blickfeld rücken, z.B. Länder in Afrika.
Rasant verstärkt hat sich aber die **Globalisierung** der Dienstleistungen. Dank der Digitalisierung und guter Dolmetscherdienste durch Künstliche Intelligenz (KI) können Großunternehmen wie die Lufthansa Kunden-Reklamationen in Indien bearbeiten lassen oder Videokonferenzen problemlos weltumspannend durchführen. Von der Digitalisierung profitieren nicht nur Menschen und Unternehmen, die Tausende Kilometer entfernt sind. Telemedizin erleichtert beispielsweise die Betreuung von Patienten im ländlichen Raum durch einen Spezialisten in der Großstadt.

Bengaluru ...

(bis 2014 Bangalore) ist mit 11,4 Millionen Einwohnern nach Mumbai und Delhi die drittgrößte Stadt Indiens. Indien ist der weltweit größte Exporteur von IT-Dienstleistungen. Das Zentrum der indischen Softwareindustrie ist Bengaluru. Viele Hightech- und Computerfirmen des In- und Auslands haben sich in den letzten Jahrzehnten hier angesiedelt, sodass sich ein regelrechter IT-Cluster entwickelt hat. Hier finden sich hoch qualifizierte indische Fachkräfte. Viele Softwareprogramme, die in der westlichen Welt zum Einsatz kommen, sind in Bengaluru entwickelt worden. Aber Bengaluru bietet mehr: Die IT-Servicecenter sind in der Lage, sehr schnell und auch für eine begrenzte Zeit auf Anfragen europäischer Firmen zu reagieren, z.B. zur Durchführung eines zweijährigen Projekts. Befristete Turbo-IT-Dienstleistungen sind eine indische Spezialität.

	1995	2000	2005	2010	2015
Umsatz insgesamt, Index 1995 = 100	100	113	158	184	187
Anteil des Auslandsumsatzes am Gesamtumsatz, in %	48	50	57	63	65
Beschäftigte insgesamt, Index 1995 = 100	100	118	126	134	144
Anteil der im Ausland Beschäftigten an der Gesamtbeschäftigung, in %	48	48	53	58	58

Nach UNCTAD: World Investment Report 2016

4 Internationalisierung der Top 100 Multinationaler Unternehmen (MNU) (ohne Finanzbranche)"

Bengaluru ist zudem Standort vieler Universitäten, Technischer Hochschulen oder Forschungsinstitute. Weitere Wirtschaftsschwerpunkte sind Luft- und Raumfahrt sowie die Biotechnologie. Wie in vielen indischen Städten gibt es Sprachschulen für Französisch, Spanisch und Deutsch. Englische Sprachkenntnisse sind selbstverständlich.
Bengaluru ist inzwischen ein wichtiges, dynamisches Wirtschaftszentrum Indiens. Die Fachleute werden überdurchschnittlich gut bezahlt. Doch ist das Lohnniveau verglichen mit der westlichen Welt nach wie vor relativ niedrig.

Cluster
räumliche Konzentration von Unternehmen und Institutionen eines Wirtschaftszweiges, die miteinander verbunden sind.

SP Tipp

Aspekte erörtern
→ Aufgabe 3
- Ich bin der Meinung, dass der Mensch ...
- Einerseits profitieren die Unternehmen ..., andererseits ...
- Trotzdem / dennoch ...
- Ein Vorteil Kostenersparnisse ... / Nachteilig ist ...

1
Digitalisierung verändert den Raum:
a) Beschreibe am Beispiel Bengalurus die Magnetwirkung eines Clusters.
b) Erläutere, welche Folgen das Wachsen eines Clusters für Bauprojekte und Verkehrswege haben kann.

2
Gespaltene Globalisierung:
a) Beschreibe die Lage der High-Tech-Zentren im globalen Kommunikationsnetz.
b) Erläutere anhand der Entwicklung von Kosten, Umsätzen und Beschäftigtenzahlen, warum die Globalisierung gespalten ist.

3 SP
Und der Mensch – welche Rolle spielt er im Globalisierungsprozess?
Wählt einen Aspekt aus, erörtert ihn und stellt euch gegenseitig die Ergebnisse vor.
A Verlagerung von Arbeitsplätzen;
B Dienstleistungen;
C Wissensmanagement.

Industrie 4.0 – die Industrie im digitalen Zeitalter

Die Industrie hat sich durch die digitale Vernetzung von Maschinen über das Internet maßgeblich verändert. Daraus ergeben sich neue Chancen und Risiken. Wie werden sich Arbeitsabläufe verändern und welchen Einfluss hat die industrielle Digitalisierung auf den zukünftigen Arbeitsmarkt?

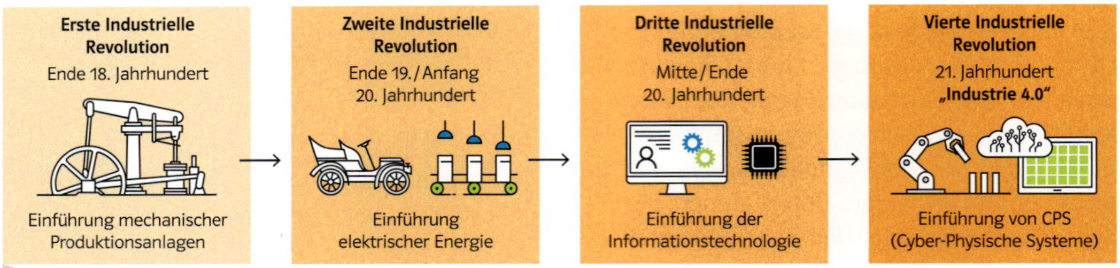

1 Die vier Industriellen Revolutionen

Was versteht man unter Industrie 4.0?

In den letzten Jahren hat in der industriellen Produktion zum vierten Mal ein grundlegender struktureller Wandel, eine Revolution, stattgefunden (siehe Grafik 1). Ursache ist die Entwicklung von sog. **Cyber-Physical-Systems** (CPS). Es handelt sich dabei um die Verbindung und Interaktion von Soft- und Hardware über eine Dateninfrastruktur wie z. B. das Internet. Dieses Netzwerk von physischen Objekten (Dingen), die mit dem Internet verbunden sind und über Sensoren, Software und weitere digitale Technologien Daten sammeln und austauschen, bezeichnet man auch als **Internet der Dinge**. Aus diesen Entwicklungen wurde eine Definition für **Industrie 4.0** formuliert: „Industrie 4.0 meint im Kern die technische Integration von CPS in die Produktion und die Logistik sowie die Anwendung des Internets der Dinge und Dienste in industriellen Prozessen – einschließlich der sich daraus ergebenden Konsequenzen für die Wertschöpfung, die Geschäftsmodelle sowie die nachgelagerten Dienstleistungen und die Arbeitsorganisation."

(Umsetzungsempfehlungen für das Zukunftsprojekt Industrie 4.0, Abschlussbericht des Arbeitskreises Industrie 4.0, acatech – Deutsche Akademie der Technikwissenschaften e.V., April 2013, S. 18)

Die Plattform Industrie 4.0

Seit 2013 gibt es die „Plattform Industrie 4.0". Ziel dieser ist es, die internationale Spitzenposition Deutschlands in der produzierenden Industrie zu sichern und auszubauen. Inzwischen entwickeln sechs Arbeitsgruppen die Inhalte der Plattform, bestehend aus Expertinnen und Experten von Unternehmen, Verbänden, Betriebsräten und der Wissenschaft. Inhalte sind z. B. Konzepte für Standards und Normen, Szenarien für die Anwendung bzw. Umsetzung von Industrie 4.0, Personalangelegenheiten (Aus- und Weiterbildungen), Wirkungsprinzipien digitaler Geschäftsmodelle, IT-Sicherheit und rechtliche Rahmenbedingungen.

Möglichkeiten von Industrie 4.0

Durch die Vernetzung von Maschinen untereinander ist der Austausch von Informationen in Echtzeit möglich, sodass Produktionsanlagen (teil-)selbstständig Abläufe und Termine untereinander koordinieren können. Dabei ist es möglich, dass sich einzelne Elemente auch ohne menschliche Steuerung (Robotik) bewegen – man spricht von einer **Smart Factory**. Der Austausch unter den Maschinen kann nicht nur innerhalb eines Produktionsstandortes stattfinden, sondern weltweit, egal ob innerhalb des Unternehmens oder mit den Systemen von Zulieferern und Kunden. Daraus ergeben sich neue Möglichkeiten für Unternehmen:

Flexible Produktion: Durch die digitale Vernetzung sind Maschinen in der Lage selbstständig zu melden, wenn sie neues Material benötigen. Die Zulieferung erfolgt zeitlich passend und direkt nach Bedarf (Just-in-time). Einerseits kann die Auslastung der Maschinen besser geplant und andererseits die Lagerung und die damit verbundenen Kosten verringert oder sogar vermieden werden. Außerdem ist eine schnelle

Reaktion bei Abweichungen oder Ausfällen möglich. Bei einem Ausfall können in Echtzeit automatisch alternative Lieferanten hinsichtlich Kapazitätsauslastung oder Kosten ermittelt und beauftragt werden. Durch Algorithmen lassen sich zusätzlich ideale Lieferwege berechnen.

Wandelbare Fabrik: Produktionsstraßen sind zukünftig in Modulen aufgebaut, die je nach Produktwunsch schnell unterschiedlich zusammengestellt werden. Individualisierte Produkte lassen sich dadurch z. B. in kleiner Stückzahl zu geringeren Preisen herstellen.

Kundenorientierte Weiterentwicklung: Produkte können während der Nutzungsdauer beim Kunden mit dem Internet verbunden sein und große Datenmengen (Big Data) an den Produzenten senden. Mit den Nutzungsdaten können Produkte kundenorientiert verbessert und individuelle Dienstleistungen angeboten werden (Smart Services).

Automatisierte Wartung: Maschinen sind mit Sensoren ausgestattet, die kontinuierlich Daten über ihren Zustand senden. Die Abnutzung kann erkannt und im Idealfall behoben werden, bevor es zum Ausfall der Maschine kommt.

Die veränderten Aufgaben des Personals

In der Industrie 4.0 wird immer weniger Personal für die Steuerung von Maschinen benötigt, dafür aber zur Überwachung der Fertigungsabläufe. Die IT-basierten Assistenzsysteme stellen dem Mitarbeiter („Augmented Operator") die gerade benötigten Informationen jederzeit zur Verfügung. Unerlässlich ist der versierte Umgang des Personals mit der IT. Andernfalls sind zusätzliche Schulungen oder Weiterbildungen nötig. Vorteilhaft ist zudem die Möglichkeit einer oft ortsunabhängigen Erledigung der Arbeit.

Industrie 4.0 in der Kritik

Problematisch an den komplexen Strukturen der Industrie 4.0 ist, dass sie hochgradig anfällig sind. Die Systeme können leicht gehackt und manipuliert werden. Eine Reparatur ist dann oft teuer. Aber auch ohne Manipulation könnten autonome Systeme „falsche" Entscheidungen treffen und dadurch Unfälle verursachen. Automatisierte Vorgänge sind häufig unter ethischen Gesichtspunkten kritisch zu betrachten, insbesondere wenn es um das Ersetzen von Arbeitskräften durch Maschinen geht. Und es hat sich herausgestellt, dass bestimmte Arbeitsschritte noch lang nicht so gut von Robotern erledigt werden können wie vom Menschen.

2 Ein Augmented Operator in einer Smart Factory

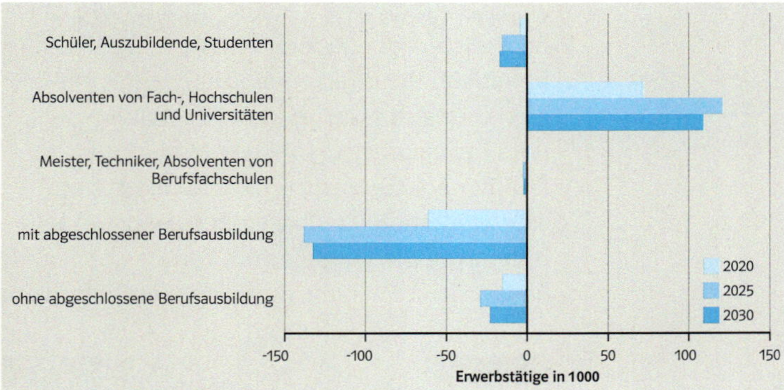

3 Veränderung bei den Qualifikationen durch Industrie 4.0 (Prognose)

1
Erkläre die Entwicklung von der Industrie 1.0 zur Industrie 4.0.

2 MK
Informiert euch im Internet über die „Plattform Industrie 4.0". Untersucht dabei auch die Arbeitsstruktur der Plattform. Stellt die Ergebnisse eurer Klasse vor.

3 SP
Industrie 4.0 und Arbeitsplätze:
a) Stelle Chancen und Herausforderungen der Industrie 4.0 in Bezug auf Arbeitsplätze, Standortwahl, Produktion, Soziales und Kommunikation in einer Tabelle zusammen.
b) Schreibe mithilfe der Tabelle einen Fließtext, indem du die Auswirkungen der Digitalisierung auf die Industrie beurteilst.

Industrie 4.0 – konkret

Wähle ein Beispiel (A oder B) zur Umsetzung des Konzepts Industrie 4.0 aus.

1 Erstelle dazu ein Referat, indem du die Produktionsabläufe deinen Mitschülerinnen und Mitschülern genauer vorstellst. Gehe dabei auf folgende Aspekte ein: Standort, Arbeitsabläufe und Automatisierungsgrad (d.h. Aufgaben von Menschen und Maschinen) sowie Chancen und Risiken der digitalisierten Produktion.

2 SP Beurteile anschließend die ökonomische Zukunftsfähigkeit des Unternehmens.

3 MK Untersuche, inwieweit die vorgestellten Unternehmen zu einer nachhaltigen, ökologischen Produktion beitragen. Führe dazu auch eine Internetrecherche durch.

◒ 1, 3 ● 2

SP **Tipp**

Zukunftsfähigkeit beurteilen

→ Aufgabe 2

- Den Fakten nach zu urteilen hat die Firma gute / mittlere/schlechte Chancen …
- Aufgrund der automatisierten Produktion …
- Aus ökonomischer und sozialer Sicht …
- Abschließend lässt sich sagen, dass …

A Roboter machen das erste Smartphone „made in Germany" rentabel

Das für unter 200 Euro zu erwerbende Einsteiger-Smartphone „Gigaset GS185" ist technisch keine Besonderheit. Zum Star machen es hingegen Art und Ort der Herstellung. Anders als fast alle anderen Mobiltelefone wird es nicht in Asien, sondern in einem deutschen Werk gefertigt, und zwar in Bocholt. Die Produktion rechnet sich für Gigaset, da Roboterarme 60 % der Aufgaben übernehmen. Die Roboter kommunizieren untereinander über das lokale Netzwerk. Man kommt dadurch mit deutlich weniger Arbeitskräften aus. „Wenn asiatische Auftragsfertiger 20 Menschen am Fließband benötigen, schaffen wir das in Bocholt mit zwei Beschäftigten", erklärt Jörg Wißing, Business Development Manager von Gigaset. Roboter erledigen stark standardisierte und sich wiederholende Tätigkeiten. So greifen Roboterarme die Bauteile vom Vorratsstapel und halten sie in Position, damit die Beschäftigten sie montieren können. Ebenso wird die Schutzfolie vom Display von Menschenhand entfernt oder Kabel in der Gehäuseschale montiert. Die mechanische Qualitätskontrolle der Tasten und des Touchdisplays erfolgt wiederum durch den Roboter.

Außerdem erhofft sich Gigaset Wettbewerbsvorteile durch den Standort Deutschland, durch das Angebot eines Reparaturservice und durch eine schnellere Kooperation im Rahmen einer Just-in-time-Produktion. Denn die Lieferung aus einem Werk in Deutschland ist einfacher, flexibler und umweltfreundlicher als die Beauftragung einer asiatischen Fabrik.

„Made in Germany" stimmt jedoch nicht ganz: Die Bocholter Mitarbeiter fügen die Bauteile lediglich zusammen, installieren die Software, testen die Gerätequalität und packen das Smartphone in den Karton. Einen Großteil der Bauteile muss Gigaset trotzdem aus Asien beziehen.

1 Roboter und Mensch arbeiten Hand in Hand

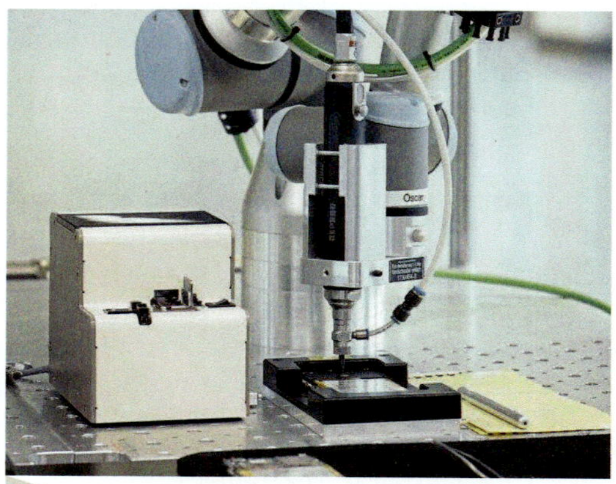

2 Roboterarme verschrauben die Smartphones

B Die „Volkswagen Industrial Cloud" – eine neue Ära für die weltweite, digital vernetzte Produktion

Der Volkswagen-Konzern hat angekündigt, eine VW Industrial Cloud aufzubauen. Die Cloud soll perspektivisch den globalen Produktionsverbund des Konzerns mit 122 Fertigungsstätten vernetzen. Was genau steckt dahinter? Welche Vorteile soll die Cloud bringen? Das folgende Interview mit Martin Hofmann (ehem. IT-Leiter des VW-Konzerns) und Gerd Walker (Produktionsleiter des VW-Konzerns) gibt Antworten.

„Was ist die Volkswagen Industrial Cloud?
Walker: Die ‚Wolke' führt Daten aller Maschinen, Anlagen und Systeme aus sämtlichen Fabriken zusammen. Dadurch können wir unsere Prozesse besser analysieren und beschleunigen. Perspektivisch wollen wir auch die globale Lieferkette mit mehr als 30 000 Standorten und 1500 Partnerunternehmen in die Cloud integrieren.

Der entscheidende Fortschritt liegt also im weltweiten Datenaustausch aller Werke?
Hofmann: Ja. Heute haben wir noch die Situation, dass sich die IT auf Fertigungsebene in den Werken teilweise unterscheidet. ... Das macht es nicht einfach, Daten zu vereinheitlichen und übergreifend zusammenzufassen. Mit der ... Cloud schaffen wir das: Wir führen die Daten aus allen Standorten zusammen. Künftig können wir alle Kennzahlen aus Produktion und Logistik ... global auswerten und steuern. Wir schalten Industrie 4.0 live.

Können Sie das an einem konkreten Beispiel erklären?
Walker: Wenn demnächst ein Lkw im Stau steht, ein Bauteil fehlerhaft ist oder eine Maschine ausfällt, wissen sofort alle Beteiligten Bescheid. ... So lassen sich z. B. Materialflüsse und Lieferengpässe noch besser managen. ...
Spart Volkswagen dadurch Geld ... ?
Walker: Klar, Kostenersparnis ist ein wichtiger Effekt. Unser Hauptziel ist aber, schneller, transparenter und sicherer zu werden.

Macht die Cloud Ihre Produktion auch weniger anfällig gegen digitale Angriffe?
Hofmann: Unsere IT-Sicherheit hat alles auf dem Radar. ... Mit der zusätzlichen Vernetzung ... wissen wir sofort Bescheid, wenn im IT-System eines Zulieferers eine unbekannte Software aufgespielt wird. Und dann können wir schnell bewerten, ob wir Alarm schlagen müssen. ...

Wie und wo wird die Cloud entwickelt?
Hofmann: In Berlin werden wir ... ein Zentrum aufbauen, dass sich ... ausschließlich mit der Industrial Cloud beschäftigt. In Dresden konzentrieren sich Spezialisten auf die Plattform- und Softwareentwicklung, speziell mit Fokus auf dem Internet der Dinge. Im Wolfsburger Smart Production Lab geht es um Robotik oder um Steuerungssysteme. Und im Münchner Data Lab entwickeln unsere [Experten] neuartige selbstlernende Systeme und Algorithmen zur Datenanalytik."

Nach VW Newsroom vom 27.3.2019: Industrie 4.0: Wir schalten live! (16.7.2020)

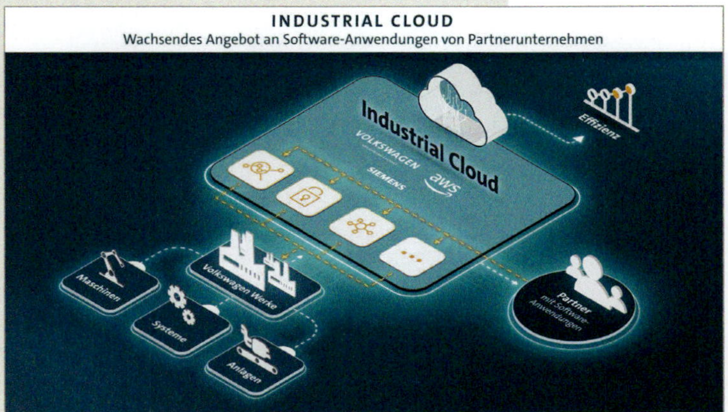

Funktionsweise der Volkswagen Industrial Cloud

3 Interview zur Volkswagen Industrial Cloud

Digitalisierung in der Landwirtschaft – Daten säen, Daten ernten

Die Digitalisierung ist längst sowohl in der Viehwirtschaft als auch im Ackerbau angekommen. Technische Lösungen entlasten dabei die Landwirtinnen und Landwirte. Welche digitalen Möglichkeiten bestehen, um die Arbeit zu optimieren? Lässt sich durch den Einsatz der digitalen Technik die Ernte weiter steigern?

1 Bordcomputer im Traktor

2 Digitale Erfassung der Erntereihen per Kamera

Säen – mit digitaler Technik 2 cm genau

Wenn die Landwirtin oder der Landwirt die Samen auf das Feld ausbringen, sitzen sie heutzutage i. d. R. in einem mehrere 100 PS starken Traktor bzw. Schlepper. Er dient als Zugmaschine und Träger der Elektronik. So kann beispielsweise über den Bordcomputer eine mehrreihige Einzelkornsämaschine bedient werden. Der Computer steuert sowohl den Traktor als auch die Ausbringung der Saat. Mittels GPS kann so eine Genauigkeit von zwei Zentimetern erreicht werden. Dies hat den Vorteil, dass die Reihen der Aussaat parallel verlaufen und die Fläche optimal genutzt wird. Zum Teil wird bei der Aussaat eine digitale Ertragspotenzialkarte bzw. Aussaatkarte genutzt, um die Saat flächengenau zu planen und zu steuern. So wird auf Flächen, die weniger Ertrag bringen, automatisch eine geringere Menge an Saatkörnern ausgebracht. Zur Erstellung dieser Karten werden die unterschiedlichen Ertragszonen berücksichtigt, die ein Feld natürlicherweise hat, etwa durch den Wechsel der Bodeneigenschaften oder der Wasserversorgung. Ertragszonen lassen sich auch durch die Auswertung von Satellitenaufnahmen erkennen. Diese „teilflächenspezifische Bewirtschaftung“ nennt man **Precision Farming**. Dadurch kann Saatgut gespart und das Feld optimal genutzt werden.

Düngen – digital optimiert

Während der Pflanzendüngung in der Wachstumszeit sind bestimmte Aspekte zu beachten, die z. B. in der neuen Düngeverordnung vom 1. 5. 2020 festgehalten sind. Sie beinhaltet unter anderem Regelungen zu Zeitraum und Menge von Düngungen sowie deren Protokollierung. Diese Vorgaben kann die Landwirtin oder der Landwirt mit digitaler Technik wesentlich präziser erfüllen als ohne. Beispielsweise ermöglichen digitale Sensoren, die vorne an einen Schlepper angebracht werden, den genauen Bedarf an Dünger einer Pflanze. Mittels GPS-Empfänger und Bordcomputer im Traktor kann die flächenspezifische Düngermenge ermittelt und an den Mineraldüngerstreuer am Heck des Schleppers weitergegeben werden. So verhindert man eine Überdüngung und eine unnötige Belastung der Umwelt. Auch die Ausbringung von Gülle erfolgt mittels digitaler Technik optimiert. Über eine permanente Messung der Konzentration wird unmittelbar die Menge, die ausgebracht wird, reguliert.

Bewässerung – digital berechnet

Seit Anfang 2019 wird nach einer zweijährigen Testphase die satellitengestützte Bewässerungslösung „Variable-Rain“ vermarktet. Die Technik berechnet auf Grundlage eines Wuchs-

3 „BoniRob“ – bekämpft unter anderem selbstständig Unkraut

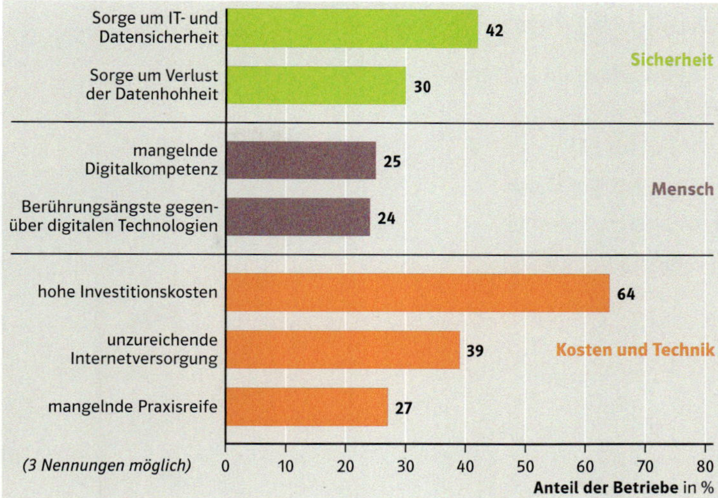

4 Ergebnis einer Umfrage von 521 Betrieben: Welche Hemmnisse bremsen Ihrer Meinung nach die Digitalisierung der Landwirtschaft?

modells in Kombination mit Satelliten- und Wetterdaten den Wasserbedarf von Nutzpflanzen. Als Ergebnis erhalten die Landwirtin und der Landwirt eine genaue Bewässerungslandkarte für die Felder, wodurch eine gezielte Bewässerung erfolgen kann. Damit werden Wassereinsparungen bis zu 30 % erreicht. Gleichzeitig ist eine bis zu 25 % ertragreichere Ernte möglich, wie eine Pilotstudie in Sambia bewiesen hat.

Ernte – digital gesteuert und erfasst

Digitale Kameras an Erntemaschinen können die Erntereihen erfassen und in die Lenkung des Fahrzeugs eingreifen, sodass die Erntemaschine optimal ausgerichtet ist. Ebenso wird die Fahrgeschwindigkeit des Schleppers automatisch an die Erntemenge angepasst. Anschließend kann die Qualität der Ernte anhand des Feuchteanteils bestimmt und flächengenau gespeichert werden. Diese Daten nutzen Landwirtinnen und Landwirte, um beispielsweise die Aussaat für das nächste Jahr zu planen. Zusätzlich können Drohnen zur Kartierung von Erträgen und zum Aufspüren von Wildtieren während der Ernte zum Einsatz kommen. Eine Kombination aus Infrarot- und Farbkamera mit spezieller Erkennungssoftware findet schnell die Tiere und schützt sie damit.

Ackerbau voll automatisch?

Es gibt inzwischen zahlreiche Entwicklungen im Bereich der Robotik, die eine nahezu automatische Bewirtschaftung eines Feldes ermöglichen. Ein Beispiel ist der seit 2008 von der Hochschule Osnabrück entwickelte „BoniRob“. Er ist ein vollautomatischer Robotor, der über Kameras Nutzpflanzen von Unkräutern unterscheidet. Erkennt er eine Unkrautpflanze, drückt er diese mit einem Metallbolzen zielgenau in den Boden. Über einzelne kleine Düsen am Roboter lassen sich zudem Pflanzenschutz und flüssiger Dünger gezielt ausbringen. Auch andere Firmen bauen inzwischen Feldroboter, die säen, ernten, Unkraut entfernen, Felder überwachen und kartieren.
Autonom fahrende Erntemaschinen sind keine Zukunftsmusik mehr und Ernteroboter können schon heute mithilfe von Bild- und Sensordaten erkennen, ob Früchte oder Gemüse reif sind.

1 Beschreibe, wie digitale Technik die Arbeit der Landwirtinnen und Landwirte von der Aussaat bis zur Ernte unterstützen kann.

2 Untersuche Vor- und Nachteile sowie Chancen und Risiken des Einsatzes digitaler Technik beim Ackerbau. Bewerte, inwiefern der Einsatz dieser Technik die Standortwahl beeinflusst.

3 Nimm Stellung zu folgender Aussage: „Das Berufsbild von Landwirten nähert sich immer mehr dem von Informatikern an.“

Training

Wichtige Begriffe

- Cyber-Physical Systems (CPS)
- Industrie 4.0
- Internet der Dinge
- Precision Farming
- Smart Factory

1 Industrie 4.0

Kennen und verstehen

1 Logistikzentren in Deutschland

a Recherchiere weitere große Logistikzentren für den Online-Handel in Deutschland.

b Lokalisiere diese auf der Wirtschaftskarte in deinem Atlas.

c Vergleiche die Lage mit den Logistikzentren von Amazon (siehe Seite 187, Karte 5). Was fällt dir auf?

2 Begriffe gesucht

a Zusammenführung und Zugang zu verschiedenen Mobilitätsdienstleistungen wie Nahverkehr und Carsharing in einem digitalen Mobilitätsangebot

b Verkehrsdienstleistungen auf Bestellung oder Abruf

c Verbindung von Software mit mechanischen und elektronischen Teilen über eine Dateninfrastruktur (z. B. Internet)

d Netzwerk physischer Objekte, die mit dem Internet verbunden sind und über Sensoren, Software u. a. Daten sammeln und austauschen

3 Richtig oder falsch?

a Es gibt Roboter, die selbstständig Pakete zum Kunden bringen können.

b Die Verringerung der Anzahl der Halte an Ampeln durch digitale Verkehrssteuerung wirkt sich positiv auf die Umwelt aus.

c Die Industrie 4.0 verursacht durch die Digitalisierung höhere Produktionskosten.

d Digital unterstützte Sämaschinen können Saatkörner nur auf einen Meter genau auf das Feld ausbringen.

e Die Düngermenge auf einem Feld kann digital gesteuert und flächenspezifisch erfolgen.

4 Entscheide dich

Welche Aussage bzw. Aussagen treffen zu?

a Man spricht unter anderem von Industrie 4.0 bei:
- Automatisierung von Prozessabläufen;
- Einführung von Cyber-Physical Systems

b Es sind inzwischen Feldroboter entwickelt worden, die folgende Arbeiten autonom durchführen:
- Säen und Ernten;
- Reife von Früchten und Gemüse feststellen;
- die Reparatur von Erntemaschinen durchführen;
- Unkraut vernichten.

c Die größten Hemmnisse der Digitalisierung in der Landwirtschaft sind:
- hohe Investitionskosten;
- mangelnde Digitalkompetenz der Landwirte;
- fehlende Fläche zum Einsatz der Maschinen.

5 Ergänze die Aussagen

a Durch die digitale Vernetzung von Maschinen und von mehreren Produktionsstandorten ergeben sich neue Möglichkeiten für Unternehmen. Dazu zählen …

b Die Industrie 4.0 verändert die Aufgaben der Angestellten in einem Unternehmen, z.B. …

c Die zunehmende Vernetzung durch das Internet und den verstärkten Einsatz von Robotern muss man auch kritisch betrachten, denn …

Beurteilen und bewerten

6 Nimm Stellung zu den Aussagen:

a On-Demand-Verkehrsdienste können den Verkehr sowohl optimieren als auch verlangsamen.

b Die Paketauslieferung per Drohne ist die Liefermethode der Zukunft.

7 Diagramm auswerten

Werte Diagramm 2 aus. Vor welchen Herausforderungen stehen die dargestellten Branchen durch die zunehmende Digitalisierung?

8 Interpretation einer Karikatur

Bewerte die Karikatur 1 vor dem Hintergrund der Arbeitsergebnisse der Seiten 190–193.

9 Erläutere, inwiefern die in der Abbildung 3 dargestellte Smart Factory die Prinzipien der Industrie 4.0 umsetzt.

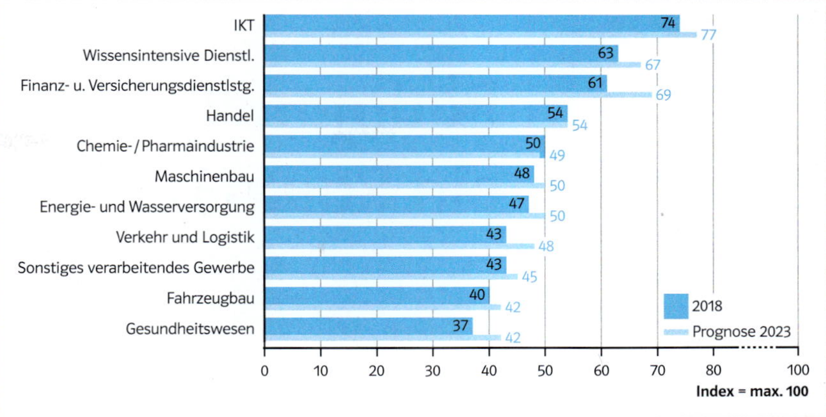

2 Digitalisierungsgrad ausgewählter Branchen (Digitalisierungsindex)

3 Industrie 4.0: Smart Factory mit 3D-Druckern, einem Robotik-Arm und AGVs (Automated Guided Vehicles)

Jetzt kannst du …

- verschiedene Maßnahmen zur Reduzierung des Straßenverkehrs und der damit verbundenen Verringerung der Schadstoffemissionen beschreiben;
- die Funktionsweise einer intelligenten bzw. smarten Verkehrsführung bewerten;
- die raumwirksamen Auswirkungen der Digitalisierung für städtische und ländliche Räume am Beispiel Handel und Logistik bewerten;
- die globalisierte Arbeitsteilung an verschiedenen Beispielen erläutern;
- die vier Industriellen Revolutionen zeitlich einordnen;
- die Bedeutung der Industrie 4.0 für Unternehmen erklären;
- die Herausforderungen der digitalen Landwirtschaft benennen.

9

Raumanalyse Australien – ein Raum unter der Lupe

1 Australien aus dem Weltall

Australien – das Land der Kängurus und Aborigines, der Wüsten und Städte. Der sog. fünfte Kontinent ist sehr vielfältig. In diesem Kapitel stehen zwei geographische Besonderheiten Australiens im Mittelpunkt.
Zum einen wird die Bevölkerungsentwicklung untersucht: Im Gegensatz zu anderen Industrienationen ist Australien dünn besiedelt und hat eine wachsende Bevölkerung.
Zum anderen werden der boomende Bergbau und Handel betrachtet: Kaum ein anderes Land unternimmt so viele Bemühungen wie Australien, um den Abbau der unterschiedlichsten Rohstoffe voranzutreiben und mit ihnen weltweit zu handeln.

2 Sydney, größte Stadt Australiens

3 Uluru (Ayers Rock)

Einen Raum mehrperspektivisch analysieren

Es gibt viele Gründe im Alltag einen konkreten Raum näher zu betrachten, z. B. zur Vorbereitung einer Reise. Oft wecken auch Auffälligkeiten im Alltag, Veränderungen sowie Probleme in unserer Umwelt oder aktuelle Ereignisse unser Interesse, mehr über einen Raum zu erfahren. Sie bringen uns dazu, Fragen an den Raum zu stellen. Antworten kann man mithilfe einer Raumanalyse finden.

Raum als Containerraum	Raum als Beziehungsraum	Raum als wahrgenommener Raum	Raum als „gemachter" Raum
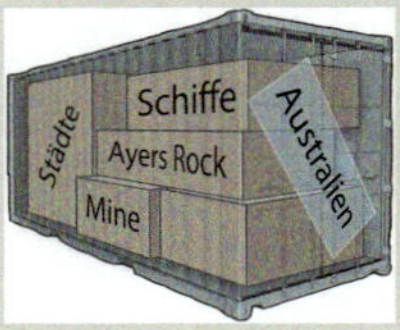	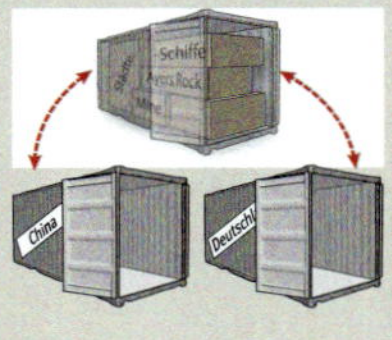		
Raum im Mittelpunkt		Menschen im Mittelpunkt	
Hier betrachtest du Australien als einen abgegrenzten Raum. Dabei untersuchst du seine Raumausstattung (z. B. Wüsten, Stadt, Wirtschaft,...) und das Zusammenwirken einzelner Elemente dieser Ausstattung.	Hier untersuchst du, wie Australien mit anderen Räumen in Verbindung steht (z. B. durch Migration, Handel) und was dies für Australien bedeutet.	Du untersuchst, wie Australien von verschiedenen Personen subjektiv wahrgenommen wird (z. B. als wohlhabendes Land, als ressourcenreich), welche Gründe es dafür gibt und welche Folgen dies für Australien hat.	Du untersuchst, wie Australien von verschiedenen Interessengruppen dargestellt wird (z. B. als touristischer Ort, als Wirtschaftsraum), welche Gründe es dafür gibt und welche Folgen dies für Australien hat.

1 Raumkonzepte im Vergleich

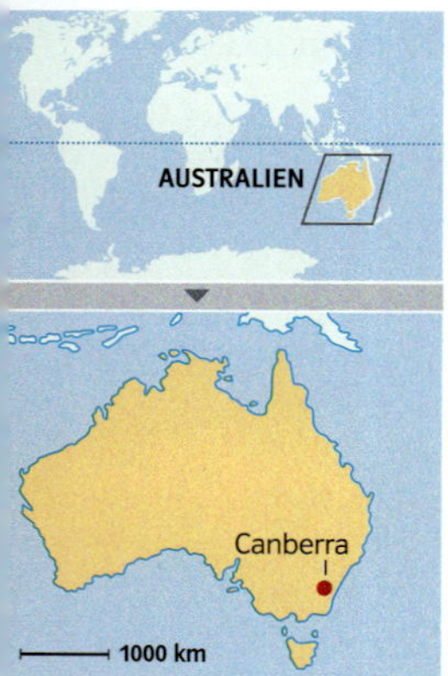

2 Lage Australiens

Welt geographisch sehen Seite 8/9

Die **Raumanalyse** ist eine geographische Arbeitsmethode, die dazu dient, Ursachen oder Folgen bestimmter Auffälligkeiten oder Veränderungen eines konkreten Raums unter Berücksichtigung seiner Besonderheiten zu erklären und zu verstehen. Dazu werden die raumbezogenen Phänomene, die von Interesse sind, ganz genau beschrieben und entsprechende Zusammenhänge (Einflussfaktoren, Auswirkungen) identifiziert. Eine solche Analyse ermöglicht es, Erklärungen und Antworten für die gestellten Fragen zu finden und dabei Zusammenhänge im Mensch-Umwelt-System des Raums aufzudecken.
Dabei geht es im Gegensatz zu den vorherigen Kapiteln jedoch nicht darum, allgemeine Regelhaftigkeiten zu erarbeiten, die sich vielerorts wiederfinden (z. B. der **demografische Übergang**, der am Beispiel von Wales erarbeitet wurde und in vielen Ländern vorkommt).
Räume werden in der Geographie zumeist als Ausschnitte aus unserer Umwelt betrachtet. Diese Perspektive nennt man „Containerraum". Es gibt jedoch drei weitere Perspektiven, also Arten der Betrachtung von Räumen, die bei einer Raumanalyse berücksichtigt werden können.
Diese vier sogenannten Raumkonzepte (Grafik 1) unterscheiden sich, weisen aber auch Zusammenhänge auf. Grundlegend ist der Unterschied zwischen den Raumkonzepten Containerraum sowie Beziehungsraum auf der einen Seite und den Raumkonzepten wahrgenommener Raum sowie „gemachter" Raum auf der anderen Seite. Bei den ersten beiden Raumkonzepten stehen die Umwelt bzw. der Raum im Fokus. Bei den anderen beiden Raumkonzepten stehen der Mensch bzw. die Art, wie er Räume wahrnimmt und durch Kommunikation darstellt, im Mittelpunkt.
Bei einer solchen mehrperspektivischen **Raumanalyse** untersucht man einen Raum wie Australien, ausgehend von einer Leitfrage, aus vier Blickrichtungen, um so die Leitfrage zu beantworten. Durch die Berücksichtigung mehrerer Raumkonzepte lassen sich die Zusammenhänge im Mensch-Umwelt-System eines Raums tiefergehend verstehen.

1. Schritt: Frage(n) an den Raum stellen
Formuliere eine möglichst konkrete Leitfrage. Für Australien können z.B. die folgenden Leitfragen hilfreich sein (Text 3):
- Wie und warum wächst Australiens Bevölkerung so stark?
- Wieso boomt der Bergbau in Australien?

2. Schritt: Abgrenzen und Lage bestimmen
Grenze den Raum ab und beschreibe seine Lage (Karte 2). Ordne ihn dazu auch in größere räumliche Einheiten ein (z.B. Landschaftszonen). Nutze dazu den Atlas.

3. Schritt: Vermutungen formulieren
Vermutungen helfen dir, dein weiteres Vorgehen zu planen. Bei der Formulierung kannst du dein Vorwissen und die Grafik 1 nutzen.

4. Schritt: Vorgehen planen, Überblick verschaffen
Beschaffe dir Materialien zur Überprüfung deiner Vermutungen und zur Beantwortung der Leitfrage. Das Material für die vorgeschlagenen Leitfragen findest du auf den folgenden Seiten. Zudem ist es hilfreich, sich zuerst einen Überblick über grundlegende raumprägende Faktoren (z.B. Bevölkerungsverteilung, Klima) zu verschaffen.

5. Schritt: Material auswerten
Werte die Materialien mithilfe der vier Raumkonzepte aus. Auf den folgenden Seiten helfen dir die Aufgaben. Achte insbesondere darauf, Zusammenhänge zu erklären. Nutze dabei das im Laufe des Schuljahrs erworbene Wissen und die entsprechenden Schulbuchseiten.

6. Schritt: Perspektiven zusammenführen und Leitfrage beantworten.
Du musst nun die Leitfrage beantworten, indem du die vier Raumkonzepte zusammenführst. Dabei hilft dir die Grafik 3 auf Seite 211. Formuliere eine abschließende Antwort auf die Leitfrage. Zur Verdeutlichung kannst du sie als Wirkungsgefüge oder Concept Map darstellen.

7. Schritt: Vorgehen reflektieren
Beurteile, ob die Mehrperspektivität hilfreich und welche Perspektive am gewinnbringendsten war. Welche Probleme sind bei der Raumanalyse aufgetreten und was waren die Gründe dafür?

Facetten Australiens: Bergbauboom und Bevölkerungsboom

Startschuss für umstrittene Kohlegrube in Australien

„Die Carmichael-Mine im nordostaustralischen Bundesstaat Queensland ist seit Jahren ein Zankapfel zwischen Politikern und Umweltschützern in Down Under. Nach jahrelangen Debatten hat der indische Rohstoffkonzern Adani die Genehmigung im Juni 2019 erhalten. ... Das Projekt soll eines der größten Kohlenbergwerke der Welt werden und fünf Untertageminen sowie sechs Tagesbaustätten umfassen. Laut Planung wird es sich über 447 Quadratkilometer Land erstrecken und damit eine Fläche halb so groß wie Berlin einnehmen. [Umweltschützer befürchten allerdings, dass sich die Grube negativ auf das weltberühmte Korallenriff vor der Küste von Queensland auswirkt.]“

Barkhausen: Klimaschädliche Doppelmoral, In: Neues Deutschland vom 22.12.2019 (06.05.2020)

Australiens Platzangst

Im Jahr 2018 betrug die Bevölkerungsdichte 3,1 Einwohner pro Quadratkilometer. Das hört sich nicht unbedingt nach Platznot an. Trotzdem breitet sich in Australien derzeit Angst aus. Experten gehen davon aus, dass die Einwohnerzahl zur Jahrhundertmitte von derzeit 25,7 Millionen (Stand 2019) auf 35,9 Millionen steigen könnte.

„Es ist die große Ironie Australiens, dass es zwar einerseits eines der dünnst besiedelten Länder der Welt ist. Es ist aber andererseits auch eines der urbanisiertesten. ... Insgesamt leben etwa 85 Prozent der Australier in Städten. ...“

Eigene Zusammenstellung nach: Oliver Marc Hartwich: Australiens Platzangst. Neue Züricher Zeitung vom 13.8.2010 (aktualisiert 2020) (06.05.2020)

3

↜ Concept Map Seite 90/91

↝ Wirkungsgefüge Seite 218/219

1
Entscheide dich für eine der beiden Leitfragen (1. Schritt) und bearbeite auf den kommenden Seiten die entsprechenden Aufgaben. Beantworte abschließend die Leitfrage im Zusammenhang.
A Wie und warum wächst Australiens Bevölkerung so stark?
B Wieso boomt der Bergbau in Australien?

Australien als Containerraum

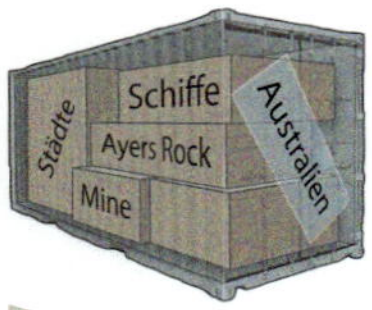

1 Raumkonzept Containerraum

Nutze für die Aufgaben 1 und 2 die Materialien 1 bis 4, 8 und deinen Atlas.

1 Beschreibe Australien bezüglich …
a) seiner Lage,
b) Form, Relief und Landnutzung,
c) klimatischer Verhältnisse,
d) Bevölkerungsverteilung,
e) Erwerbsstruktur.

2 Erläutere Australiens Entwicklungsstand anhand der Strukturdaten.

3

A Bevölkerungsboom – Materialien 4–6, Atlas
a) Werte Karte 4 aus. Erkläre dabei Australiens Bevölkerungsverteilung. Nutze dafür auch weiteres Material der Seite.
b) Beschreibe Australiens Bevölkerungsentwicklung (Diagramm 5) und erkläre die Zunahme.
c) Vergleiche die demografische Entwicklung Australiens mit der Deutschlands.
d) MK Recherchiere Informationen zur Stellung der Aborigines in der australischen Gesellschaft.

B Bergbauboom – Materialien 7 und 9
a) Werte Karte 7 aus. Beschreibe dabei die Rohstoffverteilung (z. B. räumliche Schwerpunkte). Erkläre die Zusammenhänge zwischen Rohstoffverteilung und Verkehrsinfrastruktur.
b) Beschreibe die aktuellen Entwicklungen im Bergbausektor.
c) Analysiere die Struktur des Bergbausektors und erläutere seine Bedeutung für Australien.
d) MK Vergleiche die Bedeutung mit anderen entwickelten Ländern wie Deutschland oder den USA. Recherchiere die Daten.

○ 1, Ab, Bb ◒ 2, Aa, Ac, Ad, Ba, Bc, Bd

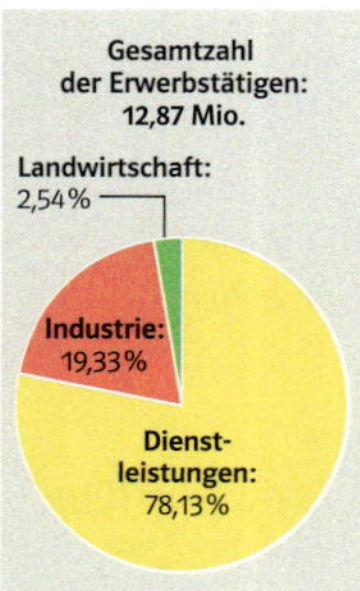

2 Erwerbstätige (2019)

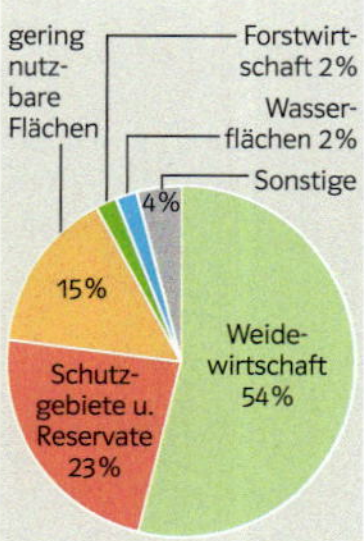

3 Landnutzung (2019)

Aborigines
Die Ureinwohner Australiens, für ihre Kultur und Kunstfertigkeit bekannt. Sie machen etwa 3 % der australischen Bevölkerung aus.

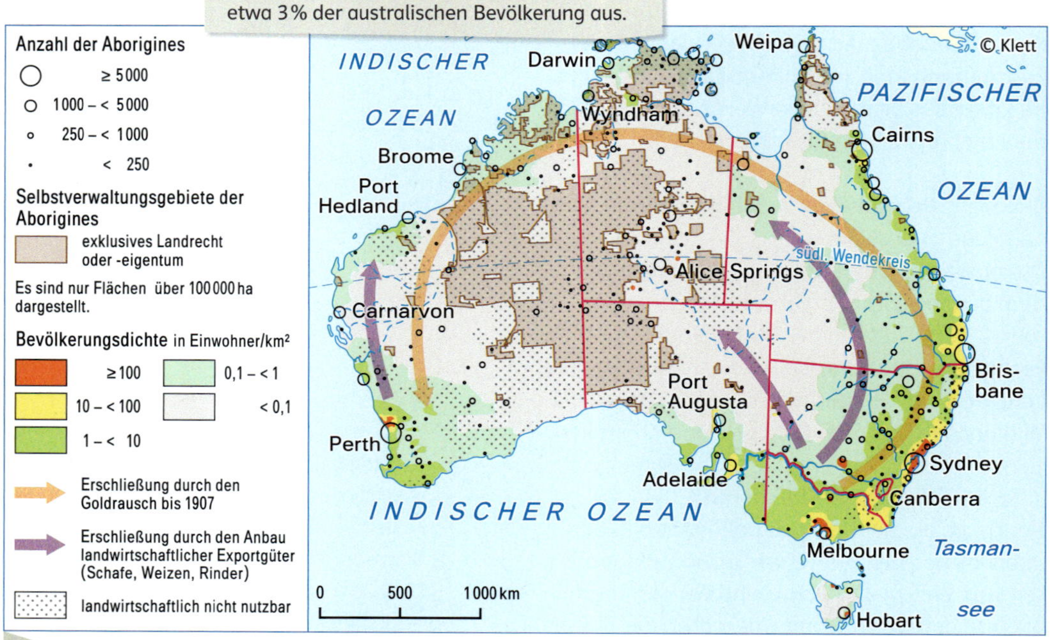

4 Siedlungsstruktur und Erschließung

Bei dieser Perspektive steht ein klar abgegrenzter Raum im Mittelpunkt. In diesem Fall erfolgt die Abgrenzung anhand der politischen Grenze. Die Raumausstattung und deren Zusammenhänge werden untersucht. Australien ist mit seiner Fläche von 7,7 Mio. km² etwa 21,5-mal so groß wie Deutschland, hat jedoch mit 25,7 Mio. Einwohnern weniger als ein Drittel der Einwohner Deutschlands. Die Hauptinsel erstreckt sich etwa 3 700 km von Norden nach Süden und 4 000 km von Westen nach Osten.

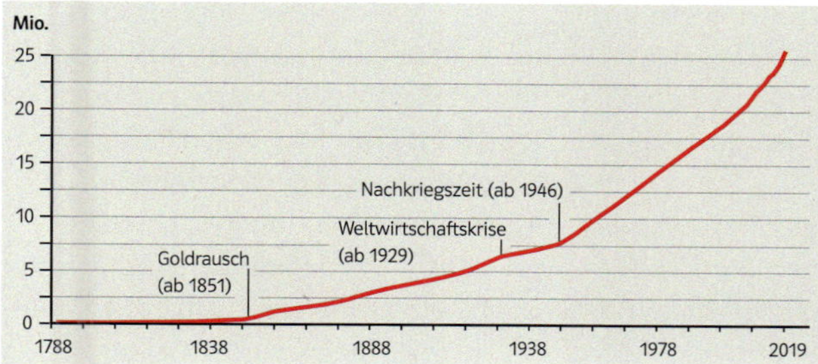

5 Bevölkerungsentwicklung Australiens

- HDI 0,938
- BIP / Kopf: 55 306 Dollar
- Lebenserwartung: 82,3 Jahre
- Alphabetisierungsrate >99 %
- tägliche Nahrungsmenge gemessen am Bedarf >100 %
- Fruchtbarkeitsrate 1,8 Kinder / Frau

8 Strukturdaten (2019)

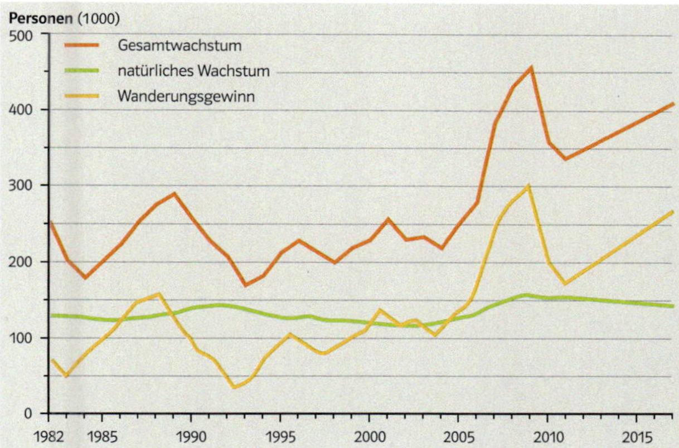

6 Bevölkerungsentwicklung und ihre Komponenten

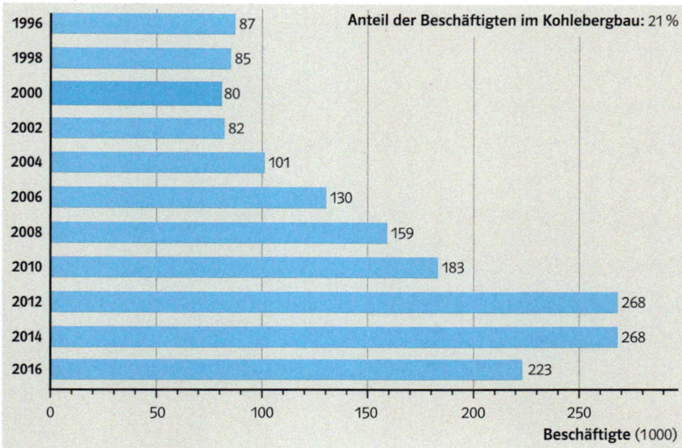

9 Beschäftigte im Bergbau

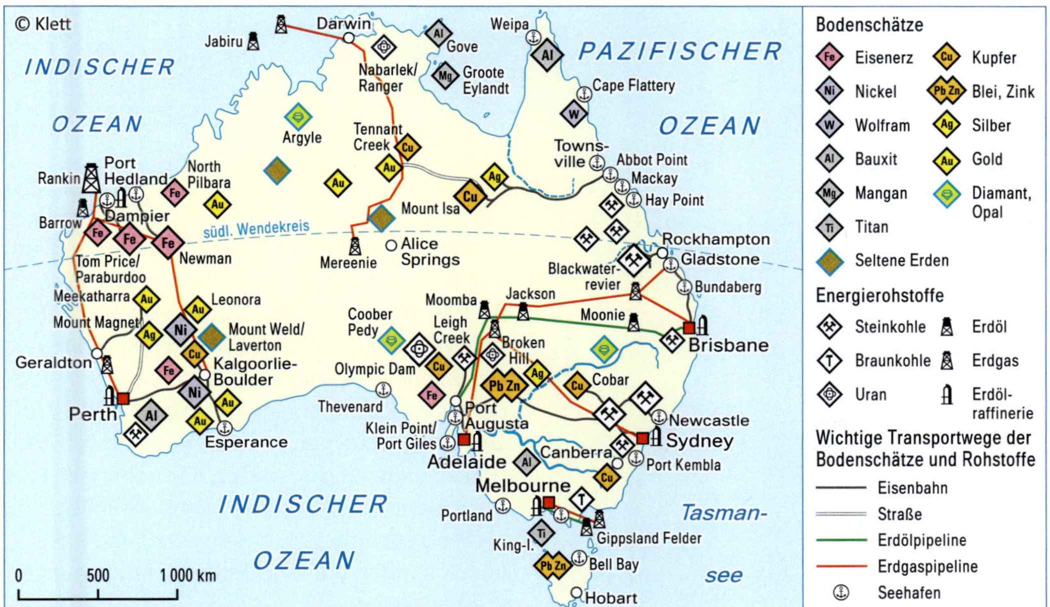

7 Rohstoffvorkommen und Bergbau in Australien

Rohstofflagerstätten in Australien

Die Palette der australischen Bergbauprodukte enthält fast alle Rohstoffe, die eine hoch entwickelte Wirtschaft braucht. Eisenerz hat hinsichtlich Ertrag (etwa 50 %) und Menge jedoch eine besonders große Bedeutung. Die in den 1950er-Jahren entdeckten Lagerstätten haben einen hohen Eisengehalt (70 %) und sind oberflächennah im Tagebau kostengünstig abbaubar.

Australien als Beziehungsraum

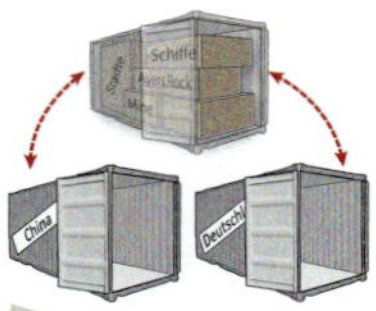

1 Raumkonzept Beziehungsraum

1

A Bevölkerungsboom – Materialien 2–5

a) Erläutere, welche Personen (z. B. Bildungsstand, Beruf) nach Australien einwandern, woher sie kommen und wie sie einreisen.

b) Beschreibe die Entwicklung der Anzahl der Einwanderer nach Australien und nenne mögliche Gründe dafür.

c) MK Erläutere die Bedeutung der Einwanderung für die Bevölkerungsentwicklung. Berücksichtige dabei auch die Einwanderungspolitik. Recherchiere dazu die aktuellsten Entwicklungen im Internet.

B Bergbauboom – Materialien 6–9

a) Beschreibe die Zusammensetzung der Zielländer des Kohleexports.

b) Erkläre die Zusammensetzung und Entwicklung der Exportstruktur.

c) MK Erläutere die wirtschaftliche Bedeutung des Außenhandels mit Rohstoffen für Australien. Gehe dabei auch auf daraus resultierende Probleme ein. Recherchiere im Internet z. B. die Preisentwicklung für Kohle und Eisenerz.

○ Ab, Ba ◒ Aa, Ac, Bb, Bc

Staat	Anzahl
Malaysia	9791
China	6586
Indien	1831
Thailand	1481
Sonstige	9168

28 857 Asylanträge insgesamt; 70 % wurden abgelehnt

2 Asylanträge von Flüchtlinge in Australien (2018)

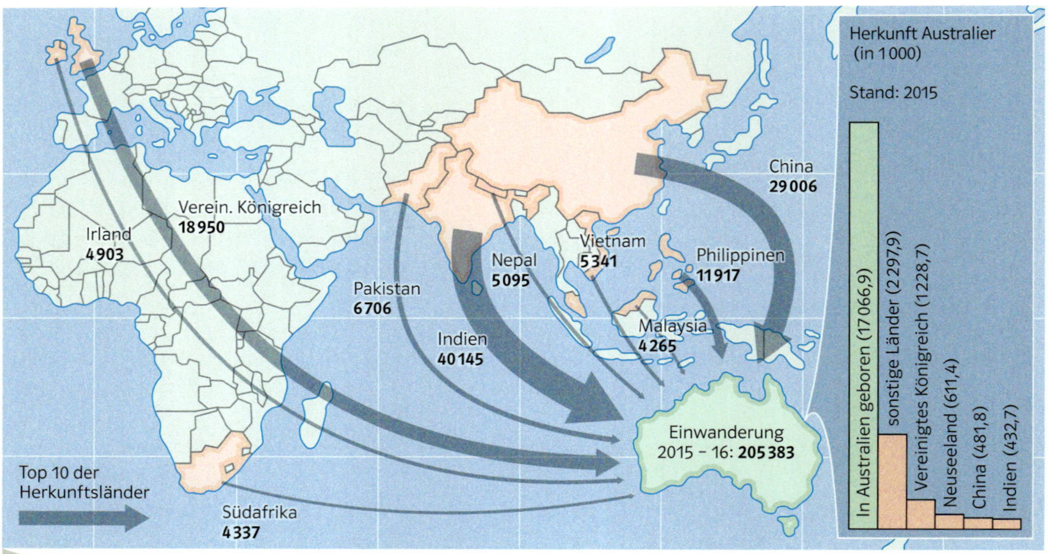

4 Herkunft australischer Einwanderer (2015/2016)

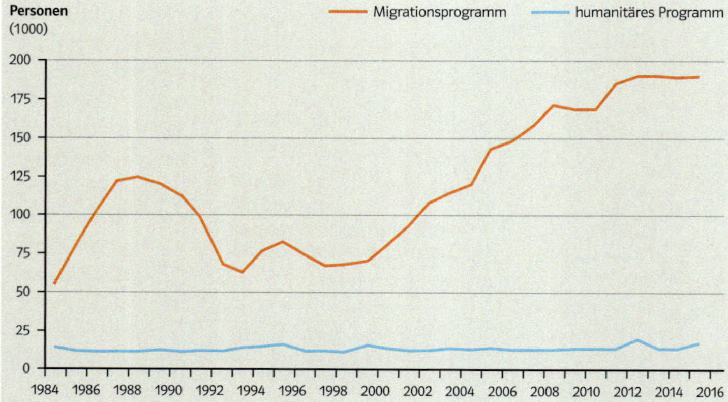

3 Entwicklung der Einwanderungszahlen

Ein Raum steht nie für sich allein, sondern immer in Beziehung zu anderen Räumen. So liegt er z. B. weit entfernt oder sehr nah zu einem Bezugsraum, ist für den Transport von Gütern und Menschen gut angebunden und schnell erreichbar oder eben weit entfernt.

Bei dieser Raumperspektive kannst du Australien in Beziehung zu anderen Räumen setzen. Dadurch kannst du Austauschbeziehungen (z. B. Migration, Rohstoffhandel am Beispiel des Eisenerzes) erfassen, beschreiben und ihre Auswirkungen auf den Untersuchungsraum thematisieren.

Australische Einwanderungspolitik

Nachdem zuerst fast nur Europäer einwandern durften, wurde die Einwanderung ab den 1970ern multinational. Heute wird sie durch staatliche Migrationsprogramme gesteuert. Ziel ist es der Überalterung vorzubeugen, Fachkräftemangel entgegenzuwirken und den Binnenmarkt zu vergrößern. Die Politik zielt daher auf qualifizierte Migranten ab. Zudem wird festgesetzt, wo die Einwanderer sich in den ersten drei Jahren niederlassen müssen. ... Darüber hinaus existiert ein sog. „humanitäres Programm". Flüchtende können sich im Aus- oder Inland bewerben. Asylsuchende, die sich jedoch mit dem Boot nach Australien aufmachen, werden von der Marine abgefangen und in Internierungslager in benachbarte Staaten gebracht. Die entsprechenden Quoten werden jährlich mit Vertretern aus Politik, Wirtschaft und Gesellschaft neu festgelegt. Im Jahr 2015/2016 durften 189 770 Menschen über das „Migrations-Programm" einwandern und über das „humanitäre Programm" 17 555 Menschen.

Eigene Zusammenstellung nach: Hamann 2010, PG 1/10; Neumann 2016, bpb, Flüchtlinge und Asylpolitik; Grotz (2012): Hohes Bevölkerungswachstum in Australien und die Folgen. Geographische Rundschau 64, H. 10, S. 35

5

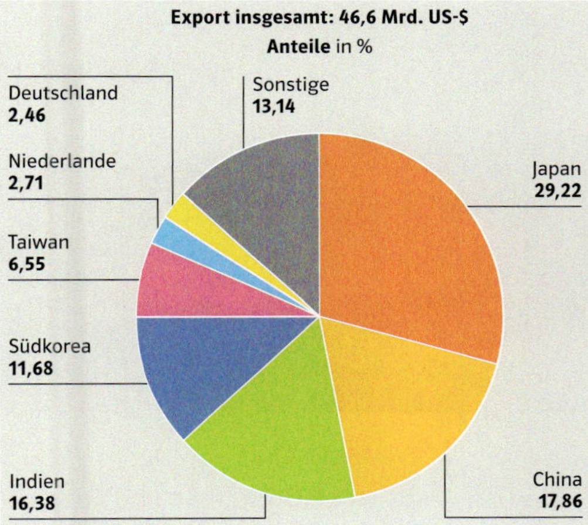

6 Zielländer des Kohlenexports (2017)

Wirtschaftspolitik

Australiens Wirtschaft ist geprägt durch einen relativ kleinen Binnenmarkt, den Reichtum an Bodenschätzen und durch den Export. Die Wirtschaftspolitik konzentrierte sich fast nur auf die Landwirtschaft (Weizen und Wolle). Daher litt Australien stark unter der Wirtschaftskrise von 1929. Man begann daraufhin die Wirtschaft zu diversifizieren und Industrien aufzubauen, v. a. die Eisen-, Stahl- und die Nahrungsmittelindustrie. Hinzu kamen Maschinenbau, Automobilbau oder IT. Zudem wurde mit dem Aufstieg der asiatischen Länder massiv in die Erschließung von Ressourcen für den Export investiert, um Gelder ins Land zu bringen und Arbeitsplätze zu schaffen.

Eig. Zusammenstllg. nach: Haberlag/Wagener: Australien und Ozeanien. Stuttgart u. Leipzig 2017, S. 44; Grotz, R. et. al. (2009): Der Bergbauboom in Australien: Ursachen und Folgen. In: Geographische Rundschau 61, H. 11, S. 28–34

7

Wertschöpfungsketten
Die in Australien gewonnenen Rohstoffe werden zumeist nicht im Land veredelt (z. B. Eisenerz zu Eisen), bevor sie in den Export gehen. Dadurch wären jedoch deutlich höhere Exporteinnahmen möglich.

8 Das Beispiel Kohle: Verschiffung in Australien – Kohlekraftwerk in Indien

	Anteil am Export (in %)		
	1997	2007	2017
Mineralien, Brennstoffe, Erze und Salze	21,94	32,46	46,19
Dienstleistungen	21,29	20,71	19,79
Landwirtschaft (Gemüse, Tiere, Holz, Papier)	20,81	11,22	11,27
Steine, Glas und Keramik	5,16	4,00	5,90
Chemikalien und Kunststoffe	7,18	7,52	4,76
Metalle	6,85	10,41	3,83
Maschinen	4,47	3,86	2,28
Sonstiges	12,30	9,82	5,98
Gesamt (in Mrd. US-$)	**91,2**	**196**	**328**

Nach Atlas of Economic Complexity, 2017

9 Entwicklung der Exportstruktur

Australien als wahrgenommener Raum

1 Raumkonzept wahrgenommener Raum

1

A Bevölkerungsboom – Materialien 2–6

a) Die Aussagen stehen stellvertretend für bestimmte Personengruppen. Nenne die Personengruppen, von deren Sichtweisen hier berichtet wird.
b) Beschreibe, wie diese Australien bzw. bestimmte Aspekte des Landes wahrnehmen.
c) Erläutere jeweils mögliche Folgen dieser Sichtweisen für Australien.

B Bergbauboom – Materialien 7–11

a) Die Aussagen stehen stellvertretend für bestimmte Personengruppen. Nenne die Personengruppen, von deren Sichtweisen hier berichtet wird.
b) Beschreibe, wie diese die Gegend um Abbot Point wahrnehmen.
c) Erläutere jeweils mögliche Folgen dieser teils unterschiedlichen Sichtweisen für Australien.

○ Aa, Ab, Ba, Bb ◒ Ac, Bc

2 Typische Australienbilder: A – Känguru, B – Sydney, C – Outback

Die Sicht einer Auswanderungswilligen: Julia K., 24 Jahre

„Pro: hohe Lebensqualität, schönes Wetter (Strand, Meer, Sonne), gute Wirtschaftslage (Wirtschaft wächst sehr schnell), vielfältige Natur ..., nettes und aufgeschlossenes Volk (soweit ich das gehört habe), mehr Jobmöglichkeiten (je nach Bereich);
Contra: weit weg von Deutschland (für mich kein Problem), die giftigsten Tiere der Welt leben dort (nicht nur in der Natur; auch in den Großstädten!), Lebenshaltungskosten [und die Kosten für das Gesundheitssystem] sind hoch. ...“

Julia K., gutefrage.net GmbH (7.5.2020)

3

Die Sicht einer Auswanderin: Emilie P., 38 Jahre

„Ich lebe seit 10 Jahren in Australien ... – die Mentalitätsunterschiede sind dann doch immens. Trotzdem will ich nie wieder zurück, wenn ich in Deutschland bin, macht mich die Enge und das Gewusel wahnsinnig, meine Lebensqualität (Haus mit Garten und Pool, 8 Minuten zum Strand, ... 15 Minuten zur Arbeit) könnte ich mir in Deutschland nicht leisten, die Atmosphäre beim Arbeiten ist viel lockerer und ich mag das easy going der Australier. ...“

Emilie P., gutefrage.net GmbH (7.5.2020)

4

Neben der Analyse von Strukturen und Entwicklungen eines Raumes sowie der Betrachtung seiner Beziehungen zu anderen Räumen ist es interessant zu untersuchen, wie die Region von verschiedenen Personen wahrgenommen wird. Hier kommen ganz unterschiedliche Personen mit verschiedenen Interessen zu Wort: Auswanderer, Flüchtlinge und Wirtschaftsvertreter. Ihre Sichtweisen müssen nicht zu den zuvor erfassten objektiven Sachverhalten passen und sind sehr oft unterschiedlich.

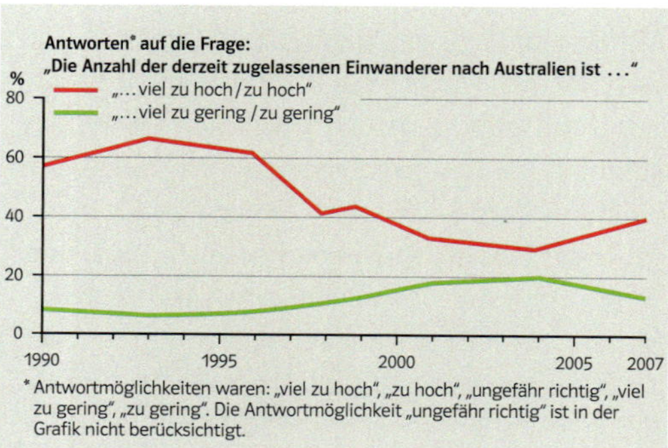

5 Die Sicht australischer Einwohner auf die Einwanderung

Ein Wissenschaftler über die Sicht der Flüchtlinge

„Es gebe viele Gründe für Menschen in Sri Lanka, ihr Land zu verlassen, erklärt Alan Keenan, Südasienexperte ...: Für viele Tamilen ist es die Verzweiflung aufgrund fehlender politischer Freiheiten. Denn ihr Land und ihre Gemeinden stehen zu 100 Prozent unter Kontrolle der singhalesischen Armee, und die kümmert sich kaum um die Einhaltung grundlegender Menschenrechte.' ... Viele Singhalesen dagegen treibe eher die desolate wirtschaftliche Lage aus dem Land, so Keenan. Das Ziel ist für beide Gruppen gleich. Es heißt Australien, und es liegt rund 6000 Kilometer entfernt. Für die Flüchtlinge ist es das gelobte Land. Denn es verspricht Sicherheit, Wohlstand, ein besseres Leben. Und genug Platz: In Australien teilen sich gerade einmal drei Einwohner einen Quadratkilometer. ...“

Thomas Latschan: Australiens rigide Flüchtlingspolitik. Deutsche Welle vom 14.7.2014 (7.5.2020)

6

7 Beispiel: (A) Ausbau des Rohstoffsektors im Nordwesten (Kohleterminal in Abbot Point); (B) Great Barrier Reef

Hintergrundinformation

Das Great Barrier Reef ist etwa 350000 km2 groß und umfasst etwa 2900 Einzelriffe und 900 Inseln. Hinzu kommen 400 Korallen-, 30 Wal- und Delfinarten sowie 240 Vogel- und 1500 Fischarten, die hier heimisch sind. Das indische multinationale Unternehmen Adani baut in Queensland eine der größten Kohleminen der Welt. Um die Kohle vor allem nach Indien zu verschiffen, muss der Hafen von Abbot Point ausgebaut werden.

8

Handelskammer der Stadt Bowen

„Die Handelskammer der nahe gelegenen Stadt Bowen begrüßte die Entscheidung [zum Bau des Terminals]. ‚Da kann es nur aufwärtsgehen mit dieser Stadt', sagte der Vorsitzende Bruce Heddich. ... Die Häfen entlang des Great Barrier Reff exportierten Rohstoffe, die der australischen Wirtschaft jedes Jahr 26 Milliarden Euro einbrächten, meinte der Vorsitzende des Rohstoffverbands in Queensland, Michael Roche.“

dpa-Meldung vom 31.01.2014 © dpa Deutsche Presse-Agentur GmbH (7.5.2020)

9

Cherry Muddle, Australische Meeresschutzgesellschaft

„Abbot Point soll der größte Kohlehafen der Welt werden. Und das gleich gegenüber vom Great Barrier Reef. ... Doch hier wollen sie fünf Millionen Tonnen Baggerschlamm versenken. ... Eigentlich sollte man nirgendwo im Great Barrier Reef Schlamm entsorgen. Das ist ein Weltnaturerbe – keine Müllkippe. Und Studien zeigen doch, dass der Hafenschlick nicht einfach daliegt, sondern sich ausbreitet, und das bis zu 80 Kilometer, bis zu den Korallen und dem Seegras.“

Norbert Lübbers, Weltspiegel: Australien: Great Barrier Reef in Gefahr vom 5.1.2015 (7.5.2020)

10

Russel Reichelt, Barrier Reef Marine Park Authority

„Die Zustimmung unserer Behörde [zum Ausbau des Hafens] steht im Einklang mit unserer Auffassung, dass die Hafenentwicklung entlang der Great-Barrier-Reef-Küste auf bestehende Häfen beschränkt sein sollte. Als Tiefsee-Hafen, der seit fast 30 Jahren in Betrieb ist, ist Abbot Point besser platziert als andere Häfen entlang der Great-Barrier Reef-Küstenlinie, um eine Expansion durchzuführen, da die Baggerungen deutlich geringer sein werden als dies andernorts der Fall wäre. Zu betonen ist, dass der Meeresboden des zugelassenen Entsorgungsgebietes aus Sand, Schlamm und Lehm besteht und keine Korallenriffe oder Seegrasbestände enthält.“[1]

„Ich denke, wenn wir nur die bestehenden Häfen ausbauen, ist der Schaden überschaubar. ... Im Maßstab gesehen, geht es hier doch um einen kleinen Eingriff. Und die Entfernung zum Korallenriff ist immer noch groß!“ [2]

[1] Bridie Jabour: Great Barrier Reef authority approves dredging and dumping to expand port, The Guardian v. 31.1.2014
[2] Norbert Lübbers, Great Barrier Reef in Gefahr. 5.1.2015 (7.5.2020)

11

Australien als „gemachter“ Raum

1 Raumkonzept „gemachter“ Raum

1

A Bevölkerungsboom – Mat. 2 – 5

a) Nenne die Interessengruppen, die hier Australien in einer bestimmten Weise darstellen.
b) Beschreibe, wie diese Gruppen Australien darstellen.
c) Nenne mögliche Absichten, die hinter dieser Art und Weise der Darstellung Australiens stehen könnten. Begründe deine Vermutungen.
d) Beurteile mögliche Folgen dieser Art der Darstellung für die australische Bevölkerungsentwicklung.

B Bergbauboom – Materialien 6 – 9

a) Nenne die Interessengruppen, die hier Australien in einer bestimmten Weise darstellen.
b) Beschreibe, wie diese Gruppen Australien bzw. die Gegend bei Abbot Point darstellen.
c) Nenne mögliche Absichten, die hinter dieser Art und Weise der Darstellung Australiens stehen könnten. Begründe deine Vermutungen.
d) Beurteile mögliche Folgen dieser Art der Darstellung für Australiens wirtschaftliche Entwicklung.

○ Aa, Ab, Ba, Bb ◒ Ac, Bc ● Ad, Bd

2 Plakat der „NO WAY“-Kampagne der australischen Regierung aus dem Jahr 2014

3 Plakat der australischen Regierung etwa aus dem Jahr 1947

4 Tourismuswerbung der Regierung

Es ist spannend zu entdecken, wie bestimmte Personen Australien in den Medien „in Szene“ setzen. Wenn man dies untersucht, kann man die Gründe für die Art der Darstellung ermitteln. Die Darstellung Australiens in den Medien führt dazu, dass wir ein bestimmtes Bild dieses Landes im Kopf haben. Sie muss aber nicht zu den tatsächlichen Raumstrukturen und Raumentwicklungen passen. Das gilt ebenso für die subjektive Wahrnehmung Australiens. Auch hierzu kann es Unterschiede geben.

„Keine Chance – Australien wird nicht eure Heimat

Canberra – Ein kleines Schiff in schwerer See. … Mit diesem Motiv will die australische Regierung potenzielle illegale Einwanderer abschrecken. Noch beklemmender als das Bild … ist der Schriftzug auf der Anzeige: ‚Keine Chance – Australien wird nicht eure Heimat‘. Die Regierung … verbreitet diese Botschaft in insgesamt 17 Sprachen. … Jedes Boot, das illegal in australische Gewässer eindringt, werde abgedrängt. ‚Diese Regel gilt für jeden: Familien, Kinder, … Gebildete und Fachkräfte‘ … ‚Denkt zweimal nach, bevor ihr euer Geld verschwendet. Menschenschmuggler lügen‘, … warnt der Kommandeur der Küstenschutzmission. …“

syd / puz, Spiegel Online vom 14.10.2014 (7.5.2020)

5

Gründe, in Australien zu investieren

- Australien bietet eine sichere, einfache, risikoarme Umgebung, in der man investieren und geschäftlich tätig werden kann
- 26 Jahre ununterbrochenes Wachstum
- global bedeutende Branchen
- talentierte Arbeitskräfte
- verbunden mit Asien
- ein sicherer Ort, um Geschäfte zu machen
- fokussiert auf Innovation

Auszug von Invest in Australia (7.5.2020)

6

> Ressilient economy

A ressilient economy, based on strong exports, vibrant services and sound institutions.

> Dynamic industries

Global demand for Australia's energy, minerals and food.

> Innovation & skills

Research, academia and diversity spark an innovation nation.

> Global ties

Location and low tariffs fire up a trading powerhouse.

> Strong foundations

A pro-business culture, sound banks and good governance.

> Download your copy

The 2020 Benchmark Report contains 46 charts that show how Australia performs in the global economy.

(Australian Trade and Investment Commission, Invest in Australia, Why Australia)

8 Australian Trade and Investment Commission website (Ausschnitt)

Australien. Üppig. Innovativ. Nachhaltig.

„Australiens riesige Mineral- und Erdölressourcen untermauern seinen Status als weltweit führend im Ressourcen- und Energiesektor. Australien ist die Heimat eines innovativen Bergbauausrüstungs-, Technologie- und Dienstleistungssektors und beherbergt einige der weltweit führenden Bergbau-, Öl- und Gaskonglomerate und bietet Investoren hervorragende Kooperationsaussichten und Zugang zu globalen Lieferketten. Bedeutende Vorkommen von Öl, Gas und Mineralien sowie eine gesunde Menge gelungener Projekte haben zu einem hohen Bedarf an Betriebs- und Wartungslösungen geführt. Steigende Strompreise und das Bekenntnis zu einer weniger kohlenstoffintensiven Wirtschaft haben zur Folge, dass es auch eine Nachfrage nach erneuerbaren Energien und energieeffizienten Technologien gibt. Diese Faktoren, kombiniert mit Australiens Nähe zu den energiehungrigen Märkten Asiens, dem reichen intellektuellen Kapital des Landes und einer unterstützenden Regierung machen Australien attraktiv für Investoren und neue Marktteilnehmer, die auf der Suche nach einem nachhaltigen und langfristigen Engagement sind."

Ins Deutsche übersetzt aus: The Australian Trade Commission (2015): Investment opportunities in Australian resources and energy. Sydney

7

Stellungnahme vom WWF zum Abbot-Point-Projekt

„Das größte Korallenriff der Welt, das bereits durch Klimawandel und Wasserverschmutzung stark beeinträchtigt ist, ist unmittelbar bedroht – eines der artenreichsten Ökosysteme, seit 1981 Welterbe der UNESCO. Denn: Eine große Industrialisierungswelle rollt auf die Nordostküste Australiens zu. Umfassende Hafenausbauten zum verstärkten Kohleexport werden den Schiffsverkehr im Bereich des Great Barrier Reef vervielfachen und die Verklappung großer Mengen Baggergut mit sich bringen. Im Fokus steht dabei insbesondere das Kohleverladeterminal Abbot Point. Das Baggergut, das bei seiner Erweiterung ausgehoben wird, soll im Gebiet des Weltnaturerbes abgeladen werden. ... [Drei] weitere Verladeplätze sollen darüber hinaus entstehen. Der wertvolle Küsten- und Meereslebensraum wird dadurch direkt gefährdet. ... Doch bereits in den vergangenen Jahrzehnten hat sich der Zustand des Great Barrier Reef kontinuierlich verschlechtert: Allein in den vergangenen 27 Jahren hat sich die Korallenbedeckung des Riffs aufgrund von Klimawandel und Versauerung des Meeres um 50 % verringert."

WWF Deutschland: Vom Weltnaturerbe zum weltgrößten Kohlehafen? (7.5.2020)

9

Die Perspektiven vernetzen

Bei der Raumanalyse stand mit Australien ein ganz konkreter Raum im Mittelpunkt. Dabei wurden mit dem Rohstoff- und Bevölkerungsboom seine Besonderheiten anhand der vier Raumkonzepte in den Blick genommen. Nun gilt es, diese im Zusammenhang zu betrachten und Antworten auf die Leitfragen zu geben.

1
Beantworte die von dir bearbeitete Leitfrage (Seite 201), indem du eine Concept Map erstellst. Nutze dafür u.a. die Begriffe aus Material 2 oder 5 und die Grafik 3 als Hilfe.

2
Ordne dich in die Concept Map ein: Inwiefern stehst du mit Australien im Zusammenhang? Begründe deine Einordnung.

3

A Vertiefung Bevölkerung
a) MK Informiere dich vertiefend über Australiens aktuelle Migrations- und Bevölkerungspolitik.
b) MK Erstelle eine Infografik zur Migrations- und Bevölkerungspolitik Australiens.

B Vertiefung Bergbau
a) MK Informiere dich vertiefend über den derzeitigen Ausbaustand des Carmichael-Abbo-Point-Kohleprojekts.
b) Beurteile das Projekt mithilfe des Nachhaltigkeitsvierecks.

◒ 1, 2, Aa, Ba ◒ Ab, Bb

↜ Welt geographisch sehen Seite 8/9

↜ Nachhaltigkeit Seite 12/13

↜ Concept Map Seite 90/91

↜ Infografiken erstellen Seite 56/57

Wie du gesehen hast, bekommt man durch eine Raumanalyse umfangreiche Einblicke in die oft komplizierten Zusammenhänge eines konkreten Raums, also in das Mensch-Umwelt-System.

Raumkonzepte als Werkzeuge

Im Rahmen der Raumanalyse hast du auf den letzten Seiten mit vier ganz unterschiedlichen „Brillen“ auf Australien geblickt: den Raumkonzepten. Durch jede Perspektive hast du dir umfangreiches Wissen angeeignet. Um nun die Zusammenhänge zwischen den vier Perspektiven herzustellen und eine umfangreiche Antwort auf die von dir gewählte Leitfrage zu finden, kannst du die Abbildung 3 nutzen. Beispiel: Die Wahrnehmung eines Raums durch Touristen (Raumkonzept 3) wird nicht nur durch den Raum an sich beeinflusst, sondern auch dadurch, wie über diesen gesprochen wird, z.B. in Werbeprospekten (Raumkonzept 4). Das jeweils individuelle Bild des Raums im Kopf ist wiederum die Basis für das Handeln der Menschen im Raum, z.B. ob sie nach Australien in den Urlaub reisen oder nicht (Raumkonzept 2) und ihn vor Ort beeinflussen (Raumkonzept 1).

Systemisch denken

Um die Ergebnisse zu ermitteln und darzustellen, hilft es, eine Concept Map zu erstellen: Damit lassen sich hervorragend Zusammenhänge in Mensch-Umwelt-Systemen aufzeigen und visualisieren.

Bewerten und handeln

Im Anschluss können die analysierten Entwicklungen bewertet werden, z.B. ob die Ausweitung des Bergbaus in Australien nachhaltig ist oder nicht. Hierfür müssen konkrete Kriterien genutzt werden, die sich z.B. aus dem Nachhaltigkeitsviereck ergeben.
Auf Basis der Analyse und der Bewertung lassen sich zudem Handlungsempfehlungen entwickeln, um die Entwicklung eines Raums in nachhaltige Bahnen zu lenken.

1 Wachsende Bevölkerung

4 Ausweitung des Rohstoffabbaus

Begriffe zum Bevölkerungsboom

Flüchtlinge, Einwanderungspolitik, Bevölkerungswachstum, Aborigines, Besiedlung, wirtschaftliche Interessen, Einwanderung, Auswanderung, Überalterung, Fachkräftemangel, Geburtenrate, Sterberate, natürliches Bevölkerungswachstum, Abschreckung, Einwanderer, Marine, Sehnsuchtsort, Wahrnehmung, Raumkonstruktion, Werbung, Abenteuer, Känguru, Ayers Rock, ...

2

Begriffe zum Bergbauboom

Kohlevorkommen, Tagebau, China, Indien, Asien, Nachfrage, Arbeitsplätze, Wachstum der Bergbaubranche, Minen, Züge, Häfen, Inwertsetzung, Konflikte, Umweltschützer, Politiker, Bergbauunternehmen, Abbot Point, unberührte Natur (z. B. Great Barrier Reef), Erze, Tagebaustätten, Kohleexport, Exportstruktur, Energieträger ...

5

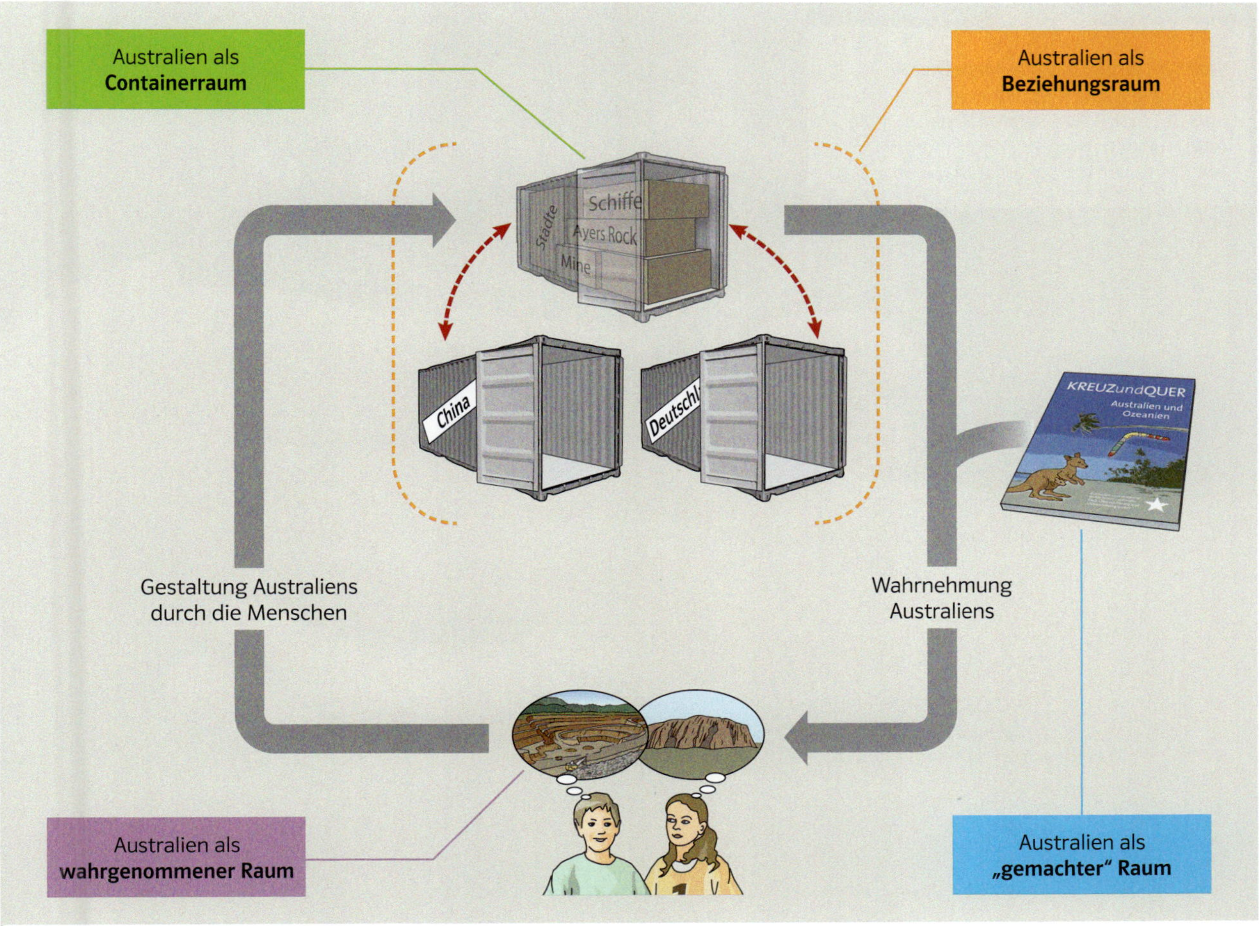

3 Raumkonzepte im Zusammenhang

10

Unsere Welt – fit für die Zukunft?

Wenn im Jahre 2020 alle Menschen so lebten wie z. B. in den USA oder in Deutschland, bräuchten wir 5 bzw. 3 Erden. Für die gesamte Welt liegt der Bedarf momentan bei 1,75 Erden. Wir haben aber nur eine Erde.

1

Overshoot Day? Schon einmal gehört? „Overshoot" lässt sich mit Überschreitung übersetzen. Der Overshoot Day ist der Tag im Jahr, ab dem der Vorrat der Erde, der für das ganze Jahr reichen soll, aufgebraucht ist. Der Overshoot Day ist der Erdübernutzungstag. Um 1970 lag dieser im Dezember. Das Datum rückt jährlich nach vorn. Aber für die einzelnen Länder der Erde liegen die Daten weit auseinander. Ab diesem Tag leben die Menschen der hochentwickelten Länder auf Kosten der ärmeren Länder oder anders gesagt, auf Kosten der kommenden Generationen. Um dem entgegenzuwirken, wurde unter anderem 2016 von den Vereinten Nationen die „Agenda 2030" verabschiedet. Auf den nächsten Seiten konkretisieren wir einige dieser Ziele. Und was können wir tun, damit die Agenda umgesetzt wird?

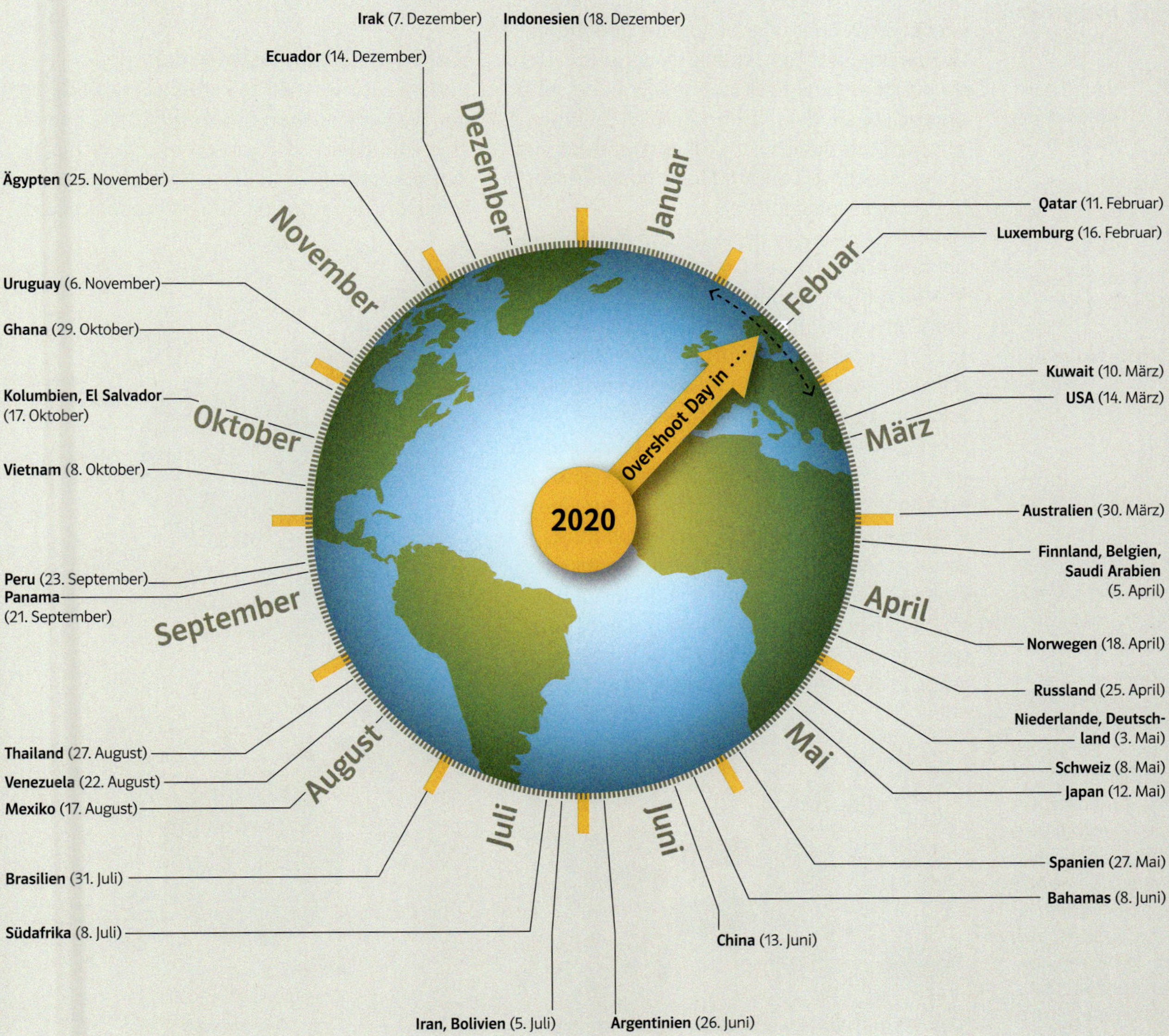

2 Overshoot Days 2020 ausgewählter Länder

Ressourcen – so oder so?

Ab in den Müll oder upcyclen? Soll jeder etwas nur für sich oder mit vielen gemeinsam nutzen? Die anhaltend hohe und weiterhin steigende Ressourcennachfrage birgt ernsthafte Risiken und Nachteile für zukünftige Generationen. Neben der Suche nach Lösungen, der Ressourcenverknappung entgegenzuwirken, ist auch die Frage nach dem richtigen Umgang mit den nicht mehr benötigten Gütern zu beantworten. Die gute Nachricht: Es gibt eine Fülle kreativer Ideen, die eine nachhaltige Entwicklung ermöglichen. Dazu kannst auch du einen Beitrag leisten.

1 Nachhaltigkeitsziel Nr. 12: Verantwortungsvoller Konsum

↜ 17 Nachhaltigkeitsziele Seiten 14/15

Cradle to Cradle: von der Wiege bis zur Wiege

Erneuerbare Ressourcen entstehen durch das natürliche Regenerationsvermögen des Systems Erde immer wieder neu, etwa Holz, Fasern, Nahrungspflanzen.
Nicht erneuerbare Ressourcen können nicht in der Lebensspanne eines Menschen, sondern nur über sehr viel längere Zeiträume neu gebildet werden, etwa Erdöl, Erdgas, Kohle oder Boden.

Nachhaltig wirtschaften

Die Natur kennt keinen Abfall. Vermeintlicher Abfall bildet stattdessen die Grundlage für neues Leben. Diese Erkenntnis macht sich das „Cradle-to-Cradle-Konzept" zu eigen und sucht nach Wegen, wie nicht mehr benötigte Güter wiederverwendet oder biologisch abgebaut werden können. Der Produktionsprozess wird als geschlossener Kreislauf gedacht und stellt dadurch besondere Anforderungen an Kreativität und Materialauswahl. So entstand z. B. das kompostierbare T-Shirt oder essbares Geschirr, alles völlig schadstofffrei.
Deutlich schwieriger gestaltet sich die Produktion industrieller Güter. Doch auch das ist möglich. So hat ein Büromöbelhersteller einen Stuhl entwickelt, dessen Bestandteile aus demselben Material gefertigt sind. Die einzelnen Teile können bis zu 300-mal eingeschmolzen und somit zu 96 % wiederverwendet werden. Alle Produktionsprozesse nutzen ausschließlich erneuerbare Energien. Durch dieses konsequente Umdenken ergibt sich nicht nur eine Verringerung des ökologischen Fußabdrucks, sondern sogar die Möglichkeit, durch das eigene Konsumverhalten einen positiven Fußabdruck zu hinterlassen. Dies wird durch neu zu gestaltende Geschäftsmodelle unterstützt: Wer z. B. eine Waschmaschine kauft, ist an ihrer Waschfunktion interessiert, nicht am Gerät. Als Kunde könnte man zukünftig einfach eine bestimmte Anzahl Waschgänge kaufen. Rücknahme nach Gebrauch, Mieten statt Eigentum und der Aufbau von Rohstoffbanken sind weitere Cradle-to-Cradle-Prinzipien.

2 Mirra II von Herman Miller – das erste Möbelstück, das nach dem Cradle-to-Cradle-Prinzip konzipiert wurde

Vielfältige Lösungsstrategien

Andere Lösungsansätze konzentrieren sich darauf, die hergestellten Güter und Geräte immer kleiner und leichter zu gestalten, um weniger Ressourcen bei Herstellung, Gebrauch und Transport zu benötigen. Zudem eröffnet auch

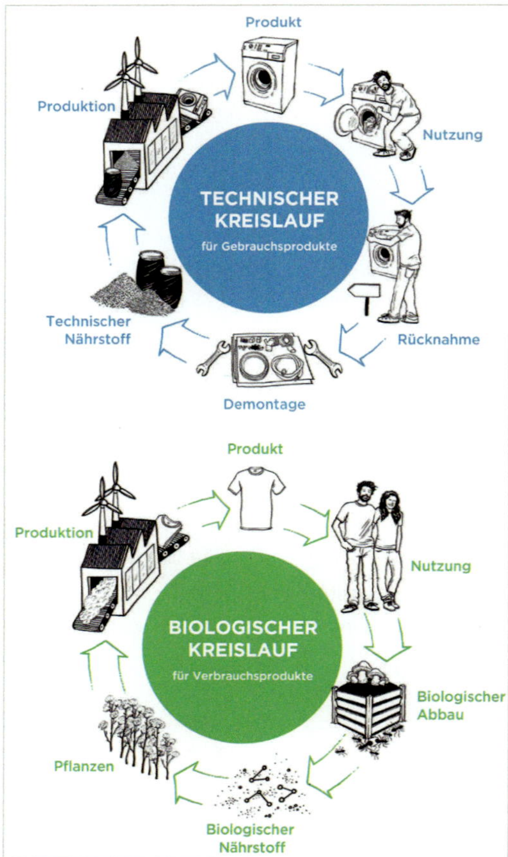

3 Cradle-to-Cradle-Stoffkreislaufkonzepte

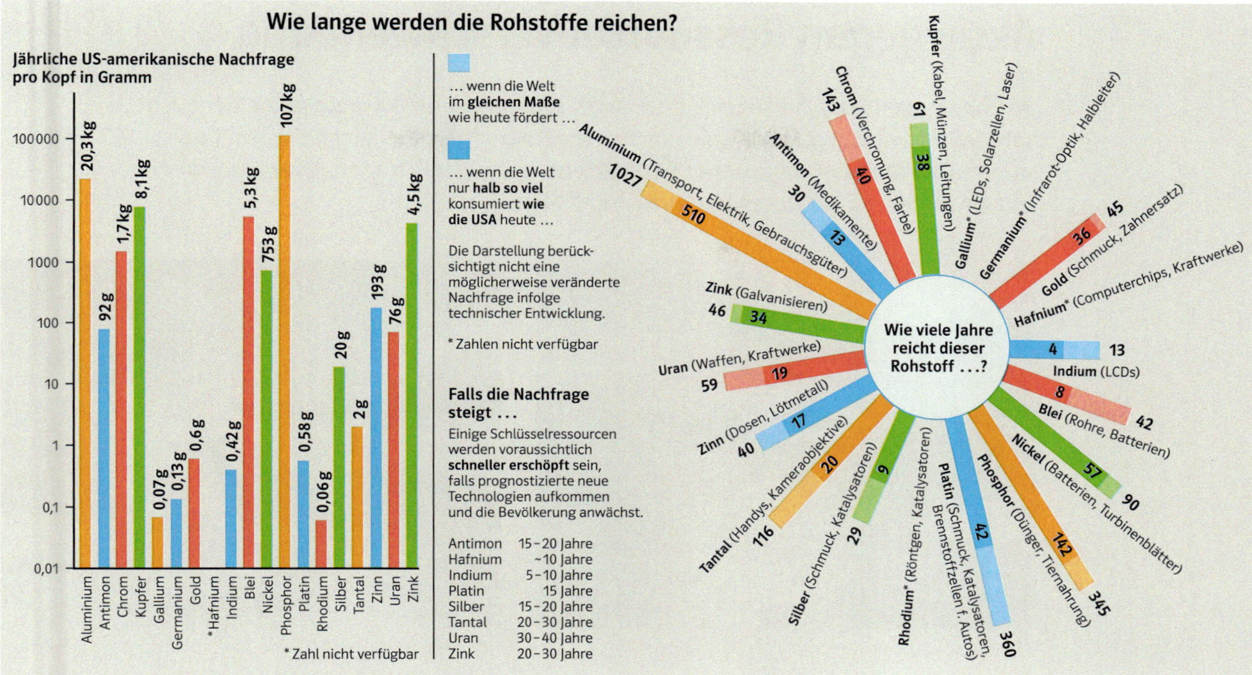

4 Ressourcenreichweite in Abhängigkeit vom Verbrauch

die Produktionsweise weitere Möglichkeiten, Ressourcen einzusparen. Dies wird etwa durch die Kreislaufwirtschaft realisiert, indem Kühlwasser oder Öle im Rahmen der Produktion durch eine geschickte Kreisführung wiederverwendet werden. Gleiches gilt für Lösungsansätze der Materialsubstituierung. Dabei werden knappe Ressourcen wie Metalle durch Kunststoffe oder andere Materialien ersetzt.
Der Grad der Wiederverwendung von Ressourcen hängt wesentlich davon ab, wie geschickt diese Wiederverwertung von vornherein eingeplant wurde. So ist die Rückgewinnung von Gold, Platin, Kupfer und Metallen aus den meisten Smartphones zwar möglich, nicht aber wirtschaftlich, da diese nicht recycling-freundlich verbaut sind. Genau hier setzen kreative Köpfe an und entwickeln hochgradig recycelbare Produkte, wie eine aus Baumwolle gefertigte Computertastatur. Damit werden nicht nur bei der Herstellung Ressourcen gespart, sondern es gelangen auch keine ökologisch problematischen Stoffe in die Umwelt.

Ein ganz anderer Vorschlag ist die „Sharing Economy". Dieser Idee folgend, würden wir weit weniger besitzen und stattdessen Geräte, Maschinen, Wohnungen oder Autos teilen. Ideen wie diese werden dringend zur Lösung der Ressourcenknappheit benötigt, denn *„die knappste Ressource ist nicht das Öl, nicht das Gas und auch nicht das Uran; es ist die Zeit, die wir noch haben, um unsere Verhaltensweisen den Anforderungen und Grenzen unserer Umwelt anzupassen."* **(Russell Train)**

1

Cradle-to-Cradle-Ansatz:

a) Beschreibe am Beispiel des Bürostuhls den Cradle-to-Cradle-Ansatz.

b) MK Recherchiere weitere Produkte aus verschiedenen Bereichen, die nach diesem Ansatz hergestellt werden. Ordne sie dem technischen oder biologischen Stoffkreislauf zu.

2

Erläutere zwei weitere Strategien zur Bewältigung der Ressourcenknappheit.

3

Beurteile die Dringlichkeit der weltweiten Ressourcenproblematik.

4

Bewerte Russell Trains Aussage bezüglich der globalen Ressourcenfrage.

5

Entwickle deinen persönlichen Beitrag zur Ressourcenfrage und stelle ihn vor.

Aktiv gegen Ressourcenverschwendung

„Nachhaltigkeit entscheidet sich im Alltag!" lautet eine der Kernaussagen der nachhaltigen Entwicklung. Denn viele unserer täglichen Konsumentscheidungen haben unmittelbar Einfluss auf unseren Ressourcenbedarf. Folglich kann jeder aktiv werden und einen Beitrag zur Ressourcenschonung leisten.

1 Müll gut getrennt, aber ...

2 ... es geht auch anders.

Das Problem

Der Kern des Problems ist klar: Immer mehr Menschen – und zwar jeder einzelne – beanspruchen immer mehr natürliche Ressourcen, vor allem Rohstoffe, Energie, Wasser, Böden und Nahrungsmittel. Da die Ressourcen der Erde jedoch endlich sind, führt diese seit der Industrialisierung und insbesondere seit der Mitte des 20. Jahrhunderts praktizierte Entwicklung unweigerlich zu einem ernsthaften Problem. Die Verknappung der als endlich erkannten Ressourcen wird durch die enorme Ungleichheit des Zugangs zwischen Armen und Reichen weltweit noch drastisch verstärkt. Die Weltbevölkerung verbraucht inzwischen innerhalb von noch nicht einmal acht Monaten so viele Rohstoffe, wie die Erde durch Regeneration über ein Jahr zur Verfügung stellen kann. Das bedeutet, dass der Ressourcenbestand kleiner und das Problem noch größer wird. Wie kann diese elementare Herausforderung gemeistert werden?

Lösungsansätze

In den vergangenen zwei Jahrzehnten wurden viele Wege beschritten, um den Ressourcenbedarf zu reduzieren: Treibstoffsparende Antriebstechnologie, energie- und ressourcensparende Produktionsverfahren, die Verkleinerung von Produkten – das gilt insbesondere auch für Unterhaltungselektronik – oder die Ersetzung (Substitution) knapper Ressourcen durch andere Stoffe sind einige. Dennoch kann der Ressourcenbedarf noch deutlich reduziert werden. Dies macht etwa das Konzept „Faktor 5" deutlich, das im Bereich der Produktherstellung, des Bauwesens oder der Mobilität konkret aufzeigt, wie die aktuell produzierten Güter mit nur einem Fünftel der heute eingesetzten Ressourcen produziert oder umgekehrt mit der gleichen eingesetzten Ressourcenmenge fünfmal mehr Produkte erzeugt werden können. Effektivität kann also eine kluge Strategie sein, vorausgesetzt die produzierten Güter sind umweltverträglich.

1
Stelle das Grundproblem der Ressourcenverknappung dar.

2
„Ein funktionierendes Recyclingsystem ist der optimale Beitrag zur Ressourcenschonung!"
„Müllvermeidung ist wichtiger als Recycling!"
Bewerte diese beiden Aussagen vergleichend.

Wie Ressourcen im Alltag schützen?

Statistisch benötigt jeder in Deutschland im Laufe seines Lebens 335 Tonnen Kies und Sand, 170 Tonnen Steine, fast 170 Tonnen Braunkohle und fünf Zentner Papier. Jeder verursacht 220 kg Verpackungsmüll, also Karton, Papier, Plastik oder Styropor. Alle zusammen besitzen wir über fünf Mrd. Kleidungsstücke, von denen wir etwa zwei Mrd. nie tragen. Zugleich werfen wir als Gesellschaft pro Sekunde 313 kg Essen weg. Offensichtlich sollten wir unseren Umgang mit Ressourcen verbessern. Auch du kannst dazu beitragen!

Qualität statt Quantität kaufen

Hochwertige Güter können länger genutzt werden, was unweigerlich zu einem geringeren Ressourcenbedarf beiträgt. Dieser Grundsatz gilt für alle Güter: Kleidung, technische Geräte, Fahrzeuge. Selbst wenn der Kaufpreis höher ist, rechnet sich dies gegenüber dem häufiger erforderlichen Kauf qualitativ schlechterer Produkte. Viele hochwertige Güter sind durch entsprechende Qualitätssiegel erkennbar: FSC (Forest Stewardship Council), MSC (Marine Stewardship Council), der „Blaue Engel" oder das Deutsche Bio-Siegel.

Verpackungsmüll vermeiden

Schon beim täglichen Einkauf können wir einen Beitrag leisten. Statt Plastiktüten einen Korb oder Tasche nutzen. Brotdose und Trinkflasche helfen Folien und Tetraverpackungen einzusparen. „Coffee to go" im Plastikbecher sollten ein „No-Go" sein. Mehrwegbecher helfen Müll zu vermeiden. Unverpackt-Läden machen den Verzicht auf Umverpackungen ein bisschen leichter: Du kannst dort die benötigte Menge im mitgebrachten Gefäß selbst einpacken: egal ob Nudeln, Reis, Obst, Kaffee, Süßwaren oder Waschmittel.

Ressourcenschonend mobil sein

Unsere Gesellschaft kennzeichnet ein hoher Mobilitätsgrad, verbunden mit einem hohen Energiebedarf. Mitfahrgemeinschaften oder Carsharing-Angebote können helfen, den Verkehr deutlich zu entlasten. Auch die Nutzung des öffentlichen Personennahverkehrs sowie des Fahrrads oder zu Fuß gehen leisten einen wichtigen Beitrag. Auch die längere Nutzungsdauer von Fahrzeugen mit einem geringen Treibstoffbedarf und eine spritsparende Fahrweise leisten einen Beitrag zur Ressourcenschonung.

Richtig entsorgen

Ein nicht mehr benötigter Gegenstand muss nicht zwingend unmittelbar auf der Mülldeponie landen, sondern kann verschenkt oder verkauft werden. Indem alle selbst nicht mehr benötigten Güter sachgerecht getrennt gesammelt und zu einer Recyclingstation gebracht werden, können Rohstoffe Metalle, Papier, Glas und vieles mehr in den Produktionsprozess zurückfließen. Das spart Energie und Rohstoffe.

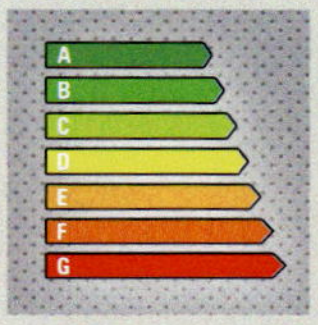

Energie besser nutzen

Alltägliche Verhaltensweisen, vom Ausschalten des Lichts in nicht genutzten Räumen über die Vermeidung des Standby-Modus bei elektrischen Geräten bis hin zur optimalen Lüftungstechnik, tragen massiv zu einem geringeren Energiebedarf bei. Nutzen wir zudem verstärkt Strom aus regenerativen Energiequellen, ergibt sich ein beachtlicher Beitrag zur Schonung natürlicher Ressourcen.

Besser essen

Die Art, wie wir uns ernähren, hat einen sehr großen Einfluss auf die Ressourcen Wasser, Boden und das Klima. So wird umso weniger Ackerland benötigt, je fleischärmer die Ernährung ausfällt. Stehen zudem regionale und saisonale Produkte auf dem Speiseplan, wird der Effekt der Ressourcenschonung noch verstärkt. Qualitativ hochwertige Nahrungsmittel sind zudem an entsprechenden Gütesiegeln zu erkennen.

3

3 Erläutere das Faktor-5-Konzept.

4 Erstelle eine Checkliste für deinen Beitrag zur Ressourcenschonung.

5 MK Das Projekt „innatura – Sachspenden für einen sozialen Zweck":
a) Informiere dich über das Projekt und seine Ziele im Internet.
b) Gestalte ein Werbeplakat für den verantwortungsvollen Umgang mit Ressourcen.

MK Mit einem Wirkungsgefüge Handlungskriterien bewerten

Wenn ich mir die Welt anschaue, wie sie heute ist, habe ich das Gefühl, ich müsste irgendetwas tun – aber ich habe keine Ahnung was. Ist es so schlimm, wie es oft in Fernsehberichten dargestellt wird? Oder ist das Panikmache? Wie kann ich Fake News erkennen oder eine Verschwörungstheorie? Kann ich allein etwas bewirken oder machen große Unternehmen und die Politik sowieso, was sie wollen? Was kann ich tun?
Wir versuchen, Antworten auf diese Fragen selbst zu finden – am besten Schritt für Schritt.

Tipp:
Zu den Themen „Fake News" und „Verschwörungstheorien" gibt es im Internet gute Informationen, z.B. unter Bundeszentrale für politische Bildung, Planet-Wissen, Tagesschau usw.

→ **Wirkungsgefüge Seite 227**

1. Schritt: Informationen finden

Dieser erste Schritt ist eine Methode (siehe Seite 227), die du bereits kennengelernt hast.

In Kapitel 7 und in diesem Kapitel sind viele Informationen, die du dazu nutzen kannst.

2. Schritt: Struktur ermitteln

Um mit den Informationen sachgerecht umzugehen, ist es sinnvoll, eine Übersicht für die Analyse und Bewertung zu erstellen.

Information	*Faktencheck*	*Was hat das mit mir zu tun?*
Laden für Foodsharing in Bochum eröffnet (Tageszeitung vom 11.06.2020)	*Zielrichtung: Rettung von Nahrungsmitteln, die keiner mehr kauft; Organisatoren: Ehrenamtliche*	*Kann ich davon profitieren? Kann ich mithelfen? Nützt mein Tun der Allgemeinheit und wenn ja, wie?*

3. Schritt: Handlungskriterien ermitteln

Noch bleiben die Überlegungen auf einer allgemeinen Ebene. Die Ausgangsfrage ist aber: „Was kann ich tun?" Wir müssen demzufolge auf eine konkrete Ebene gehen: darstellen, welche Handlungsmöglichkeiten ein Einzelner hat und was diese Handlungen bewirken. Wir können Kriterien notieren und diese mit Pfeilen in einen Kausalzusammenhang bringen – also eine Art Wirkungsgefüge erstellen.

Wir untersuchen modellhaft das Beispiel des Foodsharing in Bochum (Grafik 1).

4. Schritt: Handlungskriterien bewerten

Bei allem, was in Grafik 1 in schwarzer Schrift notiert ist, handelt es sich um relativ wertneutrale Feststellungen.
In einem weiteren Schritt können wir die Kriterien begutachten: Haben sie positive oder negative Auswirkungen oder beides?
Unsere Einschätzung markieren wir mit (+) oder (–).
Bewertungen müssen gut überlegt werden.
Es reicht nicht, die Menge der Plus- und Minuszeichen zu addieren und gegeneinander aufzurechnen. Es kann sein, dass ein Kriterium von verschiedenen Personen – je nach Erfahrungen – unterschiedlich schwer gewichtet wird.
Es kann auch sein, dass sich Gegebenheiten im Laufe der Zeit ändern und Bewertungen neu vorgenommen werden müssen.

siehe Foodsharing in Bochum (Grafik 1)

5. Schritt: Eigenes Handeln begutachten

Eine Möglichkeit ist, eine Handlung aus den unterschiedlichen Perspektiven der Handelnden zu betrachten.

Kann ich es verantworten so zu handeln wie Person XY, wenn ich die Folgen bereits absehe?

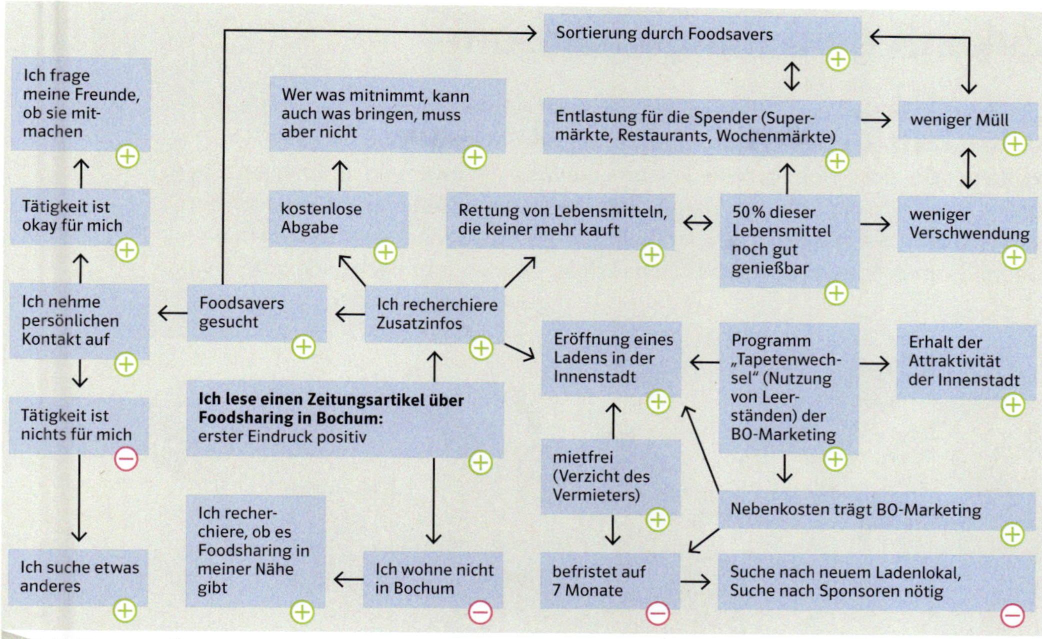

1 Wirkungsgefüge

2 Demonstration „Fridays for Future“

1 Beschreibe das Wirkungsgefüge in der Grafik 1.

2 Erläutere die ergänzten Plus- und Minus-Bewertungen.

3 MK Untersucht und bewertet eines der folgenden Beispiele.
a) Wendet dazu die einzelnen vorgestellten Methodenschritte an.
b) Stellt euch gegenseitig die Ergebnisse vor.

A Start-up Green City Solutions;
B Jugend forscht – Leonie Prillwitz: Filter für Plastikmüll;
C Too good to go;
D Fridays for Future.

Zukunft geht nur gemeinsam

Es gibt viele Initiativen, Aktionen, Projekte und Organisationen, die sich für den Umweltschutz engagieren und zur Mitarbeit oder Nachahmung anregen. Es kann sein, dass eine einzelne Person eine Massenbewegung in Gang setzt wie Greta Thunberg, die nicht nur viele Schülerinnen und Schüler aktivieren konnte, sondern auch die Wissenschaft und Politik. Aber das ist eher eine Ausnahme. Gemeinsames Agieren verspricht mehr Erfolg. Doch es gibt noch wirksamere Wege.

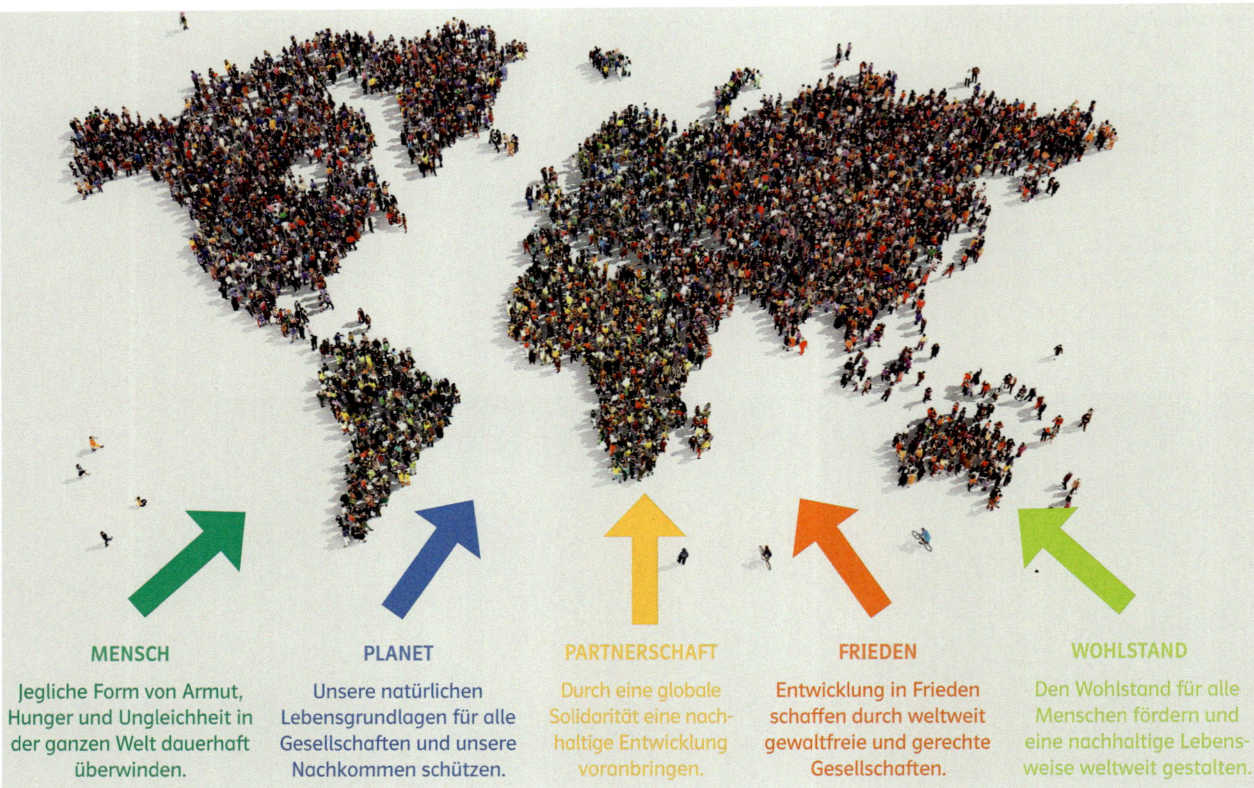

1 Zentrale Dimensionen der Sustainable Development Goals (Agenda 2030)

Literaturtipps

- Maja Göpel: Unsere Welt neu denken – Eine Einladung.
- Christian Mihatsch: Welche Rechte hat ein Fluss?
- Dirk Steffens, Fritz Habekuss: Über Leben.

Auf den ersten Seiten dieses Kapitels haben wir bereits unterschiedliche Wege kennengelernt, wie die Agenda 2030 umgesetzt werden kann. Fangen wir noch einmal bei uns selbst an. Es müsste doch eigentlich ganz einfach sein, jeden Tag die Welt ein kleines bisschen besser zu machen. Wir wissen, was der Umwelt hilft, z. B. weniger Fleisch essen oder weniger Plastik verwenden. Wir wissen, dass in Smartphones wertvolle seltene Erden verarbeitet sind. Wissen wir auch, wie viel Energie die Nutzung der Smartphones schluckt? Im März 2019 verbrauchte die Internetnutzung (z. B. Streaming-Dienste und Mails) etwa 3 % des globalen Energieverbrauchs und erzeugte dabei mehr CO_2-Emissionen als Flugreisen.

Oder wie wäre es mit einem Warmen-Pulli-Tag: die Senkung der Raumtemperatur um 2 – 3 Grad. Es gibt Schulklassen, sogar komplette Schulen, die einen solchen Tag durchführen. Das lässt sich auch auf eine Woche ausdehnen. Aber was bringt das schon? Wenn man es nicht macht, bringt es nichts. Wenn es nur wenige machen, bringt es ein kleines bisschen. Wenn es viele über einen längeren Zeitraum machen, wird es langsam messbar.

Gemeinsam in die Zukunft

Damit ist nicht nur das gemeinsame Handeln der Menschen gemeint, sondern auch die Zusammenarbeit von Staat und Bürgern. Es gibt etliche Bereiche im gesellschaftlichen Leben,

2 Whanganui River, Neuseeland

die die Bürgerinnen und Bürger in Eigenverantwortung regeln können. In anderen Bereichen ist es sinnvoll, wenn der Staat die Regeln setzt. Ein Beispiel ist die Straßenverkehrsordnung. Der Staat schafft den rechtlichen Rahmen und die einzelnen Menschen können im Schutz dieses Rahmens sicher handeln.
Der Staat ist darüber hinaus verantwortlich für das Gemeinwohl. Einzelne Bürgerinnen und Bürger können nicht bewirken, dass z. B. Retourensendungen von Online-Bestellungen kostenpflichtig werden. Die Online-Händler haben wenig Interesse daran und für den Besteller ist die kostenlose Retoure sehr bequem. Also kann nur der Staat den gesetzlichen Rahmen schaffen. Die Änderung würde vermutlich dazu führen, dass vor der Bestellung genau überlegt wird und nicht erst im Nachhinein. Die Wirkung: weniger Transport, weniger Entsorgungen der Retouren, Schonung der Umwelt und der Ressourcen. Die Gesellschaft ist auf den Mut der Politik angewiesen, aber die Politik braucht auch den Mut der Bevölkerung.

Was wäre wenn ...

... das Nordpolarmeer Dänemark, Russland, Kanada, USA und Norwegen verbieten würde, seine Rohstoffe auszubeuten? Oder wenn die Fischgründe vor Senegal die internationalen Fischfangflotten wegen unerlaubten Ocean Grabbings verklagen würden?
Sagt da jemand: „Blödsinn“? Im Gegenteil. Schon 2017 hat das neuseeländische Parlament den Whanganui River zur juristischen Person erklärt. Was heißt das?
Juristische Personen des öffentlichen Rechts entstehen durch Gesetz. Eine juristische Person kann (wie eine natürliche Person) z. B. gegen den Staat oder ein Unternehmen klagen, Verträge abschließen oder Eigentum besitzen. Der Whanganui River hat außerdem vom neuseeländischen Parlament einen Fonds von etwa 18 Mio. Euro zur Verfügung gestellt bekommen. Zudem hat der Fluss zwei Sprecher, einen von der Regierung und einen von den Maori, den Angehörigen der indigenen Bevölkerung Neuseelands. Beide sind verpflichtet, im Interesse des Flusses zu handeln.
Was steht dahinter? Bis jetzt wurde die Natur vom Menschen genutzt, oft sogar ausgebeutet. Und das ohne eine Gegenleistung bzw. eine Wertschätzung. Jetzt bekommen die Elemente der Natur die Möglichkeit, für ihren eigenen Schutz zu sorgen, z. B. durch Klageverfahren, Verbote oder durch den Abschluss von Verträgen.

Das Artensterben ist bedrohlicher als der Klimawandel

Das Zusammenwirken vieler verschiedener Arten ist die Voraussetzung für die Lebenserhaltung aller Lebewesen. Selbst wenn alle Gletscher schmelzen, wird die Menschheit das überstehen. Sie wird anders leben als vor dem **Klimawandel**, aber überleben. Wird aber das filigrane Netz der Artenkooperation durch das Aussterben von Schlüsselarten löcherig, kann das Überleben der Menschheit sehr schnell zu Ende gehen. Ein einfaches Beispiel: Wenn Honigbienen, Wildbienen oder andere Insekten verschwinden, kann es keine Bestäubung der Pflanzen mehr geben. Keine Bestäubung bedeutet wiederum keine Früchte, keine oder eine geringere Ernte und letztendlich eine weltweite Hungersnot.

Was tun?

Eine Demo bewirkt einiges: Die Bevölkerung wird aufmerksam und informiert. Eine Demo bewirkt allerdings oft nur eine geringe nachhaltige Veränderung. Das gilt selbst für die relativ erfolgreiche Bewegung „Fridays for Future“. Der verlässlichste Weg ist nach Meinung von Experten wohl der Rechtsweg. Und schon wird die juristische Person namens Whanganui River zum Vorbild für viele andere Elemente der Natur.

Es kommt auf uns an

„Eigentum verpflichtet.“ So steht es im Grundgesetz § 14. „Wissen verpflichtet.“ schreibt die Bundesforschungsministerin Anja Karliczek im November 2019. Und was sagt Immanuel Kant dazu? **„Nichts ist fähiger, den gesunden Menschenverstand mehr aufzuhellen als gerade die Geographie.“**

Beschlüsse von Schutzmaßnahmen für die Natur

- 2006 „Ökosystem der Gemeinde Tamaqua“ (Pennsylvania, USA)
- 2008 „die Natur“ (Ecuador)
- 2010 „Mutter Erde“ (Bolivien)
- 2014 „Te-Urewera-Wald“ (Neuseeland)
- 2016 „Rio Atrato“ (Kolumbien)
- 2017 „Whanganui River“ (Neuseeland)
- 2017 „Vulkan Taranaki“ (Neuseeland)

3 Reiche Ernte dank der Bestäubung von Wildbienen: Rotschopfige Sandbiene

← 17 Nachhaltigkeitsziele Seiten 14/15

11

Arbeitsanhang

In diesem Anhang findet ihr wertvolle Hilfen für die selbstständige Arbeit im Erdkundeunterricht: Hilfen zum Verstehen der Operatoren in Aufgaben, Lösungshilfen zu ausgesuchten Aufgaben, die wichtigsten Methoden im Überblick, Strukturdaten ausgewählter Staaten sowie die Erklärungen der wichtigen Begriffe.

SP Mit Operatoren arbeiten

Operatoren sind Verben, die dir signalisieren, wie du eine Aufgabe bearbeiten sollst.
Achte auf inhaltliche und sprachliche Anforderungen.
Die Operatoren sind in drei Anforderungsbereiche gegliedert.

Anforderungsbereich I Informationen erfassen, Inhalte wiedergeben (Wissen und Reproduktion)

Operatoren	**Arbeitsschritte**	**SP Sprachtipps**
Informationen erfassen und richtig benennen		
zähle auf, liste auf, nenne, benenne 	• Entnimm aus dem Material (z. B. Bild, Karte, Tabelle) die gesuchten Begriffe oder Informationen. • Führe sie nacheinander auf. • Verwende, wenn möglich, Fachbegriffe.	· *Folgende Punkte kann ich nennen: …* · *… heißt …* · *… wird … genannt.*
definiere 	• Formuliere kurz und genau (ohne Beispiele), was der Begriff bedeutet.	· *Mit … bezeichnet man …* · *… bedeutet: …*
Prozesse, Ereignisse und Sachverhalte widerspiegeln		
beschreibe 	• Gib wieder, was du auf dem Bild oder im Text wahrnimmst. • Achte auf wesentliche Merkmale (d. h., erfasse den Kern einer Sache). • Verwende, wenn möglich, Fachbegriffe. • Beachte bei Vorgängen die zeitliche Reihenfolge.	· *Ich sehe / erkenne …* · *Das Material / Bild zeigt …* · *Im Vordergrund befindet sich …* · *Dahinter / davor / neben …* · *Zuerst …, dann …, danach …*
verorte / lokalisiere 	• Sage / schreibe auf, wo der Ort liegt. • Nutze dazu eine Karte. • Verwende Bezugspunkte wie Himmelsrichtungen, die Lage im Gradnetz der Erde, Großlandschaften, Staaten, Flüsse oder Gebirge.	· *… befindet sich in / bei …* · *… liegt in der Nähe von …* · *… im Norden / Westen / östlich / südlich von …* · *… grenzt an …* · *… liegt im Gradnetz auf … Grad … Breite und … Grad … Länge.*

Anforderungsbereich II Wissen verarbeiten und anwenden (Reorganisation und Transfer)

Prozesse, Ereignisse oder Strukturen erklären und erläutern		
erkläre 	• Setze dich vertieft mit den Einzelheiten einer Sache auseinander. • Formuliere Ursachen bzw. Gründe, Folgen und Gesetzmäßigkeiten. • Stelle die Sache so dar, dass ein anderer sie versteht.	· *Dies kann man erklären mit …* · *Es bedeutet, dass …/Das heißt, …* · *Da / weil / aufgrund …* · *Infolgedessen …*
begründe 	• Gib den Grund / die Ursache für etwas an. • Stütze eigene oder fremde Aussagen durch Argumente (das sind stichhaltige und plausible Belege).	· *Da … / weil … / denn …* · *Deshalb … / dadurch …* · *Aufgrund … / Aus diesem Grund …*
erläutere 	• Stelle Prozesse oder Ereignisse ausführlich dar. • Wie beim Erklären sollst du Ursachen, Folgen und Gesetzmäßigkeiten deutlich machen. • Gib zusätzliche Informationen, Belege und Beispiele an.	· *Aufgrund von …* · *Das ist darauf zurückzuführen, dass …* · *Infolge von …, sodass …* · *Deshalb / dadurch …* · *Zum Beispiel …*
analysiere / untersuche 	• Werte ein Material (z. B. eine Abbildung oder einen Text) gezielt aus. • Stelle (in Gedanken) Fragen an das Material nach festgelegten oder eigenen Kriterien. • Suche nach wichtigen Merkmalen bzw. Antworten. • Stelle diese Merkmale strukturiert bzw. übersichtlich dar.	· *Betrachtet man …, dann …* · *Folgende Merkmale kann ich ablesen: …* · *Daraus geht hervor, dass …* · *Besonders wichtig ist …*

Operatoren	Arbeitsschritte	SP Sprachtipps
Informationen gewinnen und strukturiert darstellen		
fasse zusammen 	• Markiere wichtige Aussagen oder schreibe sie heraus. • Formuliere das Wichtigste in verkürzter Form und mit möglichst eigenen Worten. • Für einen Text kannst du z. B. Überschriften für jeden Abschnitt finden und daraus die Zusammenfassung formulieren.	· *... lässt sich wie folgt zusammenfassen: ...* · *Die wichtigsten Aspekte sind: ...* · *Die Kernbotschaft lautet: ...*
recherchiere / finde heraus 	• Suche selbstständig nach bestimmten oder selbst gewählten Informationen zu einem Thema. • Nutze z. B. ein Lexikon oder das Internet.	· *Folgende wichtige Informationen konnte ich finden: ...* · *Ich habe herausgefunden, dass ...*
ordne zu / ordne ein 	• Verbinde Informationen, die zusammengehören. • Sortiere Informationen unter Überschriften bzw. Oberbegriffe. • Bringe Informationen in einen größeren thematischen Zusammenhang.	· *... passt zu / gehört zu ...* · *... steht im Zusammenhang mit ...* · *Man kann ... diesem Aspekt zuordnen.* · *... lässt sich einteilen in ...*
vergleiche 	• Stelle Gemeinsamkeiten und Unterschiede gegenüber. • Formuliere ein Ergebnis bzw. eine abschließende Einschätzung des Vergleichs.	· *Im Vergleich zu ...* · *Trotz vieler Gemeinsamkeiten gibt es auch einige Unterschiede: ...* · *Im Gegensatz zu ...* · *A und B unterscheiden sich stark / kaum.*
stelle dar, berichte, präsentiere, erstelle 	• Bereite Informationen mithilfe von Medien für andere eindrucksvoll auf. • Achte auf Sachlichkeit und eine übersichtliche Struktur.	· *Meine Präsentation handelt von: ...* · *Ich gliedere sie wie folgt: Zuerst werde ich auf ... eingehen. Anschließend ... Zum Schluss fasse ich nochmal zusammen.*

Anforderungsbereich III Urteilen (Reflexion und Problemlösung)

Ein Sachurteil abgeben		
beurteile, prüfe / überprüfe 	• Kontrolliere, ob eine Aussage oder Handlung richtig oder angemessen ist. • Orientiere dich dabei an vorgegebenen Kriterien oder allgemeinen Werten (z. B. Frieden oder Recht). • Formuliere ein Sachurteil und nenne Belege.	· *Den Fakten nach zu urteilen / Demzufolge ...* · *Aufgrund von ...* · *Abschließend lässt sich sagen, dass ...* · *Aus ökologischer, ökonomischer, sozialer Sicht / Perspektive ...*
vermute / formuliere eine Vermutung 	• Formuliere eine Aussage, die du für möglich hältst und sachlich begründen kannst. • Du kannst die Vermutung zum Anlass nehmen, sie mit deinem (neuen) Wissen abzugleichen bzw. zu überprüfen.	· *Möglicherweise ...* · *Wahrscheinlich ...* · *Ich vermute, dass ...* · *Anscheinend ...*
Eine eigene Meinung vertreten		
bewerte, nimm Stellung 	• Äußere deine Einschätzung, ob eine Aussage oder Behauptung zutreffend, nachvollziehbar oder angemessen ist. • Orientiere dich dabei an allgemeinen Werten (z. B. Frieden oder Recht) und eigenen Maßstäben. • Bringe deine persönliche Meinung zum Ausdruck. Begründe. • So gelangst du zu einem begründeten Werturteil, das auf deinen eigenen Überzeugungen beruht.	· *Meiner Meinung nach ...* · *Ich finde das (nicht) gut, weil ...* · *Ich kann das (nicht) nachvollziehen, weil ...* · *Eine Bewertung ist schwierig, da ...* · *Ich denke ...* · *Deshalb / darum ...*
erörtere, diskutiere 	• Du tauschst mit anderen Argumente aus. • Ihr setzt euch mit den Vorteilen und Nachteilen, Pro- und Kontra-Argumenten auseinander. • Du nimmst Stellung zu den Argumenten der anderen. • Am Ende gelangst du zu einem eigenen begründeten Urteil oder ihr findet ein gemeinsames Ergebnis.	· *Ich teile deine Meinung (nicht).* · *Ich bin der Meinung, dass ...* · *Einerseits ..., andererseits ...* · *Allerdings / aber ...* · *Trotzdem / dennoch ...* · *Ein Vorteil ist: ... / Nachteilig ist ...*

Ausgewählte Methoden im Überblick (Band 1 & 2)

Eine Mindmap erstellen:
(Band 1, Seite 68/69)

1. Schritt: Gedanken sammeln
Notiert zunächst wichtige Gedanken oder Begriffe zum Thema, so wie sie euch gerade einfallen. Beschränkt euch dabei möglichst auf ein bis zwei Worte.

2. Schritt: Gedanken ordnen
Sucht Oberbegriffe, denen ihr eure Gedanken und Begriffe als Unterbegriffe zuordnen könnt. Erstellt dazu eine Tabelle.

3. Schritt: Mindmap erstellen
Wenn ihr handschriftlich arbeitet: Nehmt ein unliniertes Papier im Querformat, schreibt das Thema in die Mitte des Blatts und kreist es ein. Zeichnet von der Mitte ausgehend Hauptäste nach außen. Beschriftet diese mit den Leitbegriffen. Zeichnet an die Hauptäste dünnere Nebenäste. Beschriftet diese mit den Unterbegriffen, die zu den Oberbegriffen gehören. Mit Farben und kleinen Zeichnungen könnt ihr die Übersichtlichkeit der Gedankenkarte verbessern.
Wenn ihr digital mit einem Programm oder einer App arbeitet: Meist müsst ihr euch zunächst für die Form, das Aussehen eurer Mindmap entscheiden. Danach könnt ihr die Begriffe eurer Tabelle eingeben, z. B. zunächst das Thema als Hauptknoten, die Oberbegriffe dann als Unterknoten, die dann wiederum Unterknoten enthalten. Eure Mindmap wird automatisch erstellt, ihr seht sofort das Ergebnis und könnt dieses abspeichern oder auch als Bild exportieren und dann so an andere schicken, die vielleicht nicht das entsprechende Programm haben.

Ein Gruppenpuzzle durchführen
(Band 1, Seite 96/97)

1. Schritt: In Stammgruppen Arbeitsauftrag klären
Bildet zuerst Stammgruppen mit mindestens drei Mitgliedern. Um den Arbeitsauftrag bearbeiten zu können, müsst ihr euch das notwendige Spezialwissen beschaffen. Dazu wählt jeder ein Thems aus, für das er Experte werden will.
Achtet darauf, dass jedes Thema mindestens einmal pro Stammgruppe vergeben ist.

2. Schritt: In Expertengruppen Wissen beschaffen und aneignen
Jetzt beginnt das Puzzle. Setzt euch mit den anderen Experten eures Themas zusammen. Bei mehr als fünf Mitgliedern solltet ihr die Gruppe teilen.
Erarbeitet zunächst in eurer Gruppe das Expertenwissen, indem ihr die Untersuchungsfragen beantwortet und die Ergebnisse auf dem Arbeitsblatt eintragt. Falls ihr einen Aspekt einer Aufgabe nicht beantworten könnt, dann lasst ihn erst einmal offen.
Es ist wichtig, dass ihr in der Gruppe ein gemeinsames Ergebnis erstellt, das ihr auch schriftlich in der Tabelle festhaltet. Als Experten müsst ihr nämlich dieses Ergebnis an andere weitergeben.

3. Schritt: In Stammgruppen Untersuchungsfragen beantworten
Nun kehrt ihr in eure ursprüngliche Stammgruppe zurück.
- Stellt euch gegenseitig die wichtigsten Ergebnisse aus den Expertengruppen vor, erläutert diese in eigenen Worten und beantwortet Verständnisfragen eurer Mitschüler.

Achtet darauf, dass alle Mitglieder der Stammgruppe alle Themen präsentieren können. Stellt das Ergebnis anschaulich vor und vergleicht es mit den Ergebnissen der anderen Stammgruppen.

Klimadiagramme auswerten:
(Band 2, Seite 32/33)

1. Schritt: Sich orientieren
Bestimme die Lage der Station.
Lies den Namen und die Höhe ab.

2. Schritt: Ablesen und ermitteln
Lies die mittlere Jahrestemperatur ab und ermittle dann den kältesten und den wärmsten Monat.
Berechne die Jahresschwankung, also den Unterschied zwischen dem wärmsten und dem kältesten Monat.
Lies den Jahresniederschlag ab und ermittle die Monate mit dem höchsten und dem niedrigsten Niederschlag.

3. Schritt: Jahresverlauf beschreiben
Beschreibe den Temperaturverlauf und die Verteilung der Niederschläge über das Jahr. Bestimme die Zahl der ariden und humiden Monate.

4. Schritt: Einordnen
Du kannst die Station nun einer Landschaftszone zuordnen. Dabei hilft dir die Grafik auf Seite 23 (Band 2) mit den dort angegebenen Jahresdurchschnittstemperaturen der einzelnen Zonen.

Eine thematische Karte auswerten:
(Band 2, Seite 56/57)

1. Schritt: Aufgabenstellung lesen und verstehen
Um die Aufgabenstellung richtig zu bearbeiten, musst du den Operator beachten. Jeder Operator hat seine eigene Bedeutung (siehe Arbeitsanhang). Die Aufgabenstellung sagt dir, welche Aussagen der thematischen Karte du beachten musst und welche du weglassen kannst.

2. Schritt: Einführung in die Karte
Deine Ausführungen erfordern eine Einleitung. In dieser gibst du einen Überblick über das, was auf der Karte dargestellt ist, z. B. Titel, Legende usw.

3. Schritt: Räumliche Verteilung darstellen
Beschreibe zunächst, welche Besonderheiten du wo im Raum findest. Prüfe anschließend, ob du Regelmäßigkeiten bei der Verteilung feststellen kannst.

4. Schritt: Karteninhalte erklären
Finde Ursachen für die von dir erkannten Besonderheiten und deren Verteilung. Dazu musst du zusätzliche Informationen aus dem Unterricht oder andere Quellen hinzuziehen.

5. Schritt: Schlussfolgerungen ziehen und Karteninhalt beurteilen
Beende deine Ausführungen mit einer kurzen Zusammenfassung der wesentlichen Inhalte. Im Anschluss daran kannst du Kritik z. B. an der Kartendarstellung und der Aktualität der Karte üben.

Ein Wirkungsgefüge erstellen:
(Band 2, Seite 100/101)

1. Schritt: Problem formulieren
Oft hat man nur ein ungefähres Themengebiet, z. B. die Desertifikation. Dann muss man zunächst genauere Festlegungen treffen und ein Problem formulieren: Geht es um die Auswirkungen des Tourismus auf den Naturraum, um die Artenvielfalt und ihre Gefährdung oder um die Zerstörung des Natur- oder Kulturraums insgesamt? Hier soll es um die Ursachen und Folgen der Desertifikation gehen.

2. Schritt: Stichworte sammeln
Notiere dir Stichworte, die dir zu diesem Problem einfallen oder die du recherchiert hast: „Überweidung", „Übernutzung", „Rodung". Notiere alle Stichworte auf Karteikarten.

3. Schritt: Gedankenkarte erstellen
Überlege, welche der Begriffe in einem Zusammenhang stehen. Stelle dir dazu folgende Fragen:
Ist das vielleicht eine Ursache von etwas anderem?
Ist ein Aspekt die Folge eines anderen Aspekts?
Lassen sich aus Einzelaspekten Gruppen mit einem gemeinsamen Oberbegriff bilden?
Lässt sich ein Aspekt in weitere Unterbegriffe zerlegen?

Wenn du alle Aspekte geordnet hast, zeichnest du Pfeile ein, um Beziehungen und Abhängigkeiten zu verdeutlichen.

4. Schritt: Ergebnisse präsentieren
Das Ergebnis ist immer eine Vereinfachung der Wirklichkeit. Deshalb ist es für einen Außenstehenden oft schwer, alle Überlegungen, die sich im Wirkungsgefüge finden, nachzuvollziehen. Präsentiert euch deshalb gegenseitig die Entwürfe. Findet Unklarheiten oder Fehler. Diskutiert die Ergebnisse und macht Verbesserungsvorschläge.

Satellitenbilder auswerten:
(Band 2, Seite 188/189)

1. Schritt: Satellitenbild verorten
Ermittle mit dem Atlas oder mit Google Earth, um welches Gebiet es sich handelt. Bestimme die Nordrichtung des Bildausschnitts.

2. Schritt: Strukturen erkennen
Suche im Satellitenbild Merkmale, die du in der Karte wiederfindest: Flüsse, Küstenlinien, Straßen, Eisenbahnlinien, Siedlungsflächen, Ackerflächen, gut erkennbare Orte. Gliedere das Bild nach verschiedenen Kriterien. Unterscheide z. B. Land- und Wasserflächen, bebaute und unbebaute Flächen.

3. Schritt: Bildinhalte darstellen
Lege ein Transparentpapier oder eine Folie auf das Satellitenbild und zeichne deutlich erkennbare Umrisse und Linien nach. Markiere wichtige Aspekte mit Farben und Symbolen und lege eine Legende an. Formuliere Aussagen, die sich aus der Darstellung ableiten lassen.

4. Schritt: Satellitenbilder vergleichen
Führe die Schritte 1–3 für ein zweites Satellitenbild durch. Vergleiche beide Satellitenbilder. Beschreibe Unterschiede und stelle Vermutungen an, wodurch die Veränderungen zustande gekommen sind. Recherchiere zusätzliche Informationen zu dem Gebiet bzw. zum Ereignis im Internet.

5. Schritt: Erkenntnisse formulieren
Notiere die Ergebnisse deines Vergleichs.

Strukturdaten

Land	Internet-Nutzer 2019 je 1000 Einwohner	Einwohner je Arzt 2017	[1] Anteil unterernährter Menschen an der Bevölkerung 2019 in %	Analphabeten 2017 in %	[2] Energieverbrauch je Einwohner 2019 in kg Öleinheiten	Arbeitslose 2019 in %	[3] Anteil der Dienstleistungen am BIP 2019 in %	[3] Anteil der Industrie am BIP 2019 in %	[3] Erwerbstätige in Dienstleistungen 2019 in % der Erwerbstätigen insgesamt	[3] Erwerbstätige in der Industrie 2019 in % der Erwerbstätigen insgesamt	[4] Wirtschaftsleistung je Einwohner 2019 in US-$	Städtische Bevölkerung 2019 in %	Anteil der Bevölkerung älter als 64 Jahre 2019 in %	Anteil der Bevölkerung jünger als 15 Jahre 2019 in %	Lebenserwartung 2019 in Jahren	Sterberate 2018 in %	Geburtenrate 2018 in %	Natürliches Bevölkerungswachstum 2018 in %	Einwohner 2019 in Millionen	Fläche 2019 in 1000 km²
Europa																				
Albanien	696	813	3,6	1,9	806	12	49	20	43	20	5353	61	14	17	78	0,7	1,3	0,6	2,9	27
Belgien	904	327	<2,5		4789	6	70	19	78	21	46421	98	19	17	82	1,0	1,1	0,2	11,5	30
Bosnien-Herzegowina	699	445	<2,5	1,5	2272	18	56	24	52	32	6109	49	17	15	77	1,0	0,9	-0,1	3,3	51
Bulgarien	679	240	3,0	1,7	2652	4	61	22	63	30	9828	75	21	15	75	1,5	0,9	-0,6	7,0	109
Dänemark	980	254	<2,5		2922	5	65	21	79	18	60170	88	20	16	81	0,9	1,1	0,2	5,8	42
Deutschland	881	237	<2,5		3561	3	63	27	72	27	46445	77	22	14	81	1,2	0,9	-0,3	83,1	349
Estland	895	224	<2,5	0,3	4749	5	62	22	67	30	23723	69	20	16	78	1,3	1,0	-0,3	1,3	43
Finnland	896	263	<2,5		6159	7	60	24	74	22	48783	85	22	16	82	1,0	1,1	0,1	5,5	304
Frankreich	833	316	<2,5		3594	8	70	17	77	20	40494	81	20	18	83	0,9	1,2	0,3	67,1	548
Griechenland	757	185	<2,5	2,1	2090	17	68	15	73	15	19583	79	22	14	82	1,1	0,8	-0,3	10,7	129
Großbritannien	925	354	<2,5		2559	4	71	17	81	18	42330	84	19	18	81	0,9	1,2	0,3	66,8	242
Irland	845	310	<2,5		2772	5	57	35	77	19	78661	63	14	21	82	0,7	1,4	0,7	4,9	69
Italien	744	250	<2,5	0,8	2471	10	66	21	70	26	33228	71	23	13	83	1,1	0,9	-0,2	60,3	294
Kroatien	791	322	<2,5	0,6	2090	7	59	20	67	27	14936	57	21	15	78	1,2	0,9	-0,4	4,1	56
Lettland	861	307	<2,5	0,1	2405	7	65	19	70	24	17829	68	20	16	75	1,5	1,0	-0,5	1,9	62
Litauen	816	157	<2,5	0,2	2727	6	61	25	67	26	19602	68	20	15	76	1,5	1,0	-0,5	2,8	63
Luxemburg	971	348	<2,5		6291	5	79	11	87	12	114705	91	14	16	82	0,7	1,2	0,4	0,6	2
Montenegro	735	360	<2,5	1,2	1768	15	59	16	73	19	8909	67	15	18	77	1,0	1,2	0,2	0,6	13
Niederlande	933	282	<2,5		4096	3	70	18	82	16	52331	92	20	16	82	0,9	1,1	0,2	17,3	34
Norwegen	980	344	<2,5		5049	3	58	29	79	19	75420	83	17	17	83	0,8	1,2	0,4	5,3	365
Österreich	878	195	<2,5		3695	5	63	26	71	25	50138	59	19	14	82	1,0	1,0	-0,0	8,9	83
Polen	845	421	<2,5	0,2	2713	3	58	29	59	32	15693	60	18	15	78	1,1	0,9	-0,1	38,0	306
Portugal	753	195	<2,5	3,9	2142	6	66	19	69	25	23252	66	22	13	81	1,1	0,8	-0,2	10,3	92
Rumänien	737	330	<2,5	1,2	1757	4	58	28	48	30	12920	54	19	16	75	1,2	0,9	-0,3	19,4	230
Russland	826	250	<2,5	0,3	5396	5	54	32	68	27	11585	75	15	18	73	1,3	1,1	-0,3	144,4	16377
Schweden	945	197	<2,5		4570	6	65	22	80	18	51615	88	20	18	83	0,9	1,2	0,3	10,3	407
Schweiz	931	236	<2,5		2776	5	71	26	77	20	81994	74	19	15	84	0,8	1,1	0,2	8,6	40
Serbien	774	252	4,6	1,7	2203	13	51	26	57	27	7412	56	19	16	76	1,4	0,9	-0,5	6,9	87
Slowakei	829	293	6,1	0,3	3190	6	58	29	62	36	19266	54	16	16	77	1,0	1,0	-0,0	5,5	48
Slowenien	831	326	<2,5	0,3	3305	4	57	29	61	33	25946	55	20	15	81	1,0	0,9	-0,1	2,1	20
Spanien	907	261	<2,5	1,6	2655	14	68	20	76	20	29600	81	20	15	83	0,9	0,9	-0,0	47,1	500
Tschechische Republik	809	243	<2,5		4030	2	57	31	60	37	23495	74	20	16	79	1,1	0,9	-0,1	10,7	77
Ukraine	589	329	3,5	0,2	2005	9	54	23	61	25	3659	69	17	16	72	1,4	1,0	-0,4	44,4	579
Ungarn	804	295	<2,5	0,8	2733	3	56	25	63	33	16732	72	20	14	76	1,3	0,9	-0,4	9,8	91
Weißrussland	828	225	<2,5	0,2	3718	5	49	31	59	30	6663	79	15	17	74	1,3	1,0	-0,3	9,5	203
Amerika																				
Argentinien	743	270	3,8	1,0	1825	10	54	23	78	21	9912	92	11	25	77	0,8	1,7	0,9	44,9	2737
Bolivien	438	656	15,5	4,2	816	3	51	25	50	19	3552	70	7	31	71	0,6	2,2	1,5	11,5	1083
Brasilien	675	558	<2,5	6,8	1365	12	63	18	71	20	8717	87	9	21	76	0,7	1,4	0,7	211,0	8358
Chile	823	980	3,5	3,6	2058	7	59	29	69	22	14896	88	12	19	80	0,6	1,3	0,7	19,0	744
Ecuador	573	517	8,8	7,2	840	4	52	32	52	18	6184	64	7	28	77	0,5	1,8	1,3	17,4	248

[1] Diese Kennziffer wird von der FAO nicht für entwickelte Staaten ausgewiesen. [2] 1 kg Öleinheit = Energie von 1 kg Erdöl (etwa 10 000 Kalorien). Mit dieser Maßeinheit kann man verschiedene Energiearten untereinander vergleichen. [3] Der Anteil der Landwirtschaft ergibt sich, indem man die Anteile der Industrie und Dienstleistungen addiert und von 100 subtrahiert. – k.A. keine Angaben.

Guatemala	107	16,6	2,0	2,5	0,5	74	34	5	51	4620	19	50	22	63	2	843	19,9	16,1		650
Haiti	28	11,3	1,5	2,3	0,8	64	33	5	56	1272	7	65	23	54	14	408	38,8	48,2		325
Honduras	112	9,7	1,7	2,2	0,5	75	31	5	58	2575	20	50	27	58	5	616	12,8	13,8	1757	317
Kanada	9094	37,6	0,1	1,0	0,9	82	16	18	81	46195	19	79			6	7848		< 2,5	404	910
Kolumbien	1110	50,3	1,0	1,6	0,6	77	23	9	81	6429	20	63	26	58	10	795	4,9	5,5	516	650
Kuba	104	11,3	0,2	1,1	0,9	79	16	16	77		17	66			2	918	0,3	< 2,5	132	618
Mexiko	1944	127,6	1,3	1,8	0,5	75	26	7	80	9946	26	61	31	60	3	1395	4,6	7,1	445	701
Peru	1280	32,5	1,2	1,8	0,6	77	25	8	78	6978	15	57	30	55	3	781	5,6	6,7	806	600
USA	9147	328,2	0,4	1,2	0,8	79	19	16	82	65298	20	79	19	80	4	6742		< 2,5	393	873
Venezuela	882	28,5	1,3	1,9	0,5	72	27	8	88		17	75			9	1368	4,9	31,4		720
Afrika																				
Ägypten	995	100,4	2,4	2,9	0,5	72	34	5	43	3019	28	49	36	50	11	946	28,8	4,7	1294	573
Algerien	2382	43,1	1,7	2,2	0,4	77	31	7	73	3974	31	59	37	46	12	1440	18,6	2,8	593	596
Äthiopien	1000	112,1	2,9	3,6	0,8	66	40	4	21	856	10	24	25	37	2	386	48,2	19,7	13351	186
Burkina Faso	274	20,3	2,8	3,7	0,9	61	45	2	30	787	34	41	26	45	6		58,8	19,2	12498	160
Ghana	228	30,4	2,3	3,0	0,7	64	37	3	57	2202	22	49	32	44	4	325	21,0	6,5	7687	390
Kenia	569	52,6	1,6	2,3	0,7	66	39	2	28	1817	7	38	16	43	3	527	18,5	23,0	6537	226
Kongo Dem Rep	2267	86,8	2,3	3,3	0,9	60	46	3	45	581	10	25	41	35	4	348	22,0	k.A.	13523	86
Libyen	1760	6,8	1,4	1,7	0,4	73	28	4	80	7686	22	59			19	2641	9,0	k.A.	493	218
Mali	1220	19,7	3,4	4,3	1,0	59	47	2	43	879	8	30	21	33	7		64,5	5,1	8011	130
Marokko	446	36,5	1,3	1,8	0,5	76	27	7	63	3204	22	44	25	51	9	565	26,2	4,3	1403	744
Niger	1267	23,3	3,2	4,4	1,2	62	50	3	17	554	7	18	20	36	0	142	65,0	k.A.	24333	53
Nigeria	911	201,0	2,6	3,5	1,0	54	44	3	51	2230	12	53	27	50	8	836	38,0	12,6	2696	420
Ruanda	25	12,6	2,4	3,0	0,6	69	40	3	17	820	9	29	19	49	15		26,8	35,6	7662	218
Sambia	743	17,9	2,9	4,1	1,2	64	44	2	44	1305	11	40	35	55	11	700	13,3	k.A.	6893	143
Südafrika	1213	58,6	1,1	2,0	0,9	64	29	5	67	6001	23	72	26	61	28	2305	13,0	5,7	1134	562
Tansania	886	58,0	2,8	3,5	0,8	65	44	3	35	1122	7	28			2	360	20,0	25,0		250
Tunesien	155	11,7	1,1	1,7	0,6	77	24	9	69	3317	33	54	23	62	16	983	18,1	< 2,5	785	667
Asien																				
Bangladesch	130	163,0	1,3	1,9	0,5	72	27	5	37	1856	21	40	30	53	4	257	26,1	13,0	1739	129
China, VR	9388	1397,7	0,4	1,2	0,8	77	18	11	60	10262	28	46	39	54	4	2350	3,2	< 2,5	494	543
Indien	2973	1366,4	1,1	1,9	0,7	69	27	6	34	2100	26	32	25	49	5	668	25,6	14,0	1179	345
Indonesien	1812	270,6	0,9	1,6	0,7	72	26	6	56	4136	22	49	39	44	5	994	4,3	9,0	2368	477
Irak	434	39,3	2,6	3,0	0,4	70	38	3	71	5955	22	60	50	49	13	1638	14,4	23,7	1445	494
Iran	1629	82,9	1,2	1,7	0,5	76	25	6	75		31	51	32	56	11	3112	11,9	4,7	640	700
Israel	22	9,1	1,3	1,8	0,5	83	28	12	93	43592	17	82			4			< 2,5	234	868
Japan	365	126,3	− 0,2	0,8	1,0	84	13	28	92	40247	24	72			2	3334		< 2,5	410	846
Kasachstan	2700	18,5	0,9	1,8	0,8	73	29	8	58	9812	20	64	33	56	5	4807	0,2	< 2,5	326	819
Korea, Republik	97	51,7	0,2	0,8	0,6	83	13	15	81	31846	25	70	33	57	4	5763		k.A.	552	962
Malaysia	329	31,9	1,4	1,9	0,5	76	24	7	77	11414	27	63	37	54	3	2911	5,1	3,0		842
Pakistan	771	216,6	1,5	2,2	0,6	67	35	4	37	1285	25	38	18	54	4	514	40,9	12,3	1041	171
Philippinen	298	108,1	1,7	2,3	0,6	71	30	5	47	3485	19	57	30	61	2	556	3,2	14,5	1712	430
Saudi-Arabien	2150	34,3	1,2	1,6	0,3	75	25	3	84	23140	25	73	47	50	6	6041	4,7	4,8	389	957
Singapur	1	5,7	0,5	0,9	0,4	83	12	12	100	65233	15	84	24	70	4	6101	2,7	k.A.	440	889
Syrien	184	17,1	1,7	2,1	0,4	72	31	5	55		27	63			8	609	13,9	k.A.	759	343
Taiwan	36	23,6	0,1	0,8	0,7	81	3	17	79	25893	34	59	37	61	4	4661	1,1	3,5		862
Thailand	511	69,6	0,3	1,1	0,8	77	17	12	51	7807	23	46	33	59	1	2039	6,2	9,3	1246	667
Türkei	770	83,4	0,9	1,5	0,6	77	24	9	76	9127	26	55	27	56	13	1762	3,8	< 2,5	556	740
Vietnam	310	96,5	0,9	1,5	0,6	75	23	8	37	2715	28	35	34	42	2	866	5,0	6,4	1244	687
Australien																				
Australien	7692	25,4	0,5	1,2	0,7	83	19	16	86	55060	20	78	25	66	5	5362		< 2,5	281	865
Neuseeland	263	4,9	0,6	1,3	0,8	82	20	16	87	42084	20	75	20	73	4	4068	0,0	< 2,5	289	908

[4] Gemeint ist das Bruttoinlandsprodukt (BIP) = Maß für die wirtschaftliche Leistung eines Landes; misst den Wert der im Inland hergestellten Waren und Dienstleistungen, soweit diese nicht vorher für die Produktion anderer Waren und Dienstleistungen verwendet werden. Quellen (Stand 2020): Global Energy Statistical Yearbook 2020, Grenoble/Singapur; International Energy Agency, Paris; The World Bank, Washington; Statistisches Bundesamt, Wiesbaden; International Labour Organization, Genf; World Health Organization, Genf; International Telecommunication Union, Genf; Food and Agriculture Organization of the United Nations, Rom; Central Intelligence Agency, Langley; National Statistics, Republic of China (Taiwan), Taipeh

Lösungshilfen

2 Eine Welt – ungleiche Welt?!

Seite 18

1 **d)** Die folgenden Fragen helfen bei der Beurteilung der Aussagekraft der Indikatoren:
- Worüber gibt der Indikator Auskunft?
- Was wird von dem Indikator nicht erfasst?
- Werden Durchschnittswerte angegeben, die die Disparitäten innerhalb eines Landes verzerren?
- Gibt der Indikator neben der Quantität auch Auskunft über die Qualität der gemessenen Entwicklungsdimension?
- Handelt es sich um einen differenzierten Index, der mehrere Indikatoren berücksichtigt?
- Wird der Indikator in der Fachwelt häufig herangezogen, um den Entwicklungsstand zu messen?

Seite 21

1 Das BIP pro Kopf in Kaufkraftparität (KKP) zeigt, welchen Wert das Geld in einem Land hat. Dies wird auch am Big-Mac-Index deutlich. Für den Burger zahlt man nicht überall auf der Welt gleich viel Geld. In einigen Ländern (z. B. in der Schweiz) sind die Preise für einen Big Mac deutlich höher als in anderen Ländern. Man bekommt hier also generell nicht so viel für sein Geld wie anderswo (z. B. in Indien). Darüber gibt das BIP in KKP Auskunft.

Seite 23

1 **b)** Was hast du beim Vergleich der Zahl der Ärzte je 100 000 Einwohner mit der Lebenserwartung in den jeweiligen Ländern festgestellt? Passen die Werte in allen Fällen zusammen? Warum (nicht)? Erläutere in diesem Zusammenhang, welchen Einfluss andere Faktoren wie die Qualität der medizinischen Versorgung oder der Wohlstand auf die Lebenserwartung der Menschen haben.

Seite 25

2 Überlege, welche (Spenden-)Aktionen es gegen den weltweiten Hunger gibt. Vielleicht hast du in der Schule, in der Kirche oder in einem Verein bereits einen Beitrag zu einem solchen Projekt geleistet. Mangelernährung betrifft aber auch uns in Deutschland. Während einige Menschen kaum genügend Geld für Lebensmittel haben, werden in vielen Haushalten regelmäßig Lebensmittel weggeworfen. Überlege, wie man hier aktiv werden könnte.

Seite 27

2 Weltweit können viele Mädchen nicht zur Schule gehen, weil sie im Haushalt ihrer Eltern helfen müssen. Auch Zwangsehen und frühe Schwangerschaften sind in vielen Entwicklungsländern keine Seltenheit. Überlege vor diesem Hintergrund, wie Bildung Mädchen stark machen und ihnen ein besseres Leben ermöglichen kann.

Seite 29

2 **c)** Sieh dir das Berechnungsverfahren des Happy Planet Index noch einmal genau an und nimm kritisch Stellung zur statistischen Messbarkeit der einzelnen Indikatoren. Gegenüber dem HDI hat der Happy Planet Index jedoch auch seine Vorteile. Es werden wesentliche Faktoren berücksichtigt, die der HDI vernachlässigt. Welche könnten das sein und warum sind diese für eine nachhaltige Entwicklung von Bedeutung?

Seite 30

3 **b)** Der Gewinn, den die Kleinbauern durch den Verkauf des angebauten Kakaos erzielen, ist abhängig vom Weltmarktpreis. Aufgrund der schwankenden Preise erhalten sie mal mehr, mal weniger Geld für ihren Kakao. Überlege, welche Auswirkungen das für die Bauern und ihre Familien hat.

Seite 33

7 Für die Erklärung des „bitteren Beigeschmacks“ der Schokolade solltest du die Lebensbedingungen der Plantagenarbeiter berücksichtigen. Beachte außerdem, welche Akteure die größten Anteile am Verkaufspreis der Schokolade haben.

Seite 35

3 Gehe hierbei auf die Terms of Trade ein. Versuche Pro- und Contra-Argumente zu den Aussagen zu finden. Fälle abschließend ein persönliches Urteil. Hierfür kannst du auch das Konzept der Nachhaltigkeit nutzen.

Seite 39

3 Sammle zunächst stichpunktartig positive Effekte des Tourismus für die Entwicklung eines Landes und danach negative Effekte. Ein Wirkungsgefüge kann dir helfen die Zusammenhänge zu verdeutlichen. Strukturiere danach deine Ergebnisse und fälle abschließend ein persönliches Urteil.

3 Disparitäten in Europa

Seite 49

2 Von den **50** europäischen Staaten gehören mittlerweile **27** zur EU. Alles Weitere findest du im Text und in den Materialien.

Seite 59

4 Beachte, dass ein Modell immer nur ein Abbild der Wirklichkeit sein kann und nie die Realität in Perfektion abbildet. So sind nicht alle innerhalb der Blauen Banane liegenden Räume durchgehend wirtschaftsstark. Und auch in der Peripherie sind nicht alle Regionen durchgehend benachteiligt.

Seite 63

3 Zwischen 1998 und 2020 ist eine Verschiebung der Wohlstandskante an die äußeren östlichen Grenzregionen der EU festzustellen. Die Regionen von Centrope sind 2020 nicht mehr unter den Regionen mit „niedrigem Einkommen" zu finden. Breitere Areale finden sich noch in den östlichen Regionen von Ungarn, Bulgarien und Rumänien. Geringere Anteile finden sich in Polen – in Relation zur Fläche des Landes.

4 Immer mehr Menschen

Seite 75

3 Eine Vielzahl von möglichen Maßnahmen findet ihr im Internet. Nenne zwei oder drei und überlege dann, ob eine Steigerung oder eine Abnahme der Wachstumsrate erreicht werden soll. Beurteile dann, wie erfolgreich jede Maßnahme deiner Meinung nach sein kann.

Seite 77

3 Überlege zuerst, wie sich die Bevölkerung in der jeweiligen Phase verändert (Wachstum, Stagnation, Abnahme). Überlege dann, welche Folgen es aus dieser Entwicklung für einen Raum und seine Bevölkerung geben kann.

Seite 79

4 Schaue dir zuerst alle Länder an und unterscheide in Länder mit wachsender, stagnierender oder fallender Bevölkerung. Wähle dann jeweils eines aus den Gruppen aus und arbeite dann weiter. Je mehr Kenndaten der Bevölkerung beachtet werden, umso deutlicher wird der Vergleich ausfallen.

Seite 83

2 Überlege zuerst, welche Grundformen der Bevölkerungsdiagramme ein Wachstum, eine Stagnation oder Abnahme der Bevölkerung zur Folge hat. Ordne diese dann einer entsprechenden Phase des Modells des demografischen Übergangs zu.

Seite 84

1 Ac) Hier gilt es, die in Aufgabe 1 Aa) dargestellten Veränderungen aufzugreifen. Dabei können bekannte Entwicklungen anderer Staaten genutzt werden. Der Zeitraum, in dem die Veränderungen stattfinden sollte, muss ebenfalls berücksichtigt werden.

Seite 84

1 Cc) Bei den Überlegungen kann unterschieden werden zwischen Regionen mit vielen bzw. wenigen Einwohnern. Eine mögliche Struktur der Herausforderungen könnte die Ver- und Entsorgung von Städten sein.

5 Migration – auf der Suche nach Zukunft

Seite 103

5 Die Karikatur problematisiert die Rolle von Frontex in der Migrationsfrage. Ein Frontex-Mitarbeiter weist die schwimmenden Migranten darauf hin, doch bitte für eine gerechtere Verteilung der Flüchtlingsströme zu sorgen. Das ist unrealistisch, soll aber gleichzeitig deutlich machen, dass es ebenso unrealistisch ist, dass Frontex einen solchen Auftrag erfüllt. Die Flüchtlinge werden immer den kürzesten Weg über das Mittelmeer nehmen und so werden immer einzelne Staaten besonders belastet sein.

Seite 111

3 Herkunftsländer
Vorteile: Entlastung des Arbeitsmarktes, Möglichkeit der Rückwanderung mit neuen Perspektiven;
Nachteile: Abwanderung qualifizierter Arbeitskräfte.
Aufnahmeländer
Vorteile: zusätzliche motivierte Arbeitskräfte, unterschiedliche kulturelle Einflüsse;
Nachteile: Belastung der Sozialsysteme, bei mangelnder Integration werden Migranten eventuell isoliert oder isolieren sich selbst.

6 Verstädterung und Stadtentwicklung

Seite 121

3 Drei wesentliche Hauptgründe für das Wachstum sind:
- Wanderungsgewinn durch den Zuzug der Landbevölkerung,
- natürliches Bevölkerungswachstum aufgrund gestiegener Geburtenzahlen und sinkender Sterberaten,
- Eingemeindungen der umliegenden Vorstädte.

Seite 127

3 In Lagos liegen Reichtum und Armut dicht beieinander. Auf der einen Seite luxuriöse Stadtquartiere, riesige Privatanwesen, Bürokomplexe und auf der anderen Seite Elendsviertel, in denen aber der größte Teil der Bevölkerung von Lagos lebt. Lagos ist eine Stadt zwischen Elend und Geld.

Seite 130

1 c) Die boomende Automobilindustrie zog zu Beginn des 20. Jahrhunderts Arbeitskräfte an, darunter vermehrt Afroamerikaner. Der wirtschaftliche Niedergang der Stadt, gepaart mit den Unruhen und Aufständen der späten Sechziger Jahre, veranlasste die wirtschaftlich besser gestellte weiße Bevölkerung die Kernstadt zu verlassen. Zurück blieben die Afroamerikaner.

Seite 138

1 Ursachen des Stadtklimas: dichte Bebauung, ein hohes Maß an Bodenversiegelung, Verwendung künstlicher Materialien wie Beton

oder Asphalt, fehlende Durchsetzung mit Grün, vermehrter Ausstoß von Luftschadstoffen, u.a. Eigenschaften des Stadtklimas: höhere Temperaturen (Wärmeinseln, höhere Schadstoffkonzentrationen in der Luft, niedrigere Windgeschwindigkeiten, niedrigere Luftfeuchtigkeit, schlechtere Durchlüftung, erhöhter Lärmpegel, u.a.)

7 Globalisierung – die ganze Welt, ein Markt

Seite 157

1 Vor allem die illegal in Italien lebenden Arbeitskräfte werden schlecht bezahlt. Das drückt die Produktionskosten und macht italienische Tomaten billiger. Durch EU-Subventionen können die verarbeiteten Tomaten unter dem Erzeugerpreis verkauft werden.

Seite 159

1 Die folgenden Schlüsselbegriffe sollten in eurem Wirkungsgefüge nicht fehlen: Fairtrade-Siegel, deutsche Verbraucher, Blumenfarmen am Naivasha-See, ökologische Folgeschäden, wirtschaftliche Bedeutung der Blumenindustrie für Kenia, Arbeiter der Blumenfarmen, Entwicklungsstand Kenias, Arbeitsbedingungen.
Schreibt die einzelnen Begriffe auf kleine Zettel und überlegt, wie sie zusammengehören könnten. Verschiebt die Zettel so lange, bis die Anordnung eurer Meinung nach Sinn ergibt. Mithilfe der Mystery-Karten solltet ihr noch Unterbegriffe ergänzen, die für das Verständnis unverzichtbar sind. Klebt anschließend die Zettel auf ein großes Blatt Papier und verbindet sie mit Pfeilen.

Seite 168

3 In der Weltkarte, in die du die Containerhäfen eingetragen hast (Aufgabe 2), kannst du auch die in Tabelle 1 genannten Länder markieren. So bekommst du einen besseren Überblick zur Beantwortung der Frage.

Seite 169

3 Faktoren, die eine wichtige Rolle spielen, sind die Transportgeschwindigkeit und die sinkenden Transportkosten.

Seite 171

4 Beziehe bei der Beantwortung der Frage vor allem den Textabschnitt „Soziale Auswirkungen“ und die Tabelle 2 mit ein. Hier fällt der besonders hohe Anteil an Beschäftigten im Niedriglohnsektor ins Auge, was unter anderem zu einem starken Einkommensgefälle in der Gesellschaft führt.

Seite 175

2 **b)** Der deutliche Rückgang des Warenexports als Folge der Finanzkrise 2008 zeigt, wie sensibel der Welthandel reagiert. Die Auswirkungen der Corona-Pandemie waren im Sommer 2020 noch nicht abzusehen, bitte selber recherchieren. Die Bundeszentrale für politische Bildung aktualisiert und kommentiert diese Grafik jährlich.

8 Digitalisierung – alles nur noch virtuell?

Seite 187

2 **b)** Beachte, dass durch die ständige Zunahme des Online-Handels auch immer mehr Arbeitskräfte in den Logistikzentren und bei der Auslieferung benötigt werden.

Seite 195

2 Beachte folgende Kategorien: Kosten / Nutzen, Umweltschonung, Ausbildung, Arbeitszeiten, Anzahl an Personal, Nachhaltigkeit sowie Anbau auf künstlichem Substrat in künstlich beleuchteten Gewächshäusern.

10 Unsere Welt – fit für die Zukunft?

Seite 215

4 Verschaffe dir zunächst eine globale Übersichten über die Ressourcen Wasser, Boden, agrarische, mineralische, metallische und energetische Rohstoffe. Achte dabei auf Angaben zur Ressourcenverfügbarkeit, zur Erneuerung von Ressourcen und zur globalen Nachfrage. Vergegenwärtige dir die unterschiedliche Wirkung von Ressourcennutzung einerseits und Veränderung des Systems Erde andererseits und komme auf dieser Grundlage zu deiner persönlichen Bewertung des Zitats von Russell Train.

Seite 219

1 Ein fertiges Wirkungsgefüge zu verstehen ist nicht einfach. Wichtig ist, den Anfang zu finden. Das Start-Kästchen müsste im Zentrum stehen. Bei diesem Beispiel hilft ein Blick auf Schritt 2. Unter dem Stichwort „Information“ gibt es den Hinweis auf einen Zeitungsartikel. Du findest damit den Startpunkt.

Seite 219

2 Die Plus-Markierungen sind leicht nachzuvollziehen. Die beiden Minus-Markierungen „Tätigkeit ist nichts für mich.“ und „Ich wohne nicht in Bochum.“ können leicht ins Positive weitergeführt werden. Sie beziehen sich auf den eigenen Entscheidungsspielraum. Die beiden anderen Minus-Markierungen beziehen sich auf den Aktionsradius der Foodsharing-Initiative, sind somit relevant für die Organisatoren.

Wichtige Begriffe

A

Absatzmarkt: Gebiet, in dem Waren abgesetzt, d.h. nachgefragt und verkauft werden. Wichtiger Standortfaktor der absatzorientierten Wirtschaft.
Aktivraum: Bezeichnung für Gebiete mit einer dynamischen Wirtschaftsentwicklung, die u.a. durch eine hohe Zahl an Arbeitsplätzen, hohe Einkommen und Zuwanderung gekennzeichnet sind.
Albedo: Reflexionsvermögen der Erdoberfläche; gibt den prozentualen Anteil an reflektierter Strahlung beim Auftreffen auf die Erdoberfläche an; die Albedo ist abhängig von der Art und Beschaffenheit der bestrahlten Fläche sowie vom Spektralbereich der eintreffenden Strahlung.
Analphabet: Mensch, der älter als 15 Jahre ist und nicht lesen oder schreiben kann.
arbeitsteilige Produktion: Zerlegung von komplexen Arbeitsprozessen in Teilprozesse. Diese werden an den weltweit jeweils günstigsten Standorten ausgeführt.

B

Betriebsprämie: Festgesetzte, finanzielle Beihilfe des Staates in der Landwirtschaft, die direkt an Betriebe gezahlt wird.
Bevölkerungsdiagramm: grafische Darstellung der Bevölkerung eines Gebiets (Staat, Region, Gemeinde oder Stadt) nach Alter und Geschlecht.
Bevölkerungsstruktur: beschreibt die Zusammensetzung und den inneren Aufbau der Bevölkerung. Dazu werden Merkmale wie Alter, Geschlecht, Familienstruktur, Stellung im Beruf, Einkommen u.a. verwendet.
Bevölkerungswachstum: Damit wird die Zunahme der Bevölkerung in einzelnen Teilräumen der Erde bezeichnet. Besonders dynamisch verlief diese, vor allem in den letzten 50–60 Jahren, in den → Entwicklungsländern. Die Bevölkerung wächst dort nicht linear, sondern exponentiell. Das explosionsartige Wachstum wird deutlich, wenn man die Zeiträume für den Zuwachs von einer Milliarde Menschen auf der Erde betrachtet. Etwa 1830: eine Milliarde; 1930: zwei Milliarden; 1960: drei Milliarden; 1975: vier Milliarden; 1986: fünf Milliarden; 1999: sechs Milliarden; 2020: fast acht Milliarden.
Big-Mac-Index: ein Indikator zur Messung der Kaufkraft. Er vergleicht den Preis des Big Macs in verschiedenen Ländern der Erde durch die Umrechnung mit dem aktuellen US-Dollar-Kurs.
Binnenmarkt: ein abgegrenztes Wirtschaftsgebiet, das durch den freien Verkehr von Waren, Dienstleistungen und Kapital sowie eine angeglichene Rechtsordnung gekennzeichnet ist. Der Begriff wird für den Wirtschaftsraum der EU, aber auch als Bezeichnung für den nationalen Markt eines Landes verwendet.
Brexit: EU-Austritt des Vereinigten Königreichs, der am 31.01.2020 erfolgte; zuvor kam es 2016 zu einem Referendum, bei dem 51,89 % für einen EU-Austritt stimmten.
Bruttoinlandsprodukt (BIP): Gesamtwert aller produzierten Güter (Waren und Dienstleistungen) innerhalb eines Landes (Gebietes) während eines Zeitraumes (meistens eines Jahres), einschließlich der von Ausländern erbrachten Leistungen.
Bruttonationaleinkommen (BNE): Geldwert aller in einer Volkswirtschaft im Zeitraum eines Jahres produzierten Güter und erbrachten Dienstleistungen. Hierbei werden die von Ausländern erbrachten Leistungen nicht miteinbezogen, dafür sind jedoch die von Deutschen im Ausland erbrachten Werte enthalten.

C

Cyber-Physical-Systems (CPS): Verbindung und Interaktion von Soft- und Hardware über eine Dateninfrastruktur wie z.B. das Internet.

D

demografischer Übergang: Wandel der natürlichen Bevölkerungsbewegung von relativ hohen Geburten- und Sterberaten zu vergleichsweise niedrigen Werten.
Donut-Effekt: in der Stadtentwicklung bezeichnete Wanderungsbewegung aus der Innenstadt in die Randbezirke der Stadt und / oder in die umliegenden Vorstädte.

E

Emigrant: Person, die ihr Heimatland dauerhaft verlässt.
Entwicklungshilfe: Sammelbegriff für Maßnahmen zur Verbesserung der Lebensqualität in den → Entwicklungsländern, inzwischen abgelöst durch den Begriff → Entwicklungszusammenarbeit.
Entwicklungsland: Land, das in Bezug auf seine wirtschaftliche, soziale und politische Entwicklung einen relativ niedrigen Stand aufweist. Beispielhafte Merkmale sind ein hohes Bevölkerungswachstum, unzureichende Nahrungsmittelversorgung, hohe Analphabetenrate, niedriges Pro-Kopf-Einkommen und Kapitalmangel.
Entwicklungszusammenarbeit: offiziell verwendeter Begriff für → Entwicklungshilfe; der Terminus soll das partnerschaftliche Verhalten zum Ausdruck bringen – und nicht die Unterscheidung in Geber- und Nehmerländer, wie dies in → Entwicklungshilfe unterschwellig zum Ausdruck kommt.
Europäische Union (EU): Verbund europäischer Staaten, der durch den Maastrichter Vertrag gegründet wurde. Diesen Vertrag unterzeichneten am 7. Februar 1992 die damals 12 Mitgliedsstaaten der Europäi-

schen Gemeinschaften (EG) in der niederländischen Stadt Maastricht.

F

fairer Handel (Fairtrade): Synonym für Bestrebungen eines gerechten und nicht nur ausschließlich gewinnorientierten Austausches in der Welt. Durch garantierte Mindestpreise sowie die Gründung von Genossenschaften soll der kapitalgesteuerten Ausbeutung der → Entwicklungsländer entgegengewirkt werden. Garantierte Mindestpreise reduzieren die Abhängigkeit von den starken Schwankungen der Weltmarktpreise. Die Prämien des fairen → Welthandels werden in der Genossenschaft investiert.
Flucht: unfreiwilliges Verlassen der Heimat aufgrund von Naturkatastrophen, wirtschaftlicher Not, Verfolgung aus politischen bzw. weltanschaulichen Gründen oder Krieg.

G

Gated Community: Enklave des gehobenen Lebensstils, die sozialräumlich deutlich von den anderen Wohngebieten abgegrenzt ist. Sie entstand bzw. entsteht durch die Abwanderung der oberen Einkommensgruppen aus den Innenstädten und ihrer Ansiedlung in landschaftlich bevorzugten Stadtrandlagen. Der Zugang zu diesen Wohnvierteln ist oft nur den Bewohnern möglich.
Geburtenrate: Zahl der Lebendgeborenen bezogen auf eine bestimmte Einwohnerzahl während eines bestimmten Zeitraumes.
generatives Verhalten: durch das Zusammenspiel verschiedener Faktoren bestimmtes Verhalten, das auf die Zahl der Kinder Einfluss nimmt und damit die natürliche Entwicklung einer Bevölkerung beeinflusst, z. B. Alter der Frauen bei ihrer Heirat, religiöse Einflüsse, Familienplanung.
Global City: eine Weltstadt mit besonders starker Integration in die Weltwirtschaft. Kriterien einer Global City sind: hohe Einwohnerzahl, internationales Finanzzentrum, Standort von Hauptquartieren multinationaler Konzerne, Sitz großer internationaler Firmen, Knotenpunkt internationaler Transportnetze.
Globalisierung: seit Ende des 20. Jahrhunderts besonders dynamisch ablaufender Prozess, in dem Produktion, Handel mit Gütern und Dienstleistungen, Kapital, Kommunikation und Technologie über nationale Grenzen hinweg zu einem „Weltbinnenmarkt" zusammenwachsen.
Global Player: Multinationales Unternehmen, das auf fast allen Märkten der Welt vertreten ist. Es optimiert Zulieferung, Produktion und Absatz im globalen Maßstab.

H

Happy Planet Index (HPI): ein Index zur Darstellung der menschlichen Zufriedenheit und ökologischen Nachhaltigkeit.
Hilfe zur Selbsthilfe: Form der → Entwicklungshilfe, bei der den Einheimischen eine Chance gegeben werden soll, ihre Zukunft selbst besser zu gestalten. Ziel: Eigenständigkeit fördern und Hoffnung geben. Dies geschieht zum Beispiel durch die Ausbildung einheimischer Fachleute.
Human Development Index (HDI): Maßzahl für den Stand der menschlichen Entwicklung. Drei Indikatoren sind maßgebend: → Lebenserwartung bei der Geburt, Bildungsrate und reale Kaufkraft pro Kopf.
Hunger: Erhält ein Mensch dauerhaft zu wenig Energie in Form von Nahrungsmitteln, so führt dies zu schweren gesundheitlichen Schäden, die nach einer gewissen Zeit zum Hungertod führen können.

I

Immigrant: Person, die in ein anderes Land einwandert.
Indikator: Messgrößen, die einen bestimmten Zustand anzeigen. Mit ihrer Hilfe versucht man z. B. unterschiedliche Lebensbedingungen in Staaten zu erfassen und miteinander zu vergleichen.
Industrie 4.0: meint im Kern die technische Integration von → CPS in die Produktion und die Logistik sowie die Anwendung des → Internets der Dinge und Dienste in industriellen Prozessen, einschließlich der sich daraus ergebenden Konsequenzen für die Wertschöpfung, die Geschäftsmodelle sowie die nachgelagerten Dienstleistungen und die Arbeitsorganisation.
Industrieland: Land mit einem hohen wirtschaftlichen Entwicklungsstand. Merkmale sind der hohe Anteil der Industrie und der Dienstleistungen am → BIP und eine relativ geringe Bedeutung des Primären Sektors. Industrieländer haben ein hohes Pro-Kopf-Einkommen, ein hohes Bildungsniveau und ein geringes → Bevölkerungswachstum.
Internet der Dinge: ein Netzwerk von physischen Objekten (Dingen), die mit dem Internet verbunden sind und über Sensoren, Software und weitere digitale Technologien Daten sammeln und austauschen.

K

Klimawandel: Veränderung wichtiger Klimaelemente, besonders der Lufttemperatur, über einen sehr langen Zeitraum, z. B. die Erwärmung nach der letzten Eiszeit vor etwa 10 000 Jahren.

L

Landgrabbing: großflächiger Erwerb von Boden durch in- oder ausländische Privatpersonen, Investoren oder Staaten im wirtschaftlich schwachen Ausland; häufig aus spekulativen ökonomischen Überlegungen, oft

verbunden mit illegalen Praktiken gegenüber den bisherigen Bodenbesitzern / -nutzern (Bestechung, Erpressung u.a.).
Least Developed Countries (LDC): von den Vereinten Nationen geführte Liste der Gruppe der am wenigsten entwickelten Länder, die bei den drei Kriterien Pro-Kopf-Einkommen, Humanressourcen und wirtschaftliche Verwundbarkeit einen bestimmten Schwellenwert unterschreiten.
Lebenserwartung: statistisch ermittelte durchschnittliche Anzahl von Lebensjahren der Bevölkerung in einem Raum.

M

Megacity / Megastadt: Großstadt bzw. → Metropole mit einer Bevölkerung von mehr als 10 Mio. Einwohnern, einer hohen Bevölkerungsdichte (über 2 000 Ew. / km²), herausragender Bedeutung im Raum, weltweitem Einfluss sowie großer Wirtschaftskraft.
Metropole: eine Großstadt, die zum politisch und wirtschaftlich beherrschenden Zentrum des Landes geworden ist. Diese Stadt nimmt damit gegenüber anderen Großstädten des Landes eine überragende Stellung ein (z.B. Buenos Aires, Lagos, Paris). In ihr konzentrieren sich Wirtschaft und Verkehr, Wissenschaft und Verwaltung. Zum anderen sind Metropolen als Standorte internationaler Organisationen, Handelseinrichtungen, Banken, Firmenleitungen oder Forschungseinrichtungen auch Städte mit Weltbedeutung (Weltstädte). Metropolen üben eine ungeheure Anziehungskraft auf die Umgebung aus, oft auf das ganze Land.
Migration: Wechsel des Wohnsitzes, bei dem die Gemeindegrenze überschritten wird. Im weiteren Sinne Wanderungsbewegungen größerer Bevölkerungsgruppen, ausgelöst durch Krieg oder existenzielle Not.

N

nachhaltige Entwicklung, Nachhaltigkeit: Entwicklungsstrategie, mit der die Lebenschancen der heutigen Generation verbessert werden sollen, ohne die Chancen künftiger Generationen einzuschränken. Der Begriff wird auch für verschiedene Nutzungsformen und Entwicklungen gebraucht: nachhaltige Landwirtschaft, nachhaltige Stadtentwicklung oder nachhaltiger Tourismus. Dabei sollen ökonomische, ökologische und soziale Aspekte in einem ausgewogenen Verhältnis zum Ausdruck kommen.
nachhaltige Landwirtschaft: landwirtschaftliche Produktion, die so angelegt ist, dass sie ihre notwendigen Ressourcen Boden, Luft und Wasser erhält und damit auch zukünftigen Generationen eine landwirtschaftliche Nutzung ermöglicht.
nachhaltige Stadtentwicklung: ressourcenschonender und umweltverträglicher Städtebau. Ziel einer nachhaltigen Stadtentwicklung ist es, die städtischen Lebensverhältnisse zu verbessern und dabei den Schutz der Umwelt, stabile wirtschaftliche Entwicklungen und eine gerechte Verteilung der Lebenschancen der Bewohner in Einklang zu bringen.

O

ökologischer Fußabdruck: Methode zur Erkennung und Quantifizierung der Umweltauswirkungen bestimmter menschlicher Aktivitäten; mit dem ökologischen Fußabdruck lässt sich insbesondere der Ressourcenverbrauch des Menschen bildlich in Form des Flächenverbrauchs darstellen – mit dem Ziel, Bewertungskriterien für ein ressourcenschonendes und nachhaltiges Wirtschaften zu entwickeln.
Outsourcing: betriebliche Leistungen, die ursprünglich im eigenen Unternehmen erbracht wurden, werden an andere Firmen übertragen, die diese schneller, billiger oder besser erledigen können.

P

Pandemie: Bezeichnung einer sich schnell verbreitenden Krankheit bzw. einer Infektionskrankheit, die sich über ganze Landstriche, Länder und Kontinente verteilt.
Passivraum: Bezeichnung für Gebiete mit einer stagnierenden oder rückläufigen Wirtschaftsentwicklung, die u.a. dünn besiedelt sind und eine schlechte Verkehrsanbindung haben. Infolgedessen haben diese Räume ein negatives Wanderungssaldo.
Peripherie: randlich gelegenes Gebiet innerhalb einer großen Raumeinheit. Oft auch einfach als Bezeichnung für ein vergleichsweise gering entwickeltes Gebiet verwendet.
Precision Farming: ein Verfahren zur teilflächenspezifischen Bewirtschaftung bzw. zur zielgerichteten Bewirtschaftung landwirtschaftlicher Nutzflächen, bei denen vor allem digitale Verfahrenstechniken zum Einsatz kommen.
Produktionskosten: die Summe aller Kosten, die für Arbeitskräfte, Betriebsmittel und Grundstoffe abzüglich der Beihilfen aufgewendet werden müssen.
Pull-Faktor: Grund, der für die Bevölkerung oder Wirtschaft anziehend wirkt und damit eine Wanderbewegung auslöst; im engeren Sinne bezeichnet man damit die Anziehungskraft der großen Städte auf die Bevölkerung der ländlichen Räume.
Push-Faktor: Grund, der die Bevölkerung oder die Wirtschaft zum Abwandern bewegt, vor allem durch die unzureichenden Lebensumstände und Einkommensmöglichkeiten in den ländlichen Räumen.

R

Raumanalyse: geographische Untersuchung eines abgegrenzten Raumes unter einer bestimmten Fragestellung.
regionale Disparitäten: Ungleichheit zwischen verschiedenen Regionen oder auch innerhalb einer Region.

Sie zeigt sich vor allem dadurch, dass Räumen mit besonders guter wirtschaftlicher Entwicklung und guten Lebensbedingungen, sog. → Aktivräumen, rückständige und oft schlecht ausgestattete Gebiete, sog. → Passivräume, gegenüberstehen. Aufgabe der Raumordnungspolitik ist es, der Entwicklung dieser Disparitäten entgegenzuwirken.
Rücküberweisungen: Geldüberweisungen ausländischer Arbeitnehmer in die Heimat.

S

schrumpfende Stadt: ein Phänomen krisenhafter Stadtentwicklung, das durch Strukturkrisen bzw. Strukturwandel, Abwanderung und generellen Bevölkerungsrückgang durch das Ungleichgewicht von → Geburtenrate und → Sterberate verursacht wird.
Schwellenland: → Entwicklungsland bzw. NIC (Newly Industrializing Country), das in seiner wirtschaftlichen Entwicklung weit fortgeschritten ist und sich „an der Schwelle" zum → Industrieland befindet.
Slum: durch raschen Zuzug schnell und größtenteils unkontrolliert wachsende Elendssiedlung, meist in den Großstädten der Entwicklungsländer.
Smart Factory: wrd als Teil der → Industrie 4.0 verstanden. Durch die Vernetzung von Maschinen untereinander können Produktionsanlagen Abläufe und Termine untereinander koordinieren, sodass sich einzelne Elemente, Fertigungsanlagen und Logistiksysteme weitgehend auch ohne menschliche Steuerung selbst organisieren.
Smart-City-Konzept: ganzheitliches Entwicklungskonzept, mit dem Ziel, durch die Vernetzung von Informations- und Kommunikationstechnologien Großstädte effizienter, technologisch fortschrittlicher, grüner und sozial inklusiver zu machen.
Stadtklima: Darunter wird die menschengemachte Veränderung des Klimas und der Luftqualität in städtischen Ballungsräumen zusammengefasst. Es handelt sich um ein lokales Klima, das sich in größeren Städten und Ballungsräumen entwickelt; die fehlende Vegetation, die Versiegelung großer Flächen und die Wärme- und Abgaserzeugung aus Haushalten, Verkehr und Industrie bewirken spürbare klimatische Unterschiede zur umgebenden Landschaft.
Stadtplanung: Aufgabe der Stadtplanung ist es, für das Stadtgebiet einen Plan aufzustellen, wie alle Flächen genutzt werden sollen, z. B. für Wohnen, Gewerbe, Verkehr, Naherholung.
Sterberate: Zahl der Verstorbenen bezogen auf eine bestimmte Einwohnerzahl während eines bestimmten Zeitraumes.
Suburbanisierung: Prozess der Verlagerung von Bevölkerung und Wirtschaft aus einer Stadt in deren städtisches Umland. Die Stadt wächst dabei über ihre ursprünglichen Grenzen hinaus. Folgen sind verstärkter Pendlerverkehr sowie Funktions- und Bedeutungsverlust der Kernstadt.
Subventionen: finanzielle Unterstützung von Wirtschaftszweigen, mit öffentlichen Geldern meist mit dem Ziel, diese Wirtschaftszweige am Leben zu erhalten. Die Unterstützung kann in Form von Geldzahlungen, Steuerermäßigungen oder Zinszuschüssen geschehen. Einer der Hauptempfänger ist die Landwirtschaft.
Sustainable Development Goals (SDG): Ziele einer → nachhaltigen Entwicklung, die den Kern der Agenda 2030 bilden und die Entwicklungsdimensionen der Weltgesellschaft bis zum Jahr 2030 beschreiben, sie werden durch 169 „Targets" konkretisiert.

T

Terms of Trade: Verhältnis des Preisindexes für Importgüter zu dem für Exportgüter.
totale Fruchtbarkeitsrate (TFR): durchschnittliche Zahl an Kindern, die eine Frau zur Welt bringt.
Transnationales Unternehmen (TNC): TNC sind in mehreren Geschäftsbereichen außerhalb des Heimatlandes tätige Unternehmen, die sich finanziell auf Unternehmen in zwei oder mehr Ländern stützen.

U

Urban Farming: Landwirtschaft in städtischen Ballungsgebieten, die über z. B. Kleingartenanlagen hinausgeht, indem sie z. B. auch Ackerbau und Tierhaltung umfasst.

V

Verdopplungszeit: der Zeitraum, in dem sich eine Bevölkerung verdoppelt.
Verstädterung: Wachstum der Städte eines Staates hinsichtlich ihrer Einwohnerzahl und / oder Fläche, Vermehrung der städtischen Siedlungen eines Landes oder das Wachsen des Anteils der Bevölkerung eines Staates, der in Städten lebt.

W

Wachstumsrate: In der Demografie berechnet sich die Wachstumsrate aus der Differenz von → Geburten- und → Sterberate zuzüglich der Wanderungsgewinne bzw. abzüglich der Wanderungsverluste.
Wärmeinsel: ein lokales Gebiet mit einer im Vergleich zur Umgebung höheren Temperatur; besonders Städte gelten als Wärmeinseln.
Welthandel: globale Verflechtungen der internationalen Handels- und Austauschbeziehungen.

Z

Zentrum: ein Ort oder ein Gebiet, welches für eine größere Raumeinheit im Hinblick auf Arbeitsplätze, Einkaufsmöglichkeiten, Dienstleistungen und sonstige Angebote einen Mittelpunkt darstellt.
Zuwanderung: Bevölkerungszuzug an einem Ort oder in eine Region.

Sachregister

Alle **fett** gedruckten Begriffe sind als „Wichtige Begriffe“ hier im Arbeitsanhang erläutert.

Quellenverzeichnis

Cover.o. Getty Images Plus (dan_prat), München; **Cover.u.** Getty Images (Copyright 2010 Simon Bond/ Moment), München; **6.1** ullstein bild (AP), Berlin; **6.2** Alamy stock photo (Joerg Boethling), Abingdon; **6.3** Schaper, Oliver, Dortmund; **8.1** Abbildungen: o. nach UNDESA - Population Devision: International migrant stock 19. Unter: www.un.org/en/development/desa/population/migration/data/estimates2/estimates19.asp (Zugriff 16.10.19); UNHCR STATISTICS - The World in Numbers: Internally displaced persons. Unter: http://popstats.unhcr.org/en/overview (Zugriff: 16.10.19); m.o. iStockphoto (leungchopan), Calgary, Alberta; m.u. Alamy stock photo (david pearson), Abingdon; u. 123rf Germany, c/o Inmagine GmbH (Tobias Arhelger), Nidderau; **10.1 li.** Image Professionals GmbH/ Science Photo Library (NASA), München; **10.1 m.** NASA Earth Observatory image by Jesse Allen, using Terra MODIS data and Landsat data from the USGS; **10.1 re.** ShutterStock.com RF (fiphoto), New York, NY; **12.1 li.** Stadt Münster (Kreation: KOPFKUNST), Münster; **12.1 re.** Stadt Münster, Projektbüro MünsterZukünfte 20 | 30 | 50, unter: www.stadt-muenster.de/zukuenfte/startseite.html; **14.1** United Nations Publications, New York; **14.1** United Nations Publications, New York; **14.1** United Nations Publications, New York; **14.1** United Nations Publications, New York; **14.1** United Nations Publications, New York; **14.1** United Nations Publications, New York; **14.1** United Nations Publications, New York; **14.1** United Nations Publications, New York; **14.1** Nach Georg Krämer/ Michael Lesemann: 17 Ziele für eine zukunftsfähige Welt. Bielefeld: Welthaus e.V. 2016, S.20 (gekürzt); **15.1** United Nations Publications, New York; **15.1** United Nations Publications, New York; **15.1** United Nations Publications, New York; **15.1** United Nations Publications, New York; **15.1** United Nations Publications, New York; **15.1** United Nations Publications, New York; **16.1** Meisinger, Philipp, Mainz; **17.2** Jürgen Tomicek Karikaturen, Werl-Westönnen; **19.2 re.** stock.adobe.com (julialine802), Dublin; **19.3 re.** stock.adobe.com (tirachard), Dublin; **19.4 re.** ShutterStock.com RF (Andrzej Kubik), New York, NY; **20.1** nach Worldbank - GNI per capita, Atlas method (current US$), 19. Unter: https://data.worldbank.org/indicator/NY.GNP.PCAP.CD?view=map (Zugriff 20.07.20); UNCTAD - The Least Developed Countries Report 19. Unter: https://unctad.org/en/pages/PublicationWebflyer.aspx?publicationid=2571 (Zugriff 20.07.20); **21.2** nach McDonald's, Thomson Reuters, IMF, The Economist; **21.3** Nach The World Bank Data, 2018; **21.5** www.statista.com, Februar 2017; **21.6** nach www.oxfam.de; **22.1** nach Worldbank - Life expectancy at birth, total (years), 2018 Unter: https://data.worldbank.org/indicator/SP.DYN.LE00.IN?view=map (Zugriff: 20.07.20); **22.2** Bundesministerium für wirtschaftliche Zusammenarbeit und Entwicklung: Menschenrecht Gesundheit. Die Gesundheitssituation in Entwicklungsländern, 19, unter: www.bmz.de/de/themen/menschenrecht_gesundheit/GesundheitAusgangssituation/index.html; **23.3** ShutterStock.com RF (Irina55), New York, NY; **23.4** nach UNDP; **23.5** nach UNAIDS, AFP; **23.6** Picture-Alliance (Kai-Uwe Wärner), Frankfurt/M.; **24.1** nach Deutsche Welthungerhilfe e. V. - Welthunger-Index 19. Unter: www.welthungerhilfe.de/aktuelles/publikation/ (Zugriff 03.06.20); **24.2** Zusammenstellung nach: Welthungerhilfe: Es ist genug für alle da (Broschüre 2014); Welthungerindex 2016 und 19; Hunger – Ausmaß, Verbreitung, Ursachen – Die häufigsten Fragen zum Thema; Hunger – Verbreitung, Ursachen und Folgen (Welthungerhilfe 2020); **25.4** Picture-Alliance (Ecvet Atik), Frankfurt/M.; **25.5** Bundesministerium für wirtschaftliche Zusammenarbeit und Entwicklung (2017), Berlin; **26.1** Nach Unicef, Weltmädchentag 19, unter: www.unicef.de/informieren/aktuelles/blog/weltmaedchentag-19-elf-fakten-zu-maedchen/176128; **26.2** nach CIA – The World Factbook - Literacy. Unter: www.cia.gov/library/publications/the-world-factbook/fields/370.html (Zugriff 20.07.20); **26.3** Plan International Deutschland e.V., Hamburg; **27.4** Nach: Human Development Reports – Gender Development Index, UNDP 2018; **27.5** nach The World Bank Data, 2018; **27.6** Lea Deuber: Schule in China. „Meine Eltern waren immer nur enttäuscht". In: ZEIT ONLINE. ZEIT Campus v. 31.10.2016, unter: www.zeit.de/campus/2016-10/schule-china-gaokao-abschluss; **27.6 o.re.** ShutterStock.com RF (Vladimir Wrangel), New York, NY; **27.7 o.re.** Shutter Stock.com RF (Hector Conesa), New York, NY; **28.1** nach UNDP Human Development Reports - Human Development Report 19. Unter: http://hdr.undp.org/en/19-report (Zugriff: 07.09.20); **28.2** Human Developing Report, UNDP 19; **29.3** nach New Economics Foundation - Happy Planet Index. Unter: http://happyplanetindex.org/ (20.01.20); **30.1** Okapia (Hans Reinhard), Frankfurt; **30.2** Jähde, Steffen, Sundhagen; **30.3** U. Brameier, Fairtrade Deutschland 19; **31.4** Nach ICCO 19; **31.7** nach Fairtrade Foundation und aktualisiert nach ICCO 2020; **32.9** Nach Länderprofil Elfenbeinküste, WKÖ 2020; **32.11 o.** Getty Images (Reportage Archive/Benjamin Lowy), München; **33.12** nach TransFair e.V. 2020; **33.13** Verändert nach: TransFair e.V. 2020; **33.14** epd-bild (Jutta Ulmer), Frankfurt; **33.16** TransFair e.V./ Fairtrade Deutschland, Köln; **34.1** Jürgen Matthes: Globalisierung, Entwicklungsländer und Wirtschaftswachstum. Hrsg.: Institut der deutschen Wirtschaft Köln e.V. (gekürzt); **35.3** Daten nach UN Comtrade; https://comtrade.un.org/; **35.4** nach WTO Data – Merchandise exports by product group and destination – annual (Million US dollar), https://data.wto.org/; **35.5** nach International Coffee Organization, London; **36.1** Mele Brink, Aachen; **37.2** Die Verbraucher-Initiative e.V./ oeko-fair.de: Patenschaften, unter: www.oeko-fair.de/index.php/cat/1445/title/Patenschaften; **37.2 o.re.** Picture-Alliance (Henning Kaiser), Frankfurt/M.; **37.3** Daten nach BMZ; **38.1 li.** Elham M.A. Ibrahim: Making Tourism Work for Africa. In: The African executive vom 06.10.2010 (frei übersetzt von Bernd Haberlag), nach: www.africanexecutive.com; **38.1 re.** Alamy stock photo (Arterra Picture Library), Abingdon; **38.2** nach UNWTO Report (2020): International Tourist Numbers Could Fall 60-80% in 2020, www.unwto.org/news/covid-19-international-tourist-numbers-could-fall-60-80-in-2020; **39.3** Alamy stock photo (Joerg Boethling), Abingdon; **39.4** Polyp cartoons - Paul Fitzgerald, Manchester M15 5RF; **39.5** nach UNWTO, nationale statistische Ämter u. A.; **39.6** Nach The World Bank: DataBank. World Development Indicators, unter: https://databank.worldbank.org/reports.aspx?source=world-development-indicators; **40.1** Alamy stock photo (Edwin Remsberg), Abingdon; **40.2** Alamy stock photo (Ariadne Van Zandbergen), Abingdon; **40.3** INTOSOL. Luxury Travel And The Beauty Of Pure Nature, unter: www.intosol.de/reiseziele/Botswana.html; **41.4** Getty Images (Photolibrary/ Martin Harvey), München; **41.6** Quellen: Trading Economics, World Travel & Tourism Council; **42.1** BMZ (2020): Neue Partnerschaft für Entwicklung, Frieden und Zukunft. Ein Marshallplan mit Afrika, unter: www.bmz.de/de/laender_regionen/marshallplan_mit_afrika/index.html; **42.1 o.re.** imago images (Ute Grabowsky/photothek.net), Berlin; **43.2** Heine-Gymnasiasten helfen in einem Kindergarten in Ruanda. In: WAZ vom 6.6.2017, unter: https://hhg-bottrop.de/bottroper-schueler-helfen-in-einem-kindergarten-in-ruanda/; **43.2 o.** Förderverein Hope Nursery School Ruanda e.V. (Matthias Zerren), Bottrop; **43.3** Johannes Pennekamp: Internationale Unterstützung in Afrika – Entwicklungshilfe, nein danke! In: Frankfurter Allgemeine Zeitung vom 13.2.2014, unter: www.faz.net/aktuell/wirtschaft/menschen-wirtschaft/internationale-unterstuetzung-in-afrika-entwicklungshilfe-nein-danke-12800821.html; **43.3 o.** laif (Thomas Grabka), Köln; **44.1** Worldmapper Ltd., London; **44.2** Worldmapper Ltd., London; **45.3** laif (Klaus Stuttmann), Köln; **45.o.li.** Jähde, Steffen, Sundhagen; **45.o.li.** Jähde, Steffen, Sundhagen; **46.1** nach Eurostat: Eurostat regional yearbook 2020. Labour productivity per hour worked, 2017. Unter: https://ec.europa.eu/eurostat/statistical-atlas/gis/viewer/ (Zugriff 21.10.20); **47.2** Getty Images Plus (Stocktrek Images), München; **48.1** stock.adobe.com (daboost), Dublin; **48.2** nach Europäische Kommission: Standard-Eurobarometer 91: Die öffentliche Meinung in der Europäischen Union, 19, file:///C:/Users/yfs816/Downloads/eb91_fir_de.pdf; **48.3** Nach Europäische Kommission: Eurobarometer 89, 03/2018 unter: www.bpb.de/nachschlagen/zahlen-und-fakten/europa/70652/europaeische-werte; **50.1** Europäische Kommission: Neue Kohäsionspolitik (18.8.20); **50.2** eigene Zusammengestellung nach Angaben der EU; **51.3** Europäische Kommission: Free Wi-Fi for Europeans (18.8.20), unter: https://wifi4eu.ec.europa.eu/#/home; **51.3 o.li.** EC – Audiovisual Service, Bruxelles; **51.4 li.** Übersetzung nach Europäische Kommission: Boosting the EU's Green Recovery vom 16.7.20 (18.8.20), unter: https://ec.europa.eu/inea/en/news-events/newsroom/boosting-eus-green-recovery-eu-invests-over-%E2%82%AC2-billion-140-key-transport/; **51.4 re.** nach Europäische Kommission - TEN-T Core Network Corridors (Regulation (EU) 1316/2013). Unter: https://ec.europa.eu/transport/infrastructure/tentec/tentecportal/site/en/maps.html (Zugriff 31.01.18); **51.5 o.re.** Commission européenne, Direction Générale Education, Jeunesse, Sport et Culture; **52.1** Radio Bulgaria: Könnte Bulgarien die zukünftige Silicon Valley der EU werden? Vom 22.11.19 (18.8.20), übers. v. Georgetta Janewa, unter: https://bnr.bg/de/post/101195563/konnte-bulgarien-die-kunftige-silicon-valley-der-eu-werden; **52.2** Quelle: International Monetary Fund (IMF) 19.; **52.3** nach Eurostat, https://europa.eu/european-union/about-eu/figures/living_de#quality_of_life; **53.4** Quelle: Statistisches Bundesamt (Destatis) 19; **53.6** Europäische Kommission: Kulturhauptstädte Europas (19.8.20), unter: https://ec.europa.eu/programmes/creative-europe/actions/capitals-culture_de; **53.7** Radio Bulgaria: Bulgarischer Tourismus schwächelt in diesem Jahr. Vom 15.4.19 (19.8.20), übers. v. Georgetta Janewa; unter: https://bnr.bg/de/post/101107036/bulgarischer-tourismus-schwachelt-in-diesem-jahr; **53.7 o.re.** stock.adobe.com (niki spasov), Dublin; **53.8** Radio Bulgaria: Kollaps der ausländischen Investitionen in Bulgarien. Vom 30.8.18 (19.8.20), übers. v. Wladimir Wladimirow, unter: https://bnr.bg/de/post/101013401/kollaps-der-auslandischen-investitionen-in-bulgarien; **54.1** Getty Images (Jørgen Gomnæs, the Royal Court), München; **54.2** Getty Images Plus (Holger Leue), München; **54.3** Gunnar Köhne: Nicht drinnen, nicht draußen. In Deutschlandfunk. Europa heute v. 22.11.18 (19.8.20), unter: www.deutschlandfunk.de/norwegen-eu-nicht-drinnen-nicht-draussen.795.de.html?dram:article_id=433821; **54.4** eigene Zusammenstellung; **54.5** nach IMF; **54.6** Nach Business Portal Norwegen: Norwegen mit neuem Rekord beim Export von Meeresfrüchten. Vom 6.12.19, unter: https://businessportal-norwegen.com/19/12/06/norwegen-mit-neuem-rekord-beim-export-von-meeresfruechten/; **54.7** nach eigene Zusammenstellung nach verschiedenen Quellen (Scottish Fish Farm Production Survey 19 u.a.); **55.8** Kai Strittmatter: Norwegens Regierung eröffnet ein gewaltiges Ölfeld. In: Süddeutsche Zeitung v. 7.1.20 (Zugriff 19.8.20), unter: www.sueddeutsche.de/wirtschaft/norwegen-erdoel-johan-sverdrup-1.4747060; **55.9** eigene Zusammenstellung; **55.10** www.norskpetroleum.no; **55.11** Carsten Meyer: Wie Norwegen seinen Staatsfonds ethischer macht. In: ZDF heute vom 22.2.20 (19.8.20), unter: www.zdf.de/nachrichten/politik/norwegen-staatsfonds-nachhaltigkeit-rendite-100.html; **56.2** Nach Eurostat, 2018; **57.4** stock.adobe.com (MEDIAIMAG), Dublin (Bild), stock.adobe.com (javarman), Dublin (Bild), Schaar, Wolfgang, Grafing (Karte); **58.2** ShutterStock.com RF (Olgysha), New York, NY; **58.3** Mauritius Images (imageBROKER/BAO), Mittenwald; **60.5** Autorentext nach Europäische Union (Hrsg.): Meine Region, mein Europa, unsere Zukunft. Luxemburg, 2017, S. 46-52, unter: https://ec.europa.eu/regional_policy/sources/docoffic/official/reports/cohesion7/7cr_de.pdf; **60.6** nach https://ec.europa.eu/regional_policy/sources/docgener/work/19_03_rci19.pdf; **61.8** nach European Comission - European Regional Competitiveness Index. Unter: https://ec.europa.eu/regional_policy/en/information/maps/regional_competitiveness/ (Zugriff 24.8.20); **63.4** Nach Eurostst, 19; **63.5** Nach Eurostat, 19; **63.6** Nach Stadt Wien: centrope – Central European Region, 2017, www.wien.gv.at/wirtschaft/eu-strategie/pdf/centrope.pdf; **63.7** nach Stadt Wien - centrope CENTRAL EUROPEAN REGION. Unter: www.wien.gv.at/wirtschaft/eu-strategie/centrope.html (Zugriff 21.08.20); **63.8** nach European Comission - Competitiveness in low-income and low-growth regions. Unter: https://ec.europa.eu/regional_policy/en/policy/how/improvinginvestment/lagging_regions/ (Zugriff 21.08.17); **65.2** Nach Bundesministerium für Bildung und Forschung (19), Kooperation international: Greater Copenhagen (22.01.2021), unter: www.kooperation-international.de/laender/hightech-regionen/greater-copenhagen/; **65.3** NASA/GSFC/METI/ERSDAC/JAROS and U.S./Japan ASTER Science Team; **65.5** nach Eurostat; **66.1** Picture-Alliance (dpa-infografik), Frankfurt/M.; **66.2** Picture-Alliance (Xinhua/Han Yan), Frankfurt/M.; **67.3** Quellen: 1: Berthold Busch (2016): Wirtschaftliche Beziehungen zwischen dem vereinigten Königreich und der europäischen Union. bpb, Bundeszentrale für politische Bildung, www.bpb.de/internationales/europa/brexit/229505/wirtschaftliche-beziehungen, Grafiken mit Datenquellen: D: Eurostat, H: IPS-Office for National Statistics, J: IPS-Office for National Statistics, Berechnungen Berthold Busch; 2: Statistisches Bundesamt, Deutsche Bundesbank (April 2004); 3: Statistisches Bundesamt (2020): Außenhandel-Rangfolge der Handelspartner im Außenhandel der Bundesrepublik Deutschland, (c) Statistisches Bundesamt, Wiesbaden 2020; **67.4** F.A.Z.-Grafik/ Felix Brocker; **68.1** Mester, Gerhard, Wiesbaden; **68.2** nach Eurostat - Pressemitteilungen – Regionales BIP pro Kopf 2018 reichte im Jahr 2018 von 30% bis 263% des EU-Durchschnitts. Unter: https://ec.europa.eu/eurostat/de/news/news-releases (Zugriff 29.09.20); **69.3** In meiner Region: Städteregion Aachen, Deutschland vom 21.11.18 (1.9.20), unter: https://what-europe-does-for-me.eu/de/portal/1/DEA2D; **70.1** Action Press GmbH (Li Bo/Xinhua), Hamburg; **71.2** imago images (Rupert Oberhäuser), Berlin; **72.1** nach U.S. Census Bureau - International Data Base. Unter: www.census.gov/data-tools/demo/idb/information Gateway.php (Zugriff 14.08.2017); **73.2** nach UN (Hrsg.): World Population Prospects, The 2004 Revision. New York, 2005; **74.1** nach DSW-Datenreport 2016; **75.2** nach Deutsche Stiftung Weltbevölkerung (DSW), www.dsw.org/infografiken/#group-10, PRB World Population Data Sheet 2017; **75.3** nach UN Population Devision, DW: Menschen werden weltweit immer älter, www.dw.com/de/menschen-werden-weltweit-immer-%C3%A4lter/a-18751845; **76.2 li.** akg-images (Archie Miles), Berlin; **76.2 re.** ShutterStock.com RF (DGLimages), New York, NY; **77.4** nach Jürgen Bähr: Bevölkerungsgeographie. Stuttgart: Ulmer 1997; **78.1** Eigene Zusammenstellung nach United Nations, Population Division (Hrsg.): UN world population prospects, unter: https://population.un.org/wpp/; **80.1A** iStockphoto (DragonImages), Calgary, Alberta; **80.1B** Alamy stock photo (Bill Bachmann), Abingdon; **81.4** Nach National Food Security Act (NFSA), unter: https://dfpd.gov.in/nfsa-act.htm; **81.5** nach UN. Department of Economic and Social Affairs: World Population Prospects 19, https://population.un.org/wpp/Graphs/DemographicProfiles/

Pyramid/356; **82.1** nach UN. Department of Economic and Social Affairs: World Population Prospects 19, https://population.un.org/wpp/Graphs/DemographicProfiles/Pyramid/276, https://population.un.org/wpp/Graphs/DemographicProfiles/Pyramid/231; **84.1** nach National Bureau of Statistics of China - China Statistical Yearbook 19. Unter: http://www.stats.gov.cn/tjsj/ndsj/19/indexeh.htm (Zugriff 18.09.20); **85.2** Mao Zedong. Ausgewählte Werke, Bd. IV. Beijing 1969, S. 481 ff., zitiert nach: Scharping, Thomas: Bevölkerungspolitik. In: Erhard Louven: Chinas Wirtschaft zu Beginn der 90er-Jahre, Hamburg: Institut für Asienkunde 1989, S. 29 – 53; **85.3** Picture-Alliance (dpa/Imaginechina), Frankfurt/M.; **85.6** nach UN. Department of Economic and Social Affairs: World Population Prospects 19, https://population.un.org/wpp/Graphs/DemographicProfiles/Pyramid/156; **86.1A** Quelle: Family care international and the safe motherhood inter-agency Group, Centers for desease control and prevention, vital statistics Report, CDC Atlanta; **86.1B** imago images (Friedrich Stark), Berlin; **86.1C** Quelle: Deutsche Stiftung Weltbevölkerung, Hannover; **87.2A** nach: Lilli Sippel, Tanja Kiziak, Franziska Woellert, Reiner Klingholz: Afrikas demografische Herausforderung. Wie eine junge Bevölkerung Entwicklung ermöglichen kann. 2011, S. 52; **87.2B** iStockphoto (ranplett), Calgary, Alberta; **87.2C** Quelle: Datenreport der Stiftung Weltbevölkerung 2013 und Demographic and Health Surveys 2008-2013; **87.3B** iStockphoto (Juanmonino), Calgary, Alberta; **87.3C** Quelle: Datenreport der Stiftung Weltbevölkerung 2013 und Demographic and Health Surveys 2008-2013; **88.2** nach Statistisches Bundesamt; www.destatis.de; **88.3** nach Statistisches Bundesamt, www.destatis.de/DE/Themen/Querschnitt/Demografischer-Wandel/textbaustein-taser-blau-bevoelkerungszahl.html; **89.4** nach Bundesinstitut für Bevölkerungsforschung – Demografieportal - Regionale Bevölkerungsentwicklung seit 1990. Unter: www.demografie-portal.de/SharedDocs/Informieren/DE/ZahlenFakten/Bevoelkerungswachstum-Gemeinden-Kreise.html (Zugriff 24.08.20); **90.1** Butz, Steffen, Karlsruhe; **92.1** akg-images (Rainer Hackenberg), Berlin; **92.2** Plaßmann, Thomas, Essen; **93.3 B** LebensRäume Hoyerswerda eG, Hoyerswerda; **93.3A** LebensRäume Hoyerswerda eG, Hoyerswerda; **93.4** nach Deutsche Gesellschaft für Qualität e.V. (DGQ): DGQ-Studie: Senioren-WG statt Altersheim, www.dgq.de/aktuelles/presse/dgq-studie-senioren-wg-statt-altersheim/; **94.1** nach Deutsche Stiftung Weltbevölkerung, Hannover; **94.2** Quelle: CIA World Factbook, www.cia.gov/library/publications/the-world-factbook/geos/bg.html und www.cia.gov/library/publications/the-world-factbook/geos/da.html; **95.3** Quelle: United Nations Population Division (1950-2050); **95.4** leicht verändert nach Jürgen Bähr: Bevölkerungsgeographie: Verteilung und Dynamik der Bevölkerung in globaler, nationaler und regionaler Sicht. Stuttgart: Ulmer (UTB), 1997, Abb. 62.; **95.5** Butz, Steffen, Karlsruhe; **95.6** Worldmapper Ltd., London; **96.1** Getty Images (Getty Images News/Marco Di Lauro), München; **97.2** ShutterStock.com RF (Ververidis Vasilis), New York, NY; **97.3** iStockphoto (FatCamera), Calgary, Alberta; **98.1** nach European Border and Coast Guard Agency - Migratory Map. Unter: https://frontex.europa.eu/along-eu-borders/migratory-map/ (Zugriff 30.08.2017); **98.2** nach UNHCR: Global Trends. Forced Displacement in 2018, S. 8, 14-20; **99.3** nach UNHCR – Operational Portal Refugee Situations - Syria Regional Refugee Response. Unter: https://data2.unhcr.org/en/situations/syria (Zugriff: 30.08.2017); **99.4** Picture-Alliance (Emrah Yorulmaz), Frankfurt/M.; **100.1** Picture-Alliance (Design Pics), Frankfurt/M.; **100.2** Picture-Alliance (David Mercado/Reuters), Frankfurt/M.; **100.3** ShutterStock.com RF (Paul Dempsey), New York, NY; **100.4** Alamy stock photo (Majority World CIC), Abingdon; **100.5** nach Le Monde diplomatique: Auf der Flucht vor dem Klima. In: Atlas der Globalisierung spezial: Klima, Paris 2007, S. 42-43, Dina Ionesco/Daria Mokhnacheva/Francois Gemenne: Die regionalen Auswirkungen des Klimawandels. In: Atlas der Umweltmigration. Bundeszentrale für politische Bildung, Bonn 2017, S. 76-81; **102.1** Picture-Alliance (dpa/Sebastien Chenal/Marine National), Frankfurt/M.; **102.2** Eva Krafczyk, dpa: Fast 80 Rettungseinsätze im Mittelmeer seit Start von «Triton». dpa-Meldung vom 2.1.2015 © dpa Deutsche Presse-Agentur GmbH, soweit nicht anders ausgewiesen.; **102.3** UNO-Flüchtlingshilfe: Flucht nach Europa, 2020, www.uno-fluechtlingshilfe.de/hilfe-weltweit/mittelmeer/; **103.4** nach International Organization for Migration - Missing Migrants. Unter: https://missingmigrants.iom.int/ (Zugriff 23.07.20); **103.5** leicht aktualisiert nach: Wie funktioniert Frontex?, tagessschau.de v. 15.02.11, unter: www.tagesschau.de/ausland/frontexeu100.html; **103.6** toonpool.com (Harm), Berlin; **105.1** Nach Statistische Ämter des Bundes und der Länder: Fünfter Bericht zum Integrationsmonitoring der Länder, Bericht 19, Berichtsjahre 2015 – 2017; **105.4** nach Zusammenstellung nach Statistische Ämter des Bundes und der Länder: Fünfter Bericht zum Integrationsmonitoring der Länder, Bericht 19, Berichtsjahre 2015 – 2017; **105.5** nach Statistische Ämter des Bundes und der Länder: Fünfter Bericht zum Integrationsmonitoring der Länder, Bericht 19, Berichtsjahre 2015 – 2017; **106.1** Bünstorf, Ulrich, Willich; **107.3** nach kleyer.koblitz.letzel.freivogel, gesellschaft von architekten mbH; **108.1** GWG - Gemeinnützige Wohnungsgesellschaft für den Kreis Viersen AG, Viersen; **109.2.1** Picture-Alliance (euroluftbild.de/Robert Grahn), Frankfurt/M.; **109.2.2** Picture-Alliance (Jan Woitas), Frankfurt/M.; **109.2.3** Alamy stock photo (Ernst Wrba), Abingdon; **110.1** Getty Images (Daily Mirror Gulf coverage/Mirrorpix), München; **110.2** ShutterStock.com RF (A and N photography), New York, NY; **110.3** nach Statistisches Bundesamt, DESTATIS: Migration und Integration, 2020; **111.4** nach UNDESA - Population Devision: International migrant stock 19. Unter: www.un.org/en/development/desa/population/migration/data/estimates2/estimates19.asp (Zugriff 16.10.19); UNHCR STATISTICS - The World in Numbers: Internally displaced persons. Unter: http://popstats.unhcr.org/en/overview (Zugriff: 16.10.19); **112.1** Andrea Böhm, Lea Frehse, Caterina Lobenstein: Dollars für die Heimat. In: DIE ZEIT Nr. 1/2021 (30.12.20), unter: www.zeit.de/2021/01/migration-corona-krise-rueckueberweisungen-unterstuetzung-beirut-libanon?; **113.2** nach The Global Knowledge Partnership on Migration and Development (KNOMAD): Remittances Data 1990 – 2018; **113.3** nach KNOMAD: Migration and Remittances, December 2018, S. 3; **114.1** stock.adobe.com (Amr Hassanein), Dublin; **114.2** imago images (Olaf Döring), Berlin; **115.3** Haitzinger, Horst, München; **116.1 o.** Google Earth, Image U.S. Geological Survey; **116.1 u.** Google Earth; **117.2 o.** Google Earth, Image (c) 2017 DigialGlobe; **117.2 u.** Google Earth, Image (c) 2020 Maxar Technologies; **118.1** Alamy stock photo (Tom Voelz), Abingdon; **119.6** Land NRW (2020), Datenlizenz Deutschland – Zero (www.govdata.de/dl-de/zero-2-0); **119.7** Geobasisdaten der Kommunen und des Landes NRW © Geobasis NRW <2013>; **120.8** Land NRW (2020), Datenlizenz Deutschland – Zero (www.govdata.de/dl-de/zero-2-0); **120.9** Land NRW (2020), Datenlizenz Deutschland – Zero (www.govdata.de/dl-de/zero-2-0); **120.11** Quelle: Stadt Köln (bis 1939), Amt für Stadtentwicklung und Statistik der Stadt Köln (1939 bis 1945), Stadt Köln (1945 bis 1970), Landesbetrieb Information und Technik NRW (ab 1971); **121.12** Quelle: Stadt Köln (bis 1939), Amt für Stadtentwicklung und Statistik der Stadt Köln (1939 bis 1945), Stadt Köln (1945 bis 1970), Landesbetrieb Information und Technik NRW (ab 1971); **121.13** Henriette Reker, Die Oberbürgermeisterin. Amt für Wohnungswesen: Wohnen in Köln - Fakten, Zahlen und Ergebnisse 2018. Ausblick 19, unter: www.stadt-koeln.de/mediaasset/content/pdf56/wik_2018_stk_bericht.pdf; **124.1** ShutterStock.com RF (ogbechie triumph), New York, NY; **124.2** nach United Nations, Department of Economic and Social Affairs, Population Division: World Urbanization Prospects: The 2014 Revision; **125.5 o.re.** iStockphoto (ruffraido), Calgary, Alberta; **125.6 o.re.** ShutterStock.com RF (Daniel M Ernst), New York, NY; **126.8 o.** Bukky Oyedeji: Auf Sand gebaut: Eko Atlantic City. Übersetzung: Jelena Nikolic. Heinrich-Böll-Stiftung vom 11.5.2015, unter: www.boell.de/de/2015/06/11/auf-sand-gebaut-eko-atlantic-city (umgestellt, gekürzt und aktualisiert) (25.8.20); **126.8 o.m.** laif (Hamilton/REA), Köln; **126.8 u.** nach MZ Architects: Eko Master Plan; **127.9** Picture-Alliance, Frankfurt/M.; **127.10** nach World-Architects – Fabulous Urban - Makoko/Iwaya Waterfront Regeneration Plan. Unter: www.world-architects.com/en/fabulous-urban-zurich/project/makokoiwaya-waterfront-regeneration-plan (Zugriff 05.10.2017); **127.11** Fabienne Hoelzel: Wie in Makoko Schwächen zu Stärken werden. Übersetzung: Jelena Nikolic. Heinrich-Böll-Stiftung vom 11.6.2015, unter: www.boell.de/de/2015/06/11/wie-makoko-schwaechen-zu-staerken-werden; **128.1** ShutterStock.com RF (f11photo), New York, NY; **128.2** nach United States Census Bureau, American Fact Finder; **128.3** nach United States Census Bureau, American Fact Finder; **128.li.m.** Thinkstock (horse1asia), München; **129.4** Google Earth, Image (c) TerraMetrics, Image NOAA. ©19 Google LLC, used with permission. Google and the Google logo are registered trademarks of Google LLC.; **129.7** nach City of Detroit – Detroit Demolition Department. Unter: https://detroitmi.gov/departments/detroit-demolition-department (Zugriff 11.09.2017); **130.8** iStockphoto (smontgom65), Calgary, Alberta; **130.9** Tina Kaiser: Nach der Pleite erobern Hipster Detroit für sich. Die Welt v. 15.4.2014, unter: www.welt.de/wirtschaft/article126960207/Nach-der-Pleite-erobern-Hipster-Detroit-fuer-sich.html; **130.10** Google Earth, Image (c) 2017 TerraMetrics, Image Landsat/Copernicus, Image NOAA. ©19 Google LLC, used with permission. Google and the Google logo are registered trademarks of Google LLC.; **130.11** Tina Kaiser: Nach der Pleite erobern Hipster Detroit für sich. Die Welt v. 15.4.2014, unter: www.welt.de/wirtschaft/article126960207/Nach-der-Pleite-erobern-Hipster-Detroit-fuer-sich.html; **131.12** Klaus Sieg: Gemüse statt Cadillac – Urban Gardening in Detroit. Ernährung im Fokus. Online Spezial v. Juli 2016, Bundeszentrum für Ernährung (Bundesanstalt für Landwirtschaft und Ernährung (BLE), unter: http://www.bzfe.de/_data/files/eifonline_detroit_urban_gardening_final.pdf; **131.13** René Geißler: Detroit. ÖPNV. Geschichte eines Missverständnisses. Bertelsmann Stiftung: blog.wegweiser-kommune.de vom 9.12.14, unter: http://blog.wegweiser-kommune.de/finanzen/detroit-oepnv-die-geschichte-eines-missverstaendnisses-teil-8; **131.14** laif (Malte Jaeger), Köln; **131.15** ZUMA Press, Inc., San Clemente, CA; **134.1** Eckhart Ribbeck: Slums. Bundeszentrale für politische Bildung, Dossier Megastädte vom 24.9.2008, unter: www.bpb.de/internationales/weltweit/megastaedte/64768/slums; **134.2** Katharina Kainz-Traxler: Eine Milliarde neue Häuser. corporAID Magazin 65, unter: www.corporaid.at/?story=2856; **134.2 o.re.** Picture-Alliance (Hyatt Foundation), Frankfurt/M.; **135.3** Alamy stock photo (Pulsar Imagens), Abingdon; **135.4** Alamy stock photo (Pulsar Imagens), Abingdon; **135.5** Wikipedia: Gated Community, unter: https://de.wikipedia.org/wiki/Gated_Community; **135.6** Alamy stock photo (Fernando Stankuns), Abingdon; **136.1** European Green Capital and European Green Leaf Awards Secretariat, Dun Laoghaire, Co. Dublin, Ireland; **136.2** Deutscher Verband für Wohnungswesen, Städtebau und Raumordnung e.V., Berlin; **136.4** Alamy stock photo (imageBROKER/Hans Blossey), Abingdon; **137.5** Guido M. Hartmann: Alles nur Image-Politur oder geht es doch im mehr? WELT Online v. 6.6.17, unter: www.welt.de/regionales/nrw/article165195039/Alles-nur-Image-Politur-oder-geht-es-doch-um-mehr.html; **137.5 o.re.** European Green Capital and European Green Leaf Awards Secretariat, Dun Laoghaire, Co. Dublin, Ireland; **138.1** akg-images (euroluftbild.de/Daniel Reiter), Berlin; **138.2** nach www.stadtklima-stuttgart.de; **138.3** Quelle: DWD auf www.abendzeitung-muenchen.de/muenchen/neue-dwd-studie-muenchens-heisse-klimazukunft-art-558951; **138.4** nach Landeshauptstadt München – Referat für Gesundheit und Umwelt - Stadtklimaanalyse. Unter: www.muenchen.de/rathaus/Stadtverwaltung/Referat-fuer-Gesundheit-und-Umwelt/Stadtklima/Stadtklimaanalyse.html (Zugriff 14.09.20); **139.5** Alamy stock photo (Kristian Cabanis), Abingdon; **139.7** nach Wirtschaftsministerium Baden-Württemberg: Städtebauliche Klimafibel online, Abb. 2/6, unter: http://www.staedtebauliche-klimafibel.de; **140.8** ShutterStock.com RF (Cristian Zamfir), New York, NY; **140.9** nach Kai Zimmermann: Materialienhandbuch Geographie, Band 10: Geographieunterricht fachübergreifend, S. 240 Aulis-Verlag; **140.10** Stadt Osnabrück, Fachbereich Umwelt und Klimaschutz, Greiten u. Wessels; **140.11** nach Städtebaulicher Klimafibel Online, www.staedtebauliche-klimafibel.de/?p=6&p2=2.3; **141.14** Foto: Presseamt Stadt Münster; **141.15** nach Landeshauptstadt Mainz – Grün- und Umweltamt - Landschaftsplan der Stadt Mainz. Unter: www.mainz.de/leben-und-arbeit/umwelt/laplan.php (Zugriff 14.09.20); **141.16** stock.adobe.com (Ingo Bartussek), Dublin; **144.1** nach UNDESA Population Division - World Urbanization Prospects: The 2018 Revision. Unter: https://population.un.org/wup/ (Zugriff 18.09.20), UN - The World's Cities in 2018. Unter: www.un.org/en/events/citiesday/resources.shtml (Zugriff 18.09.20); **145.2** Nach: UN Department of Economic and Social Affairs, Population Division (2018). World Urbanization Prospects: The 2018 Revision.; **145.3** nach United Nations, Department of Economic and Social Affairs, Population Division (2018). World Urbanization Prospects: The 2018 Revision, S.6, www.un.org/en/events/citiesday/assets/pdf/the_worlds_cities_in_2018_data_booklet.pdf; **146.1** nach Matthias Bernt: Risiken und Nebenwirkungen des Stadtumbaus. In: Schrumpfende Städte. Halle/Leipzig. Februar 2004, S. 44; **146.2** Andy Singer, St. Paul, MN; **147.3** Süddeutsche Zeitung vom 13./14.01.07; **147.4** nach Arboristik - Nachrichten: Fassadenbegrünung verbessert das Stadtklima, www.arboristik.de/baumpflege_news_15072018.html; **147.5** Google Earth; **148.1** Getty Images Plus (yangna), München; **148.2** 123rf Germany, c/o Inmagine GmbH (Deyan Georgiev), Nidderau; **150.1** stock.adobe.com (Kheng Guan Toh), Dublin; **151.4** stock.adobe.com (Guan Jiangchi), Dublin; **152.1 li.** stock.adobe.com (Brent Hofacker), Dublin; **152.1 re.** Thinkstock (iStock/alffoto), München; **154.3** nach Verband der ölsaatenverarbeitenden Industrie in Deutschland e. V. - Handelsströme Sojabohnen, -öl und -schrot 2018. Unter: www.ovid-verband.de/positionen-und-fakten/ovid-diagramme/ (Zugriff 03.06.20); **154.4** Picture-Alliance (Ernst Weingartner), Frankfurt/M.; **156.1** Mauritius Images (Ulrich Doering), Mittenwald; **156.2** Alamy stock photo (Daan Kloeg), Abingdon; **156.3** FAO: FAOSTAT, unter: www.fao.org/faostat; **157.4** Matthias Krupa, Caterina Lobenstein: Ein Mann pflückt gegen Europa. In: DIE ZEIT Nr. 51 vom 17.12.2015, auch unter: www.zeit.de/2015/51/afrika-eu-handelspolitik-subventionen-armut-flucht/komplettansicht; **158.1** Getty Images (Getty Images News/Per-Anders Pettersson), München; **159.2** Picture-Alliance (dpa/Elena Stein), Frankfurt/M.; **159.4** Getty Images Plus (becon), München; **160.1** Kenya Flower Council 2020, unter: www.kenyaflowercouncil.org; **160.6** iStockphoto (Dmitry Remesov), Calgary, Alberta; **161.17** TransFair e.V. (Fairtrade Deutschland), Köln; **161.18** imago images (Kai Horstmann), Berlin; **161.24** laif (Marta Nascimento/REA), Köln; **162.1** Polyp cartoons - Paul Fitzgerald, Manchester M15 5RF; **162.2** nach Analytical Report of the Land Matrix II: International Land Deals for Agriculture.

Land Matrix, 2016; www.weltagrarbericht.de/fileadmin/files/weltagrarbericht/Weltagrarbericht/08LandGrabbing/2016land_matrix_2016_analytical_report_draft_ii.pdf, Seiten 10, 11, 36 und 40.; **163.3** nach The Land Matrix Initiative - Land Matrix. Unter: http://www.landmatrix.org/en/ (Zugriff 19.09.19); **163.4** United Nations Publications, New York; **164.1** Picture-Alliance (dpa/Roland Witschel), Frankfurt/M.; **164.2** Jähde, Steffen, Sundhagen; **164.3** nach Adidas Group - Global Factory List 2017. Unter: www.adidas-group.com/en/sustainability/managing-sustainability/human-rights/supply-chain-structure/ (Zugriff 01.12.2017); **165.4** ShutterStock.com RF (Anton_Ivanov), New York, NY; **165.5** Alamy stock photo (Keizo Mori), Abingdon; **166.12** laif (Mark Leong), Köln; **167.13** Alamy stock photo (Joerg Boethling), Abingdon; **167.14** adidas Group, Allgemeiner Ansatz, unter: www.adidas-group.com/de/nachhaltigkeit/nachhaltigkeitsmanagement/allgemeiner-ansatz/; **168.1** Nach statista: Länder mit dem weltweit höchsten Containerumschlag im Jahr 2018, unter: https://de.statista.com/statistik/daten/studie/877487/umfrage/containerumschlag-nach-laendern-weltweit/; **168.2** Getty Images (Getty Images News/VCG), München; **168.3** Nach statista: Die größten Häfen der Welt nach Container-Umschlagvolumen im Jahr 19, unter: https://de.statista.com/statistik/daten/studie/29697/umfrage/umschlagvolumen-der-groessten-containerhaefen-der-welt/; **169.1** ShutterStock.com RF (mariakraynova), New York, NY; **169.3** BDL report, 19, unter: www.bdl.aero/wp-content/uploads/19/05/Report-Luftfahrt-und-Wirtschaft-19.pdf; **169.5** BDL report, 19, unter: www.bdl.aero/wp-content/uploads/19/05/Report-Luftfahrt-und-Wirtschaft-19.pdf; **170.1** nach Bundesinstitut für Bau-, Stadt- und Raumforschung (BBSR): Unternehmensbezogene Dienstleistungen (Kreise 2015). Unter: www.bbsr.bund.de/BBSR/DE/forschung/raumbeobachtung/downloads/downloadsReferenz2.html (Zugriff 20.09.19); **171.2** Nach Statistisches Bundesamt, 2018; **172.1** Getty Images Plus (shaunl), München; **173.6** ddp media GmbH (Adli Ghazali/Anadolu Agency/ABACAPRESS), Hamburg; **175.2** nach Worldbank - Net barter terms of trade index (2000 = 100). Unter: https://data.worldbank.org/indicator/TT.PRI.MRCH.XD.WD (Zugriff 14.05.20), World Trade Organization - World Trade Statistical Review 19. Unter: www.wto.org/english/res_e/statis_e/wts19_e/wts19_toc_e.htm (Zugriff 14.05.20); **175.3** nach Bundeszentrale für politische Bildung (19): Entwicklung des grenzüberschreitenden Warenhandels, www.bpb.de/nachschlagen/zahlen-und-fakten/globalisierung/52543/entwicklung-des-warenhandels, World Trade Organization (WTO): World Trade Statistical Review 19; **175.4** Nach statista: Die 20 größten Importländer weltweit im Jahr 19, unter: https://de.statista.com/statistik/daten/studie/157858/umfrage/groesste-importlaender-weltweit/; **176.2** Nach KEARNEY: 19 Global Cities Report, unter: www.kearney.com/global-cities/19; **176.3** Nach KEARNEY: 19 Global Cities Report, unter: www.kearney.com/global-cities/19; **177.4** nach Mori Memorial Foundation's Institute, 11/19, S. 7, http://mori-m-foundation.or.jp/pdf/GPCI19_summary.pdf; **177.5** Mori Memorial Foundation's Institute, 11/19, S. 11, unter: http://mori-m-foundation.or.jp/pdf/GPCI19_summary.pdf; **178.7** iStockphoto (Torsakarin), Calgary, Alberta; **178.8** Wikipedia (2020): Liste der größten Unternehmen in Japan, unter: https://de.wikipedia.org/wiki/Liste_der_gr%C3%B6%C3%9Ften_Unternehmen_in_Japan; **179.17** stock.adobe.com (mojolo), Dublin; **180.1** toonpool.com (Paolo Calleri), Berlin; **180.2** nach Nach FAO unter: https://ourworldindata.org/grapher/global-meat-production; **182.1** ShutterStock.com RF (MONOPOLY919), New York, NY; **183.2** ShutterStock.com RF (MONOPOLY919), New York, NY; **184.1** iStockphoto (NicoElNino), Calgary, Alberta; **184.2** nach Verkehrsverbund Rhein-Ruhr (19): Dein Bus auf Bestellung – Erzähl uns deine Meinung!, www.vrr.de/de/magazin/einsteigen-und-mitreden-on-demand-verkehre/; **185.3** Eigene Zusammenstellung nach Technische Universität München: UR:BAN Leitfaden, unter: www.bgu.tum.de/fileadmin/w00blj/vt/Projekte/Urban/URBAN_Leitfaden.pdf; **185.4** Nach door2door (19): Geteilte On-Demand-Mobilität für eine bessere Zukunft: mit Ridepooling die Straßen zurückerobern (stark abgewandelt), unter: https://blog.door2door.io/geteilte-on-demand-mobilit%C3%A4t-f%C3%BCr-eine-bessere-zukunft-mit-ridepooling-die-stra%C3%9Fen-zur%C3%BCck-erobern-7879823c0866; **185.5** Nach BMWI (19): Erfolgreiches Pilotprojekt: Smarte Verkehrsführung verkürzt die Routen und spart CO2-Ausstoß ein, v. 27.02.19, (verändert, 10.7.20), unter: www.de.digital/DIGITAL/Redaktion/DE/Gruenderwettbewerb/Meldungen/19/19_02_27_Hawa_Dawa_Pilotprojekt.html; **186.1** stock.adobe.com (Pugun & Photo Studio), Dublin; **186.2** Nach statista: Anzahl der Sendungen von Kurier-, Express- und Paketdiensten (KEP) in Deutschland in den Jahren 2000 bis 19, https://de.statista.com/statistik/daten/studie/154829/umfrage/sendungsmenge-von-paket-und-kurierdiensten-in-deutschland/; **186.3** Alamy stock photo (Hans Blossey), Abingdon; **186.4** Picture-Alliance (KEYSTONE), Frankfurt/M.; **187.5** nach Vereinte Dienstleistungsgewerkschaft - Unternehmen Amazon. Unter: https://handel.verdi.de/unternehmen/a-c/amazon/ (Zugriff 14.09.20); **187.6** nach nach Forschungsgruppe Retourenmanagement, Universität Bamberg, www1.wdr.de/nachrichten/retouren-muell-online-handel-100.html (19); **188.1** nach UNCTAD auf BBCNews unter https://news.bbc.co.uk/nol/shared/spl/hi/guides/457000/457022/img/1169220846.gif, Jan. 2008, umgezeichnet, ergänzt, Quelle: HM Treasury; **188.3** nach TeleGeography – Submarine Cable Map. Unter: www.submarinecablemap.com/#/ (Zugriff 16.09.20), Savills plc - Tech Cities in Motion. Unter: www.savills.co.uk/research_articles/229130/274942-0 (Zugriff 16.09.20); **189.4** Nach UNCTAD: World Investment Report 2016; **190.li.** Umsetzungsempfehlungen für das Zukunftsprojekt Industrie 4.0, Abschlussbericht des Arbeitskreises Industrie 4.0, acatech – Deutsche Akademie der Technikwissenschaften e. V., April 2013, S. 18 unten, unter: www.bmbf.de/files/Umsetzungsempfehlungen_Industrie4_0.pdf; **191.2** Getty Images Plus (Ekkasit919), München; **191.3** nach Wolter et al.: IAB-Forschungsbericht, No. 8/2015, S. 55, unter: www.econstor.eu; **192.1** Gigaset, München; **192.2** Gigaset, München; **193.3** Nach VW Newsroom vom 27.3.19: Industrie 4.0: Wir schalten live! Interview mit Martin Hofmann und Gerd Walker, unter: www.volkswagen-newsroom.com/de/storys/industrie-40-wir-schalten-live-4779; **193.3 u.re.** Volkswagen Aktiengesellschaft, Wolfsburg; **194.1** stock.adobe.com (artfocus), Dublin; **194.2** stock.adobe.com (Monopoly919), Dublin; **195.3** Picture-Alliance (Michaela Rehle/Reuters), Frankfurt/M.; **195.4** nach Nach Bitkom, DBV, www.computerwoche.de/i/detail/artikel/3544215/1/3220382/EL_mediaN101A9/; **196.1** toonpool.com (Cloud-Science), Berlin; **197.2** nach Bundesministerium für Wirtschaft und Energie: Monitoring-Report. Wirtschaft DIGITAL 2018. Berlin 2018, S. 13, unter: www.bmwi.de; **197.3** Alamy stock photo (Haiyin Wang), Abingdon; **198.1** Mauritius Images (david gregs), Mittenwald; **199.2** iStockphoto (Frank Leung), Calgary, Alberta; **199.3** Picture-Alliance (World Pictures/Photoshot), Frankfurt/M.; **201.3 o.** Barbara Barkhausen: Klimaschädliche Doppelmoral, In: Neues Deutschland vom 22.12.19, unter: www.neues-deutschland.de/artikel/1130477.siemens-klimaschädliche-doppelmoral.html; **201.3 u.** eigene Zuammenstellung nach: Oliver Marc Hartwich: Australiens Platzangst. Neue Züricher Zeitung vom 13.8.2010 (aktualisiert 2020), unter: www.nzz.ch/australiens_platzangst-1.7193826; **202.3** nach Australian Collaborative Land Use and Management Program; **203.5** nach Australian Bureau of Statistics; **203.6** Quellen: ABS, Australian Demographic Statistics; **203.9** Quellen: ABS, Australian Demographic Statistics: Labour Force, Australia, Detailed, Quarterly; **204.2** nach: www.laenderdaten.info/Australien/Australien/fluechtlinge.php; **204.3** Quellen: ABS, Australian Demographic Statistics u.a.; **204.4** nach Australian Government: 2015-16 Migration Programme Report; **205.5** eigene Zusammenstellung nach: Hamann 2010, PG 1/10; Neumann 2016, bpb, Flüchtlinge und Asylpolitik; Grotz (2012): Hohes Bevölkerungswachstum in Australien und die Folgen. Geographische Rundschau 64, H. 10, S. 35; **205.6** nach Atlas of Economic Complexity. Quellen: United Nations Statistical Division (COMTRADE) und International Monetary Fund (IMF); **205.7** eigene Zusammenstellung nach: Haberlag/Wagener: Australien und Ozeanien. Stuttgart u. Leipzig 2017, S. 44; Grotz, R. et. al. (2009): Der Bergbauboom in Australien: Ursachen und Folgen. In: Geographische Rundschau 61, H. 11, S. 28 – 34; **205.8A** Alamy stock photo (David Wall), Abingdon; **205.8B** iStockphoto (TomasSereda), Calgary, Alberta; **205.9** nach Atlas of Economic Complexity, unter: http://atlas.cid.harvard.edu/ore?country=14&product=undefined&year=2017&productClass=HS&target=Product&partner=undefined&startYear=undefined; **206.2A** Thinkstock (JohnCarnemolla), München; **206.2B** Getty Images (Universal Images Group), München; **206.2C** iStockphoto, Calgary, Alberta; **206.3** Julia K., gutefrage.net GmbH; www.gutefrage.net/frage/nach-australien-auswandern-pro-und-contra; **206.4** Emilie P., gutefrage.net GmbH; www.gutefrage.net/frage/nach-australien-auswandern-pro-und-contra; **206.5** nach Betts 2008, S. 20; Datenquelle: Australian Election Studies (AES) 1990 to 2007; **207.6** Thomas Latschan: Australiens rigide Flüchtlingspolitik. Deutsche Welle vom 14.7.14, unter: www.dw.com/de/australiens-rigide-fl%C3%BCchtlingspolitik/a-17777361; **207.7A** laif (VU), Köln; **207.7B** iStockphoto (Olga Khoroshunova), Calgary, Alberta; **207.9** dpa, Grünes Licht für Hafenausbau am Barrier-Riff - Umweltschützer empört , dpa-Meldung v. 31.01.14 © dpa Deutsche Presse-Agentur GmbH; **207.10** Norbert Lübbers, Weltspiegel: Australien: Great Barrier Reef in Gefahr. 5.1.2015, unter: www.daserste.de/information/politik-weltgeschehen/weltspiegel/sendung/br/australien-riff-100.html; **207.11 o.** Bridie Jabour: Great Barrier Reef authority approves dredging and dumping to expand port, The Guardian v. 31.01.2014, unter: www.theguardian.com/environment/2014/jan/31/great-barrier-reef-dredging-spoil-dumping-approved-abbot-point (eigene Übersetzung); **207.11 u.** Norbert Lübbers, Weltspiegel: Australien: Great Barrier Reef in Gefahr. 5.1.2015, unter: www.daserste.de/information/politik-weltgeschehen/weltspiegel/sendung/br/australien-riff-100.html; **208.2** https://creativecommons.org/licenses/by/4.0/deed.de (Australian Government, Canberra), siehe *1; **208.3** Museums Victoria (Joe Greenberg), Melbourne Vic; **208.4** ShutterStock.com RF (Moloko88), New York, NY; **208.5** syd/puz, „Keine Chance - Australien wird nicht eure Heimat", SPIEGEL Online v. 14.10.2014, unter: www.spiegel.de/politik/ausland/australien-will-fluechtlinge-mit-no-way-kampagne-abschrecken-a-997004.html; **209.6** Auszug von Invest in Australia, unter: www.austrade.gov.au/International/invest; **209.7** Ins Deutsche übersetzt aus: The Australian Trade Commission (2015): Investment opportunities in Australian resources and energy. Sydney; **209.8** Australian Trade and Investment Commission, Invest in Australia, Why Australia, unter: www.austrade.gov.au/International/Invest/why-australia (Zugriff: 20.10.20); **209.9** WWF Deutschland, Vom Weltnaturerbe zum weltgrößten Kohlehafen? Industrialisierungswelle bedroht australisches Great Barrier Reef, WWF Hintergrund 2014 Stellungnahme, unter: www.wwf.de/fileadmin/fm-wwf/Publikationen-PDF/WWF-Positionspapier-Great-Barrier-Reef-Kohlehafen.pdf; **211.1** Thinkstock (Niklebedev51), München; **211.4** Mauritius Images (Bjorn Svensson), Mittenwald; **212.1** dreamstime.com (Yarruta), Brentwood, TN; **213.2** nach www.overshootday.org/newsroom/country-overshoot-days/; **214.1** United Nations Publications, New York; **214.2** Grafik: Herman Miller, Zeeland (Michigan, USA); **214.3** Cradle to Cradle e.V. (Christian Buchner), Berlin;**215.4** Quelle: Armin Reller and Thomas E. Graedel in NewScientist (2009); **216.1** stock.adobe.com (olgasparrow), Dublin; **216.2** laif (Heiko Specht), Köln; **217.3** Biosiegel: Bundesministerium für Ernährung und Landwirtschaft; **219.2** imago images (Friedrich Stark), Berlin; **220.1** www.welthungerhilfe.de/informieren/themen/politik-veraendern/sustainable-development-goals-und-nachhaltigkeit/; **220.1** ShutterStock.com RF (Arthimedes), New York, NY; **221.2** Getty Images Plus (Oliver Strewe), München; **221.3** stock.adobe.com (Daniel Prudek), Dublin; **222** Getty Images Plus (fstop123), München; **242** Getty Images Plus (rrocio), München

Nachweis für Illustrationen:

Butz, Steffen, Karlsruhe, **90.1; 95.5;**
creanovo – motion & media design GmbH, Hannover, **13.2; 13.3;**
Eckenfelder, Bettina, Hörselberg-Hainich, **18.1; 21.2; 23.5; 35.3; 38.2; 48.2; 57.4; 67.3; 74.1; 75.2; 75.3; 88.3; 93.4; 98.2; 109.2 li.; 113.3; 124.2; 128.2; 128.3; 138.3; 139.6 o.re.; 139.7; 140.11; 145.3; 146.1; 147.4; 151.5; 162.2; 175.3; 177.4; 177.6; 180.2; 188.1; 191.3; 197.2; 202.2; 202.3; 203.5; 203.6; 203.9; 204.3; 206.5; 213.2;**
Jäckel, Diana, Erfurt, **11.3; 21.6; 23.4; 25.3; 27.5; 31.5; 31.7; 32.10; 33.12; 35.4; 35.5; 37.3; 39.5; 41.6; 50.2; 52.2; 52.3; 53.4; 54.4; 54.5; 54.7; 55.9; 60.6; 65.5; 73.2; 77.4; 77.5; 79.3; 81.5; 82.1; 83.2; 85.6; 86.1A; 86.1C; 87.2A; 87.2C; 87.3C; 88.2; 91.2; 94.1; 94.2; 95.3; 95.4; 105.4; 105.5; 110.3; 113.2; 119.5; 120.11; 121.12; 122.1; 122.2; 123.4; 123.5; 133.2; 160.13; 181.3; 195.4; 205.6; 211.3; 215.4; 219.1**
Jähde, Steffen, Sundhagen, **30.2; 45.o.li.; 45.o.li.; 164.2**
Oser, Liliane, Hamburg, **224; 225**
Schaar, Wolfgang, Grafing, **8.1; 19.2 li.; 19.3 li.; 19.4 li.; 21.4; 32.8; 34.2; 56.1; 57.4; 62.1; 126.8 u.; 138.2; 140.9; 141.13; 142.1; 150.2; 184.2; 187.6; 188.2; 190.1; 200.1; 200.2; 202.1; 204.1; 204.4; 206.1; 208.1; 217.3**
Schwarwel, Leipzig, **99.5;**

Nachweis für Karten:

Klett-Archiv, Stuttgart, **8.m.1; 20.1; 22.1; 24.1; 26.2; 28.1; 29.3; 31.6; 41.5; 46.1; 49.4; 51.4 re.; 59.4; 61.8; 62.2; 63.7; 63.8; 64.1; 68.2; 72.1; 79.2; 80.2; 84.1; 89.4; 98.1; 99.3; 100.5; 103.4; 107.3; 111.4; 118.2; 119.3; 119.4; 120.10; 125.4; 126.7; 127.10; 129.7; 138.4; 141.15; 144.1; 153.2; 154.3; 155.5; 159.3; 163.3; 164.3; 170.1; 171.3; 175.2; 187.5; 188.3; 202.4; 203.7; 243.m.; 243.u.; 244; 246; 248; 250; 252; 253.o.; 253.u.; 254; 255**

12

Haack-Kartenteil

Die folgenden Karten bieten dir eine schnelle Orientierung. Sie zeigen einen Überblick über die Räume, die im Unterricht behandelt werden. Mit dem Register kannst du geographische Objekte suchen, ganz so, wie du es von der Arbeit mit dem Atlas gewohnt bist.
Für alle physischen Karten gilt die Kartenlegende auf dieser Seite. Interessierst du dich für Einzelheiten oder Karten mit bestimmten thematischen Inhalten, so schlage in deinem Haack Weltatlas nach.

Kontinent- und Weltkarten

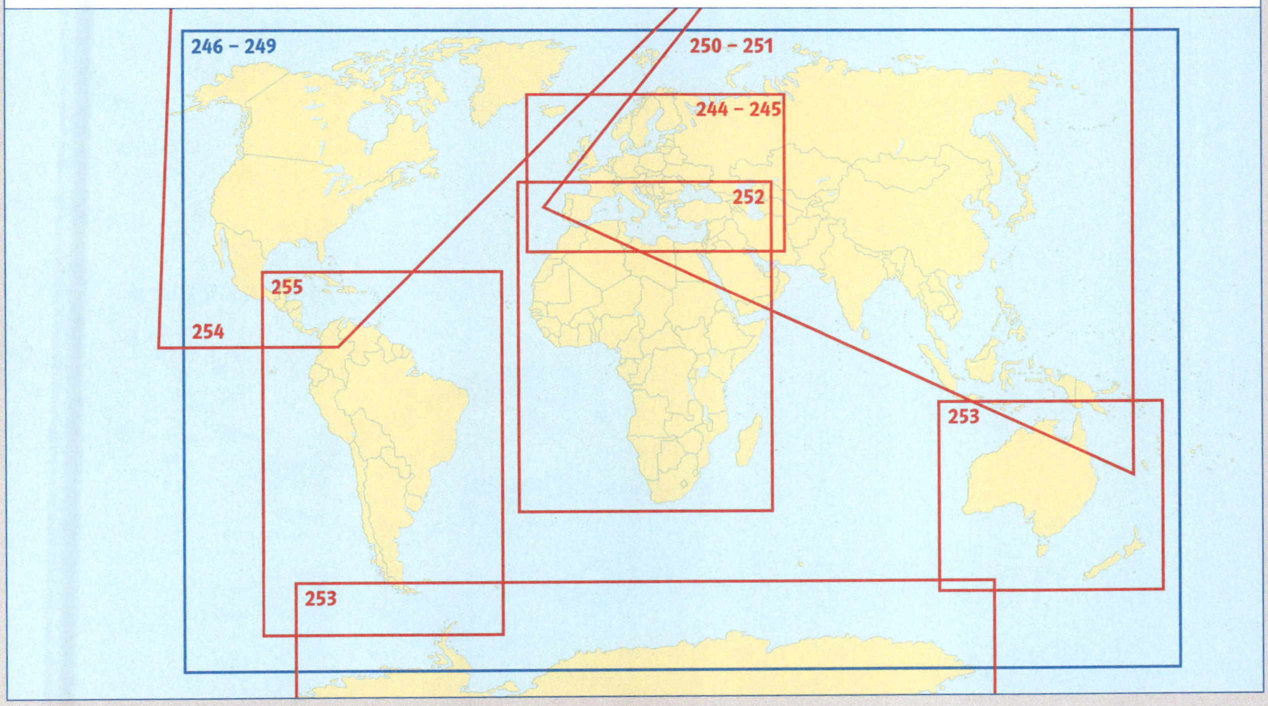

Kartenlegende

Orte

- über 5 000 000 Einwohner
- 1 000 000 – 5 000 000
- 500 000 – 1 000 000
- 100 000 – 500 000
- unter 100 000

Grenzen

- Staatsgrenze
- Grenze eines Bundeslandes oder Verwaltungsgebietes
- umstrittene Grenze, Waffenstillstandslinie
- **TOGO** Staat
- Lomé Hauptstadt eines Staates
- **Färöer** abhängiges Gebiet mit Selbstverwaltung
- **Bayern** Bundesland oder Verwaltungsgebiet
- München Hauptstadt eines Bundeslandes oder Verwaltungsgebietes

Flüsse, Seen

- Fluss
- zeitweise Wasser führender Fluss
- zeitweise gefüllter See
- See
- Schifffahrtskanal
- Stausee mit Staudamm

Landhöhen
über 5000 m
2000 – 5000 m
1000 – 2000 m
500 – 1000 m
200 – 500 m
100 – 200 m
0 – 100 m
unter 0 m
Gletscher
4807 Höhe über dem Meeresspiegel (in m)
ABKÜRZUNGEN:
BOS. U. HERZ. BOSNIEN UND HERZEGOWINA
KOS. KOSOVO
LIE. LIECHTENSTEIN
LUX. LUXEMBURG
NORDM. NORDMAZEDONIEN
SLOW. SLOWENIEN
SLOWAK. REP. SLOWAKISCHE REPUBLIK
S.M. SAN MARINO
1:20000000
0 100 200 500 km
Europäisches Nordmee
nördlicher Polarkreis
Reykjavík
ISLAND
Hvannadalshnúkur 2119
Färöer (dän.)
NORWEGE
Shetlandinseln
Galdhøpiggen 2469
Orkney-Inseln
Oslo
Hebriden
1343
Glasgow
Nordsee
Göteboi
Belfast
IRLAND
Dublin
VEREINIGTES KÖNIGREICH
DÄNEMARK
Kopenhager
Manchester
ATLANTISCHER
OZEAN
Birmingham
NIEDER-LANDE
Hambur
Bristol
London
Amsterdam
Rotterdam
Elbe
Berl
Kanal-inseln (brit.)
Der Kanal
Brüssel
Köln
BELGIEN
DEUTSCHLA
Paris
LUX.
Luxemburg
Frankfurt
Pra
Loire
Seine
Rhein
Donau
Golf von Biscaya
FRANKREICH
München
Azoren (port.)
Kap Finisterre
Bern
Lyon
SCHWEIZ
LIE.
Bordeaux
Zentral-massiv
4810 Mont Blanc
Alpen
Bilbao
Mailand
Ljublja
Porto
Pyrenäen
Turin
Duero
3404
Rhône
Marseille
Genua
Po
PORTUGAL
ANDORRA
MONACO
Ebro
Apennin
Madrid
S.M.
Lissabon
Tejo
SPANIEN
Barcelona
Korsika
VATIKAN-STADT
Rom
Valencia
Balearen
Sevilla
Alicante
Mallorca
Neapel
Sardinien
ITALIE
Straße von Gibraltar
3478
Gibraltar (brit.)
Ceuta (span.)
Madeira (port.)
Mittelmeer
Melilla (span.)
Oran
Algier
Palerr
Rabat
Casablanca
Fès
Sizilien
MAROKKO
Maghrebgebirge
Tunis
Marrakech
2328
Kanarische Inseln
3718 (span.)
4165
Agadir
Atlasgebirge
TUNESIEN
Valletta
MALTA
Kleine Syrte
Tripolis
El Aaiún
nördlicher Wendekreis
ALGERIEN
SAHARA (marokkanische Verwaltung)
Sahara
MAURETANIEN

© Klett
Nordkap
Barentssee
Murmansk
Halbinsel Kola
Lappland
2123
Weißes Meer
Archangelsk
Petschora
Narodnaja 1894
Ural-gebirge
Ob
Surgut
Sibirien
Irtysch
Tobolsk
Omsk
Serow
Tjumen
Jekaterinburg
Perm
Tscheljabinsk
Nur-Sultan
Rudny
Ufa
1640
Magnitogorsk
Nördliche Dwina
Bottnischer Meerbusen
FINNLAND
SCHWEDEN
Onegasee
Ladoga-see
Helsinki
Åland (finn.)
St. Petersburg
RUSSLAND
Kasan
Kama
Tallinn
ESTLAND
Peipus-see
Jaroslawl
Nischni Nowgorod
Stockholm
Wolga
323
LETTLAND
Riga
Moskau
Samara
Gotland
Ostsee
LITAUEN
Düna
Tula
Königsberg (russisch)
Wilna
Minsk
Saratow
Ural
KASACHSTAN
Aral
Syr-Darja
WEIßRUSSLAND
Gomel
Woronesch
Posen
Weichsel
Oder
Warschau
POLEN
Senke
Kaspische
Aral-see
USBEKISTAN
Moynoq
Amu-Darja
Wolgograd
Don
Charkiw
Kiew
-28
Astrachan
Krakau
TSCHECH.
2655
Dnipropetrowsk
UKRAINE
Donezk
Rostow
Daşoguz
SLOWAK. REP.
Pressburg
Karpaten
Chişinău
Budapest
UNGARN
MOLDAU
Dnipro
Odessa
Krasnodar
Kaspisches Meer
TURKMENISTAN
Zagreb
KROATIEN
RUMÄNIEN
2543
1545
Halbinsel Krim
Kaukasus
Elbrus 5642
Aschgabat
Belgrad
BOS. U. HERZ.
Sarajewo
SERBIEN
Bukarest
Donau
Sotschi
GEORGIEN
Tiflis
ASERBAIDSCHAN
Baku
Schwarzes Meer
MONTENEGRO
Priština
KOS.
BULGARIEN
Balkan
Sofia
ARMENIEN
Eriwan
Ararat 5165
4821
Podgorica
Skopje
NORDM.
İstanbul
Bosporus
Pontisches Gebirge
Täbris
Urumieh-see
Elburs
5604
Tirana
ALBANIEN
2911
Bursa
Ankara
Anatolien
Vansee
Teheran
GRIECHENLAND
İzmir
TÜRKEI
Diyarbakır
Qom
3585
Adana
Kirkuk
IRAN
Athen
Taurus
Tigris
Isfahan
Peloponnes
Antalya
Aleppo
Bagdad
4548
Zagrosgebirge
ZYPERN
Nikosia
SYRIEN
Hims
Mesopotamien
Euphrat
Kreta
LIBANON
Beirut
Damaskus
IRAK
Shiraz
Mittelmeer
ISRAEL
Al Basrah
Tel Aviv-Jaffa
Amman
KUWAIT
Kuwait
Jerusalem
-422
Persischer Golf
Große Syrte
Alexandria
JORDANIEN
Nil
Kairo
Manama
BAHRAIN
Halbinsel Sinai
2637
SAUDI-ARABIEN
KATAR
Doha
LIBYEN
-133
ÄGYPTEN
V.A.E.

Nordpolarmeer
Beaufortsee
Kanadischer Archipel
Victoria-Insel
Ellesmereland
Baffin Bay
Baffininsel
Grönland
3231
3700
3360
2926
Davisstraße
Dänemarkstraße
Nuuk (Godthåb)
Island
Reykjavík
2119
Jan Mayen
Europäisches Nordmeer
Spitzbergen
1712
Färöer
Shetland-inseln
Brookskette
2749
Alaskakette
6168
Denali
Anchorage
Kodiak
Yukon
Mackenzie
nördl. Polarkreis
Alexander-archipel
Golf v. Alaska
Küstengebirge
4042
Vancouver-I.
Vancouver
Seattle
4392
Edmonton
Rocky Mountains
Great Plains
NORDAMERIKA
Winnipeg
Hudson Bay
Hudson-Str.
Ungava-Halbinsel
Labradorsee
Neufundland
St. John's
Große Seen
Missouri
Montreal
Toronto
Detroit
Chicago
Boston
Halifax
New York
Philadelphia
Washington
Appalachen
Ohio
Cincinnati
St. Louis
Mississippi
2037
Atlanta
Großes Becken
Küstenketten
Sierra Nevada
Denver
4399
San Francisco
4418
-85
Los Angeles
3658
Dallas
3078
Houston
New Orleans
Hochland v. Mexiko
Monterrey
Golf von Mexiko
Miami
Havanna
nördl. Wendekreis
Bermuda-Inseln
Sargassosee
Azoren
Madeira
Kanarische Inseln
ATLANTISCHER
OZEAN
Guadalajara
Mexiko
4265
5700
Große Antillen
Hispaniola
Jamaika
4217
Guatemala
Managua
Karibisches Meer
Kleine Antillen
Panama
3820
Caracas
5007
5493
Medellín
Orinoco
2810
Georgetown
Bergland von Guayana
Bogotá
5750
3014
Quito
6272
Galápagos-inseln
Äquator
Iquitos
Rio Negro
Manaus
Amazonas
Amazonastiefland
Belém
Tocantins
Fortaleza
SÜDAMERIKA
Anden
Recife
Salvador
6768
Lima
Madeira
Brasilianisches Bergland
893
Brasília
São Francisco
6613
6421
La Paz
Arequipa
6520
Santa Cruz
Kordilleren
Atacama
Gran Chaco
Paraná
2890
Belo Horizonte
São Paulo
Rio de Janeiro
südl. Wendekreis
Curitiba
Asunción
6880
Uruguay
Porto Alegre
Oster-I.
Aconcagua
6959
Córdoba
Santiago de Chile
Buenos Aires
Montevideo
Pampa
4708
3776
Patagonien
4058
PAZIFISCHER
OZEAN
Kapverdische Inseln
Dakar
Ascension
St. Helena
Tristan da Cunha
Falklandinseln
Punta Arenas
Feuerland
Kap Hoorn
Südgeorgien
Südsandwich-inseln
Drakestraße
Südshetland-inseln
Südorkney-Inseln
Palmer-archipel
Antarktische Halbinsel
Alexander-insel
4190
Weddellmeer
ANT
4300
Britische Inseln
Glasgow
Nordsee
Oslo
2469
Stockholm
Kopenhagen
Amsterdam
Hamburg
Berlin
London
Brüssel
Rhein
Prag
Wien
Paris
Mont Blanc
4810
Alpen
Budapest
Mailand
Madrid
3404
Rom
Lissabon
3478
Algier
3340
Mittelmeer
Casablanca
Oran
Tunis
2328
Tripolis
4165
Atlasgebirge
Sahara
Ahaggar
2918
Tibesti
Niger
Niamey
Tschadsee
AFRIKA
N'Djamena
Conakry
1781
Monrovia
Oberguinea
Abidjan
Accra
Lagos
4070
Hochland von Adamaoua
Jaunde
Niederguinea
Kinshasa
Luanda
Namib
Kapstadt
Kap der Guten Hoffnung
EU
150°
120°
90°
60°
30°
0°
Landhöhen
über 5000 m
2000 – 5000 m
1000 – 2000 m
500 – 1000 m
200 – 500 m
0 – 200 m
unter 0 m
Gletscher
8846 Höhe über dem Meeresspiegel (in m)
südl. Polarkreis

Maßstab 1 : 75 000 000
Nordpolarmeer
Arktisches Kap
Sewernaja Semlja
Kap Tscheljuskin
Franz-Josef-Land
Neusibirische Inseln
Ostsibirische See
Karasee
Laptewsee
Nowaja Semlja
1590
Barentssee
Wrangel-insel
Anadyrgebirge
Bering-Str.
nördl. Polarkreis
St.-Lorenz-I.
Norilsk
1701
Werchojansker Gebirge
3147
Murmansk
Halbinsel Kola
Jakutsk
Magadan
Beringmeer
Kamtschatka
1894
Uralgebirge
Sibirien
Westsibirisches Tiefland
Ochotskisches Meer
Aléuten
4750
St. Petersburg
Perm
2412
Stanowoi-Geb.
N. Nowgorod
Omsk
Nowosibirsk
Irkutsk
Baikalsee
Sachalin
Moskau
Samara
Tscheljabinsk
Sajan
Jablonowy-Geb.
Chabarowsk
Sichote-Alin
Kurilen
EUROPA
Orsk
Kasachensteppe
4506
Ulan-Bator
Großer Hinggan
Charkiw
Kaspische Senke
Balchaschsee
Altai
3905
ASIEN
Mandschurei
Harbin
Japan. Meer
Hokkaido
Odessa
-28
Aralsee
Tiefland v. Turan
Wladiwostok
Sapporo
(Ostmeer)
Schwarzes Meer
Kaukasus
5642
Elbrus
Almaty
Tian Shan
-154
Gobi
Shenyang
Honshu
Istanbul
Tiflis
Taschkent
7439
Ürümqi
Peking
Pjöngjang
Fudschijama
Ankara
5165
Ararat
Baku
Kaspisches Meer
7495
Tarimbecken
Gelbes Meer
Tsingtau
Seoul
3776
Tokyo
3585
4821
Elburs
Pamir
7723
Nan Shan
6346
Lanzhou
Jinan
Korea
Osaka
Zypern
5604
Teheran
Hindukusch
7690
Karakorum
Kunlun Shan
Xi'an
Große Ebene
Euphrat
Tigris
8611
Qin Ling
Nanjing
Shanghai
Bagdad
Zagrosgebirge
4548
Kabul
Tibet
Damaskus
Himalaya
Transhimalaya
Jangtsekiang
Wuhan
Ostchines. Meer
Bonin-inseln
Kairo
-422
Indus
Punjab
Mt. Everest
8846
7756
-133
2637
Kuwait
Delhi
Hindustan
Südchinesisches Bergland
Taipeh
Vulkaninseln
nördl. Wendekreis
Nil
Riad
Persischer G.
Ganges
Dhaka
Yunnan-plateau
Kanton
3952
Rotes Meer
Arabien
Karachi
G. v. Oman
Kalkutta
Hanoi
Hongkong
Taiwan
PAZIFISCHER
Marianen
3019
Bombay
Hainan
Mekka
Arabisches Meer
Dekkan
1680
Golf v. Bengalen
Rangun
Südchines. Meer
2928
Luzon
Philippinen
Khartoum
Westghats
Ostghats
Manila
3760
4620
Aden
Golf von Aden
Madras
Andamanen
Bangkok
3280
Mindoro
Mekong
Hochland von Äthiopien
Addis Abeba
Somali-halbinsel
Cebu
Palawan
Ho Chi Minh
Karolinen
2698
Lakshadweep-In.
Ceylon
Nikobaren
Halbinsel Malakka
Mindanao
4307
2524
Colombo
Sulu-Inseln
Chuuk-In.
Pohnpei
4101
OZEAN
Malediven
Kuala Lumpur
2988
Mogadischu
Singapur
Pontianak
Sulawesi
Äquator
5109
5199
Sumatra
Borneo
3000
Victoriasee
Nairobi
3805
Molukken
Bismarck-Archipel
Seychellen
3455
5895
Kilimandscharo
Neuguinea
4884
Tanganjikasee
Daressalam
Jakarta
Makassar
Surabaya
Diego Garcia
Java
4072
Arafurasee
Komoren
Port Moresby
Salomon-inseln
Malawisee
Lusaka
INDISCHER
Carpentaria-golf
3000
2876
Timorsee
Arnhemland
Kap-York-H.-I.
Korallensee
Sambesi
Straße v. Mosambik
Antananarivo
Kimberley-plateau
Harare
Réunion
Große Sandwüste
Madagaskar
Macdonnellkette
1510
Neukaledonien
Maputo
südl. Wendekreis
AUSTRALIEN
Great Dividing Range
3482
Große Victoriawüste
-12
Brisbane
Durban
Perth
Nullarborebene
Port Elizabeth
OZEAN
Darling
Große Australische Bucht
Adelaide
Amsterdam-insel
St.-Paul-Insel
Murray
2230
Sydney
Nordinsel
Melbourne
Auckland
Tasmansee
Crozetinseln
Neuseeland
Prinz-Eduard-Inseln
Tasmanien
Hobart
Wellington
Christchurch
Kerguelen
3764
Südinsel
Kap Batterbee
2300
ANTARKTIS
3355
Mt. Menzies
3061
3176
Balleny-Inseln
südl. Polarkreis
© Klett

Nordpolarmeer
Alaska (USA)
KANADA
Kalaallit Nunaat (dän.)
ISLAND
Reykjavík
Färöer (dän.)
nördl. Polarkreis
Ottawa
St-Pierre u. Miquelon (franz.)
VEREINIGTE STAATEN (USA)
Washington
Bermuda (brit.)
Azoren (port.)
Madeira (port.)
Kanarische Inseln (span.)
MEXIKO
Mexiko
nördl. Wendekreis
ATLANTISCHER
OZEAN
Nassau
BAHAMAS
Havanna
KUBA
DOMINIK. REP.
Puerto Rico (USA)
Kingston
JAMAIKA
HAITI
Port-au-Prince
Sto. Domingo
ANTIGUA U. BARBUDA
Guadeloupe (franz.)
DOMINICA
Martinique (franz.)
ST. K.
ST. LUCIA
BARBADOS
GRENADA
ST. VINCENT U. D. GRENADINEN
TRINIDAD U. TOBAGO
Port-of-Spain
BELIZE
Belmopan
GUATEMALA
Guatemala
HONDURAS
Tegucigalpa
San Salvador
EL SALVADOR
NICARAGUA
Managua
COSTA RICA
San José
Panama
PANAMA
Caracas
VENEZUELA
Georgetown
GUYANA
Paramaribo
SURINAME
Franz.-Guayana
Bogotá
KOLUMBIEN
Quito
ECUADOR
Äquator
Galápagos-inseln (ecuad.)
BRASILIEN
Brasília
PERU
Lima
PAZIFISCHER
OZEAN
BOLIVIEN
Sucre
PARAGUAY
Asunción
südl. Wendekreis
Pitcairn (brit.)
CHILE
ARGENTINIEN
Santiago de Chile
URUGUAY
Montevideo
Buenos Aires
südl. Polarkreis
St. Helena (brit.)
Spitzbergen (norw.)
NORWEGEN
SCHWEDEN
Oslo
DÄN.
Kopenhagen
VEREIN. KÖNIGREICH
IRLAND
Dublin
London
NL.
Amst.
Berlin
B.
Br.
L.
Lux.
DEUTSCHLAND
Paris
FRANKREICH
Be.
LI.
Ljub.
SM.
KR.
AND.
MON.
VAT.
Rom
ITALIEN
PORTUGAL
Madrid
SPANIEN
Lissabon
Algier
Tunis
MALT.
TUNESIEN
Tripolis
Rabat
MAROKKO
El Aaiún
ALGERIEN
SAHARA (marokkan. Verwaltung)
MAURETANIEN
Nouakchott
KAP VERDE
Praia
Dakar
SENEGAL
GAMBIA
Banjul
GUINEA-BISSAU
Bissau
MALI
NIGER
Niamey
Bamako
BURKINA FASO
Ouagadougou
GUINEA
Conakry
Freetown
SIERRA LEONE
Monrovia
LIBERIA
Yamous-soukro
CÔTE D'IVOIRE (ELFENBEINKÜSTE)
GHANA
Accra
TOGO
Lomé
BENIN
Porto Novo
NIGERIA
Abuja
KAMERUN
Malabo
ÄQUAT. GUINEA
SÃO TOMÉ U. PRÍNCIPE
São Tomé
Libreville
GABUN
Jaunde
Bangui
KONGO
Brazzaville
Kinsh.
Luanda
Windhuk
AL. ALBANIEN
AND. ANDORRA
AR. ARMENIEN
E. Eriwan
AS. ASERBAIDSCHAN
B. BELGIEN
Br. Brüssel
BO. BOSNIEN UND HERZEGOWINA
Sa. Sarajewo
BUL. BULGARIEN
DÄN. DÄNEMARK
EST. ESTLAND
GEO. GEORGIEN
ISR. ISRAEL
JORD. JORDANIEN
K. KOSOVO
KR. KROATIEN
Z. Zagreb
L. LUXEMBURG
Lux. Luxemburg
LET. LETTLAND

Maßstab 1 : 75 000 000
H
60°
I
90°
J
120°
K
150°
L
180°
M
Nordpolarmeer
nördl. Polarkreis
60°
R U S S L A N D
Moskau
KASACHSTAN
Nur-Sultan
Ulan-Bator
MONGOLEI
USBEKISTAN
Bischkek
KIRGISISTAN
Taschkent
Duschanbe
TADSCHIKISTAN
TURKMENISTAN
Aschgabat
GEO.
Tiflis
AR.
E.
AS.
Baku
Ankara
TÜRKEI
ZYPERN
Nik.
SYRIEN
Bei.
Dam.
LIB.
Je.
ISR.
JORD.
Amman
Bagdad
IRAK
Teheran
IRAN
Kabul
AFGHANISTAN
Islamabad
PAKISTAN
New Delhi
KUWAIT
Kuwait
SAUDI-ARABIEN
BAHRAIN
Manama
KATAR
Doha
Riad
V.A.E.
Abu Dhabi
Maskat
OMAN
Kairo
ÄGYPTEN
ERITREA
Asmara
Sanaa
JEMEN
DSCHIBUTI
Dschibuti
Addis Abeba
ÄTHIOPIEN
SOMALIA
Mogadischu
SÜDSUDAN
Juba
UGANDA
Kampala
KENIA
Nairobi
Kigali
Bujumbura
BURUNDI
Dodoma
TANSANIA
MALAWI
Lilongwe
MOSAMBIK
Harare
SIMBABWE
Maputo
Pretoria
ESWATINI
Maseru
LESOTHO
KOMOREN
Moroni
Antananarivo
MADAGASKAR
Victoria
SEYCHELLEN
MAURITIUS
Port Louis
MALEDIVEN
Male
Colombo
SRI LANKA
INDIEN
NEPAL
Kathmandu
Thimphu
BHUTAN
Dhaka
BANGLADESCH
MYANMAR
Naypyidaw
CHINA
Peking
NORDKOREA
Pjöngjang
Seoul
SÜDKOREA
Tokyo
JAPAN
Taipeh
Taiwan
Hanoi
LAOS
Vientiane
VIETNAM
THAILAND
Bangkok
KAMBODSCHA
Phnom Penh
Andamanen (ind.)
Manila
PHILIPPINEN
BRUNEI
Bandar Seri Begawan
Kuala Lumpur
MALAYSIA
SINGAPUR
INDONESIEN
Jakarta
Dili
TIMOR-LESTE
PAPUA-NEUGUINEA
Port Moresby
SALOMONEN
Honiara
Melekeok
PALAU
Palikir
MIKRONESIEN
Nördliche Marianen (USA)
Guam (USA)
MARSHALL-INSELN
PAZIFISCHER OZEAN
nördl. Wendekreis
30°
Äquator
0°
VANUATU
Neukaledonien (franz.)
südl. Wendekreis
INDISCHER OZEAN
AUSTRALIEN
Canberra
NEUSEELAND
Wellington
südl. Polarkreis
1
2
3
4
5
6
LIBANON
Beirut
LITAUEN
MONTENEGRO
MOLDAU
MONACO
NIEDERLANDE
NORDMAZEDONIEN
Amsterdam
ÖSTERREICH
Wien
RUMÄNIEN
S. SCHWEIZ
Be. Bern
SER. SERBIEN
Bel. Belgrad
SK. R. SLOWAKISCHE REPUBLIK
Pb. Pressburg
SL. SLOWENIEN
Ljub. Ljubljana
SM. SAN MARINO
ST. K. ST. KITTS UND NEVIS
TS. R. TSCHECHISCHE REPUBLIK
Pg. Prag
U. UNGARN
Bud. Budapest
V.A.E. VEREINIGTE ARABISCHE EMIRATE
VAT. VATIKAN
Dam. Damaskus
Je. Jerusalem
Nik. Nikosia
© Klett

Birmingham
Manchester
VER. KÖNIGREICH
London
Nordsee
P.
SPANIEN
Madrid
Paris
B.
NL.
Amsterdam
DÄN.
Kopenhagen
Brüssel
L.
FRANKREICH
3404
Barcelona
AND.
Lyon
Hamburg
DEUTSCH-
LAND
Berlin
Marseille
Mont Blanc
4810
S.
Turin
Prag
München
TS. R.
POLEN
Korsika
Mailand
ÖST.
Wien
Warschau
Sardinien
SL.
SK. R.
Rom
KR.
Budapest
ITALIEN
UNG.
Neapel
BO.
Belgrad
MO.
SER.
RUM.
Bukarest
MOL.
KO.
3340
Sizilien
AL.
NM.
Sofia
BUL.
GRIECHEN-
LAND
Athen
İstanbul
Bursa
İzmir
Ankara
TÜRKEI
3585
Kreta
LIBYEN
ZYPERN
Aleppo
SYRIEN
LIBANON
Beirut
Alexandria
-133
Tel Aviv-
Jaffa
Damaskus
Gise
Kairo
ISRAEL
Jerusalem
Amman
JORDANIEN
ÄGYPTEN
2637
Assuan
Mittelmeer
Oslo
2469
NORWEGEN
SCHWEDEN
Stockholm
FINNLAND
Helsinki
Ostsee
EST.
LET.
LIT.
St. Petersburg
Minsk
WEIß-
RUSSL.
UKRAINE
Kiew
Dnjepr
Charkiw
Odessa
Dnipropetrowsk
Donezk
Rostow
Schwarzes Meer
Kaukasus
5642
GEORGIEN
Tiflis
ARM.
Eriwan
AS.
5165
Täbris
Baku
Kasp. Meer
Kaspische Senke
Astrachan
-28
Wolgograd
Wolga
Don
Samara
Ural
Orsk
Moskau
Nischni
Nowgorod
Kasan
Osteuropäisches
Flachland
323
Nordkap
Barentssee
Murmansk
Archangelsk
Nördl. Dwina
Perm
Ufa
1640
Jekaterinburg
Tscheljabinsk
Uralgebirge
1894
Workuta
Nowaja
Semlja
1590
Karasee
Nordpolarmeer
RUSSLAND
Sibirisches
Westsibirisches
Tiefland
Irtysch
Ob
Omsk
Nowosibirsk
Jenissei
Untere Tunguska
Norilsk
1701
Angara
Halbinsel Taimyr
Sewernaja
Semlja
Kap Tscheljuskin
Laptewsee
Neusibirische
Inseln
Lena
Mittel-
sibirisches
Bergland
Sajan
Irkutsk
3491
Altai
4506
Ulan-Bat
3905
MONGOLEI
Kasachensteppe
Nur-Sultan
KASACHSTAN
Balchaschsee
Aralsee
Syr-Darja
Kysylkum
USBEKISTAN
Karakum
TURKMENISTAN
Amu-Darja
Bischkek
Almaty
Dsungarei
Taschkent
Tian Shan
7439
Ürümqi
154
Duschanbe
KIRGISISTAN
TADSCHIKISTAN
7495
Pamir
Wüste
Taklamakan
Tarimbecken
Altun Shan
7723
Nan Shan
6346
Lanzh
Kunlun Shan
Tibet
CHINA
Hindukusch
Kabul
7690
8611
Karakorum
AFGHANISTAN
Islamabad
Lahore
Transhimalaya
Himalaya
Indus
Pandschab
Multan
PAKISTAN
Delhi
New
Delhi
7816
Mt. Everest
8846
NEPAL
7756
Chengdu
Wüste
Tharr
Lucknow
Kathmandu
BHUTAN
Thimphu
Hindustan
Ganges
Jaipur
3824
Karachi
Ahmadabad
Indore
Bhopal
1353
Dhaka
Haora
BANGLA-
DESCH
Surat
INDIEN
Kalkutta
MYANMAR
Bombay
Nagpur
Naypyidaw
Pune
Dekkan
Westghats
Ostghats
1680
Hyder-
abad
Golf von
Bengalen
Rangun
THA
LAN
Bangkok
Madras
Bangalore
2698
Kap
Comorin
Ceylon
2524
Colombo
SRI LANKA
Andamanen
(ind.)
Nikobaren
(ind.)
Halbinsel
Malakka
Medan
Sumat
Elburs
Aschgabat
5604
Teheran
4548
Meschhed
3117
Zagrosgebirge
Isfahan
IRAN
Wüste Lut
Shiraz
Bagdad
IRAK
Euphrat
Tigris
KUWAIT
Kuwait
Persischer Golf
SAUDI-
ARABIEN
BAHRAIN
KATAR
Riad
Jiddah
Mekka
Arabien
Abu Dhabi
V.A.E.
Große
Arabische Wüste
Maskat
3019
Ras al Hadd
Golf von Oman
OMAN
Sanaa
3760
JEMEN
Aden
Rotes Meer
Nil
SUDAN
ERITREA
Asmara
4620
DSCHIBUTI
Golf von Aden
Addis Abeba
4307
ÄTHIOPIEN
2406
Somali-
Halbinsel
Sokotra
Kap
Guardafui
SOMALIA
KENIA
Mogadischu
Äquator
Mombasa
Arabisches
Meer
Lakshadweep-
Inseln
MALEDIVEN
Male
Kap Delgado
Amiranten-
inseln
Aldabra-Inseln
Victoria
SEYCHELLEN
Moroni
KOMOREN
INDISCHER OZEAN
Tschagosinseln
90° östl. Länge v. Greenwich

© Klett
Landhöhen
über 5000 m
2000 – 5000 m
1000 – 2000 m
500 – 1000 m
200 – 500 m
0 – 200 m
unter 0 m
Gletscher
8846 Höhe über dem Meeresspiegel (in m)
ABKÜRZUNGEN:
AL. ALBANIEN
AND. ANDORRA
ARM. ARMENIEN
AS. ASERBAIDSCHAN
B. BELGIEN
BO. BOSNIEN UND HERZEGOWINA
BUL. BULGARIEN
DÄN. DÄNEMARK
EST. ESTLAND
KO. KOSOVO
KR. KROATIEN
L. LUXEMBURG
LET. LETTLAND
LIT. LITAUEN
MO. MONTENEGRO
MOL. MOLDAU
NL. NIEDERLANDE
NM. NORDMAZEDONIEN
ÖST. ÖSTERREICH
P. PORTUGAL
RUM. RUMÄNIEN
S. SCHWEIZ
SER. SERBIEN
SK.R. SLOWAKISCHE REPUBLIK
SL. SLOWENIEN
TS.R. TSCHECHISCHE REPUBLIK
UNG. UNGARN
V.A.E. VEREINIGTE ARABISCHE EMIRATE
PAZIFISCHER OZEAN
Beringmeer
Anadyrgebirge
Korjakengebirge
Kolymagebirge
Aleuten (USA)
Kommandeur-Inseln
Kamtschatka
Kljutschewskaja Sopka
Hawaii-Inseln (USA)
Midway-Inseln (USA)
sibirische See
Kolyma
nördlicher Polarkreis
Pobeda 3147
Magadan
Tschojansker Gebirge
Jakutsk
Ochotskisches Meer
Kurilen
Sachalin
Stanowoigebirge
Amur
Chabarowsk
Sichote-Alin
Sapporo
Hokkaido
Großer Hinggan
Qiqihar
Harbin
Mandschurei
Wladiwostok
Changchun
Fushun
Shenyang
Anshan
Dalian
Japanisches Meer (Ostmeer)
Honshu
NORDKOREA
Pjöngjang
SÜDKOREA
Seoul
Pusan
Tokyo
Yokohama
Kyoto
JAPAN
Osaka
Fukuoka
Peking
Tianjin
Tsingtau
Gelbes Meer
Jinan
Zhengzhou
Xi'an
Nanjing
Shanghai
Wuhan
Hangzhou
Jangtsekiang
Ostchines. Meer
Nanchang
Changsha
Taipeh
Taiwan
Kaohsiung
Ryukyu-Inseln
Südchinesisches Bergland
Kanton
Hongkong
nördlicher Wendekreis
Wake-Insel (USA)
Marcusinsel (jap.)
Bonininseln (jap.)
Vulkaninseln (jap.)
MARSHALL-INSELN
Majuro
Äquator
Gilbert-In.
South Tarawa
KIRIBATI
Nördliche Marianen (USA)
Hagåtña
Guam (USA)
Palikir
Pohnpei
Chuukinseln
Karolinen
Yaren
NAURU
MIKRONESIEN
Yapinseln
Melekeok
PALAU
Haiphong
Hainan
Luzon
Quezon City
Manila
PHILIPPINEN
VIETNAM
Südchines. Meer
Mindoro
Cebu
Palawan
Mindanao
Davao
KAMBODSCHA
Phnom Penh
Ho Chi Minh
Ca Mau
Bandar Seri Begawan
BRUNEI
Sulu-Inseln
Halmahera
Molukken
Seram
Borneo
MALAYSIA
Pontianak
Sulawesi
Große Sunda-Inseln
INDONESIEN
Makassar
Kleine Sunda-Inseln
Dili
TIMOR-LESTE
Timorsee
Arafurasee
Aru-Inseln
Jakarta
Surabaya
Java
AUSTRALIEN
Kap-York-Halbinsel
Gr. Barriereriff
Neuguinea
PAPUA-NEUGUINEA
Port Moresby
Bismarck-Archipel
Neuirland
Neubritannien
Bougainville
SALOMONEN
Honiara
Neue Hebriden
VANUATU
Port Vila
Korallensee
Nouméa
Neukaledonien (franz.)
1:40 000 000
0 500 1000 km

FRANK-REICH
Paris
München
DEU.
SCHWEIZ
ÖST.
Wien
SK. R.
Budapest
UNG.
MOL.
UKRAINE
Donezk
Rostow
RUSSLAND
Astrachan
KASACHS-TAN
USBEKIS-TAN
Aralsee
Lyon
Mont Blanc
Mailand
KR.
Belgrad
RUMÄNIEN
Odessa
Bukarest
Kaukasus
Kaspisches Meer
Marseille
Korsika
BO.
SER.
MO.
KO.
NM.
Sofia
BUL.
Schwarzes Meer
GEORGIEN
Tiflis
ARM.
AS.
Baku
TURKMENIS-TAN
Madrid
Barcelona
Rom
Neapel
AL.
İstanbul
Bursa
Ankara
TÜRKEI
Lissabon
SPANIEN
PORTUGAL
Sardinien
ITALIEN
GRIECHEN-LAND
İzmir
Täbris
Balearen
Mittelmeer
Sizilien
Athen
Kreta
Gibraltar (brit.)
Ceuta (span.)
Melilla (span.)
Oran
Algier
Tunis
MALTA
ZYPERN
Aleppo
SYRIEN
LIB.
Beirut
Elburs
Teheran
IRAN
Madeira (port.)
Casablanca
Rabat
MAROKKO
TUNESIEN
Damaskus
Bagdad
Zagrosgebirge
Isfahan
Marrakech
Atlasgebirge
Tripolis
Banghazi
Alexandria
Tel Aviv-Jaffa
Jerusalem
ISRAEL
Amman
JORDANIEN
IRAK
Kuwait
KUWAIT
Kanarische In. (span.)
Gise
Kairo
Nil
Persischer Golf
El Aaiún
ALGERIEN
LIBYEN
Libysche Wüste
ÄGYPTEN
SAUDI-ARABIEN
BAHRAIN
KATAR
Riad
V.A.E.
SAHARA (marokkanische Verwaltung)
Sahara
nördlicher Wendekreis
Ahaggar
Tamanrasset
Assuan
Rotes Meer
Jiddah
Mekka
MAURETANIEN
Tibesti
Nouakchott
MALI
Aïr
NIGER
Agadez
TSCHAD
Senegal
Dakar
SENEGAL
GAMBIA
Banjul
GUINEA-BISSAU
Conakry
GUINEA
Freetown
SIERRA LEONE
Monrovia
LIBERIA
Bamako
BURKINA FASO
Ouagadougou
Niamey
Tschad
N'Djamena
Khartoum
SUDAN
Weißer Nil
Blauer Nil
ERITREA
Asmara
JEMEN
Sanaa
Aden
Golf von Aden
DSCHIBUTI
Dschibuti
Kano
NIGERIA
Abuja
Hochland von Äthiopien
Addis Abeba
ÄTHIOPIEN
Somali-Halbinsel
CÔTE D'IVOIRE
Yamoussoukro
Abidjan
GHANA
Accra
TOGO
Lomé
BENIN
Cotonou
Porto Novo
Niger
Ibadan
Lagos
Oberguinea
Chari
Hochland von Adamaoua
ZENTRALAFRIKA
Bangui
Sudd
SÜDSUDAN
Juba
SOMALIA
Mogadischu
Golf von Guinea
Bioko
Douala
Jaunde
KAMERUN
ÄQUAT.-GUINEA
SÃO TOMÉ U. PRÍNCIPE
São Tomé
Libreville
GABUN
Annobón
KONGO
Oubangui
Kongo
Kongobecken
Kisangani
UGANDA
Turkanasee
KENIA
Kampala
Mt. Kenia
Nairobi
Viktoriasee
Kigali
RUANDA
Äquator
Brazzaville
Kinshasa
Kasai
Niederguinea
D.R. KONGO (ZAIRE)
BURUNDI
Bujumbura
Kilimandscharo
Mombasa
Tanganjikasee
Dodoma
TANSANIA
Daressalam
Mbuji-Mayi
Ascension (brit.)
Luanda
ATLANTISCHER OZEAN
Kolwezi
Lubumbashi
MALAWI
Malawisee
SEYCHELLEN
KOMOREN
Moroni
ANGOLA
Lusaka
Lilongwe
SAMBIA
Sambesi
MOSAMBIK
Straße von Mosambik
St. Helena (brit.)
Kap Frio
Okavango
Harare
SIMBABWE
Antananarivo
MADAGASKAR
NAMIBIA
Namib
BOTSUANA
Windhuk
Kalahari
südlicher Wendekreis
Gaborone
Pretoria
Maputo
Mbabane
ESWATINI
Johannesburg
Maseru
Oranje
Drakensberge
SÜD-AFRIKA
LESOTHO
Durban
INDISCHER OZEAN
Kapstadt
Kap der Guten Hoffnung
Port Elizabeth
30° östl. Länge v. Greenwich
Landhöhen
über 5000 m
2000 – 5000 m
1000 – 2000 m
500 – 1000 m
200 – 500 m
0 – 200 m
unter 0 m
5895 Höhe über dem Meeresspiegel (in m)
ABKÜRZUNGEN:
AL. ALBANIEN
ARM. ARMENIEN
AS. ASERBAIDSCHAN
BO. BOSNIEN UND HERZEGOWINA
BUL. BULGARIEN
DEU. DEUTSCHLAND
KO. KOSOVO
KR. KROATIEN
LIB. LIBANON
MO. MONTENEGRO
MOL. MOLDAU
NM. NORDMAZEDONIEN
ÖST. ÖSTERREICH
SER. SERBIEN
SK.R. SLOWAKISCHE REPUBLIK
UNG. UNGARN
V.A.E. VEREINIGTE ARABISCHE EMIRATE
1:40 000 000
0 500 1000 km
© Klett

© Klett
Kleine Sunda-In.
Dili
TIMOR-LESTE
INDONESIEN
Timor
Sumba
Arafurasee
Timorsee
Port Moresby
4072
PAPUA-NEUGUINEA
Kap York
Darwin
Arnhemland
Carpentariagolf
Kap-York-Halbinsel
Honiara
SALOMONEN
Santa-Cruz-Inseln
TUVALU
Ellice-Inseln
Korallensee
VANUATU
Neue Hebriden
Rotuma
Port Vila
Vanua Levu
Viti Levu
Suva
FIDSCHI
Neukaledonien (franz.)
Nouméa
südlicher Wendekreis
Kimberleyplateau
Port Hedland
Große Sandwüste
Macdonnellkette
1510
Alice Springs
1226
Hamersleykette
AUSTRALIEN
1515
Große Victoriawüste
Großes Artesisches Becken
-12
1611
Großes Barriereriff
Townsville
Great Dividing Range
Brisbane
PAZIFISCHER
OZEAN
Norfolkinsel (austr.)
Lord-Howe-Insel (austr.)
Nullarborebene
Darling
Perth
Große Australische Bucht
Adelaide
Murray
Gr. Dividing Range
Sydney
Canberra
2230
Mt. Kosciuszko
Kermadecinseln (neuseeld.)
Melbourne
Bassstraße
Tasmansee
Auckland
Nordinsel
NEUSEELAND
2797
1617
Tasmanien
Hobart
Wellington
Südinsel
Christchurch
3764
Chathaminseln (neuseeld.)
Stewart-insel
Dunedin
INDISCHER OZEAN
150° östl. Länge v. Gr.
Australien
Landhöhen
über 2000 m
1000 – 2000 m
500 – 1000 m
200 – 500 m
0 – 200 m
unter 0 m
1515 Höhe über dem Meeresspiegel (in m)
1:40 000 000
0 500 1000 km

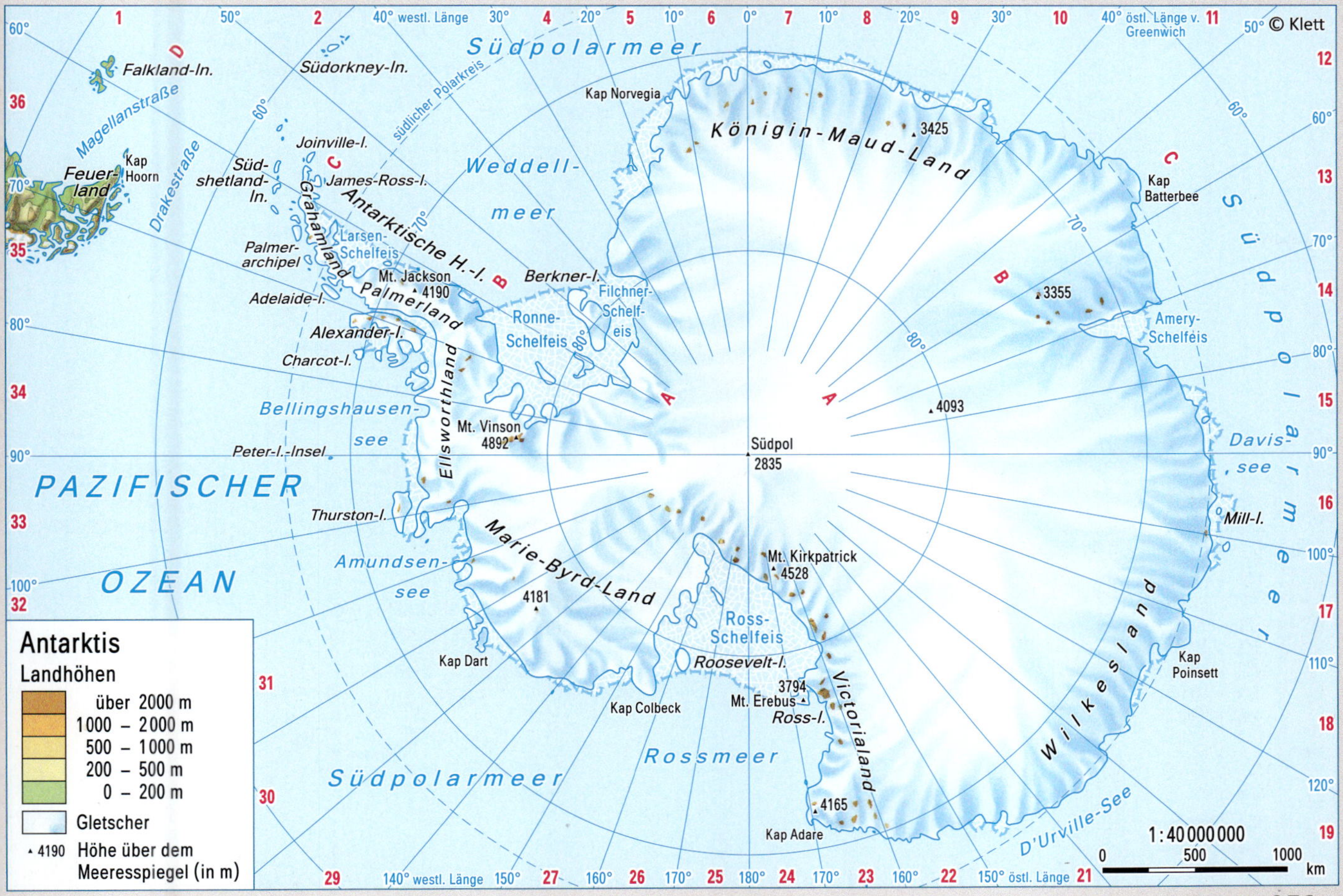
© Klett
40° westl. Länge
40° östl. Länge v. Greenwich
Südpolarmeer
Falkland-In.
Südorkney-In.
südlicher Polarkreis
Magellanstraße
Kap Hoorn
Feuerland
Drakestraße
Joinville-I.
James-Ross-I.
Süd-shetland-In.
Weddellmeer
Kap Norvegia
Königin-Maud-Land
3425
Kap Batterbee
Antarktische H.-I.
Grahamland
Larsen-Schelfeis
Palmerarchipel
Mt. Jackson
4190
Palmerland
Berkner-I.
Filchner-Schelfeis
Ronne-Schelfeis
Adelaide-I.
Alexander-I.
Charcot-I.
3355
Amery-Schelfeis
Bellingshausensee
Ellsworthland
Mt. Vinson
4892
4093
Südpol
2835
Peter-I.-Insel
Davissee
PAZIFISCHER
OZEAN
Thurston-I.
Mill-I.
Marie-Byrd-Land
Mt. Kirkpatrick
4528
Amundsensee
4181
Ross-Schelfeis
Kap Dart
Roosevelt-I.
Kap Poinsett
3794
Mt. Erebus
Ross-I.
Kap Colbeck
Victorialand
Wilkesland
Rossmeer
Südpolarmeer
4165
Kap Adare
D'Urville-See
140° westl. Länge
150° östl. Länge
Antarktis
Landhöhen
über 2000 m
1000 – 2000 m
500 – 1000 m
200 – 500 m
0 – 200 m
Gletscher
4190 Höhe über dem Meeresspiegel (in m)
1:40 000 000
0 500 1000 km

© Klett
RUSSLAND
Anadyrgebirge
Ostsibirische See
Wrangelinsel
Nordpolarmeer
Beringstraße
Beringmeer
Kap Barrow
Kap Pr. of Wales
Nome
Brookskette
Yukon
Alaska (USA)
2749
Alaskakette
5959 Denali
Halbinsel Alaska
Anchorage
Kodiak
Golf von Alaska
5959
Mackenziegebirge
Mackenzie
Beaufortsee
Amundsengolf
M'Clure-Straße
Banksinsel
Parry-Inseln
Sverdrup-inseln
Königin-Elisabeth-Inseln
2926
Ellesmereland
Kanadischer Archipel
Victoria-Insel
Großer Bärensee
Barren Grounds
Melville-Halbinsel
Baffininsel
2147
Baffin Bay
2164
Kalaallit Nunaat (dän.)
3231
3700
Grönland
nördlicher Polarkreis
Davisstraße
2850
Nuuk (Godthåb)
Uummannarsuaq
Jan Mayen (norw.)
Europäisches Nordmeer
Färöer (dän.)
ISLAND
2119
Reykjavík
Dänemarkstraße
Labradorsee
Juneau
Yellowknife
Küstengebirge
Alexanderarchipel
Haida Gwaii
Großer Sklavensee
Peace River
Hudsonstraße
Ungava-Halbinsel
Hudson Bay
Churchill
Labrador
Neufundland
St. John's
Kap Race
St.-Lorenz-Golf
St-Pierre u. Miquelon (franz.)
Rocky Mountains
Edmonton
KANADA
4042
Vancouverinsel
Vancouver
Calgary
Prärien (Great Plains)
Seattle
4392
Kaskadenkette
Portland
Winnipeg
Missouri
Oberer See
Montreal
Halifax
Ottawa
Toronto
Minneapolis
Appalachen
Boston
Kap Cod
Kap Mendocino
Küstenkette
Sierra Nevada
Großes Becken
Salt Lake City
4202
Milwaukee
Chicago
Detroit
Cleveland
New York
San Francisco
Oakland
San José
Pittsburgh
Philadelphia
Baltimore
Washington
4418
-85
Colorado
4399
Denver
VEREINIGTE STAATEN (USA)
Kansas City
St. Louis
Cincinnati
Ohio
Nashville
Bermuda (brit.)
Los Angeles
San Diego
Tijuana
3078
Phoenix
3658
Arkansas
Mississippi
Memphis
2037
Atlanta
Charleston
ATLANTISCHER OZEAN
Juárez
Dallas
Guadalupe (mex.)
Niederkalifornien
Halbinsel
nördlicher Wendekreis
Houston
New Orleans
San Antonio
Rio Grande
Halbinsel Florida
Kap Canaveral
Westl. Sierra Madre
Hochland von Mexiko
Östl. Sierra Madre
Monterrey
Golf von Mexiko
Miami
Nassau
BAHAMAS
Turks- u. Caicos-In. (brit.)
Jungfern-In. (brit.)
Puerto Rico (USA)
PAZIFISCHER OZEAN
Havanna
KUBA
Straße von Yucatán
HAITI
Santo Domingo
Port-au-Prince
DOMINIKAN. REP.
León
Guadalajara
Mérida
Halbinsel Yucatán
Große Antillen
Revilla-Gigedo-Inseln (mex.)
4265
Mexiko
5700
5452
Puebla
Cayman-In. (brit.)
JAMAIKA
MEXIKO
BELIZE
HONDURAS
Karibisches Meer
Guatemala
Tegucigalpa
Kap Gallinas
Caracas
GUATEMALA
EL SALVADOR
San Salvador
NICARAGUA
Maracaibo
Valencia
VENEZUELA
Barranquilla
5780
5007
Llanos de Orinoco
Orinoco
Managua
Panama
San José
3820
COSTA RICA
PANAMA
Medellín
5493
Clipperton-insel (franz.)
Kokosinsel (cost.)
Malpelo-Insel (kol.)
Bogotá
KOLUMBIEN
Cali
Landhöhen
über 5000 m
2000 – 5000 m
1000 – 2000 m
500 – 1000 m
200 – 500 m
0 – 200 m
unter 0 m
Gletscher
4418 Höhe über dem Meeresspiegel (in m)
1:40 000 000
0 500 1000 km
90° westl. Länge v. Greenwich

© Klett
ATLANTISCHER OZEAN
PAZIFISCHER OZEAN
Karibisches Meer
Große Antillen
Kleine Antillen
MEXIKO
Mérida
Halbinsel Yucatán
BELIZE
GUATEMALA
HONDURAS
EL SALVADOR
NICARAGUA
Managua
COSTA RICA
PANAMA
Panama
KUBA
HAITI
Port-au-Prince
Santo Domingo
DOMINIK. REP.
JAMAIKA
Cayman-In. (brit.)
Puerto Rico (USA)
Jungfern-In. (USA) (brit.)
Anguilla (brit.)
Saint-Martin (franz.)
Sint Maarten (ndl.)
ST. K.
ANTIGUA U. BARBUDA
Monts. (brit.)
Guadeloupe (franz.)
DOMINICA
Martinique (franz.)
SAINT LUCIA
BARBADOS
SAINT VINCENT U. DIE GRENADINEN
GREN.
TRINIDAD U. TOBAGO
Aruba (ndl.)
Curaçao (ndl.)
Bonaire (ndl.)
60° westl. Länge v. Greenwich
Kokosinsel (cost.)
Malpelo-Insel (kol.)
Galápagosinseln (ecuad.)
Barranquilla
Maracaibo
Valencia
Caracas
Medellín
Bogotá
Cali
KOLUMBIEN
VENEZUELA
Llanos de Orinoco
Orinoco
Ciudad Guayana
GUYANA
Georgetown
SURINAME
Paramaribo
Cayenne
Franz.-Guayana
Bergland von Guayana
Quito
ECUADOR
Guayaquil
Iquitos
Amazonastiefland
Amazonas
Manaus
Rio Negro
Belém
Xingu
Madeira
BRASILIEN
Porto Velho
Fortaleza
Natal
Recife
Campos
Caatinga
Tocantins
Salvador
Brasília
Goiânia
Brasilianisches Bergland
São Francisco
Belo Horizonte
Campo Grande
Pantanal
São Paulo
Rio de Janeiro
Curitiba
Trinidade (bras.)
südlicher Wendekreis
Marañón
Ucayali
Östl. Andenvorland
Huascarán 6768
Anden (Kordilleren)
PERU
Lima
Titicacasee
La Paz
Arequipa
BOLIVIEN
Santa Cruz
Sucre
Mamoré
Altiplano
Atacama
Chaco
Gran Chaco
Paraguay
Paraná
Pilcomayo
PARAGUAY
Asunción
Antofagasta
San Miguel de Tucumán
Desventuradas-Inseln (chil.)
CHILE
ARGENTINIEN
La-Plata-Tiefland
Uruguay
Porto Alegre
Aconcagua 6959
Córdoba
Rosario
Mendoza
Santiago de Chile
Juan-Fernández-Inseln (chil.)
URUGUAY
Montevideo
Buenos Aires
Río de la Plata
Pampa
Bahía Blanca
Río Negro
Valdivia
Patagonien
Falkland-In. (brit.)
Magellan-Str.
Punta Arenas
Feuerland
Kap Hoorn
Drakestraße
Südgeorgien (brit.)
Südsandwichinseln (brit.)
Südshetland-inseln
Südorkney-Inseln
Palmer-archipel
Grahamland
Antarktische Halbinsel
Äquator
ABKÜRZUNGEN:
GREN. GRENADA
Monts. Montserrat
ST. K. SAINT KITTS U. NEVIS
Landhöhen
über 5000 m
2000 – 5000 m
1000 – 2000 m
500 – 1000 m
200 – 500 m
0 – 200 m
unter 0 m
Gletscher
6959 Höhe über dem Meeresspiegel (in m)
1:40 000 000
0 500 1000 km

H

I

J

K

L

M

N

O

P

Q

R

S